Cepheid

세페이드

2F 화학 (하)

개정2판

★★★★★

세페이드 시리즈의 구성

이제 편안하게 과학공부를 즐길 수 있습니다.

1F
중등과학 기초
물리학 · 화학 (초5~중1)

2F
중등과학 완성
물 · 화 · 생 · 지 (중1~3)

3F
고등과학 Ⅰ
물 · 화 · 생 · 지 (중2~고3)

4F
고등과학 Ⅱ
물 · 화 · 생 · 지 (중3~고3)

5F
실전 문제 풀이
물 · 화 · 생 · 지 (중3~고3)

세페이드
모의고사

세페이드
고등 통합과학

세페이드
고등학교 물리학 Ⅰ

세페이드

2F 화학 (하)

개정2판

창의력과학의 대표 브랜드

과학 학습의 지평을 넓히다!

단계별 과학 학습

창의력과학 세페이드 시리즈!

Structure

단원별 내용 구성

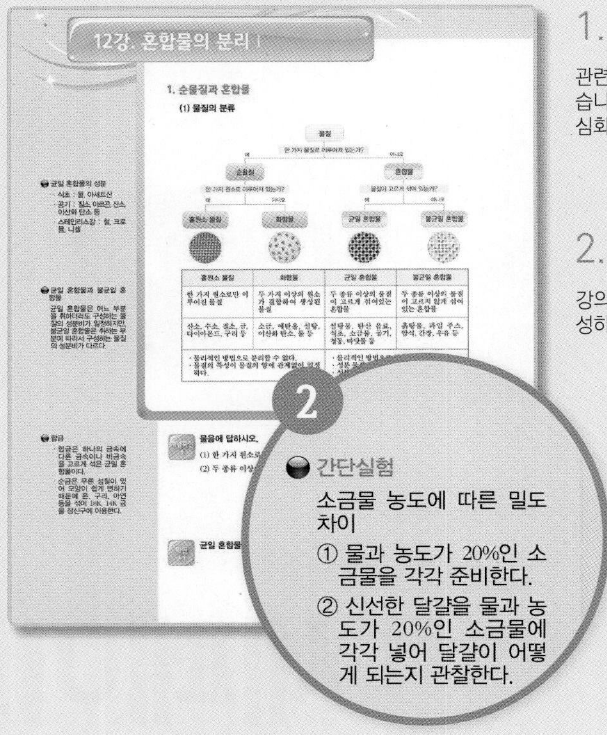

1.강의

관련 소단원 내용을 4~6편으로 나누어 강의용/학습용으로 구성했습니다. 개념에 대한 이해를 돕기 위해 보조단에는 풍부한 자료와 심화 내용을 수록했습니다.

2.간단 실험 / 생각해보기

강의 내용을 이용하여 쉽게 풀고 내용을 정리할 수 있는 문제로 구성하였습니다.

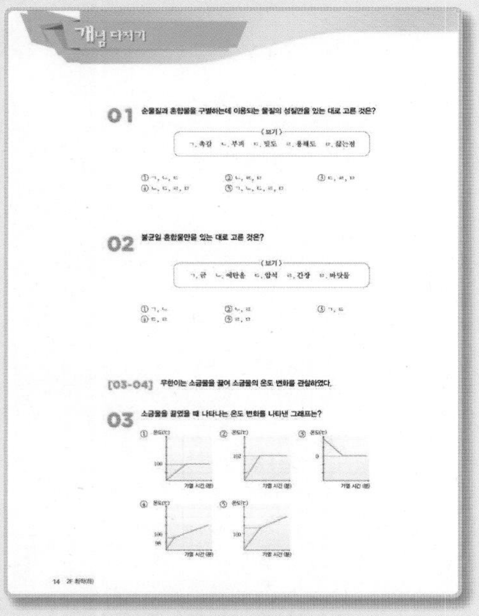

3.개념확인, 확인+, 개념다지기

강의 내용을 이용하여 쉽게 풀고 내용을 정리할 수 있는 문제로 구성하였습니다.

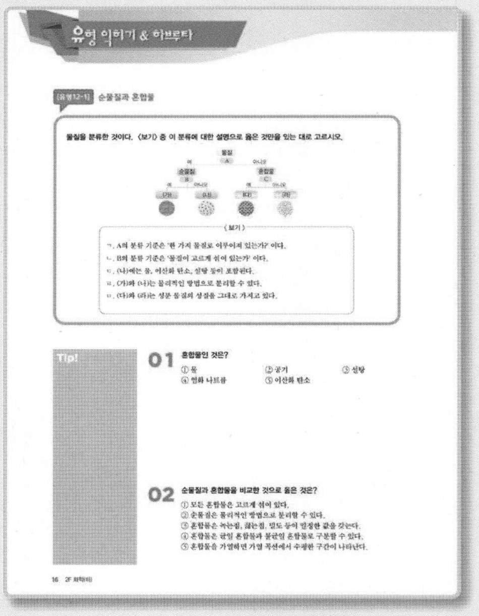

4. 유형 익히기 & 하브루타

관련 소단원 내용을 유형별로 나누어서 각 유형별로 대표 문제와 연습 문제를 제시하였습니다.

단계별 학습으로 가장 효과적인 자기주도학습이 가능합니다. 새로운 문제에 도전해 보세요!

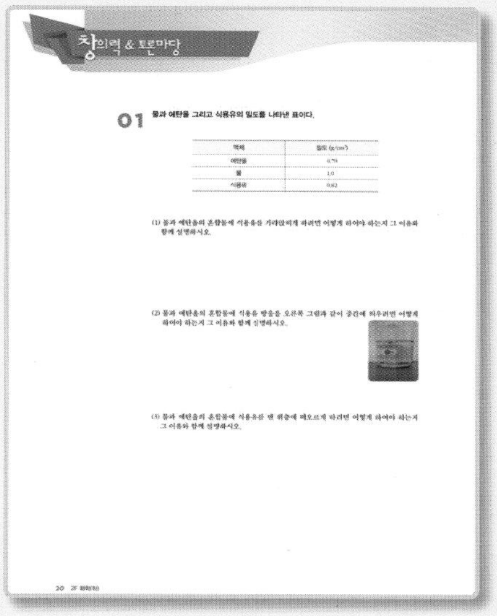

5.창의력 & 토론 마당

관련 소단원 내용에 관련된 창의력 문제를 풍부하게 제시하여 창의력을 향상시킴과 동시에 질문을 자연스럽게 이끌어 낼 수 있도록 하였고, 관련 주제에 대한 토론이 가능하도록 하였습니다.

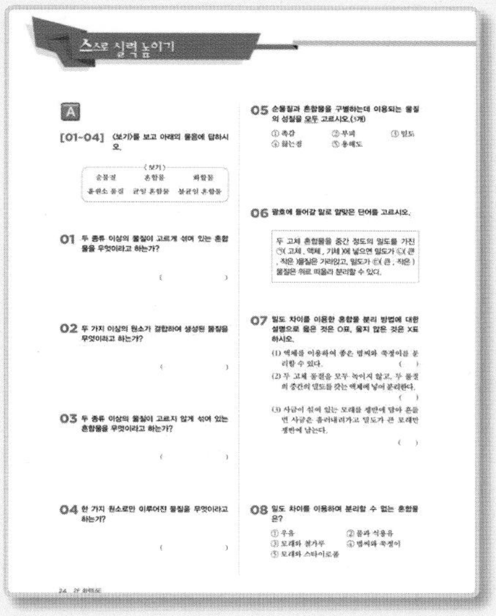

6.스스로 실력 높이기

학습한 내용에 대한 복습 문제를 오답문제와 같이 충분한 양을 제공하였습니다. 연장 학습이 가능할 것입니다.

7.Project

대단원이 마무리될 때마다 충분한 읽기자료를 제공하여 서술형/논술형 문제에 답하도록 하였고, 단원의 주요 실험을 할 수 있도록 하였습니다. 융합형 문제가 같이 제시되므로 STEAM 활동이 가능할 것입니다.

CONTENTS | 목차

2F 화학(상)

2F 화학(하)

IV

V

VI

IV 혼합물의 분리

물질이 여러 가지 섞여있으면 어떻게 분리할까?

SCIENC

12강. 혼합물의 분리 Ⅰ

1. 순물질과 혼합물

(1) 물질의 분류

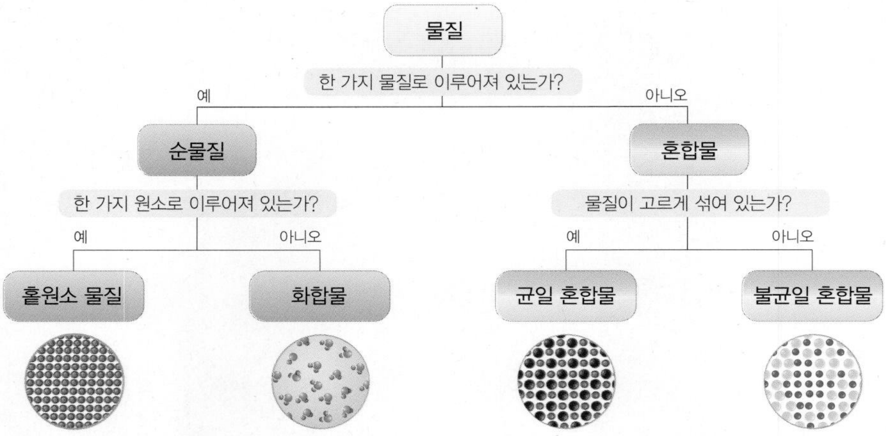

홑원소 물질	화합물	균일 혼합물	불균일 혼합물
한 가지 원소로만 이루어진 물질	두 가지 이상의 원소가 결합하여 생성된 물질	두 종류 이상의 물질이 고르게 섞여있는 혼합물	두 종류 이상의 물질이 고르지 않게 섞여 있는 혼합물
산소, 수소, 질소, 금, 다이아몬드, 구리 등	소금, 에탄올, 설탕, 이산화 탄소, 물 등	설탕물, 탄산 음료, 식초, 소금물, 공기, 청동, 바닷물 등	흙탕물, 과일 주스, 암석, 간장, 우유 등
· 물리적인 방법으로 분리할 수 없다. · 물질의 특성이 물질의 양에 관계없이 일정하다.		· 물리적인 방법으로 분리할 수 있다. · 성분 물질에 따라 물질의 특성이 달라진다. · 성분 물질의 성질을 그대로 가지고 있다.	

균일 혼합물의 성분
- 식초 : 물, 아세트산
- 공기 : 질소, 아르곤, 산소, 이산화 탄소 등
- 스테인리스강 : 철, 크로뮴, 니켈

균일 혼합물과 불균일 혼합물

균일 혼합물은 어느 부분을 취하더라도 구성하는 물질의 성분비가 일정하지만, 불균일 혼합물은 취하는 부분에 따라서 구성하는 물질의 성분비가 다르다.

합금
- 합금은 하나의 금속에 다른 금속이나 비금속을 고르게 섞은 균일 혼합물이다.
- 순금은 무른 성질이 있어 모양이 쉽게 변하기 때문에 은, 구리, 아연 등을 섞어 18K, 14K 금을 장신구에 이용한다.

개념확인 1 물음에 답하시오.

(1) 한 가지 원소로만 이루어진 물질을 무엇이라고 하는가? (　　　　　　)

(2) 두 종류 이상의 물질이 고르지 않게 섞여 있는 것을 무엇이라고 하는가?

(　　　　　　)

확인 +1 균일 혼합물을 있는 대로 고르시오.

〈 보기 〉

산소　　설탕　　공기　　식초　　우유

2. 순물질과 혼합물의 구별

(1) 고체 물질 : 가열했을 때 녹는점(어는점)이 일정하면 순물질이고, 녹는점(어는점)이 일정하지 않으면 혼합물이다.

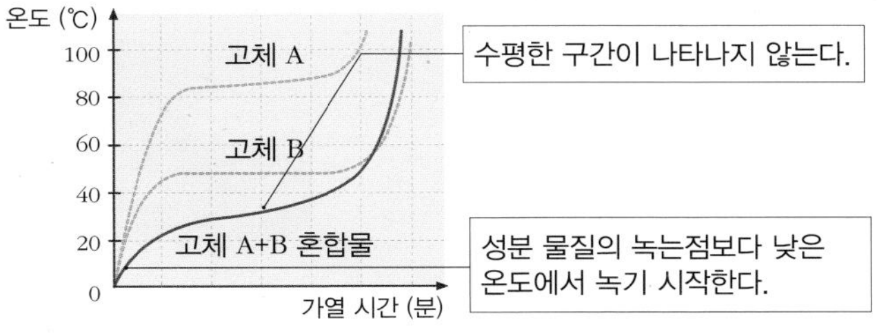

▲ (고체+고체) 혼합물의 어는점 내림 : 성분 물질이 섞인 비율에 따라 끓는점과 어는점이 달라진다.

(2) 액체 물질 : 가열했을 때 끓는점이 일정하고 냉각했을 때 어는점이 일정하면 순물질이고, 끓는점과 어는점이 일정하지 않으면 혼합물이다.

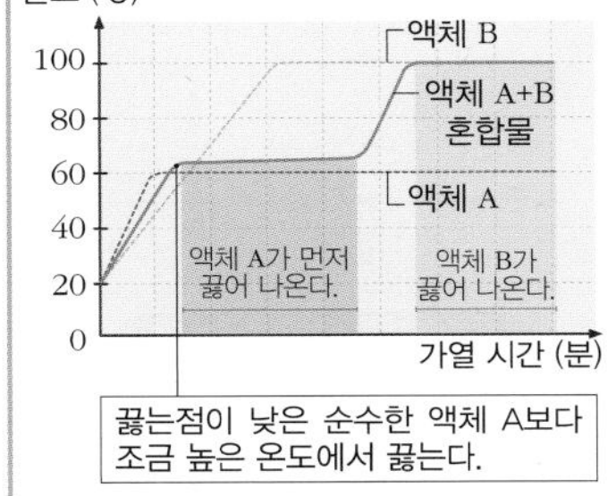

▲ (액체+액체) 혼합물의 끓는점 오름

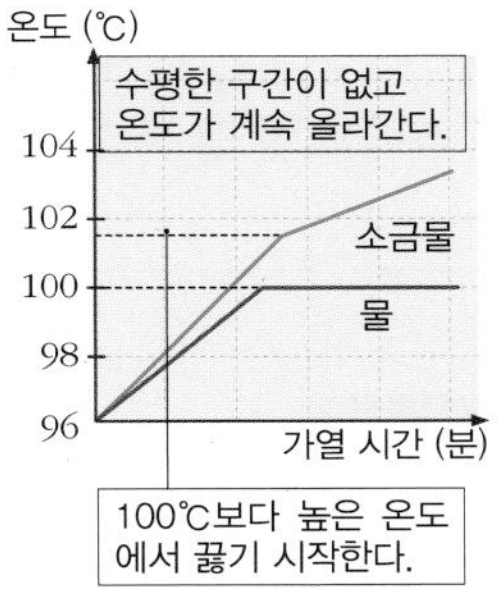

▲ 소금물(고체+액체)의 끓는점 오름

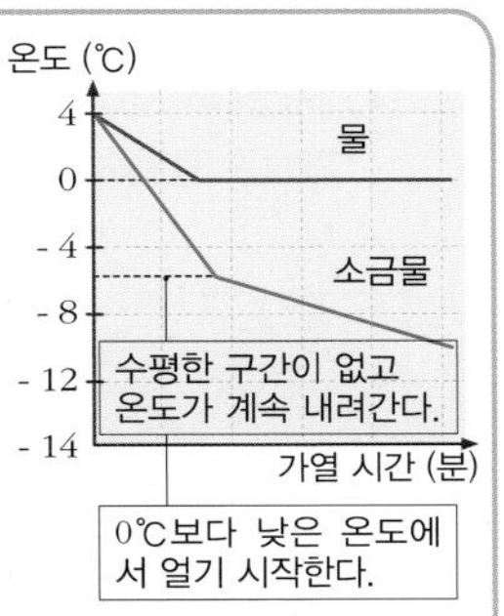

▲ 소금물(고체+액체)의 어는점 내림

(3) 기체 물질 : 냉각했을 때 한 가지 물질만 액화되면 순물질이고, 두 가지 이상이 액화되면 혼합물이다.

순물질과 혼합물의 특징

· 순물질

▶ 물질의 양에 관계없이 밀도, 녹는점, 어는점, 끓는점, 용해도 등 물질의 특성이 변하지 않고 일정하다.

· 혼합물

▶ 혼합된 성분 물질의 비율에 따라 밀도, 녹는점, 어는점, 끓는점, 용해도 등 물질의 특성이 변한다.

▶ 상태 변화 곡선에서 수평한 구간이 나타나지 않고, 끓는점이 올라가고 어는점(녹는점)이 내려간다.

소금물의 가열 곡선에서 수평한 구간이 없는 이유

· 가열 곡선

끓는점 이후에 물이 계속 기화하므로 소금물의 농도가 진해져 온도가 점점 증가한다.

· 냉각 곡선

소금물이 어는 동안 물만 얼기 때문에 소금물의 농도가 진해져 온도가 점점 내려간다.

소금물이 일반 물보다 끓는점이 더 높고, 어는점이 더 낮은 이유

소금 입자 운동이 물의 기화를 방해하고, 물 분자가 얼음 결정이 되는 것을 방해하기 때문이다.

물과 에탄올의 밀도

액체	밀도(g/cm^3)
에탄올	0.78
물	1.0

물과 에탄올의 혼합물에서 물과 에탄올의 비율에 따라 밀도가 달라지게 된다. 물의 비율이 커질수록 물과 에탄올의 혼합 용액의 밀도가 커진다.

정답 및 해설 02쪽

개념확인 2

물과 소금물의 가열 곡선을 각각 고르시오.

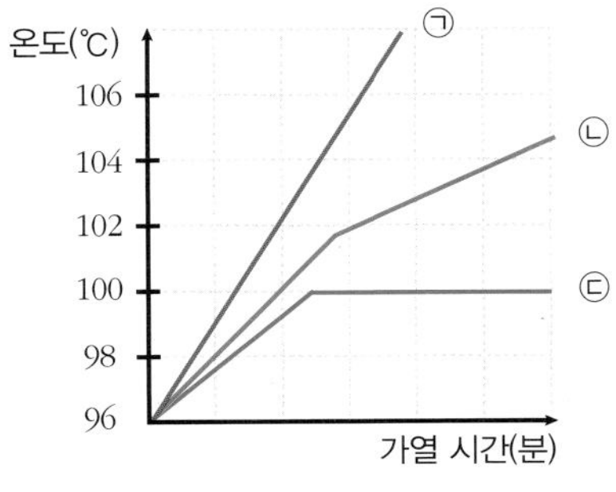

· 물 :

· 소금물 :

확인 +2

㉠에 들어갈 알맞은 단어를 고르시오.

혼합물은 상태 변화 곡선에서 끓는점과 녹는점(어는점)이 ㉠(일정하다 , 일정하지 않다).

3. 고체의 밀도차에 의한 분리

(1) 액체를 이용한 분리 : 두 고체 물질을 모두 녹이지 않고, 두 물질의 중간 정도 밀도를 갖는 액체에 넣어 분리한다.

신선한 달걀 고르기	좋은 볍씨 고르기	사금 채취 하기
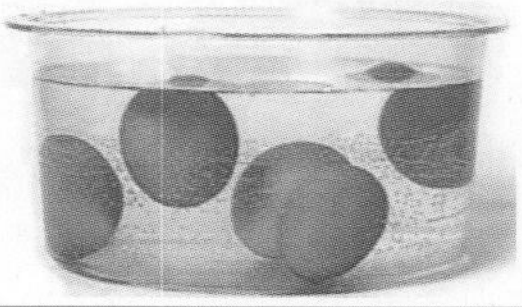	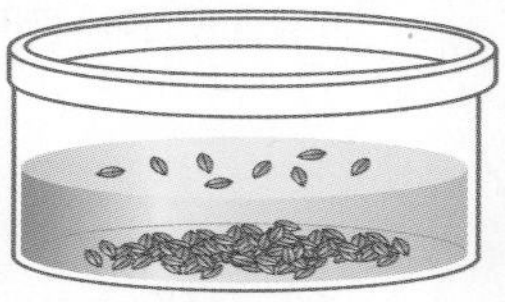	
달걀을 소금물에 넣으면 신선한 달걀은 아래로 가라앉고, 오래된 달걀은 위에 뜬다.	볍씨를 소금물에 넣으면 속이 꽉찬 볍씨는 아래로 가라앉고, 쭉정이는 위에 뜬다.	사금이 섞여 있는 모래를 쟁반에 담아 흔들면 모래는 떠내려가고, 밀도가 큰 사금만 쟁반에 남는다.
밀도 : 신선한 달걀 〉 소금물 〉 오래된 달걀	밀도 : 볍씨 〉 소금물 〉 쭉정이	밀도 : 사금 〉 모래 〉 물

(2) 바람을 이용한 분리 : 바람을 일으켜 밀도가 작은 물질은 멀리 날아가고, 밀도가 큰 고체는 가까이 떨어져 두 물질을 분리한다.

키질 하기	풍구

키질을 하면 밀도가 작은 쭉정이는 날아가고, 밀도가 큰 곡물은 키 안쪽에 남는다.	풍구 위쪽에 곡식을 넣고 바람을 일으키면 밀도가 작은 쭉정이는 멀리 날아가고, 밀도가 큰 곡물은 밑으로 분리되어 나온다.
밀도 : 곡물 〉 쭉정이	

간단실험

소금물 농도에 따른 밀도 차이

① 물과 농도가 20%인 소금물을 각각 준비한다.

② 신선한 달걀을 물과 농도가 20%인 소금물에 각각 넣어 달걀이 어떻게 되는지 관찰한다.

소금물 농도와 밀도

· 신선한 달걀을 농도가 옅은 소금물에 넣으면 가라앉지만 농도가 진한 소금물에 넣으면 수면 위로 떠오른다. 이것은 소금물의 농도가 진해지면서 밀도가 커지기 때문이다.

· 소금물은 물과 소금의 균일 혼합물로 농도에 따라 밀도가 달라진다. 소금의 양이 많을수록, 물의 양이 적을수록 소금물의 밀도가 커진다.

고체의 밀도 차이

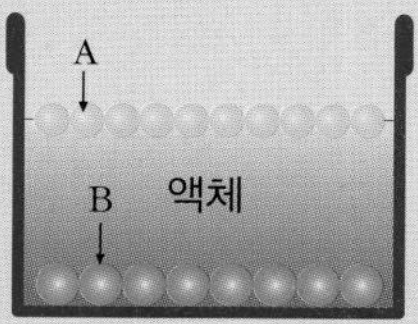

· 밀도 : A 〈 액체 〈 B

· 분리에 사용되는 액체는 두 고체를 녹이지 않아야 한다.

개념확인 3 옳은 것은 O표, 옳지 않은 것은 X표 하시오.

(1) 액체를 이용하여 두 고체 물질을 분리할 때 두 고체 물질을 모두 녹이지 않는 액체 물질을 사용하여야 한다. ( )

(2) 신선한 달걀은 물 위로 뜬다. ( )

확인 +3 바람을 이용한 분리 방법을 있는 대로 고르시오.

〈 보기 〉

ㄱ. 사금 채취 ㄴ. 키질하기 ㄷ. 풍구

미니사전

쭉정이 껍질만 들어있고 알맹이가 들어있지 않은 곡식

풍구 곡물에 섞인 쭉정이, 겨, 먼지를 날려서 제거하는 기구

4. 액체의 밀도차에 의한 분리

(1) 서로 섞이지 않는 액체 혼합물의 분리 : 두 액체가 서로 섞이지 않고 밀도가 다를 경우, 밀도가 큰 물질은 아래로 가라앉고 밀도가 작은 물질은 위에 뜬다.

액체의 양이 적을 때	액체의 양이 많을 때
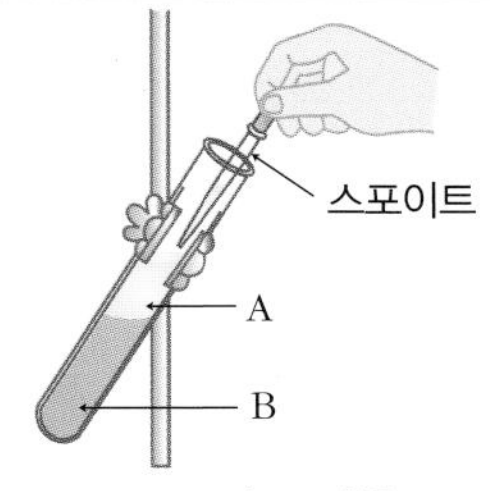 ▲ 스포이트 사용	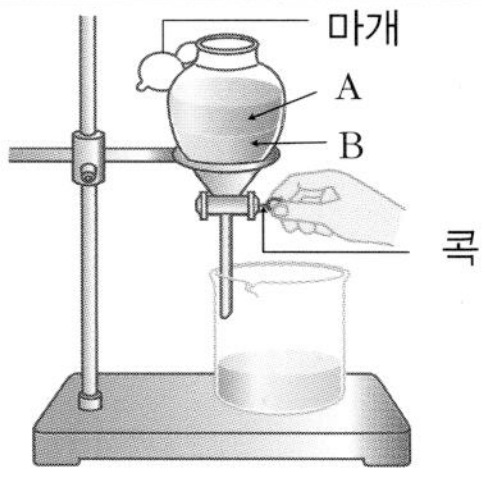 ▲ 분별 깔때기 사용
위층의 액체를 스포이트로 뽑아낸다. (밀도 : B 〉 A)	콕을 열어 아래층의 액체를 먼저 분리한다. (밀도 : B 〉 A)

혼합물	물 + 식용유	물 + 석유	물 + 수은	물 + 에테르	물 + 사염화 탄소	간장 + 참기름
위층	식용유	석유	물	에테르	물	참기름
아래층	물	물	수은	물	사염화 탄소	간장

▲ 분별 깔때기에서 서로 섞이지 않는 액체의 위치 : 밀도가 큰 물질이 아래층이 된다.

(2) 서로 섞이지 않는 액체 혼합물 분리의 예

유출된 기름의 방지	원심 분리기로 우유 분리하기

바닷물 〉 기름 바다에 기름이 유출되면 오일 펜스를 설치하여 기름이 퍼지는 것을 방지한다.	단백질(탈지유) 〉 지방(크림) 우유를 원심 분리기에 넣고 회전하면 밀도가 큰 단백질과 밀도가 작은 지방으로 분리된다.

분별 깔때기 사용법
- 분별 깔때기 콕을 잠그고, 액체 혼합물을 넣은 후 마개를 막고, 여러 번 흔든다.
- 흔드는 중간에 증기가 발생해 내부 압력이 커져 마개가 날아갈 수 있으므로 콕을 열어 증기를 빼낸다.
- 액체가 두 층으로 분리될 때까지 세워둔다.

바다에 유출된 기름의 제거
- 오일 펜스(Oil Fence)

바다에서 기름이 유출된 경우 특정 지역(양식장 또는 주요 어장)의 보호를 위해 사고 해역으로부터 기름이 흘러들어가는 것을 막아 더이상 기름이 퍼져 나가지 않도록 한다.

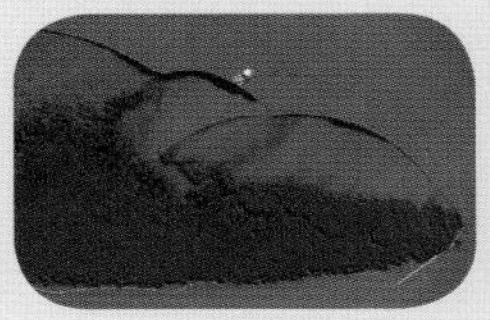
▲ 오일 펜스

원심 분리기

액체 혼합물을 용기에 넣고 빠르게 회전시키면 밀도 차에 의해 물질이 분리된다.

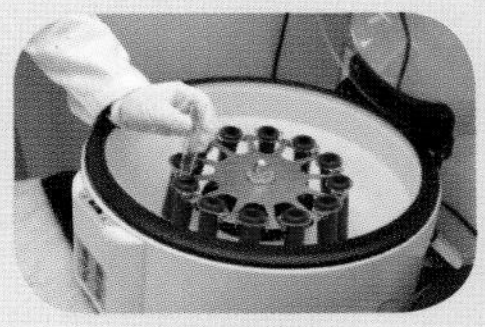
▲ 원심 분리기

정답 및 해설 02쪽

개념확인 4 액체의 혼합물을 분리할 때 쓰는 실험 기구 2가지를 쓰시오.

확인 +4 괄호에 들어갈 알맞은 단어를 고르시오.

> 두 액체가 서로 섞이지 않고 밀도가 다를 경우 밀도가 큰 물질은 (위로 뜬다 , 아래로 가라 앉는다.)

미니사전

탈지유 [脫 벗기다 脂 지방 乳 우유] 우유에서 지방을 빼고 남은 우유로, 단백질, 칼슘은 그대로 남아 있다.

개념 다지기

01 순물질과 혼합물을 구별하는데 이용되는 물질의 성질만을 있는 대로 고른 것은?

〈 보기 〉
ㄱ. 촉감　ㄴ. 부피　ㄷ. 밀도　ㄹ. 용해도　ㅁ. 끓는점

① ㄱ, ㄴ, ㄷ　② ㄴ, ㄹ, ㅁ　③ ㄷ, ㄹ, ㅁ
④ ㄴ, ㄷ, ㄹ, ㅁ　⑤ ㄱ, ㄴ, ㄷ, ㄹ, ㅁ

02 불균일 혼합물만을 있는 대로 고른 것은?

〈 보기 〉
ㄱ. 금　ㄴ. 에탄올　ㄷ. 암석　ㄹ. 간장　ㅁ. 바닷물

① ㄱ, ㄴ　② ㄴ, ㄹ　③ ㄱ, ㄷ
④ ㄷ, ㄹ　⑤ ㄹ, ㅁ

[03~04] 무한이는 소금물을 끓여 소금물의 온도 변화를 관찰하였다.

03 소금물을 끓였을 때 나타나는 온도 변화를 나타낸 그래프는?

①
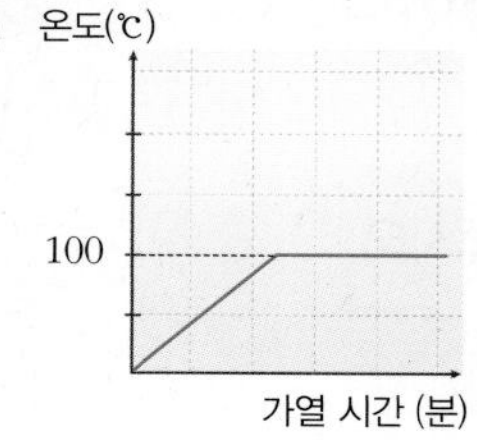

②
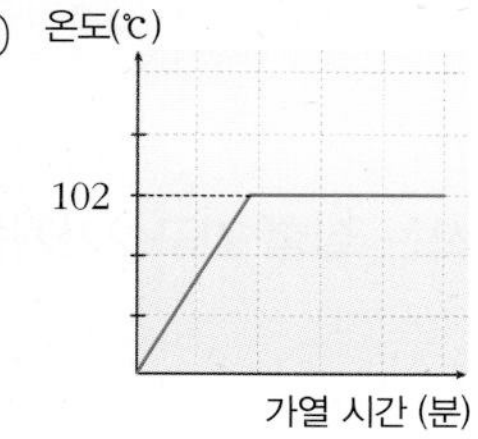

③
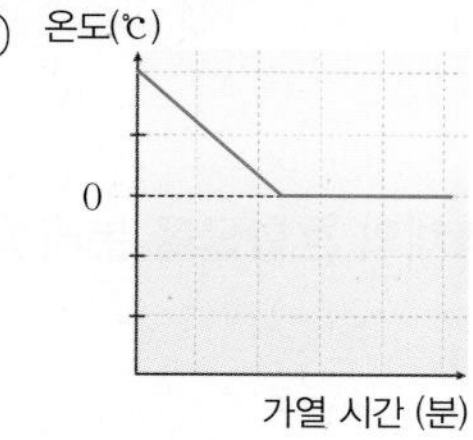

④
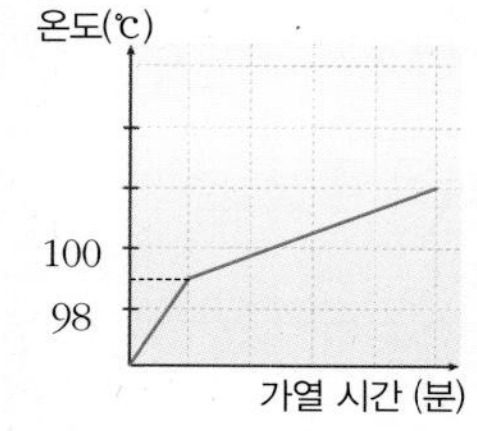

⑤
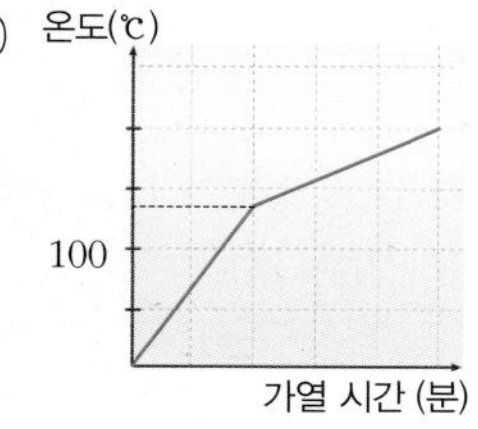

정답 및 해설 02쪽

04 소금물의 가열 곡선이 위와 같이 나타난 이유는?

① 어는점이 높아지기 때문에
② 끓는점이 낮아지기 때문에
③ 소금 입자가 물의 기화를 도와주기 때문에
④ 물질의 양에 관계없이 물질의 특성은 변하지 않고 일정하기 때문에
⑤ 끓는점 이후 물이 계속 기화하여 소금물의 농도가 진해지기 때문에

05 속이 찬 볍씨와 쭉정이는 소금물에 넣어서 분리할 수 있다. 이때 소금물의 밀도에 대한 설명으로 옳은 것은?

① 쭉정이와 밀도가 같아야 한다.
② 속이 찬 볍씨와 밀도가 같아야 한다.
③ 속이 찬 볍씨와 쭉정이의 밀도보다 커야 한다.
④ 속이 찬 볍씨와 쭉정이의 밀도보다 작아야 한다.
⑤ 속이 찬 볍씨의 밀도와 쭉정이 밀도의 중간이어야 한다.

06 오른쪽의 실험 기구로 분리할 수 있는 혼합물로 옳은 것은?

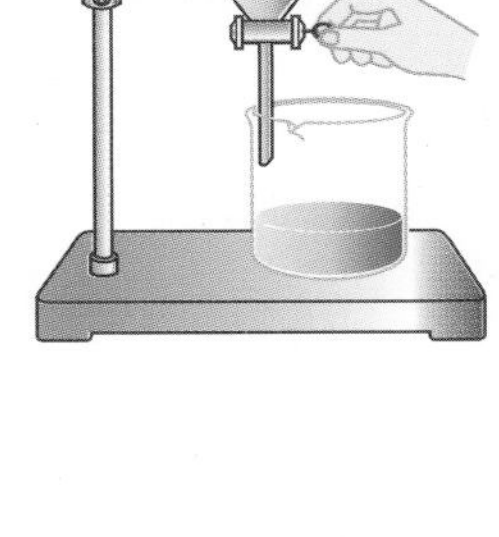

① 물과 간장
② 물과 볍씨
③ 물과 소금
④ 물과 에탄올
⑤ 물과 식용유

유형 익히기 & 하브루타

[유형12-1] 순물질과 혼합물

물질을 분류한 것이다. 〈보기〉 중 이 분류에 대한 설명으로 옳은 것만을 있는 대로 고르시오.

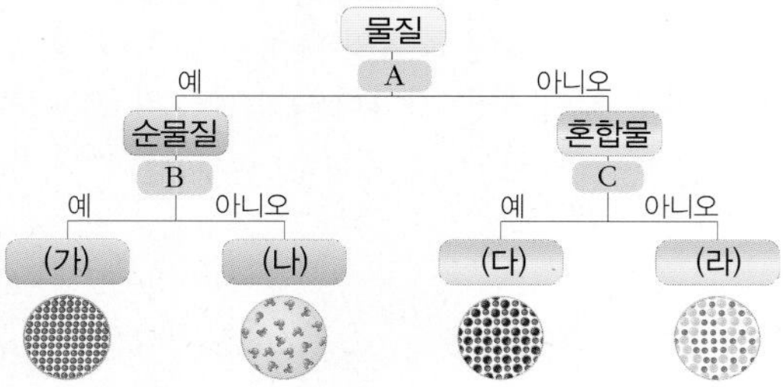

〈 보기 〉

ㄱ. A의 분류 기준은 '한 가지 물질로 이루어져 있는가?' 이다.
ㄴ. B의 분류 기준은 '물질이 고르게 섞여 있는가' 이다.
ㄷ. (나)에는 물, 이산화 탄소, 설탕 등이 포함된다.
ㄹ. (가)와 (나)는 물리적인 방법으로 분리할 수 있다.
ㅁ. (다)와 (라)는 성분 물질의 성질을 그대로 가지고 있다.

Tip!

01 혼합물인 것은?

① 물 ② 공기 ③ 설탕
④ 염화 나트륨 ⑤ 이산화 탄소

02 순물질과 혼합물을 비교한 것으로 옳은 것은?

① 모든 혼합물은 고르게 섞여 있다.
② 순물질은 물리적인 방법으로 분리할 수 있다.
③ 혼합물은 녹는점, 끓는점, 밀도 등이 일정한 값을 갖는다.
④ 혼합물은 균일 혼합물과 불균일 혼합물로 구분할 수 있다.
⑤ 혼합물을 가열하면 가열 곡선에서 수평한 구간이 나타난다.

정답 및 해설 02쪽

[유형12-2] 순물질과 혼합물의 구별

아래의 그래프는 몇 가지 고체 물질의 가열 곡선을 나타낸 것이다.

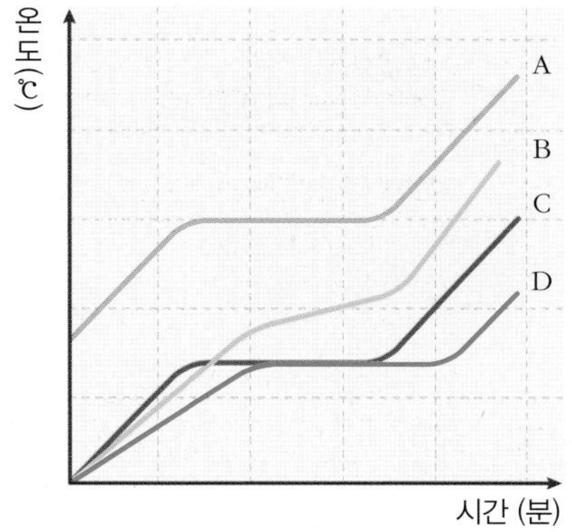

(1) A~D 중 같은 물질을 고르시오. (　　　)

(2) A~D 중 혼합물을 고르시오. (　　　)

(3) 위 그래프에서 나타나는 혼합물과 순물질의 차이점은 무엇인가?

(　　　　　　　　　　　　　　　　　　　　)

03

빈칸에 들어갈 알맞은 말을 〈보기〉에서 찾아 쓰시오.

〈 보기 〉

높은　　낮은　　혼합물　　순물질

(1) 소금물은 100℃ 보다 ㉠(　　　) 온도에서 끓기 시작한다.

(2) 가열했을 때 녹는점이 일정하면 ㉡(　　　)이고, 녹는점이 일정하지 않으면 ㉢(　　　)이다.

04

물 100g에 황산 구리(II) 10g을 녹일 경우, 그 값이 달라지지 않는 것은?

① 밀도
② 색깔
③ 얼기 시작하는 온도
④ 끓기 시작하는 온도
⑤ 물과 황산 구리의 질량의 합과 용액의 질량

Tip!

유형 익히기 & 하브루타

[유형12-3] 고체의 밀도차에 의한 분리

좋은 볍씨를 고를 때에 소금물에 볍씨를 담가서 쭉정이를 골라낸다.

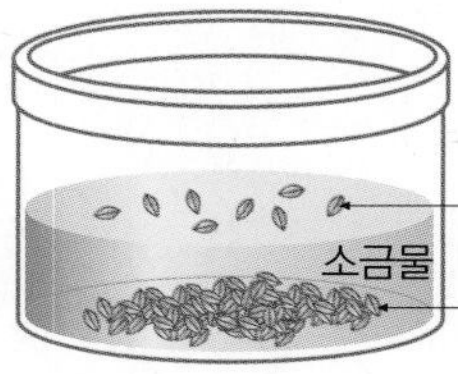

(1) 위와 같은 방법으로 쭉정이와 좋은 볍씨를 분리하는 것은 물질의 어떤 특성을 이용하는 것인가?

① 밀도 ② 색깔 ③ 녹는점 ④ 끓는점 ⑤ 용해도

(2) 쭉정이, 소금물, 좋은 볍씨의 밀도를 부등호를 이용해 비교하시오.

Tip!

05 **밀도 차를 이용한 고체 혼합물의 분리 방법에 대한 설명으로 옳은 것은 O표, 옳지 않은 것은 X표 하시오.**

(1) 볍씨를 소금물에 담그면 속이 빈 쭉정이와 잘 여문 볍씨를 구분할 수 있다. ( )

(2) 고체 혼합물을 분리할 때, 두 고체 물질을 모두 녹이는 액체 물질을 사용한다. ( )

(3) 고체 혼합물을 액체에 넣었을 때, 액체보다 밀도가 큰 고체는 액체 아래로 가라앉고 액체보다 밀도가 작은 고체는 액체 위로 뜬다. ( )

06 **신선한 달걀을 고르기 위해 소금물에 달걀을 넣었더니 모든 달걀이 가라앉았다. 오래된 달걀을 소금물 위로 뜨게 하는 방법으로 옳은 것은?**

① 물을 더 넣는다.
② 소금을 더 넣는다.
③ 달걀을 더 넣어준다.
④ 소금물의 온도를 낮춘다.
⑤ 소금물을 손으로 저어준다.

정답 및 해설 02쪽

[유형12-4] 액체의 밀도차에 의한 분리

혼합물을 분리하는 실험 기구들을 나타낸 것이다. 다음 설명 중 옳지 <u>않은</u> 것은?

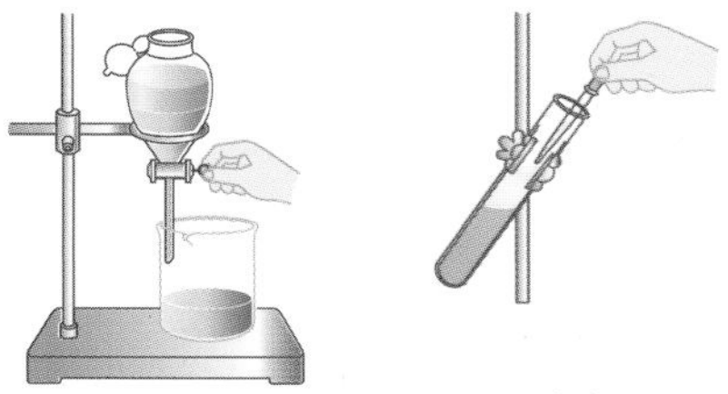

(가) (나)

① 밀도가 큰 물질은 아래층으로 가라앉는다.
② (가)는 분별 깔때기, (나)는 스포이트이다.
③ (가)에서 물과 식용유의 혼합물을 분리할 때 콕을 열면 식용유가 먼저 떨어진다.
④ (나)에서 물과 수은의 혼합물을 분리할 때 물을 먼저 분리할 수 있다.
⑤ 두 실험 기구는 모두 액체의 밀도 차이를 이용하여 혼합물을 분리하는 것이다.

07

다음 혼합물 중 밀도차를 이용해 분리할 수 없는 것은?

① 물과 수은 ② 물과 석유 ③ 물과 소금
④ 물과 에테르 ⑤ 물과 사염화 탄소

Tip!

08

다음 글을 읽고 빈칸에 들어갈 말로 알맞은 단어를 고르시오.

서로 섞이지 않는 액체의 혼합물을 시험관에 넣으면 밀도가 ㉠(큰 , 작은) 액체는 가라앉고, 밀도가 ㉡(큰 , 작은) 액체는 위층으로 분리된다.

01

물과 에탄올 그리고 식용유의 밀도를 나타낸 표이다.

액체	밀도 (g/cm³)
에탄올	0.78
물	1.0
식용유	0.82

(1) 물과 에탄올의 혼합물에 식용유를 가라앉히게 하려면 어떻게 하여야 하는지 그 이유와 함께 설명하시오.

(2) 물과 에탄올의 혼합물에 식용유 방울을 오른쪽 그림과 같이 중간에 띄우려면 어떻게 하여야 하는지 그 이유와 함께 설명하시오.

(3) 물과 에탄올의 혼합물에 식용유를 맨 위층에 떠오르게 하려면 어떻게 하여야 하는지 그 이유와 함께 설명하시오.

정답 및 해설 03쪽

02 제설과 관련된 설명이다.

(가) 눈이 많이 내리면 눈으로 인한 피해를 줄이기 위해 사람들은 제설 작업을 한다. 직접 삽으로 눈을 퍼서 사람들이 다니지 않는 곳에 치워두거나 흙이나 제설제를 뿌리기도 한다.

(나) 눈길에 흙을 뿌리면 마찰이 증가하여 눈길에서 미끄러지는 것을 방지할 수 있다. 하지만 시간이 지날수록 흙이 눈에 파 묻히면서 효과는 줄어들게 되고 많은 먼지를 일으키기도 한다.

(다) 염화 칼슘은 낮은 온도에서 물에 잘 녹지만, 물과 함께 얼어버리면 빙판길이 되어 매우 위험해진다. 또한 염화 이온은 철의 부식을 촉진시키며, 토양의 산성화를 유발하기도 한다.

(1) 제설제로 주로 이용되는 물질에는 염화 칼슘과 염화 나트륨 등이 있다. 이러한 화학 제설제를 뿌렸을 때 눈이 녹는 이유는 무엇인가?

(2) 요즘은 화학 제설제 보다 친환경 제설제가 더 주목받고 있다. 그 이유가 무엇일까?

03 예로부터 우리 조상들은 콩으로 메주를 만든 다음 장독대에 소금물을 넣고 메주를 담가 40일쯤 두었다. 그리고서 소금물에 콩의 성분들을 우려내어 간장을 얻고, 남은 건더기인 된장을 얻었다. 된장은 국이나 찌개에 이용되며, 단백질이 부족한 우리의 식생활에서 아주 중요한 단백질 공급원으로 자리 잡고 있다.

▲ 소금물에 담근 메주

▲ 간장

▲ 된장

(1) 눈이 쌓인 추울 겨울에 바깥에 있는 장독대를 열어 보았더니 간장은 얼지 않았다. 그 이유는 무엇인가?

(2) 위와 비슷한 현상을 일상 생활에서 찾아 그 원리와 함께 설명해 보시오.

정답 및 해설 03쪽

04 아래의 물음에 답하시오.

[제시문]
택시는 연료로 LPG를 사용한다. LPG를 연료로 사용하는 자동차는 연료비가 적게 들며, 소음이 적다. 하지만 겨울철에는 시동이 잘 걸리지 않는다는 단점이 있다.

LPG 연료의 주성분은 뷰테인과 프로페인이며, 뷰테인과 프로페인은 상온에서 기체 상태이므로 높은 압력을 가해 액체 상태로 만든 연료를 LPG통에 넣어 사용한다. 자동차 연료용 LPG는 여름철에는 거의 뷰테인으로 이루어져 있다.

LNG는 액화 천연 가스로, 천연 가스를 원산지에서 가압 냉각하여 액체 상태로 화물선으로 소비자에 운반한다. LNG의 주성분은 메테인 가스로 그 외에 에테인, 뷰테인, 프로페인 등을 함유하고 있으며 발열량이 매우 높고, 비중이 공기보다 작아 폭발하기는 어렵다. LNG는 공업 연료, 도시 가스, 발전 연료에 사용된다.

[자료] LPG와 LNG의 비교

구분	LNG	LPG	
성분	메테인 (CH_4)	프로페인 (C_3H_8)	뷰테인 (C_4H_{10})
밀도 (g/L)	0.65	1.80	2.37
끓는점 (℃)	- 162	- 42	- 0.5
연소열 (kJ/g)	56	51	50

(1) LPG를 사용하는 자동차는 왜 겨울철에 시동이 간혹 잘 안걸릴까?

(2) 겨울철에 제주도와 서울 지역 충전소 LPG의 성분 비율은 어떤 차이가 날까?

스스로 실력 높이기

A

[01~04] 〈보기〉를 보고 아래의 물음에 답하시오.

〈 보기 〉

순물질	혼합물	화합물
홑원소 물질	균일 혼합물	불균일 혼합물

01 두 종류 이상의 물질이 고르게 섞여 있는 혼합물을 무엇이라고 하는가?

( )

02 두 가지 이상의 원소가 결합하여 생성된 물질을 무엇이라고 하는가?

( )

03 두 종류 이상의 물질이 고르지 않게 섞여 있는 혼합물을 무엇이라고 하는가?

( )

04 한 가지 원소로만 이루어진 물질을 무엇이라고 하는가?

( )

05 순물질과 혼합물을 구별하는데 이용되는 물질의 성질을 모두 고르시오.(3개)

① 촉감 ② 부피 ③ 밀도
④ 끓는점 ⑤ 용해도

06 괄호에 들어갈 말로 알맞은 단어를 고르시오.

> 두 고체 혼합물을 중간 정도의 밀도를 가진 ㉠(고체 , 액체 , 기체)에 넣으면 밀도가 ㉡(큰 , 작은)물질은 가라앉고, 밀도가 ㉢(큰 , 작은) 물질은 위로 떠올라 분리할 수 있다.

07 밀도 차이를 이용한 혼합물 분리 방법에 대한 설명으로 옳은 것은 O표, 옳지 않은 것은 X표 하시오.

(1) 액체를 이용하여 좋은 볍씨와 쭉정이를 분리할 수 있다. ( )

(2) 두 고체 물질을 모두 녹이지 않고, 두 물질의 중간의 밀도를 갖는 액체에 넣어 분리한다. ( )

(3) 사금이 섞여 있는 모래를 쟁반에 담아 흔들면 사금은 흘러내려가고 밀도가 큰 모래만 쟁반에 남는다. ( )

08 밀도 차이를 이용하여 분리할 수 없는 혼합물은?

① 우유 ② 물과 식용유
③ 모래와 철가루 ④ 볍씨와 쭉정이
⑤ 모래와 스타이로폼

정답 및 해설 03쪽

09 분별 깔때기에 다음과 같은 두 물질을 넣었을 때, 위층에 뜨는 물질을 각각 쓰시오.

(1) 물과 석유 ( )

(2) 물과 에테르 ( )

(3) 물과 사염화 탄소 ( )

10 그림과 같은 실험 장치를 이용하여 분리할 수 있는 액체 혼합물의 조건을 〈보기〉에서 있는 대로 골라 기호로 쓰시오.

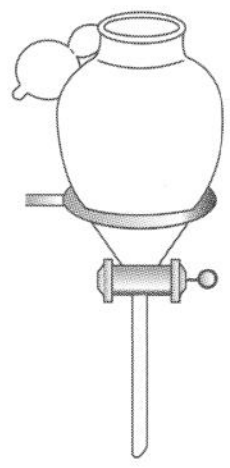

〈보기〉

ㄱ. 질량이 다르다. ㄴ. 밀도가 다르다.

ㄷ. 끓는점이 다르다. ㄹ. 서로 잘 섞이지 않는다.

B

11 순물질에 대한 설명에는 '순', 혼합물에 대한 설명에는 '혼'이라고 쓰시오.

(1) 물리적인 방법으로 분리할 수 있다. ( )

(2) 물리적인 방법으로 분리할 수 없다. ( )

(3) 성분 물질에 따라 물질의 특성이 달라진다. ( )

(4) 물질의 특성이 물질의 양에 관계없이 항상 일정하다. ( )

12 순물질과 혼합물을 비교한 것으로 옳은 것은?

① 혼합물은 성분비가 일정하다.

② 혼합물은 가열 곡선에 수평한 곳이 나타난다.

③ 혼합물은 주로 홑원소 물질과 화합물로 구분된다.

④ 순물질은 녹는점, 끓는점, 밀도 등이 일정한 값을 가진다.

⑤ 순물질은 두 종류 이상의 물질이 성질을 잃지 않고 섞여 있는 것이다.

13 물과 소금물의 가열 곡선을 나타낸 것이다. 소금물이 끓는 동안에도 온도가 계속 높아지는 이유는 무엇인가?

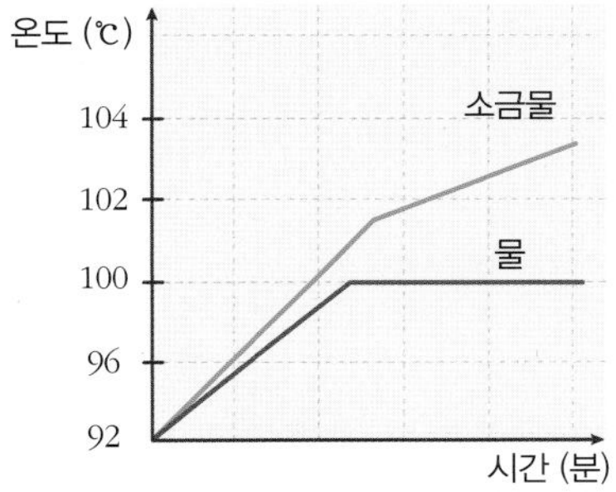

① 대기압이 높아지기 때문에

② 소금의 양이 점점 줄어들기 때문에

③ 소금물의 부피가 점점 늘어나기 때문에

④ 소금물의 농도가 점점 진해지기 때문에

⑤ 생성되는 결정의 질량이 늘어나기 때문에

14 스타이로폼과 모래의 혼합물을 물에 넣었더니 다음의 그림과 같이 분리되었다. A~C 밀도가 큰 것부터 순서대로 기호로 쓰시오.

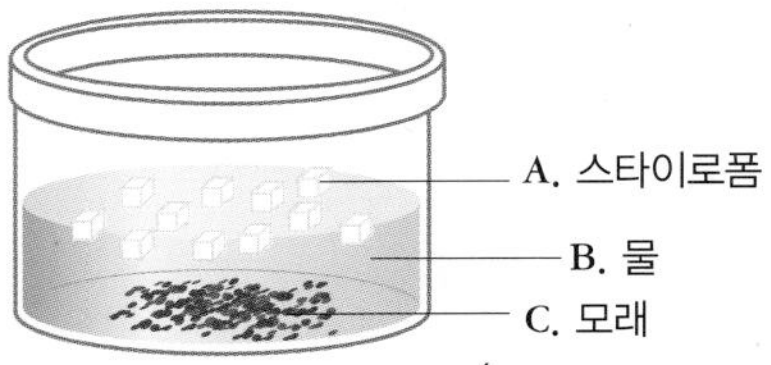

(, ,)

15 속이 찬 볍씨와 쭉정이는 소금물에 넣어서 분리할 수 있다. 이때 소금물의 밀도에 대한 설명으로 옳은 것은?

① 쭉정이와 밀도가 같아야 한다.
② 속이 찬 볍씨와 밀도가 같아야 한다.
③ 속이 찬 볍씨와 쭉정이의 밀도보다 커야 한다.
④ 속이 찬 볍씨와 쭉정이의 밀도보다 작아야 한다.
⑤ 속이 찬 볍씨와 쭉정이의 밀도의 중간이어야 한다.

16 그림과 같이 혼합물을 분리하였다. 이 실험에 대한 설명으로 옳은 것은 O표, 옳지 않은 것은 X표 하시오.

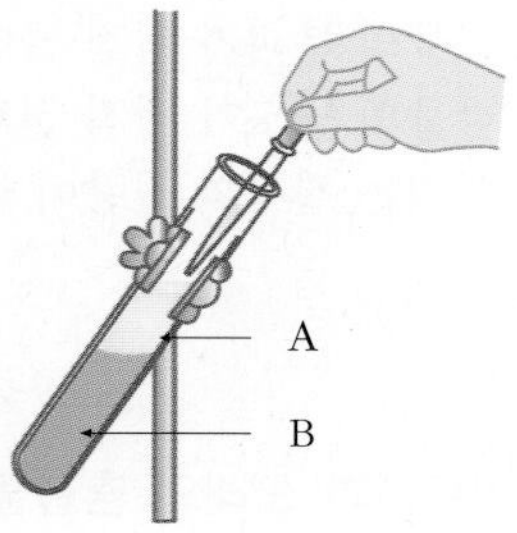

(1) 밀도는 A가 B보다 더 크다. ( )
(2) 용해도 차이를 이용해 분리한 것이다. ( )
(3) 물과 수은의 혼합물이라면 A는 수은, B는 물에 해당한다. ( )
(4) 서로 잘 섞이지 않는 고체와 액체를 분리 할 때 사용하는 방법이다. ( )

17 어떤 비휘발성 고체의 양을 달리하여 각각 물 100g에 녹인 용액 A, B, C를 나타낸 모형이다. 용액 A, B, C의 어는점을 바르게 비교한 것은?

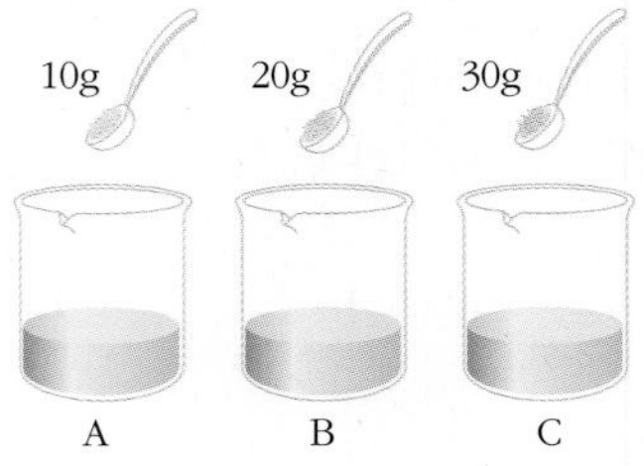

① A = B = C ② A > B > C ③ A = B < C
④ A < B < C ⑤ A = B < C

18 괄호 안의 내용 중 알맞은 단어를 고르시오.

(1) 바다에 유출된 기름이 바닷물 위에 뜨는 것은 바닷물의 밀도가 기름보다 ㉠(크기 , 작기) 때문이다.
(2) 혈액을 원심 분리기에 넣고 회전시키면 밀도가 큰 혈구는 시험관 ㉡(위쪽 , 아래쪽) 으로, 밀도가 작은 혈장은 시험관 ㉢(위쪽 , 아래쪽)으로 분리된다.

정답 및 해설 03쪽

[19~20] 그림과 같은 장치를 이용하여 액체 A와 액체 B의 혼합 용액을 분리하려고 한다.

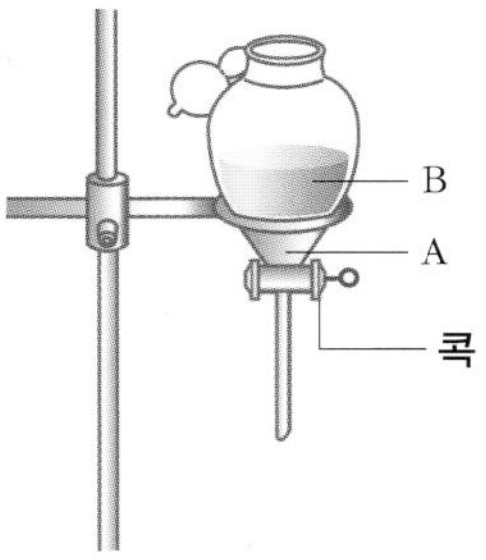

19 옳은 것을 모두 고르시오.(2개)

① 밀도가 큰 물질이 위층에 있다.
② 밀도가 작은 물질이 위층에 있다.
③ 질량이 큰 물질이 아래층에 있다.
④ 질량이 작은 물질이 위층에 있다.
⑤ 서로 잘 섞이지 않는 액체의 혼합물의 분리에 이용되는 방법이다.

20 위 실험 장치를 이용하여 분리할 수 있는 혼합물을 모두 고르시오.(2개)

① 물과 수은　② 물과 에탄올
③ 물과 참기름　④ 소금과 모래
⑤ 소금과 설탕

C

21 물질을 4가지로 분류하였을 때 각각의 특징을 분자 모형으로 나타낸 것이다. 이에 대한 설명으로 옳은 것을 모두 고르시오.(2개)

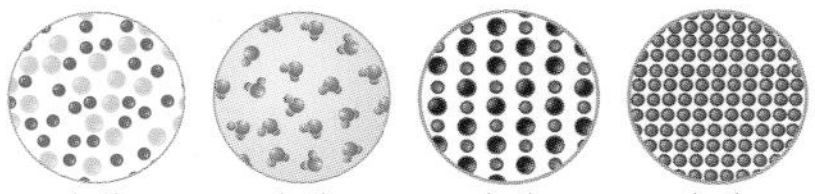

① (가)는 설탕물, 식초, 공기 등이 포함된다.
② (나)는 한 가지 원소로 이루어져 있는 물질이다.
③ (다)는 물리적인 방법으로 분리할 수 있다.
④ (라)는 물리적인 방법으로 분리할 수 없다.
⑤ (가)와 (나)는 성분 물질에 따라 물질의 특성이 달라진다.

22 밀도가 $0.7g/cm^3$인 고체 A와 밀도가 $2.5g/cm^3$인 고체 B를 분리하려고 한다. 다음 중 A와 B를 분리할 때 사용할 수 없는 액체는 무엇인가? (단, 고체 A와 B는 모든 액체에 녹지 않는다.)

액체	수은	물	사염화 탄소	메탄올
밀도 (g/cm^3)	13.6	1.0	1.6	0.79

23 나프탈렌과 파라-다이클로로에테르을 가열하였을 때와 두 물질의 혼합물을 가열할 때의 온도 변화를 나타낸 것이다. (단, 나프탈렌의 녹는점은 81℃, 파라-다이클로로에테르의 녹는점은 54℃이다.)

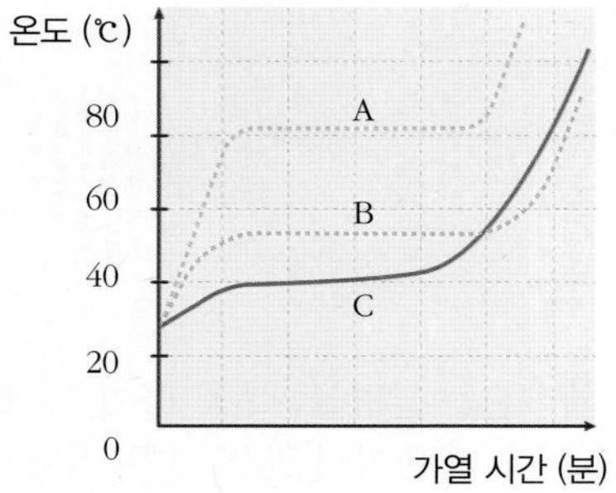

이에 대한 설명으로 옳지 <u>않은</u> 것은?

① A는 나프탈렌, B는 파라-다이클로로에테르의 가열 곡선이다.
② C는 나프탈렌과 파라-다이클로로에테르의 혼합물의 가열 곡선이다.
③ 혼합물의 그래프에서 수평한 부분은 모두 세 군데이다.
④ 고체 혼합물은 각 성분보다 낮은 온도에서 녹기 시작한다.
⑤ 혼합물의 가열 곡선 모양은 성분 물질의 혼합 비율에 따라 모양이 달라진다.

24 다음 물질들에 대한 설명으로 옳은 것은?

순수한 물	2 % 설탕물	5 % 설탕물

① 끓는점은 순수한 물이 가장 높다.
② 농도는 달라도 질량은 모두 같다.
③ 끓는점은 순수한 물, 2%설탕물, 5%설탕물 순서대로 높아진다.
④ 어는점은 순수한 물, 2%설탕물, 5%설탕물 순서대로 높아진다.
⑤ 농도에 상관없이 2%설탕물과 5%설탕물의 어는점과 끓는점은 같다.

25 분별 깔때기에 간장과 참기름을 넣은 모습이다. 이에 대한 설명 중 옳은 것을 <u>모두</u> 고르시오. (2개)

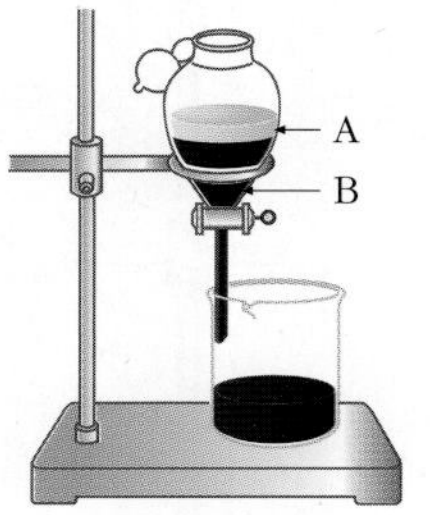

① 밀도는 A < B 이다.
② 아래층에 분리된 물질이 밀도가 작은 물질이다.
③ 위 실험 기구로 물과 에테르를 분리할 수 있다.
④ 액체의 양이 적을 때 분리하기 적당한 방법이다.
⑤ 위 실험에서 물을 첨가하여 잘 섞은 후 세워두면 물은 A위로 뜬다.

26 순물질과 혼합물의 끓는점을 비교하여 설명하시오.

27 고체-액체 혼합물의 가열 곡선에서 수평한 구간이 없는 이유는 무엇인가?

정답 및 해설 03쪽

28 밀도가 서로 다른 여러 종류의 구슬을 물에 넣었을 때의 모습을 나타낸 것이다. (가)는 순수한 물에 각각의 구슬을 넣었을 때의 모습이다. (가)의 물에 소금을 넣었더니 (나)와 같이 변하였다. 물과 구슬 A, B, C의 밀도를 부등호로 비교하고, 그렇게 생각한 이유를 서술하시오.

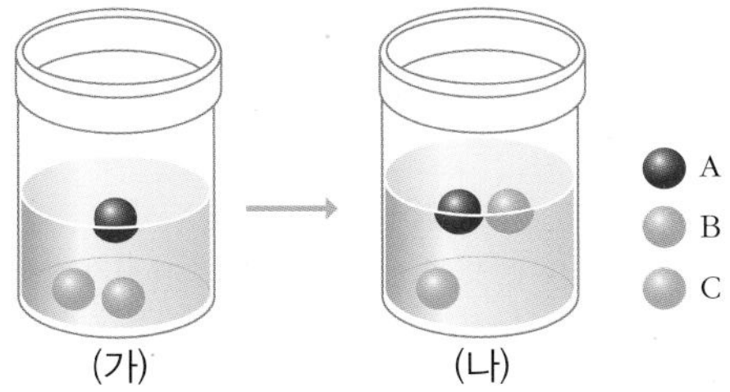

29 물과 사염화 탄소를 분리하는 방법을 쓰고, 그 이유를 설명하시오.

30 분별 깔때기로 액체 혼합물을 분리할 때 성분 액체의 조건 두 가지를 서술하시오.

창의력 서술

31 볍씨와 쭉정이를 분리하기 위해 혼합물을 소금물에 넣었는데, 볍씨와 쭉정이 모두 소금물 위에 떠 버렸다. 볍씨를 분리하기 위해 어떻게 해야 할까?

32 공기의 밀도가 1.2g/L(20℃)라면, LNG와 LPG의 가스 누출 경보기를 각각 설치하는 위치에 대해서 서술하시오.

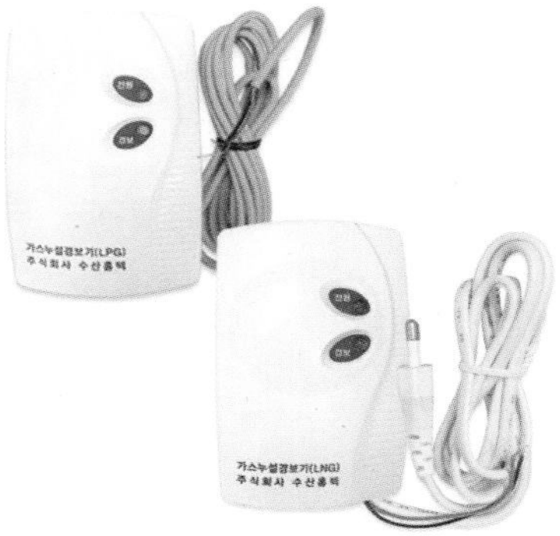

13강. 혼합물의 분리 II

1. 용해도 차이를 이용한 혼합물의 분리 1

(1) 용매에 대한 용해도 차이 이용

구분	거름	추출	기체 혼합물
분리 방법	어떤 용매에 잘 녹는 고체와 녹지 않는 고체의 혼합물은 한 가지만 녹이는 용매에 녹인 후 거름 장치로 거른다.	고체나 액체의 혼합물에서 특정한 물질만 녹이는 용매를 사용하여 그 물질을 분리한다.	어떤 용매에 잘 녹는 기체와 녹지 않는 기체가 섞여 있는 혼합 기체는 한 기체만 녹이는 용매에 통과시킨다.
예	소금과 분필 가루의 분리, 염화 나트륨과 나프탈렌의 분리 등	식초의 분리, 녹차 우려내기, 나물의 쓴맛 제거하기, 드라이클리닝으로 기름때 제거하기 등	암모니아가 섞인 공기를 물에 통과시켜 분리하기, 빗물에 의한 오염 물질 제거
실험 장치	깔때기에 유리 막대를 대고 혼합물을 붓는다. 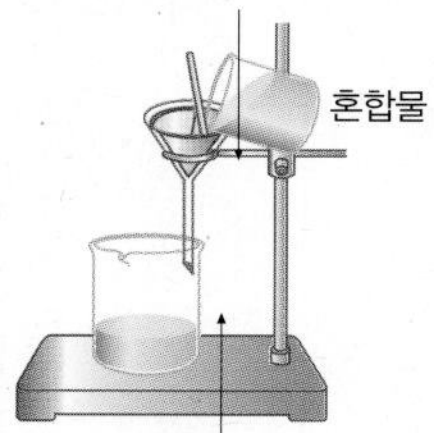 깔때기 끝이 비커의 벽에 닿게 한다.	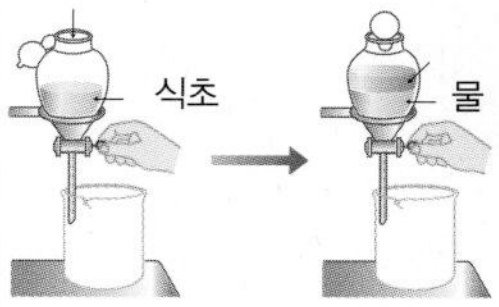 뚜껑을 닫고 잘 흔든 뒤 놓아둔다. 에테르는 아세트산만 녹여 물을 분리할 수 있다.	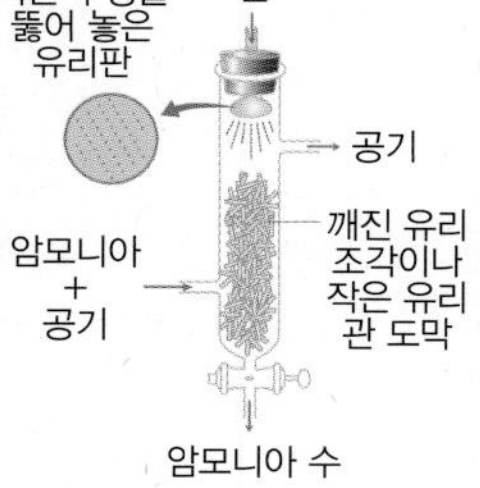 암모니아는 물에 녹아 아래로 흘러내리고 공기는 물에 녹지 않아 기체로 빠져나간다.

● 거름의 원리

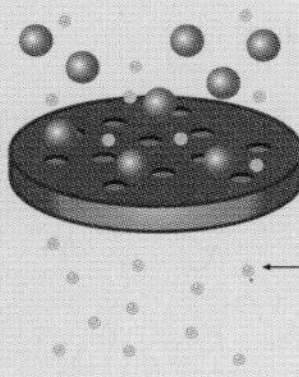

거름종이에는 미세한 구멍이 있어서 용매에 녹는 성분은 미세한 구멍을 통과하지만, 용매에 녹지 않는 성분은 알갱이가 커서 거름종이를 통과하지 못하고 거름종이 위에 남는다.

● 염화 나트륨과 나프탈렌

	용매 : 물	용매 : 아세톤
거름종이 위	나프탈렌	염화 나트륨
거름종이 아래	염화 나트륨	나프탈렌

염화 나트륨은 물에 녹고 나프탈렌은 아세톤에 녹는다.

● 추출의 예

- 녹차 우려내기 : 녹차 잎을 뜨거운 물에 넣으면 녹차 성분이 녹아 나온다.
- 드라이클리닝 : 옷에 묻은 기름때는 기름을 잘 녹이는 용매를 사용하여 기름때를 뺀다.

● 물에 잘 녹는 기체와 잘 녹지 않는 기체

물에 잘 녹는 기체	물에 잘 녹지 않는 기체
암모니아, 염화 수소, 이산화 질소	공기, 질소, 산소, 이산화 탄소

개념확인 1 혼합물에서 특정한 물질만 녹이는 용매를 사용하여 그 물질을 분리하는 것을 무엇이라고 하는가?

( )

확인 +1 〈보기〉 중 거름의 예를 있는 대로 골라 기호로 답하시오.

〈 보기 〉

ㄱ. 식초의 분리
ㄴ. 암모니아가 섞인 공기의 분리
ㄷ. 염화 나트륨과 나프탈렌의 분리

2. 용해도 차이를 이용한 혼합물의 분리 2

(1) 온도에 따른 용해도 차이 이용

구분	재결정	분별 결정
분리 방법	높은 온도의 용매에 녹인 후 냉각시켜 석출되는 순수한 고체를 얻는다.	
특징	· 불순물이 포함된 고체 물질을 높은 온도의 용매에 녹였다가 서서히 냉각시켜 순수한 결정을 얻는 방법이다. · 한 가지 물질만 얻을 수 있다.	· 성분 물질의 용해도 차이가 큰 고체 혼합물의 분리에 사용된다. · 각각의 성분을 모두 얻을 수 있다.
예	(예) 불순물이 포함된 황산 구리(II)에서 순수한 황산 구리(II) 얻기, 천일염에서 정제된 소금 얻기  ▲ 황산 구리  ▲ 황산 구리 결정 불순물이 포함된 황산 구리를 물에 완전히 녹인 후 거름 장치로 불순물을 거른 다음 천천히 냉각시키면 황산 구리 결정이 석출된다.	(예) 붕산과 염화 나트륨 분리하기, 질산 나트륨과 염화 칼륨 분리하기 등 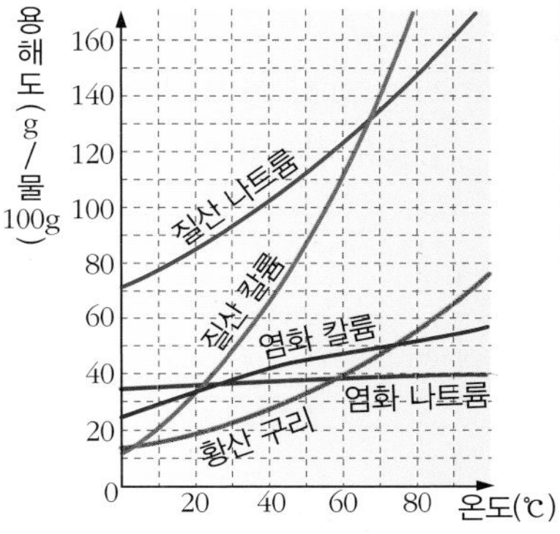 ▲ 여러 가지 물질들의 용해도 곡선

분별 결정으로 붕산과 염화 나트륨 분리하기

붕산 10g과 염화 나트륨 10g의 혼합물을 물 100g에 녹여 80℃에서 20℃로 냉각한다.

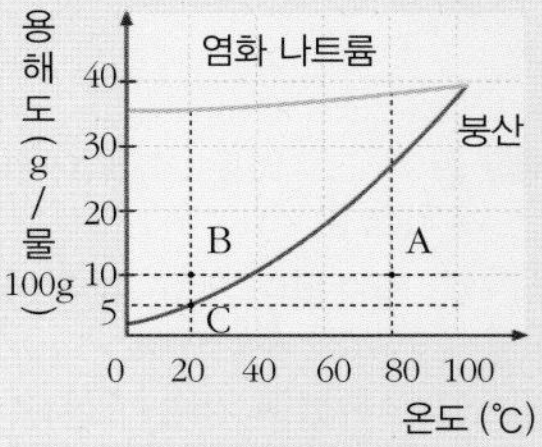

· 점 A : 80℃에서 붕산과 염화 나트륨은 불포화 상태이다.
· 점 B : 염화 나트륨은 20℃에서도 불포화 상태이므로 결정으로 석출되지 않는다.
· 점 B → C : 붕산은 20℃에서 용해도가 5이므로 5g의 붕산이 석출된다.

생각해보기★

붕산 10g과 염화 나트륨 10g의 혼합물을 분별 결정으로 각각 10g씩 분리 하여 얻을 수 있을까?

정답 및 해설 05쪽

개념확인 2 성분 물질의 용해도 차이가 큰 고체 혼합물 분리에서 각각의 성분을 얻을 수 있는 분리 방법은 무엇인가?

( )

확인 +2 불순물이 포함된 고체 물질을 높은 온도의 용매에 녹였다가 냉각시켜 순수한 결정을 얻는 분리 방법은 무엇인가?

( )

● 간단실험

수성 사인펜 색소 분리하기

① 거름종이의 한쪽 끝에서 1cm되는 곳에 수성 사인펜으로 선의 가운데 점을 찍는다.

② 눈금실린더에 0.5cm 정도 물을 넣고, 점을 찍은 거름종이를 넣고 5mm 정도를 물에 잠기게 한뒤, 아래 부분의 변화를 관찰한다.

▲ 사인펜 색소를 분리하는 과정

● 종이 크로마토그래피에서 유의할 점

① 불순물이 없는 순수한 용매를 사용한다.

② 혼합물을 찍는 위치는 거름종이 아래에서 1~2cm 정도 위가 적당하다.

③ 거름종이 끝까지 용매가 이동하기 전에 실험을 마친다.

● 종이 크로마토그래피 결과

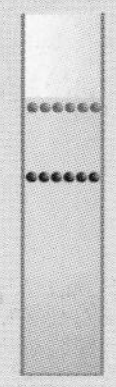

이동 속도	A > B
거름종이(고정상)에 대한 흡착력	A < B
용매(이동상)에 대한 용해도	A > B

모세관 현상에 의해 용매는 아래에서 위로 이동한다.

● 생각해보기★★

종이 크로마토그래피에서 혼합물이 찍힌 점이 용매에 잠기게 되면 어떠한 일이 일어날까?

미니사전

모세관 현상 [毛 털 細 가늘다 管 관 ~] 얇은 관이나 틈을 따라 액체가 따라 올라가는 현상

3. 크로마토그래피를 이용한 혼합물의 분리 1

(1) 크로마토그래피 : 혼합물을 이루고 있는 성분들의 매질 내에서 이동 속도 차이를 이용하는 분리 방법이다.

(2) 종이 크로마토그래피 : 거름종이에 혼합물의 점을 찍고 용매를 흡수시키면 용매의 영향으로 성분 물질의 이동 속도에 차이가 생기기 때문에 성분이 분리된다.

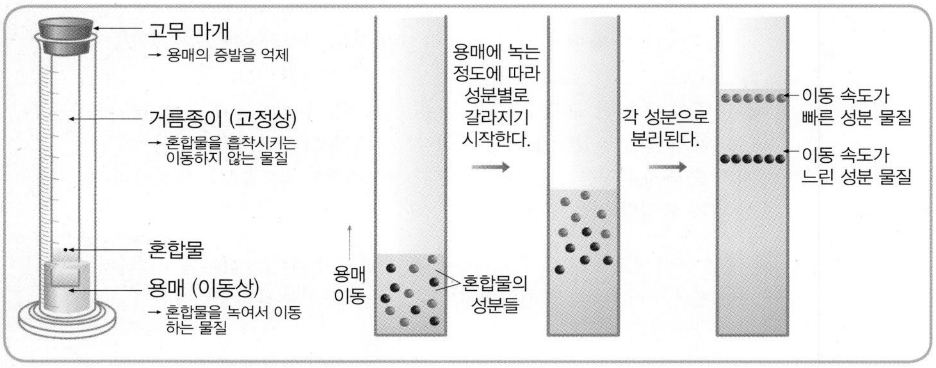

(3) 성분 물질 확인 : 물질 A, B, C, D, E에 대해 종이 크로마토그래피를 하여 다음과 같은 결과를 얻었다면 아래 표와 같이 성분 물질을 확인할 수 있다.

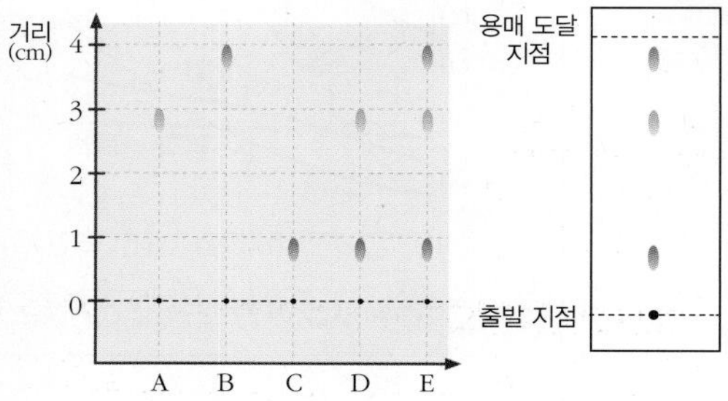

구분	물질	결과
순물질	A	물질이 여러 개로 분리되지 않았다.
	B	
	C	
혼합물	D	물질 A+C 혼합물
	E	물질 A+B+C 혼합물

올라간 높이가 같은 물질은 같은 성분 물질이다.

개념확인 3

혼합물을 이루고 있는 성분들의 매질 내에서 이동 속도 차이를 이용한 분리 방법을 무엇이라고 하는가?

( )

확인 +3

물음에 답하시오.

(1) 혼합물을 흡착시키며, 이동하지 않는 물질을 무엇이라고 하는가? ( )

(2) 혼합물을 녹여서 같이 이동하는 물질을 무엇이라고 하는가? ( )

4. 크로마토그래피를 이용한 혼합물의 분리 2

(1) 관 크로마토그래피 : 관 속에 고정상으로 쓰일 물질을 채우고, 그 위에 혼합물과 함께 이동상을 흘려주면 고정상 사이로 혼합물과 이동상이 내려가게 된다.

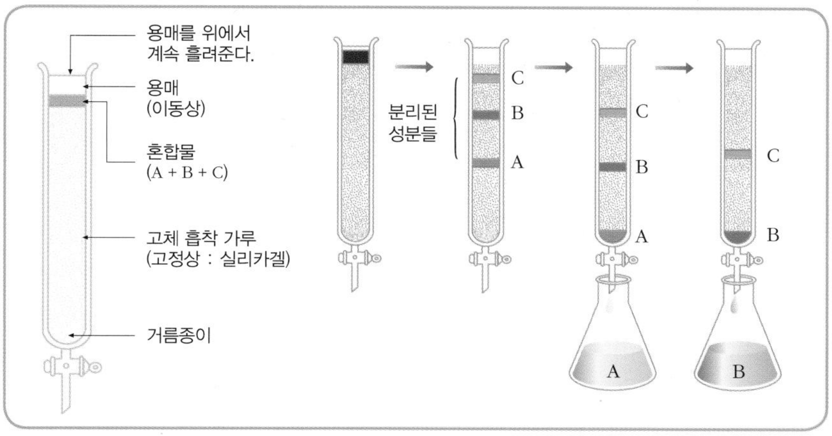

(2) 크로마토그래피의 이용의 예

사인펜 잉크의 색소 분리	운동 선수의 도핑 테스트

(3) 크로마토그래피의 특징

① 실험 방법이 간단하고, 짧은 시간에 분리가 가능하다.
② 혼합물의 양이 매우 적어도 분리할 수 있다.
③ 성질이 비슷한 혼합물도 쉽게 분리할 수 있다.
④ 여러 가지 성분이 섞인 복잡한 혼합물도 분리할 수 있다.

관 크로마토그래피 결과

이동 속도	A > B > C
실리카겔(고정상)에 대한 흡착력	A < B < C
용매(이동상)에 대한 용해도	A > B > C

전개율

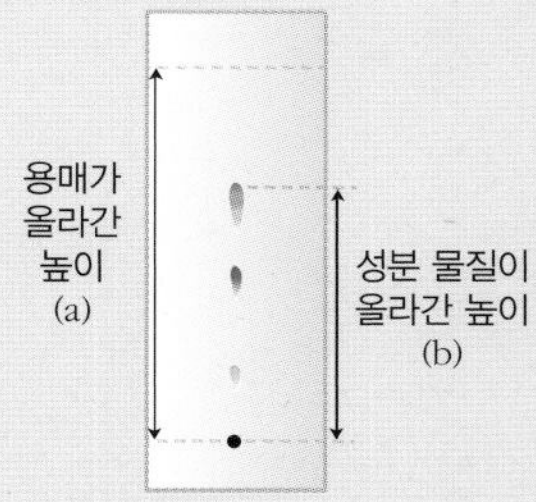

· 전개율

$$= \frac{\text{성분 물질의 이동거리(b)}}{\text{용매의 이동거리(a)}}$$

· 용매의 종류와 용질의 성질에 따라 다르다.
· 전개율이 같으면 같은 물질이다.

생각해보기★★★
생활 속에서 볼 수 있는 크로마토그래피 현상에는 어떤 것들이 있을까?

정답 및 해설 **05쪽**

개념확인 4 관 크로마토그래피를 이용해 혼합물을 분리하는 과정 중 일부를 나타낸 것이다. A~C 중 이동 속도가 가장 빠른것은?

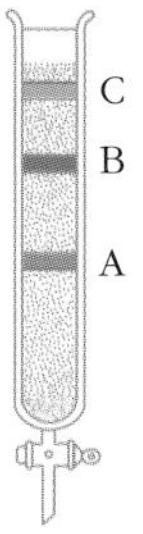

개념확인 +4 크로마토그래피에 대한 설명으로 옳은 것은 O표, 옳지 않은 것은 X표 하시오.

(1) 실험 방법이 간단하고, 짧은 시간에 분리가 가능하다. ( )
(2) 성질이 비슷한 혼합물은 분리하기가 어렵다. ( )
(3) 혼합물의 양이 매우 적어도 분리할 수 있다. ( )

미니사전

실리카겔 물이나 알코올을 흡수하는 능력이 뛰어난 물질. 공기 중의 수분을 흡수하여 식품 등이 눅눅해 지는 것을 막기 위해 사용된다.

도핑 테스트 스포츠에서 운동 선수가 경기 능력을 높이기 위해 금지 약물을 복용하였는지 검사하는 것이다.

개념 다지기

01 **거름에 대한 설명으로 옳은 것은?**

① 혼합물을 이루고 있는 성분들의 매질 내에서 이동 속도 차이를 이용하여 분리한다.
② 고체나 액체의 혼합물에서 특정한 물질만 녹이는 용매를 사용하여 그 물질을 분리한다.
③ 두 고체 물질을 모두 녹이지 않고, 두 물질의 중간 정도 밀도를 갖는 액체에 넣어 분리한다.
④ 불순물이 포함된 고체 물질을 높은 온도의 용매에 녹였다가 서서히 냉각시켜 순수한 결정을 얻는다.
⑤ 어떤 용매에 잘 녹는 고체와 녹지 않는 고체의 혼합물은 한 가지만 녹이는 용매에 녹인 후 거름 장치로 거른다.

02 **그림의 실험 장치로 분리할 수 있는 것은?**

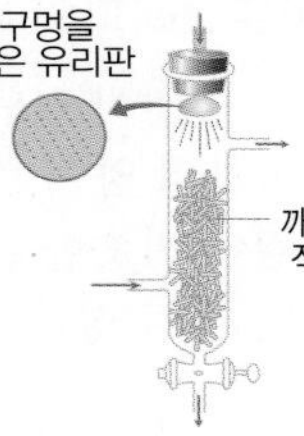

① 식초 분리하기
② 기름 때 제거하기
③ 소금과 분필 가루 분리하기
④ 순수한 황산 구리 결정 얻기
⑤ 암모니아가 섞인 공기 분리하기

03 **불순물이 포함된 고체 물질을 높은 온도의 용매에 녹인 후 냉각시켜 석출되는 순수한 고체를 얻는 방법으로, 한 가지 물질만 얻을 수 있는 분리 방법은 무엇인가?**

① 거름 ② 추출 ③ 재결정
④ 분별 결정 ⑤ 크로마토그래피

정답 및 해설 05쪽

04 크로마토그래피의 특징으로 옳은 것을 <u>모두</u> 고르시오.(2개)

① 성질이 비슷한 혼합물을 쉽게 분리할 수 있다.
② 실험 방법이 어렵고, 실험 시간이 오래 걸린다.
③ 여러 가지 성분이 섞인 복잡한 혼합물도 분리 할 수 있다.
④ 두 가지 물질의 중간 정도의 밀도를 갖는 용매를 넣어서 분리한다.
⑤ 혼합물 중 특정한 물질만 녹이는 용매를 사용하여 그 물질을 분리한다.

05 이동 속도가 가장 빠른 것끼리 짝지은 것은?

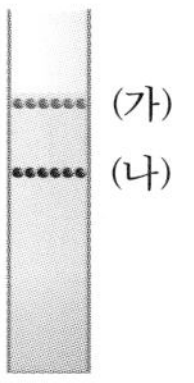

▲ 종이 크로마토그래피의 결과

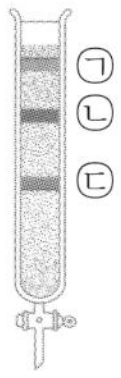

▲ 관 크로마토그래피의 결과

	종이 크로마토그래피	관 크로마토그래피
①	(가)	㉠
②	(가)	㉡
③	(가)	㉢
④	(나)	㉠
⑤	(나)	㉡

06 종이 크로마토그래피를 하여 다음과 같은 결과를 얻었다. 다음 성분 물질 중 순물질을 <u>모두</u> 고르시오.(3개)

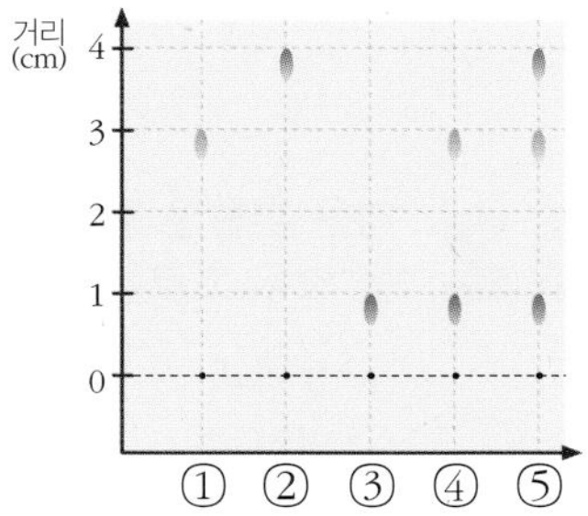

유형 익히기 & 하브루타

[유형13-1] 용해도 차이를 이용한 혼합물의 분리 1

다음과 같은 혼합물의 분리 방법은 무엇인가?

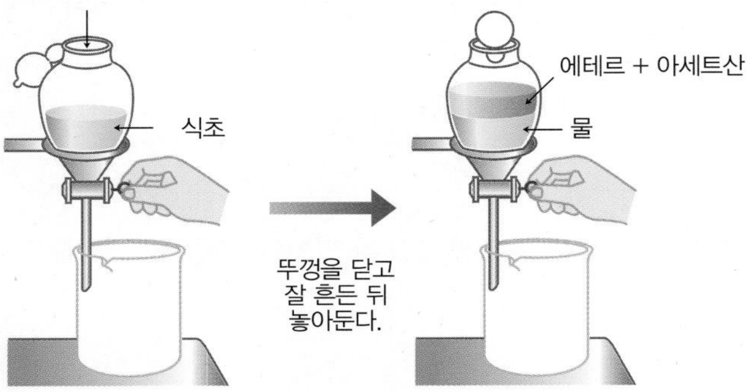

① 거름 ② 추출 ③ 재결정 ④ 분별 결정 ⑤ 분별 증류

Tip!

01 그림과 같은 실험 기구를 이용하여 분리할 수 있는 혼합물의 종류는?

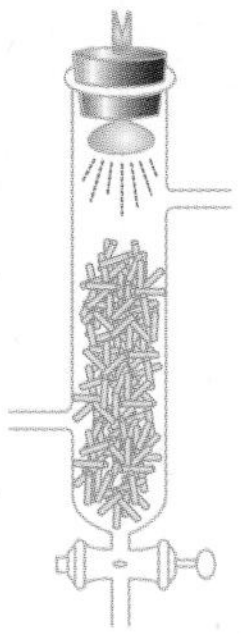

① 고체와 고체 혼합물
② 고체와 액체 혼합물
③ 기체와 기체 혼합물
④ 서로 섞이는 액체 혼합물
⑤ 서로 섞이지 않는 액체 혼합물

02 다음 혼합물 중 물에 녹인 후 거름장치를 이용하여 분리할 수 있는 것을 모두 고르시오.(2개)

① 설탕과 깨 ② 소금과 설탕 ③ 톱밥과 철가루
④ 염화 수소와 산소 ⑤ 소금과 나프탈렌

정답 및 해설 05쪽

[유형13-2] 용해도 차이를 이용한 혼합물의 분리 2

그림은 몇 가지 물질들의 용해도를 간략히 나타낸 그래프이다.

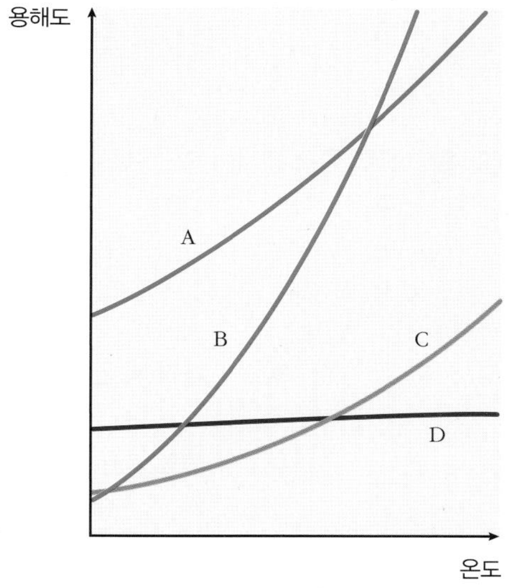

(1) A~D 중 온도에 따른 용해도의 차이로 분리하기 어려운 물질은?

( )

(2) 불순물이 포함된 고체 A에서 순수한 결정을 얻기 위해서는 어떠한 방법을 이용하여야 하는가?

( )

(3) B와 D의 혼합물을 분리하여 각각의 성분을 얻으려면 어떠한 분리 방법을 이용하여야 하는가?

( )

03

온도에 따른 용해도 차이가 큰 고체 혼합물을 분리하려고 한다. 이때 사용할 수 있는 방법으로 적당한 것을 〈보기〉에서 골라 바르게 짝지은 것은?

〈 보기 〉

ㄱ. 거름 ㄴ. 증류 ㄷ. 분별 깔때기 ㄹ. 재결정

① ㄱ, ㄴ ② ㄴ, ㄷ ③ ㄱ, ㄹ
④ ㄱ, ㄴ, ㄷ ⑤ ㄱ, ㄷ, ㄹ

04

온도에 따른 질산 나트륨과 붕산의 용해도를 나타낸 것이다. 질산 나트륨 50g과 붕산 50g을 섞은 혼합물을 100g의 물에 넣고 가열하여 모두 녹인 후 20℃로 냉각시켰을 때 결정으로 석출되는 물질과 질량을 쓰시오.

물질 \ 온도(℃)	20	100
질산 나트륨	88	180
붕산	5	38

용해도 (g/물 100g)

(1) 석출되는 물질 : ( )
(2) 석출되는 질량 : ( )g

Tip!

[유형13-3] 크로마토그래피를 이용한 혼합물의 분리 1

몇 가지 물질의 크로마토그래피 결과를 나타낸 것이다.

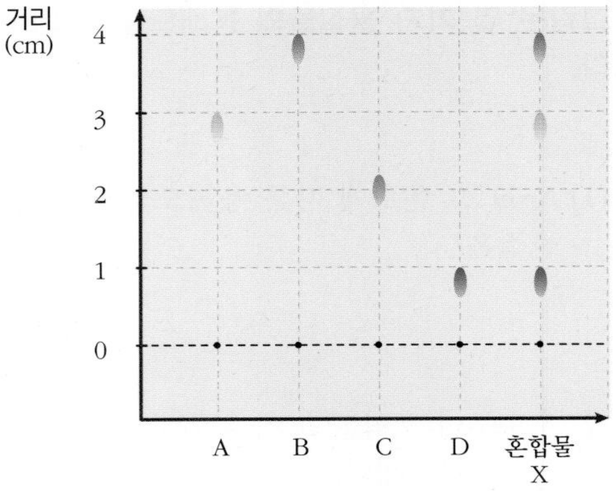

(1) 혼합물 X에 포함되어 있는 성분을 모두 고른 것은?

① A, B
② C, D
③ A, B, D
④ B, C, D
⑤ A, B, C, D

(2) A~D 중 이동 속도가 가장 빠른 물질은 무엇인가?

(3) A~D 중 고정상에 대한 흡착력이 가장 강한 물질은 무엇인가?

(4) A~D 중 이동상에 대한 용해도가 가장 큰 물질은 무엇인가?

Tip!

05 여러 가지 혼합물을 종이 크로마토그래피로 분리한 결과이다. 이에 대한 설명으로 옳은 것을 모두 고르시오. (3개)

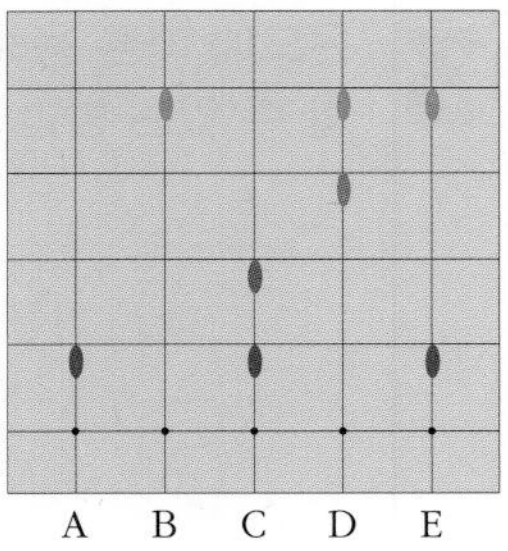

① D에는 B가 포함된다.
② E는 A와 B의 혼합물이다.
③ 용매에 가장 잘 녹는 것은 A이다.
④ 이동 속도가 가장 빠른 물질은 B이다.
⑤ C는 최소 3개 이상의 성분으로 이루어져 있다.

06 종이 크로마토그래피를 할 때 유의할 점을 있는 대로 골라 기호로 답하시오.

〈 보기 〉

ㄱ. 혼합물은 거름종이의 제일 끝에 표시한다.
ㄴ. 용매는 불순물이 없는 순수한 용매를 사용한다.
ㄷ. 용매의 증발을 억제하기 위해 마개를 잘 막아둔다.
ㄹ. 혼합물을 표시한 부분이 용매에 잠기지 않게 장치한다.

정답 및 해설 05쪽

[유형13-4] 크로마토그래피를 이용한 혼합물의 분리 2

에테르를 용매로 하여 미지의 혼합물 X를 관 크로마토그래피로 분리하는 과정을 나타낸 것이다.

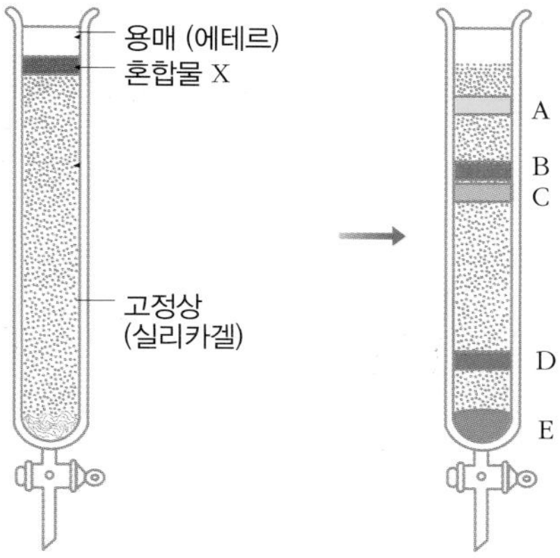

(1) 이 혼합물 X는 최소한 몇 가지 성분으로 이루어져 있는가? (　　　) 가지

(2) 관 크로마토그래피 결과를 보고 고정상에 대한 흡착력이 가장 큰 성분과 용매에 대한 용해도가 가장 큰 성분을 각각 차례대로 쓰시오. (　　,　　)

07

크로마토그래피가 이용되는 것으로 옳은 것만을 있는 대로 골라 기호로 답하시오.

〈 보기 〉

ㄱ. 잉크의 색소 분리
ㄴ. 나물의 쓴맛 제거하기
ㄷ. 운동 선수의 도핑 테스트
ㄹ. 드라이클리닝으로 기름때 제거하기

(　　　　　　　　)

Tip!

08

물을 용매로 하여 수성 사인펜 잉크의 색소를 크로마토그래피를 이용하여 분리한 결과이다. A, B, C 각각의 전개율을 구하시오.

A : (　　　　)

B : (　　　　)

C : (　　　　)

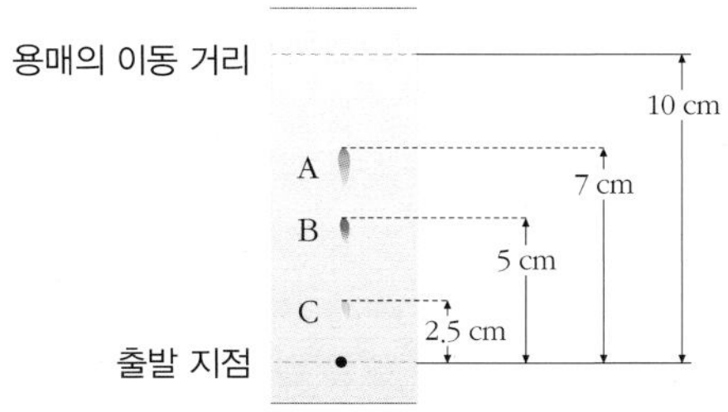

창의력 & 토론마당

01

극성과 무극성에 대한 설명이다. 일반적으로 극성 분자는 무극성 분자보다 끓는점과 녹는점이 높다. 또한 극성 물질은 극성 물질끼리, 무극성 물질은 무극성 물질끼리 잘 섞인다.

극성 분자	무극성 분자
분자 내에 부분적인 양전하와 음전하를 띤 분자로 분자의 모양이 비대칭이다. ㉮ 물, 에탄올, 아세트산 등  ▲ 물 분자	분자 전체에 전하가 균일하게 분포되어 있는 분자로 분자의 모양이 대칭이다. ㉮ 벤젠, 석유, 사염화 탄소, 에테르 등  ▲ 이산화 탄소 분자

(1) 옷에 기름때가 묻었을 경우, 벤젠으로 기름때를 지운다. 그 이유는 무엇일까?

(2) 그림과 같은 실험 장치에 밀도가 0.7 g/cm^{3}인 무극성 고체 물질 (가)와 밀도가 0.4 g/cm^{3}인 극성 고체 물질 (나)를 물과 사염화 탄소가 들어 있는 분별 깔때기에 떨어뜨리면 각각 어떠한 결과가 나타날지 서술해 보시오. (단, 물의 밀도는 1 g/cm^3, 사염화 탄소의 밀도는 1.58 g/cm^{3}이다.)

(가) 밀도 : 0.7 g/cm^3, 무극성　　　(나) 밀도 : 0.4 g/cm^3 , 극성

정답 및 해설 06쪽

02 **어떤 물질 X가 5g 녹아 있는 수용액으로부터 사염화 탄소를 이용하여 X를 추출하여 분리하고자 한다. 물과 사염화 탄소의 부피가 같을 때 물과 사염화 탄소에 각각 녹는 물질 X의 질량비는 1 : 2 이다.**

(1) 물질 X가 5g 녹아 있는 수용액 10mL에 사염화 탄소 10mL씩 사용하여 추출 과정을 두 번 반복하였을 때 분리되는 물질 X의 질량(g)을 소수점 둘째 자리까지 계산하여 구하시오.

(2) 물질 X를 분리할 때 한번에 사염화 탄소 20mL를 가하여 추출하는 것과 10mL씩 두 번에 나누어 추출하는 것 중 어떤 것이 더 효과적으로 많은 양을 추출할 수 있을까?

03

그림은 거름종이에 혼합물 A, B의 점을 거름종이의 시작점에 찍고 알코올에 담가 두었다가 꺼낸 것이다.

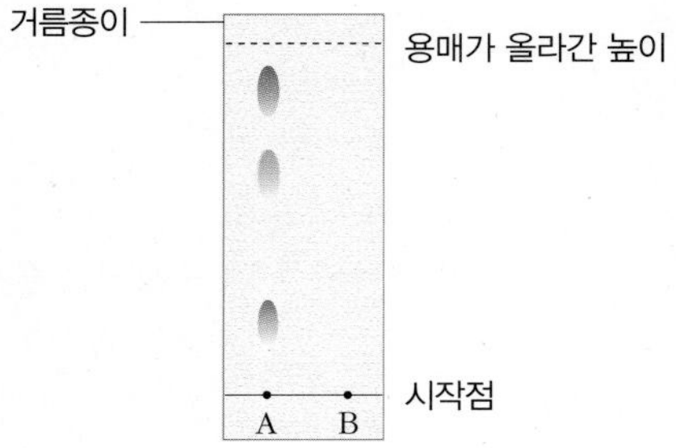

(1) 위 그림에서 분리되지 않은 혼합물 B를 크로마토그래피를 이용하여 분리시키기 위한 적당한 방법을 쓰시오.

(2) 혼합물 A를 아래 그림과 같이 관 크로마토그래피를 이용하여 분리하고자 할 때 가장 먼저 분리되어 나오는 물질은 무슨 색인가? 그 이유는 무엇인가?

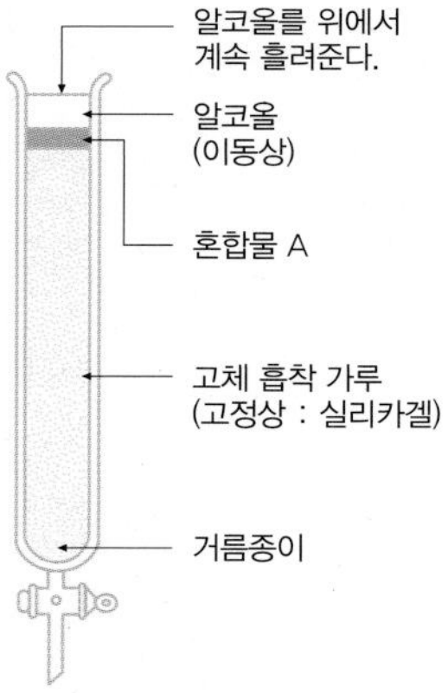

정답 및 해설 06쪽

04

각 트랙에 여러 인종의 선수들이 육상 장애물 경기를 하고 있다.

위의 장애물 경기와 크로마토그래피의 원리를 연관지어 유사점과 차이점을 쓰시오.

· 유사점 :

· 차이점 :

스스로 실력 높이기

A

01 고체나 액체의 혼합물에서 특정한 물질만 녹이는 용매를 사용하여 그 물질을 분리하는 방법을 무엇이라고 하는가?

( )

02 어떤 용매에 잘 녹는 고체와 녹지 않는 고체의 혼합물을 한 가지만 녹이는 용매에 녹인 후 거름 장치로 거르는 분리 방법을 무엇이라고 하는가?

( )

03 성분 물질의 용해도 차이가 큰 고체 혼합물의 분리에서 사용되어 각각의 성분을 얻을 수 있는 분리 방법을 무엇이라고 하는가?

( )

04 불순물이 포함된 고체 물질을 높은 온도의 용매에 녹였다가 냉각시켜 순수한 결정을 얻는 분리 방법을 무엇이라고 하는가?

( )

05 혼합물을 이루고 있는 성분들의 매질 내에서 이동 속도의차이를 이용하여 분리하는 방법을 무엇이라고 하는가?

( )

06 기체 혼합물을 분리하는 장치를 나타낸 것이다. 이에 대한 설명으로 옳은 것은 O표, 옳지 않은 것은 X표 하시오.

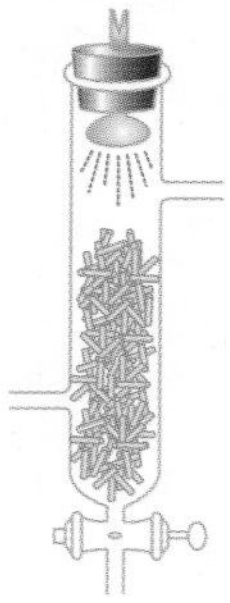

(1) 용매는 모든 기체를 다 녹일 수 있는 것으로 해야 한다. ( )

(2) 공기, 질소, 산소, 이산화 탄소는 물에 잘 녹지 않는다. ( )

(3) 암모니아 기체와 공기를 물에 섞으면 공기는 물에 녹지 않아 기체로 빠져 나간다. ( )

07 에테르를 용매로 하여 콩 속에 들어 있는 유지를 분리하는 방법과 같은 혼합물의 분리 방법은?

① 한겨울 자동차의 냉각수에 부동액을 넣는다.
② 염전에서 얻은 소금을 정제하여 순수한 소금을 얻는다.
③ 덜 익은 감을 소금물에 담가 놓으면 떫은맛이 없어진다.
④ 소금물에 볍씨를 넣으면 좋은 볍씨와 쭉정이를 분리할 수 있다.
⑤ 물과 식용유의 혼합물이 든 시험관을 가반히 놔두면 두 층으로 분리된다.

08 크로마토그래피에 대한 설명으로 옳은 것을 있는 대로 골라 기호로 나타내시오.

〈 보기 〉

ㄱ. 적은 양의 혼합물도 분리가 가능하다.
ㄴ. 복잡한 혼합물도 한 번에 분리할 수 있다.
ㄷ. 혼합물을 이루는 성분 물질의 수를 알아낼 수 있다.
ㄹ. 시간이 오래 걸리고, 특별한 실험 장치가 있어야 한다.

정답 및 해설 07쪽

09 거름과 추출에 대한 설명으로 옳은 것은 O표, 옳지 않은 것은 X표 하시오.

(1) 염화 나트륨과 나프탈렌을 분리할 때에는 추출을 이용한다. ( )

(2) 소금과 모래가 섞인 혼합물은 물에 녹인 후 거름장치로 걸러 분리한다. ( )

(3) 녹차잎을 뜨거운 물에 넣었을때 녹차의 성분이 녹아나오는 것을 추출이라고 한다. ( )

10 종이 크로마토그래피 장치를 바르게 꾸민 것은?

①

②
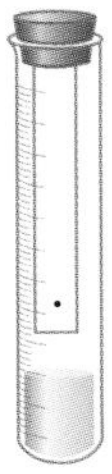

③

④
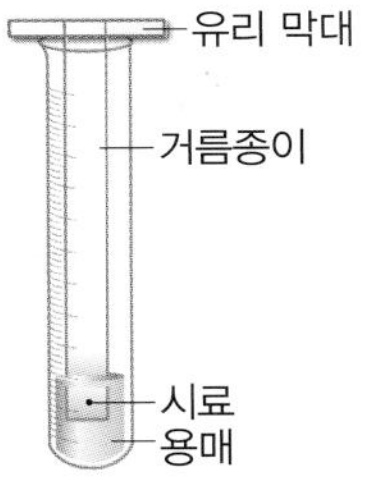

⑤
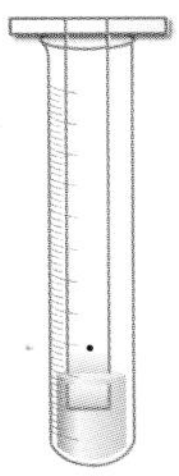

B

11 그림의 실험 기구와 물을 이용하여 분리할 수 <u>없는</u> 혼합물은?

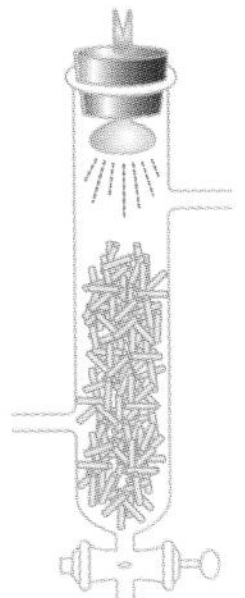

① 암모니아와 공기
② 염화 수소와 질소
③ 산소와 염화 수소
④ 이산화 탄소와 염화 수소
⑤ 이산화 질소와 염화 수소

[12~13] 염화 나트륨과 붕산의 용해도 곡선이다.

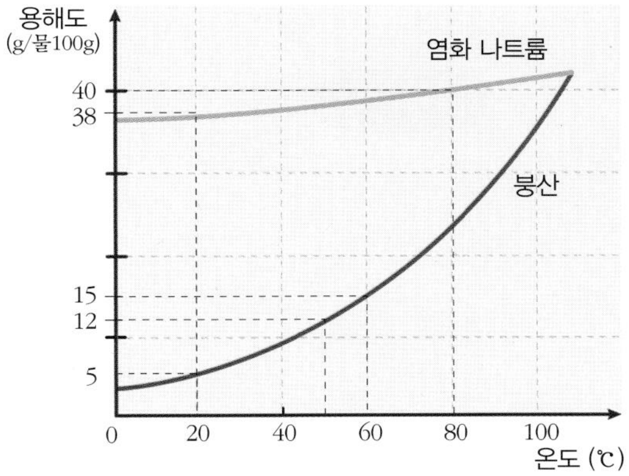

염화 나트륨과 붕산을 각각 15g씩 혼합하여 80℃물 100g에 녹였다. 다음 물음에 답하시오.

12 이 용액을 서서히 식혔더니 결정이 석출되기 시작하였다. 이와 같이 염화 나트륨과 붕산을 분리할 때 이용된 물질의 특성은?

① 밀도 ② 질량
③ 끓는점 ④ 용해도
⑤ 입자의 크기

13 이 혼합물을 20℃까지 냉각시켰을 때 석출되는 물질과 결정의 양으로 옳은 것은?

① 붕산 5 g ② 붕산 10 g
③ 붕산 15 g ④ 염화 나트륨 15 g
⑤ 염화 나트륨 23 g

14 크로마토그래피를 이용하여 잉크를 분리한 실험 과정과 그 결과이다. 이에 대한 설명으로 옳지 않은 것은?

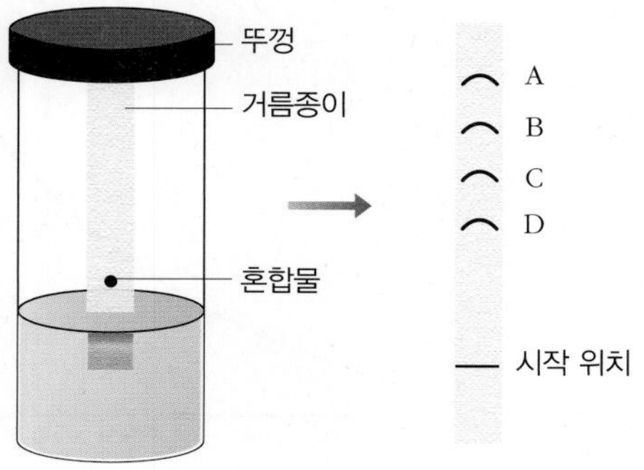

① 거름종이와의 흡착력은 A가 가장 크다.
② 용매를 바꿔 쓰면 결과는 다르게 나올 수 있다.
③ 뚜껑을 덮는 것은 용매의 증발을 막기 위한 것이다.
④ 이 잉크는 최소한 네 가지 성분이 섞인 혼합물이다.
⑤ 운동 선수들의 약물 복용 검사에도 이 방법이 이용된다.

15 종이 크로마토그래피를 이용하여 혼합물 X의 색소를 분리한 모습을 나타낸 것이다. 이에 대한 설명으로 옳은 것만을 〈보기〉에서 있는 대로 고른 것은?

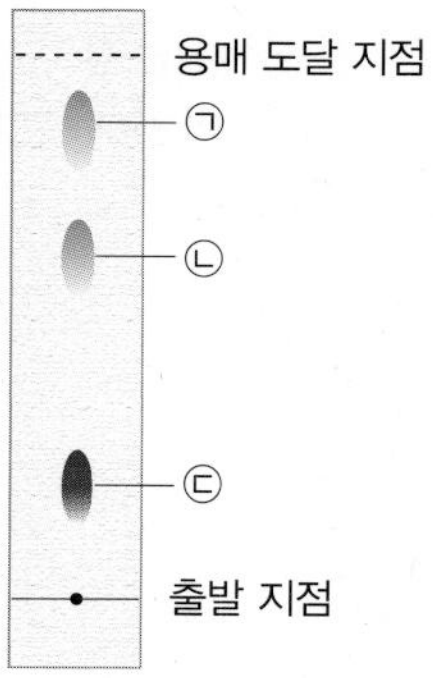

〈 보기 〉

ㄱ. 이동 속도가 가장 빠른 물질은 ㉠이다.
ㄴ. 용매에 대한 용해도가 가장 큰 것은 ㉠이다.
ㄷ. 거름종이에 대한 흡착력이 가장 강한 것은 ㉢이다.

① ㄱ ② ㄱ, ㄴ ③ ㄱ, ㄷ
④ ㄴ, ㄷ ⑤ ㄱ, ㄴ, ㄷ

[16~17] 종이 크로마토그래피를 이용해서 A~E와 혼합물을 분리하여 성분 물질을 확인하였다.

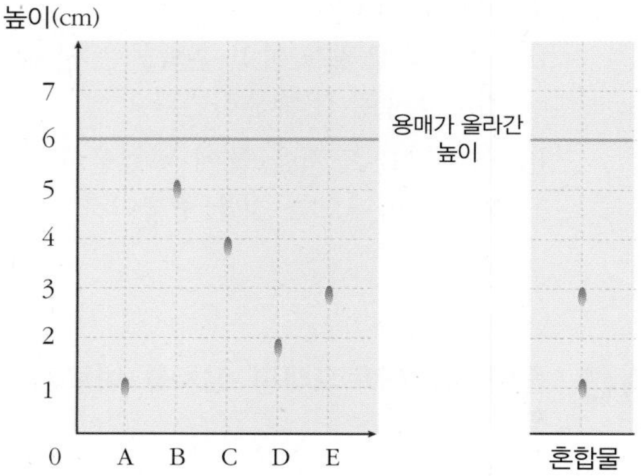

16 A~E 중 혼합물에 들어 있는 성분 물질은 무엇인가?

17 각 물질의 전개율로 옳지 않은 것은?

① A : 0.17 ② B : 0.75 ③ C : 0.67
④ D : 0.33 ⑤ E : 0.50

정답 및 해설 07쪽

[18~20] 물질 A, B, C가 섞인 혼합물을 관 크로마토그래피법을 이용하여 분리하는 과정이다.

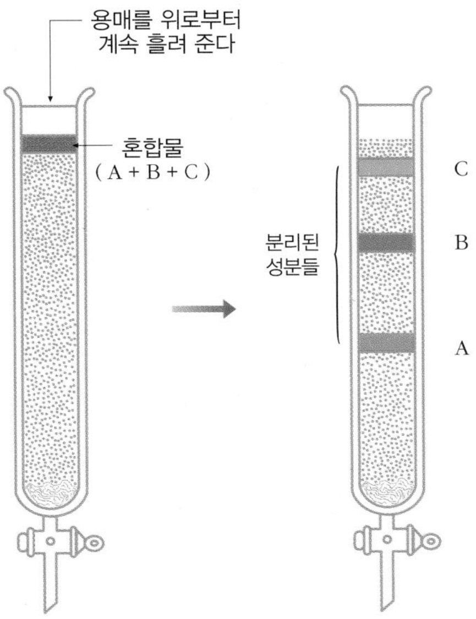

18 콕을 열었을 때 얻을 수 있는 물질을 순서대로 쓰시오.

19 물질의 이동 속도를 바르게 비교한 것은?

① A = B = C　② A < B = C
③ A < B < C　④ C < B < A
⑤ B < A < C

20 고정상에 대한 흡착력이 가장 강한 것부터 차례대로 쓰시오.

C

[21~22] 질산 칼륨과 질산 나트륨의 물에 대한 용해도를 온도에 따라 정리한 것이다.

온도(℃)	20	40	60	80
질산 칼륨	32	64	110	170
질산 나트륨	88	104	124	148

용해도 (g/물 100g)

80℃의 물 200g에 질산 칼륨과 질산 나트륨이 각각 100g씩 섞여 있는 혼합물 200g을 완전히 녹였다. 이 혼합물을 20℃로 냉각시킨 후 거름 장치로 석출된 고체를 걸러내고, 나머지 용액을 증발접시에 부어 가열하였다.
아래의 물음에 답하시오.

21 거름 장치 위에 남는 물질의 종류는 무엇이고, 그 물질의 양은 얼마인가?

22 가열 후 증발접시 위에 남는 물질의 종류는 무엇이고, 그 물질의 양은 얼마인가?

[23~24] 같은 용매를 사용하였을 때 몇 가지 물질에 대한 크로마토그래피 결과이다.

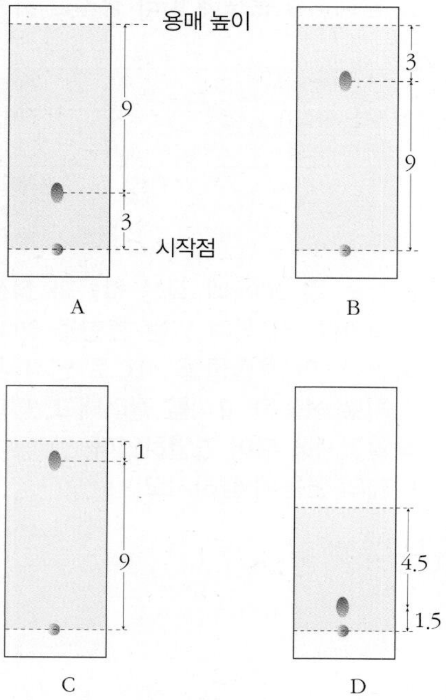

23 각 크로마토그래피의 전개율을 구하시오.

A : ( ) B : ( )

C : ( ) D : ( )

24 물질의 종류는 모두 몇 가지인가?

( )가지

25 신선한 시금치와 익힌 시금치를 각각 갈아서 색소를 추출한 후에 아세톤의 혼합 용액을 용매로 사용하여 전개시킨 결과이다.

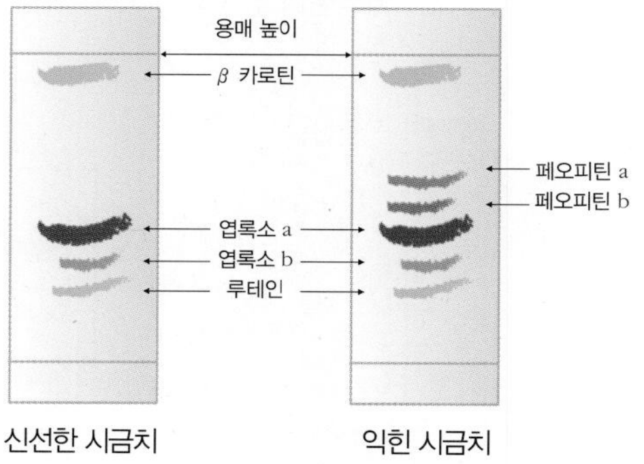

이에 대한 설명으로 옳은 것만을 〈보기〉에서 있는 대로 고른 것은?

〈 보기 〉

ㄱ. 페오피틴 a와 페오피틴 b는 익힌 시금치에서만 생성된다.

ㄴ. 성분 물질 중 루테인은 고정상과의 친화력이 가장 크다.

ㄷ. 용매와의 인력이 가장 큰 물질은 루테인이다.

ㄹ. 시금치를 익히면 엽록소 a와 엽록소 b는 파괴되어 사라진다.

ㅁ. 신선한 시금치와 익힌 시금치에서 β 카로틴의 전개율은 같다.

① ㄱ, ㄴ ② ㄹ, ㅁ

③ ㄱ, ㄴ, ㅁ ④ ㄱ, ㄴ, ㄹ

⑤ ㄴ, ㄹ, ㅁ

26 크로마토그래피에서 사인펜의 색소가 분리되는 원리가 무엇인지 아래의 단어를 포함하여 서술하시오.

고정상	이동상

정답 및 해설 07쪽

27 추출로 분리할 수 있는 혼합물의 예를 2가지 이상 쓰시오.

28 염화 나트륨과 나프탈렌의 혼합물을 거름장치를 이용해 분리하려고 한다. 용매로 물을 사용할 경우와 아세톤을 사용할 경우 나타나는 차이점에 대해 서술하시오.

29 종이 크로마토그래피를 할 때 시료를 표시한 거름종이가 용매에 어느정도 잠겨야 하는지 그 이유와 함께 서술하시오.

30 기체 혼합물을 분리하는 실험 장치를 나타낸 것이다.

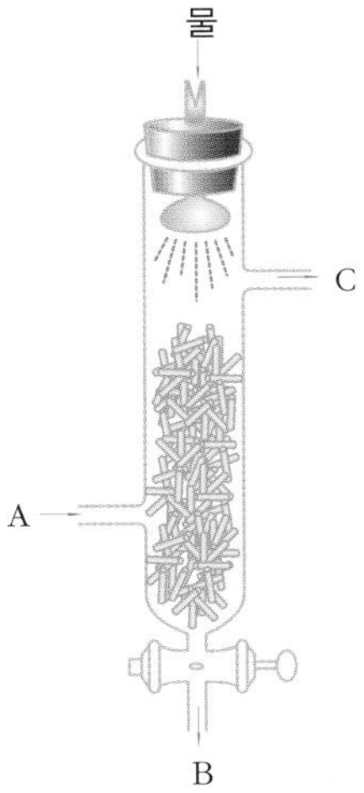

위 실험 장치를 이용하여 이산화 황과 이산화 질소가 혼합된 공기를 분리하고자 할 때 A ~ C에 들어가고 나오는 물질을 쓰고 그 원리를 설명하시오.

창의력 서술

31 산성비가 내리고 난 후에는 공기가 깨끗해진 것을 느낄 수 있다. 이러한 현상이 일어나는 이유를 서술하시오.

32 물 + 톱밥 + 염화 나트륨 + 식용유 혼합물을 각 성분으로 분리하려고 한다. 실험 과정을 서술하시오.

14강. 혼합물의 분리 Ⅲ

1. 끓는점 차이를 이용한 혼합물의 분리 1

(1) 증류와 분별 증류

구분	증류	분별 증류
분리 방법	혼합물을 가열할 때 나오는 기체를 다시 냉각시켜 순수한 액체를 얻는다.	
특징	· 끓는점 차이가 크고, 서로 잘 섞이는 액체 혼합물을 분리하거나, 고체가 녹아 있는 액체 혼합물에서 액체를 얻을 때 이용된다.	· 단순 증류의 단점을 보완한 방법이다. · 서로 잘 섞이는 액체 혼합물을 증류가 여러 번 일어나게 하여 각각의 성분 물질을 분리하는 방법이다. · 끓는점이 낮은 물질이 먼저 나온다.
예	예 바닷물에서 식수 얻기, 탁한 술에서 맑은 술 얻기, 수돗물 증류하여 맑은 물 얻기 등	예 물과 에탄올의 혼합물 분리, 물과 아세톤의 혼합물 분리, 원유의 분리 등

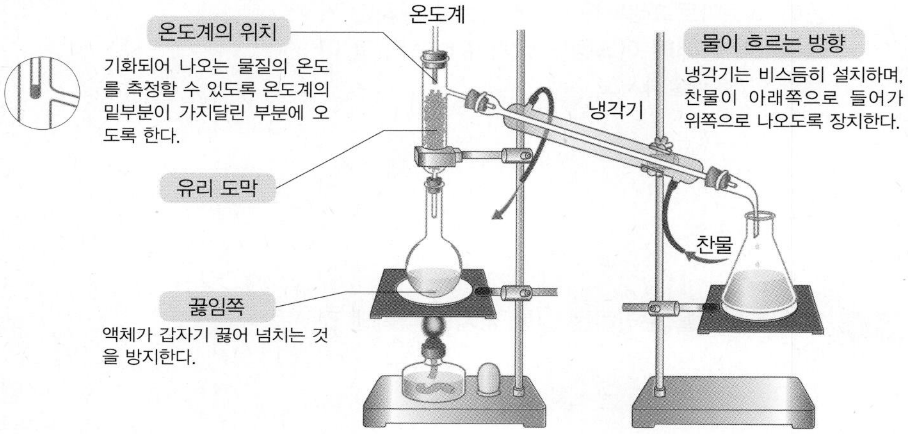

▲ 분별 증류 장치

개념확인 1 끓는점 차이가 크고 서로 잘 섞이는 액체 혼합물을 분리하거나, 고체가 녹아 있는 액체 혼합물에서 액체를 분리할 때 이용되는 방법은 무엇인가?

( )

확인 +1 서로 잘 섞이는 액체 혼합물을 증류가 여러 번 일어나게 하여 끓는점의 차이에 따라 순서대로 나누어 받아 분리하는 방법을 무엇이라고 하는가?

( )

증류와 분별 증류

· 증류는 한 가지 액체 성분을 얻을 때, 분별 증류는 두 가지 이상의 성분을 각각 분리하여 얻을 때 사용된다.

· 혼합물을 끓이면 끓는점이 낮은 물질이 먼저 기화되어 먼저 분리되어 나온다.

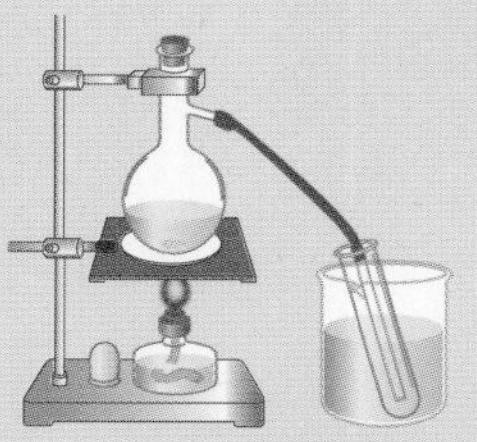
▲ 증류 장치

유리 도막을 사용하는 이유

분별증류 시 끓는점이 높은 성분과 낮은 성분이 동시에 나오게 되는데 끓는점이 높은 성분은 유리 도막에 닿으면 액화하여 다시 플라스크로 내려가므로 증류가 여러 번 되는 효과가 있다.

바닷물의 증류

증발된 바닷물이 차가운 유리 지붕에 닿아 액화되어 식수를 얻을 수 있다.

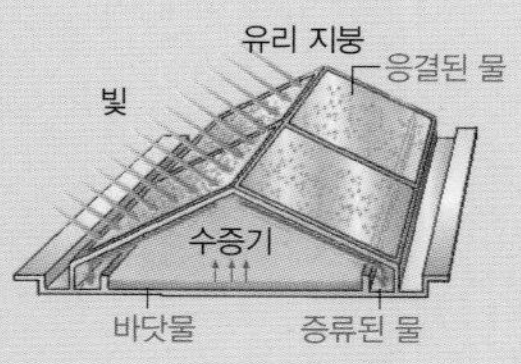

▲ 바닷물의 증류 장치

생각해보기★

분별 증류 장치에서 유리 도막의 높이는 분별 증류에 어떤 영향을 줄까?

2. 끓는점 차이를 이용한 혼합물의 분리 2

(1) 분별 증류의 그래프

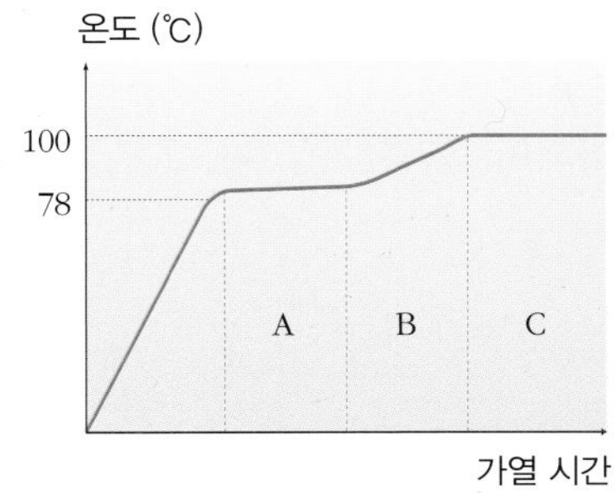

▲ 물과 에탄올 혼합물의 가열 곡선

A	· 소량의 물이 포함된 에탄올이 끓어 나온다. → 증류를 반복하면 에탄올의 순도를 높일수 있다. · 에탄올의 끓는점(78℃)보다 높은 온도에서 끓는다. → 물이 에탄올의 기화를 방해하기 때문이다.
B	· 미처 끓어나오지 못한 에탄올과 끓기 전 증발된 물이 나온다.
C	· 물의 끓는점(100℃)에서 물이 기화된다.

(2) 원유의 분리 : 원유를 가열하여 증류탑에 넣으면 끓는점이 낮은 물질이 먼저 기화되어 증류탑의 위쪽에서 분리되어 나온다.

· 분리 순서 : 액화 석유 가스 → 가솔린 → 등유 → 경유 → 중유 → 아스팔트 찌꺼기

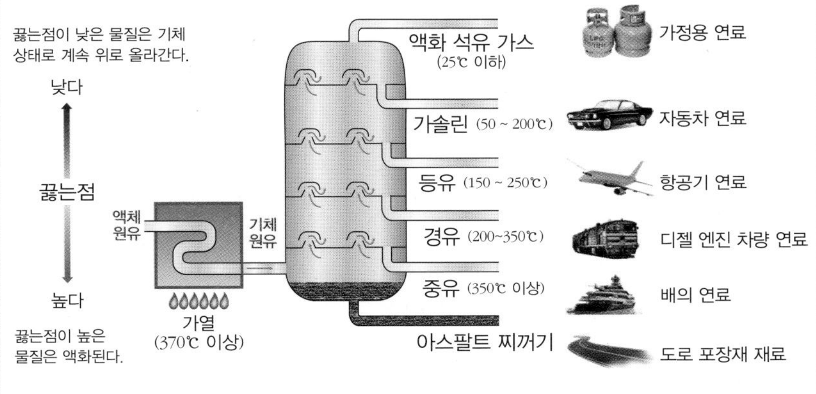

▲ 원유의 분리(증류탑)와 분리된 물질의 이용

물과 에탄올의 분리

· 물과 에탄올 혼합물을 분별 증류 장치에 넣고 가열하면 끓는점이 낮은 에탄올이 먼저 끓어 나온다.
· 물의 끓는점 : 100℃
· 에탄올의 끓는점 : 78℃

증류탑

· 거대한 분별 증류 장치로 여러 층으로 이루어져 있고, 증류탑의 위쪽으로 갈수록 온도가 낮아진다.
· 원유를 높은 온도로 가열하면, 기화된 원유의 성분 물질들이 증류탑을 올라가면서 액화와 기화를 반복하면서 끓는점이 낮은 물질은 계속 위로 올라가고, 끓는점이 높은 물질은 아래쪽에서 액화되어 분리된다.
· 증류탑 안에서 증류가 여러 번 일어나며, 증류탑의 높이가 높을수록 분리가 잘 된다.

▲ 증류탑

정답 및 해설 08쪽

개념확인 2 물과 에탄올 혼합물의 가열 곡선이다. 에탄올이 주로 끓어 나오는 구간은?

( )

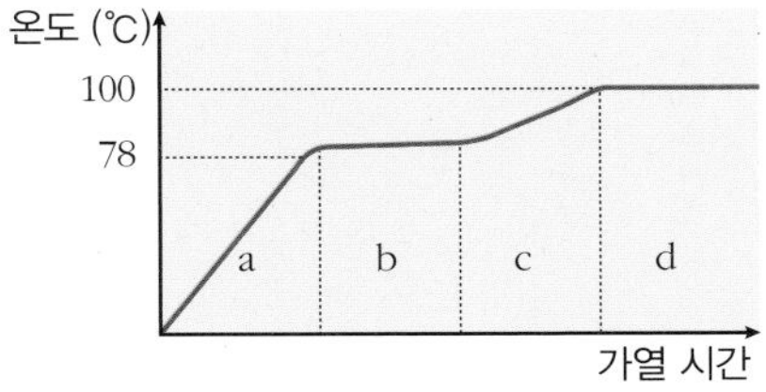

확인 + 2 증류탑을 이용한 원유의 분리에 대한 설명이다. 알맞은 말을 고르시오.

(1) 끓는점이 낮은 물질은 (액체 , 기체) 상태로 계속 위로 올라간다.

(2) 끓는점이 높은 물질은 증류탑 아래쪽에서(기화 , 액화 , 승화) 된다.

3. 끓는점 차이를 이용한 혼합물의 분리 3

(1) 끓는점 차이를 이용한 기체 혼합물의 분리

① 공기의 분별 증류 : 공기를 냉각시켜 액체 공기를 만든 후 증류탑으로 분별 증류시키면 끓는점이 낮은 물질부터 기화되어 분리할 수 있다.

〈 공기의 분리 과정 〉

1. 불순물을 제거한 공기를 높은 압력으로 냉각한다.
   → 공기가 액화되어 액체 공기가 된다.
2. 액체 공기를 증류탑으로 보내면 끓는점이 낮은 물질이 먼저 기화되어 올라가서 분리된다.
   → 끓는점이 낮은 질소, 아르곤 순서로 끓어 나오고, 끓는점이 높은 산소는 액체 상태로 분리된다.

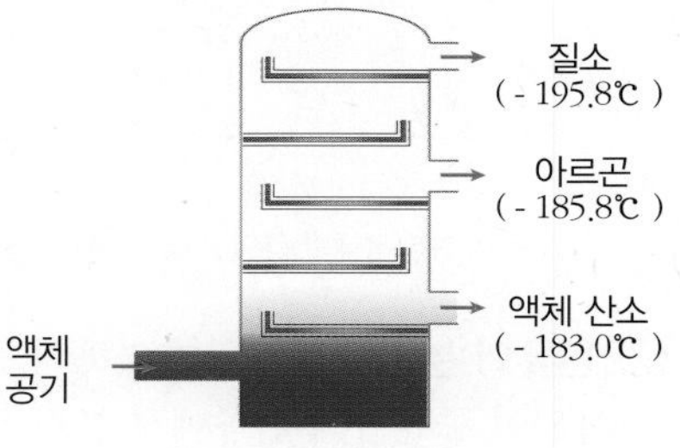

▲ 공기의 분리

② 뷰테인과 프로페인 분리 : 끓는점 차이가 큰 뷰테인과 프로페인의 혼합 기체를 냉각시키면 끓는점이 높은 뷰테인을 액체로 분리할 수 있다.

〈 뷰테인과 프로페인의 분리 과정 〉

1. 뷰테인과 프로페인의 혼합 기체가 들어있는 플라스크를 얼음과 소금을 섞은 용기에 담근다.
   → 얼음과 소금을 섞으면 온도가 - 21℃까지 내려간다.
2. 끓는점이 -20℃보다 높은 뷰테인은 액화되어 분리된다.
   → 뷰테인의 끓는점 : - 0.5℃
   → 프로페인의 끓는점 : - 42.1℃

▲ 뷰테인과 프로페인의 분리

개념확인 3 공기를 액화시켜 액체 공기를 만든 후 증류탑으로 보내어 가열할 때 다음 중 가장 먼저 기화되는 물질은?

물질	끓는점
산소	-183 ℃
아르곤	-186 ℃
질소	-196 ℃

확인 + 3 뷰테인과 프로페인의 혼합 기체를 분리하려고 할 때 이용되는 물질의 특성은?

① 밀도 ② 끓는점 ③ 녹는점 ④ 어는점 ⑤ 용해도

공기의 구성

공기는 질소, 산소, 아르곤, 이산화 탄소 등으로 이루어져 있다.

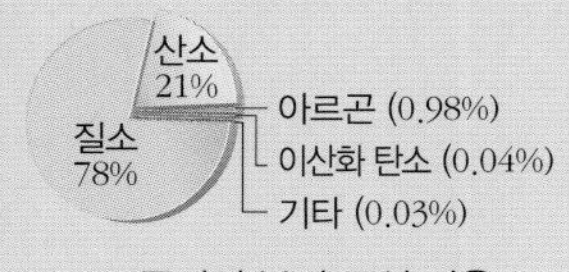

▲ 공기의 부피 구성 비율

액체 공기

공기를 냉각시키면서 강하게 압축하고 팽창시키는 과정을 반복하면 공기가 모두 액화되어 액체 공기가 된다.

액화 석유 가스 (LPG)

가정용 연료로 사용되는 액화 석유 가스는 뷰테인과 프로페인의 혼합물이다.

생각해보기★★

얼음에 소금을 섞으면 온도가 더 내려가는 이유는 무엇일까?

4. 혼합물 분리의 이용

(1) 복잡한 혼합물의 분리 : 복잡한 혼합물을 분리할 때는 혼합물을 이루는 성분 물질의 특성을 파악한 후 분리 순서를 정한다.

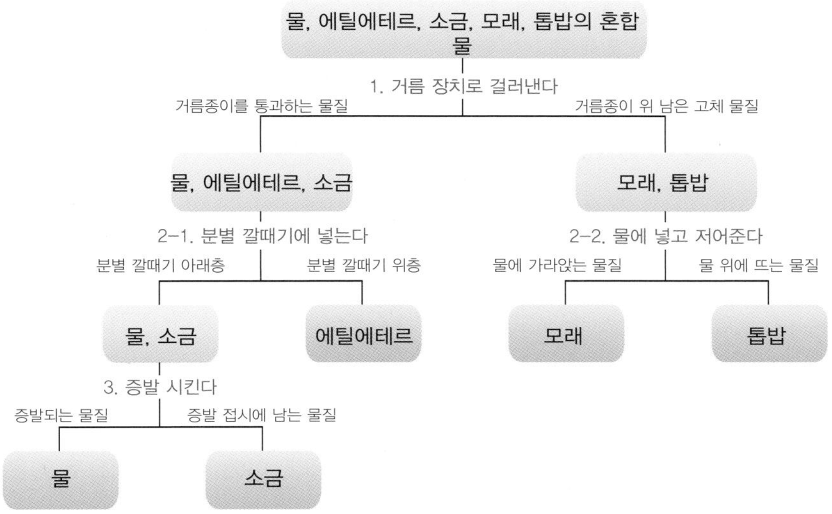

1. 거름 장치로 걸러낸다. (용매에 대한 용해도 차이를 이용)
→ 액체인 물과 에틸에테르, 물에 녹은 소금은 거름종이를 통과하고, 녹지 않는 모래와 톱밥은 거름종이 위에 남는다.

2-1. 분별 깔때기에 넣는다. (서로 섞이지 않는 액체의 밀도 차이를 이용)
→ 물과 에틸에테르는 서로 섞이지 않고 밀도가 다르므로 분별 깔때기에서 두 층으로 분리되며, 소금은 물에 녹아있다. (밀도 : 소금물 〉 에틸에테르)

2-2. 물에 넣고 저어준다. (액체를 이용한 고체 혼합물의 밀도 차이를 이용)
→ 밀도가 큰 모래는 물에 가라앉고, 밀도가 작은 톱밥은 물 위에 뜬다. (밀도 : 모래 〉 물 〉 톱밥)

3. 증발시킨다. (끓는점 차이를 이용)
→ 물의 끓는점이 더 낮기 때문에 물은 끓어서 증발하고, 증발 접시 위에는 소금이 남는다.

생각해보기★★★
증발 장치에서 증발되는 물을 얻기 위해서는 어떤 방법을 사용해야 할까?

정답 및 해설 08쪽

개념확인 4 **모래, 설탕, 톱밥이 섞인 혼합물을 분리하려고 할 때 이용되는 물질의 특성을 모두 고르시오.(2개)**

① 밀도 ② 끓는점 ③ 녹는점 ④ 어는점 ⑤ 용해도

확인+4 **물, 에틸에테르, 모래의 혼합물을 거름 장치로 걸러냈을 때, 거름종이를 통과하는 물질과 거름종이 위에 남는 물질을 각각 쓰시오.**

(1) 거름종이를 통과하는 물질 : ( )

(2) 거름종이 위에 남는 물질 : ( )

개념 다지기

01 그림의 장치를 이용하여 소금물로부터 물을 분리해 얻을 수 있다. 이때 이용되는 물질의 특성은?

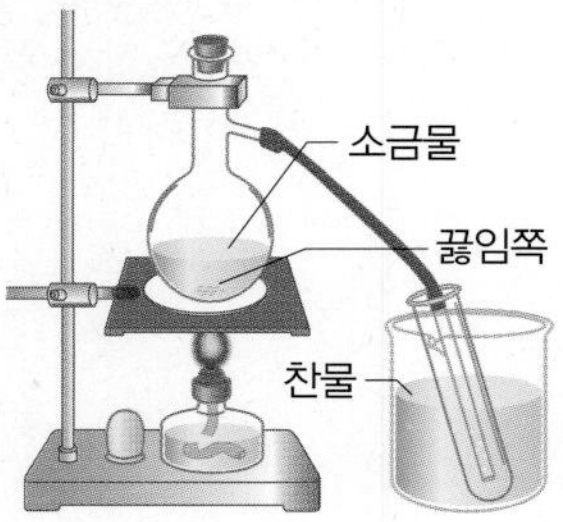

① 밀도 ② 끓는점 ③ 녹는점
④ 어는점 ⑤ 용해도

02 액체 혼합물을 분리하는 실험 장치를 나타낸 것이다. 이에 대한 설명으로 옳은 것만을 〈보기〉에서 있는 대로 고른 것은?

〈 보기 〉

ㄱ. 유리 도막은 여러 번 증류되는 효과를 준다.
ㄴ. 끓임쪽은 액체가 빨리 끓게 하기 위해 넣어준다.
ㄷ. 냉각기에서 물은 A에서 들어가 B로 나오게 장치한다.

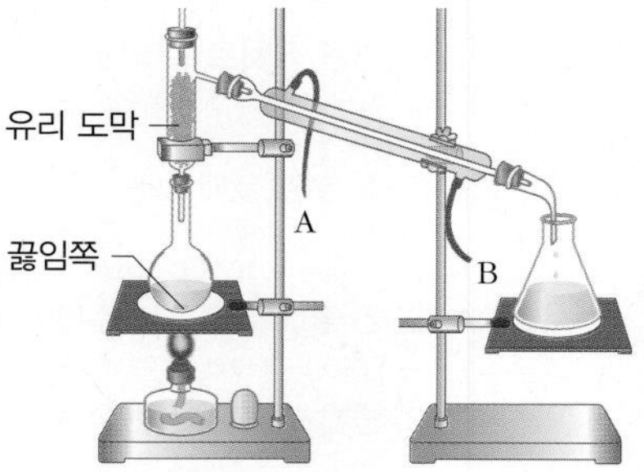

① ㄱ ② ㄴ ③ ㄷ ④ ㄱ, ㄴ ⑤ ㄴ, ㄷ

03 물과 에탄올 혼합물의 가열 곡선을 나타낸 것이다. 이에 대한 설명으로 옳지 <u>않은</u> 것은?

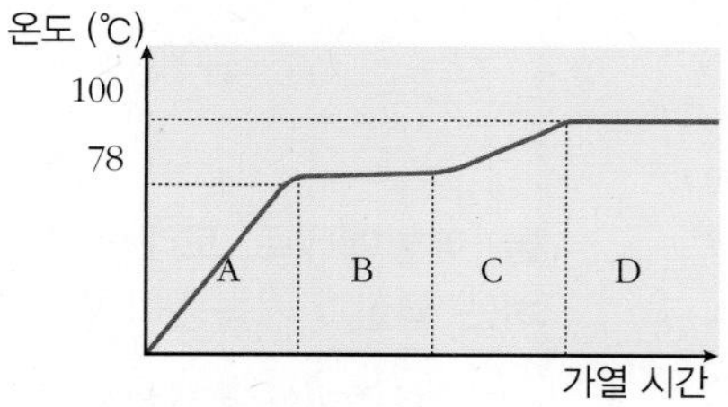

① A구간에서는 끓어 나오는 액체가 거의 없다.
② B 구간에서는 순수한 에탄올만 끓어 나온다.
③ B 구간에서 에탄올의 끓는점보다 높은 온도에서 끓는다.
④ C 구간에서는 미처 끓어나오지 못한 에탄올이 나온다.
⑤ D 구간에서는 물의 끓는점에서 물이 기화된다.

정답 및 해설 08쪽

04 원유의 분리에 대한 설명으로 옳지 않은 것은?

① 끓는점이 높은 물질은 액화된다.
② 끓는점 차이를 이용하여 원유를 분리한다.
③ 끓는점이 낮은 물질은 증류탑 위로 올라간다.
④ 거대한 분별 증류 장치인 증류탑에서 원유의 분리가 일어난다.
⑤ 끓는점이 높은 물질이 먼저 기화되어 증류탑의 위쪽에서 분리되어 나온다.

05 뷰테인과 프로페인이 섞인 액화 석유 가스를 분리하는 실험을 나타낸 것이다. 이에 대한 설명으로 옳지 않은 것은?

① 끓는점 차이를 이용한 것이다.
② 끓는점이 높은 뷰테인은 액화된다.
③ 끓는점이 낮은 프로페인은 기체 상태로 존재한다.
④ 얼음과 소금을 섞는 이유는 온도를 더 많이 낮추기 위함이다.
⑤ 산소, 질소 등의 공기도 이와 같이 간단한 방법으로 분리할 수 있다.

06 물, 에틸에테르, 모래를 분리하는 순서로 가장 적절한 것은?

① 추출 → 재결정
② 재결정 → 분별 증류
③ 거름 장치 → 분별 깔때기
④ 거름 장치 → 크로마토그래피
⑤ 크로마토그래피 → 분별 깔때기

[유형14-1] 끓는점 차이를 이용한 혼합물의 분리 1

서로 잘 섞이는 액체를 분리할 때 사용하는 실험 장치를 나타낸 것이다. 이 장치에 대한 설명으로 옳은 것은 O표, 옳지 않은 것은 X표 하시오.

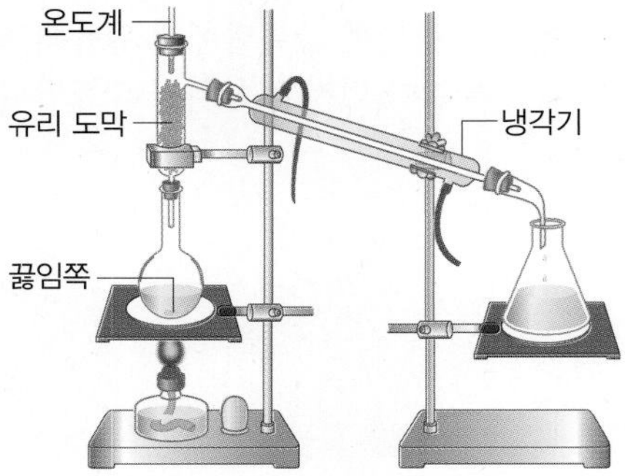

(1) 끓는점이 높은 물질이 먼저 분리된다. ( )

(2) 유리 도막은 여러 번 증류되는 효과가 있다. ( )

(3) 혼합물을 이루는 성분 물질을 각각 분리하여 얻을 수 있다. ( )

(4) 분별 증류 장치에서는 기화와 승화의 상태 변화가 일어난다. ( )

(5) 냉각기는 찬물이 위쪽에서 아래쪽으로 흘러내리도록 장치한다. ( )

Tip!

01 분별 증류 장치에서 액체가 갑자기 끓어 넘치는 것을 방지하기 위해 넣어 주는 것은 무엇인가?

( )

02 그림 (가)는 바닷물을 이용하여 식수를 얻는 장치를 나타낸 것이고, 그림 (나)는 소줏 고리를 이용하여 탁한 술에서 맑은 술을 얻는 모습을 나타낸 것이다. (가)와 (나)에서 혼합물을 분리하는데 공통적으로 이용한 물질의 특성은 무엇인가?

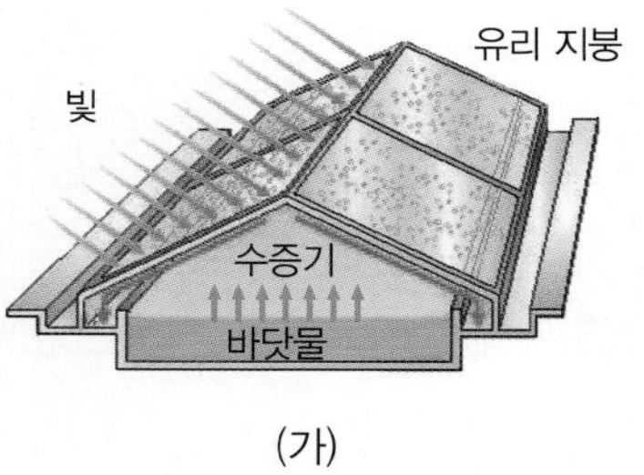

(가)

(나)

① 밀도 ② 끓는점 ③ 녹는점 ④ 어는점 ⑤ 용해도

정답 및 해설 9쪽

[유형14-2] 끓는점 차이를 이용한 혼합물의 분리 2

원유를 분리하는 거대한 분별 증류 장치인 증류탑의 구조와, 원유를 분리하였을 때 분리되는 물질들을 나타낸 것이다.

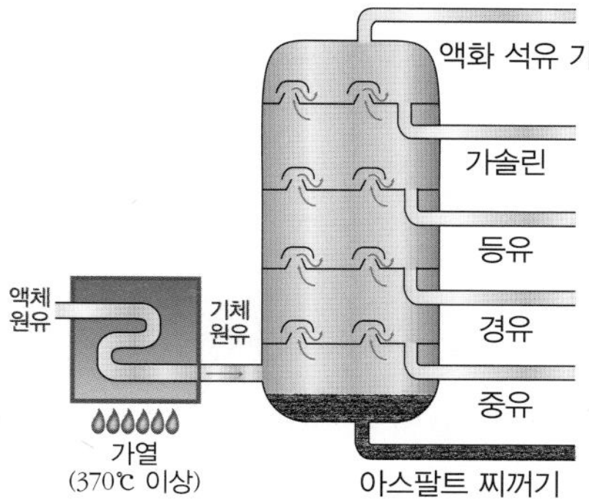

(1) 다음 중 증류탑에서 이용하는 물질의 특성은 무엇인가?

① 밀도　② 용해도　③ 끓는점　④ 녹는점　⑤ 어는점

(2) 증류탑에서 분리되어 나오는 물질 중 끓는점이 가장 높은 액체 물질은? (　　　　)

(3) 증류탑에서 분리되어 나오는 물질 중 가장 먼저 분리되어 나오는 물질은? (　　　　)

03

물과 에탄올 혼합물의 가열 곡선이다. 이에 대한 설명으로 옳은 것은 O표, 옳지 않은 것은 X표 하시오.

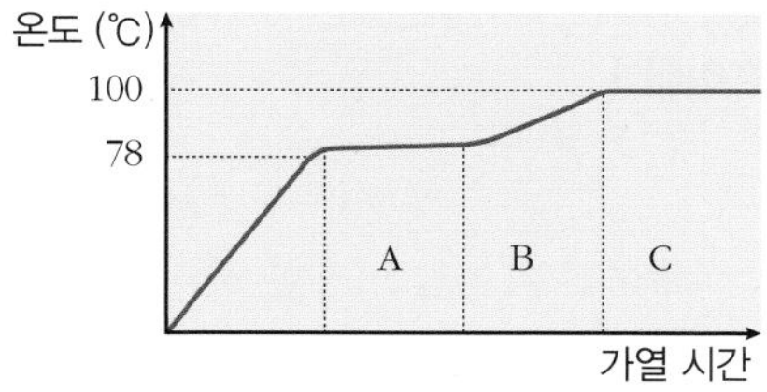

(1) A, B, C 구간 모두에서 물이 나온다. (　　)

(2) 증류를 반복하면 순도가 높은 에탄올을 얻을 수 있다. (　　)

(3) 혼합물은 78℃보다 높은 온도에서 끓기 시작한다. (　　)

04

괄호 안에 알맞은 말을 고르시오.

> 물과 에탄올 혼합물과 원유를 분리할 때 끓는점을 이용하여 분리한다. 이 때 끓는점이 (낮은 , 높은) 물질이 먼저 기화되어 분리되어 나온다.

Tip!

유형 익히기 & 하브루타

[유형14-3] 끓는점 차이를 이용한 혼합물의 분리 3

공기를 냉각시켜 만든 액체 공기를 증류탑에서 분리하는 과정을 모식적으로 나타낸 것이다.

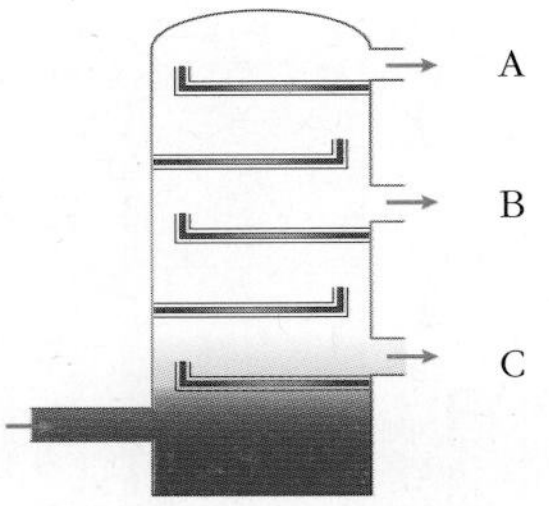

(1) 액체 공기를 증류탑에서 각각의 성분 물질로 분리하는데 이용된 물질의 특성은 무엇인가?

( )

(2) 다음 표를 참고하여 A ~ C에 해당하는 물질을 각각 쓰시오.

물질	산소	아르곤	질소
끓는점(℃)	- 183.0	- 185.8	- 195.8

A : ( ) B : ( ) C : ( )

Tip!

05 뷰테인과 질소의 혼합 기체를 분리하기 위해 오른쪽 그림과 같은 실험 장치를 꾸몄다. 〈보기〉 중 이 실험에 대한 설명으로 옳은 것만을 있는 대로 골라 기호로 답하시오. (단, 뷰테인의 끓는점은 -0.5℃, 질소의 끓는점은 -195.8℃이다.)

〈 보기 〉

ㄱ. 끓는점 차이를 이용한 분리 방법이다.
ㄴ. 끓는점이 높은 기체가 액화되어 분리할 수 있다.
ㄷ. 끓는점 차이가 큰 기체의 혼합물의 경우에만 그림과 같은 실험 장치가 사용된다.

06 알맞은 말을 고르시오.

(1) 액체 공기를 증류탑으로 분별 증류 시키면 끓는점이 (높은 , 낮은) 물질부터 기화되어 분리할 수 있다.

(2) 뷰테인과 프로페인의 혼합 기체를 냉각시키면 끓는점이 (높은 , 낮은) 물질이 액화되어 분리할 수 있다.

정답 및 해설 9쪽

[유형14-4] 혼합물 분리의 이용

스타이로폼, 소금, 모래, 나프탈렌이 섞인 혼합물을 분리하는 과정을 나타낸 것이다.

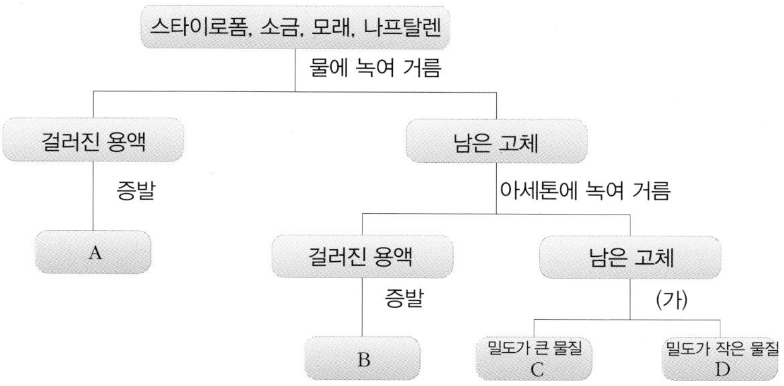

(1) (가)에서 C와 D를 분리하는 가장 적절한 방법은 무엇인가?

( )

(2) A ~ D에 해당하는 물질을 각각 쓰시오.

A : ( ) B : ( ) C : ( ) D : ( )

07 한약재를 물과 함께 약탕기에 넣고 오랜 시간 끓인 후, 한약재를 삼베에 넣고 비틀어 짜면 한약을 얻을 수 있다. 한약을 만드는 과정에서 이용된 혼합물의 분리 방법 두 가지를 〈보기〉에서 차례대로 고른 것은?

〈 보기 〉

ㄱ. 거름 ㄴ. 추출 ㄷ. 재결정 ㄹ. 증류

① ㄱ, ㄴ ② ㄱ, ㄷ ③ ㄱ, ㄹ ④ ㄴ, ㄷ ⑤ ㄷ, ㄹ

08 물, 철 가루, 모래가 섞인 혼합물을 분리할 때 이용되는 방법을 모두 고르시오.(2개)

① 거름 ② 자성 ③ 증발 ④ 추출 ⑤ 재결정

Tip!

01 무한이는 물과 아세톤이 1:1로 섞인 용액을 분리하기 위해 아래와 같은 증류 장치를 사용하였다. 아래의 물음에 답하시오.

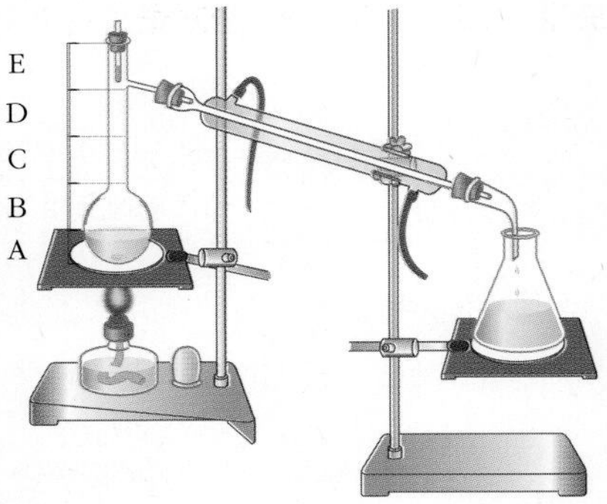

▲ 실험 장치 (가)

(1) 아세톤이 기화될 때, B~E 구간은 수증기와 아세톤 증기로 포화된 상태이다. 각 구간에서 증기에 포함되어 있는 아세톤의 농도가 진한 것 부터 차례대로 비교하고, 그 이유를 쓰시오.

(2) 아래의 그림과 같이 둥근바닥 플라스크의 목의 길이가 10cm인 경우와 20cm인 경우 어느 쪽이 분리가 더 잘 될까? 그 이유와 함께 설명하시오.

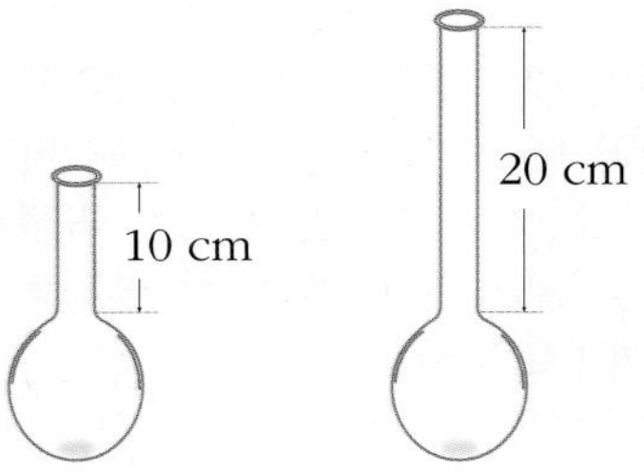

(3) 위의 실험 장치 (가)와 아래의 실험 장치 (나)를 비교하여, 어느 것이 더 순수한 아세톤을 효율적으로 얻을 수 있는지 이유와 함께 설명하시오.

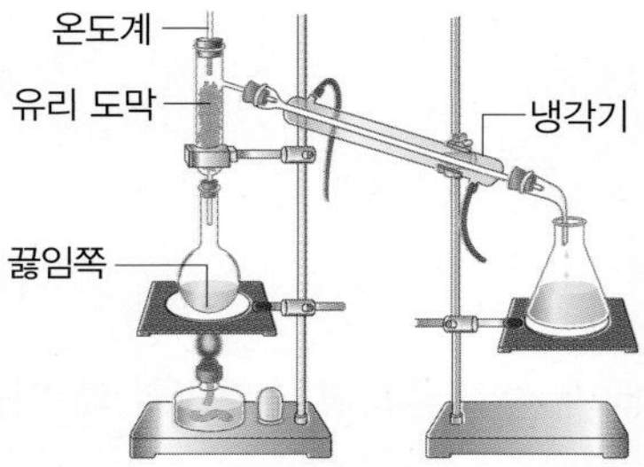

▲ 실험 장치 (나)

정답 및 해설 9쪽

02

아이오딘 팅크제는 아이오딘의 알코올 용액으로서 상처나 피부 소독에 쓰인다. 아이오딘 팅크는 아이오딘화 칼륨(KI)과 아이오딘(I_2), 70% 에탄올 수용액을 혼합하여 만든다.

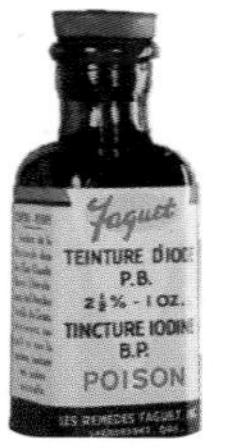

아래의 표는 아이오딘 팅크에 들어 있는 성분 물질들의 특성을 정리한 것이다.

종류	녹는점(℃)	끓는점(℃)	용해성
아이오딘화 칼륨 (KI)	608	1330	물에 녹는다.
아이오딘 (I_2)	113.6	184.4	에탄올, 아이오딘화 칼륨 수용액, 사염화 탄소에 녹는다.
에탄올 (C_2H_5OH)	-114.5	78.32	물에 녹는다.

무한이는 다음과 같은 순서로 아이오딘 팅크의 각 성분을 분리하였다.

(가) 아이오딘 팅크를 가열하여 에탄올을 분리시킨다.
(나) 분리하고 남은 용액을 사염화 탄소에 넣은 다음 이 용액을 분별 깔때기에 넣고 흔든다.
(다) 아래 층 용액을 빼내어 사염화 탄소를 증발시켜 아이오딘을 얻는다.
(라) (다)의 위 층 용액을 증발시켜 아이오딘화 칼륨 고체를 얻는다.

위의 자료를 바탕으로 아래의 물음에 답하시오.

(1) (가)에서 혼합물을 분리할 때 물질의 어떤 특성을 이용한 것인지 쓰고, 이때 사용된 실험 장치를 그리시오.

(2) (나)에서 분리하고 남은 용액을 사염화 탄소에 넣은 이유와 분리 방법을 쓰시오.

03 사탕수수에서 설탕을 얻는 과정을 나타낸 것이다.

〈사탕수수에서 설탕을 얻는 과정〉

① 사탕수수를 수확한다.
② 사탕수수에서 즙을 짜고, 즙의 불순물을 침전시킨다.
③ 액체를 끓여 결정을 만든다.
④ 결정과 결정이 되지 않은 당밀 혼합물을 잘 저어준다.
⑤ 설탕 결정 윗부분에 떠 있는 액체를 따라내고, 고운 결정을 얻는다.

(1) 위의 분리 단계에서 분리할 때 이용되는 물질의 특성과 분리 방법을 각각 설명하시오.

1 단계 :

2 단계 :

3 단계 :

4 단계 :

5 단계 :

(2) 4단계 이후 순수한 결정을 얻기 위해서는 어떠한 과정을 거쳐야 하는가?

정답 및 해설 10쪽

04 아프리카의 건기에 사람들이 웅덩이에서 물을 긷는 모습을 나타낸 것이다. 아프리카 사람들은 비가 오지 않는 건기에는 물 부족이 더욱 심해지기 때문에 오염된 물인줄 알면서도 그 물을 마실 수 밖에 없다고 한다. 오염된 물로 인해 많은 질병에 노출되는데, 물속에 있던 기생충의 알이 사람 몸 속에서 자라 살을 뚫고 나오기도 한다.

끓는점을 이용하여 오염된 물을 사람들이 먹을 수 있는 물로 만드는 방법과 그 원리를 쓰시오.

A

01 끓는점 차이가 크고 서로 잘 섞이는 액체 혼합물을 분리하거나, 고체 불순물이 섞인 용액을 가열하여 끓어 나오는 기체를 냉각시켜 순수한 액체를 얻는 분리 방법을 무엇이라고 하는가?

( )

02 서로 잘 섞이는 액체 혼합물을 증류가 여러 번 일어나게 하여 끓는점에 따라 끓어나오는 기체를 액화시켜 나누어 받아 분리하는 방법을 무엇이라고 하는가?

( )

03 끓는점 차이를 이용하여 분리하는 것이 적절한 혼합물을 있는 대로 골라 기호로 답하시오.

〈 보기 〉

ㄱ. 물과 에탄올의 혼합물
ㄴ. 바닷물에서 식수 얻기
ㄷ. 물과 사염화 탄소의 혼합물

( )

04 물과 에탄올의 가열 곡선이다. 이 그래프에서 에탄올을 주로 얻을 수 있는 구간과 물을 주로 얻을 수 있는 구간을 순서대로 쓰시오.

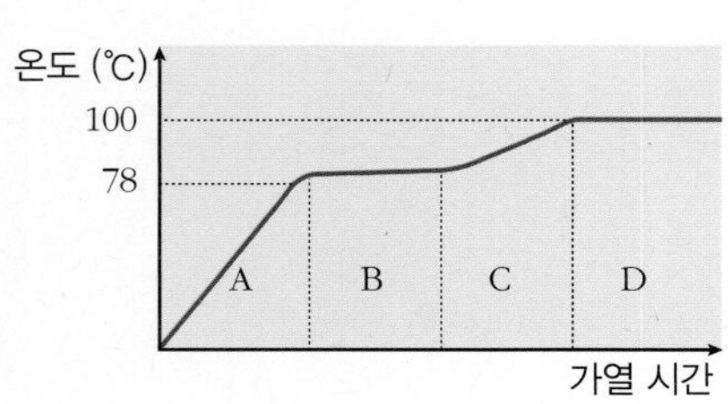

( )

05 거대한 분별 증류 장치로 원유나 액체 공기를 분리할 때 사용되는 장치는?

( )

06 끓는점 차이를 이용하여 액체 혼합물을 분리할 때의 특징으로 옳은 것은 O표, 옳지 않은 것은 X표 하시오.

(1) 끓는점이 낮은 물질이 먼저 기화하여 분리할 수 있다. ( )

(2) 분별 증류 장치의 유리 도막을 쌓은 높이가 높을수록, 증류탑의 높이가 높을수록 증류가 여러 번 일어나서 분리가 더 잘 된다. ( )

07 질소, 아르곤, 산소가 섞인 혼합 공기를 분리하는 방법에 대한 설명으로 옳은 것만을 있는 대로 골라 기호로 답하시오.

〈 보기 〉

ㄱ. 불순물을 제거한 공기를 높은 압력으로 냉각하면 공기가 액화된다.
ㄴ. 액체 공기를 증류탑으로 보내어 분별 증류 시킨다.
ㄷ. 끓는점이 높은 순서로 끓어 나온다.

( )

08 뷰테인과 프로페인을 분리하는 방법에 대한 설명으로 옳은 것은 O표, 옳지 않은 것은 X표 하시오. (단, 뷰테인의 끓는점은 -0.5℃, 프로페인의 끓는점은 -42.1℃이다.)

(1) 뷰테인과 프로페인의 용해도 차이를 이용하여 분리한다. ( )

(2) 혼합 기체가 담긴 플라스크를 얼음과 소금을 섞은 용기에 담근다. ( )

(3) 끓는점이 더 낮은 프로페인이 먼저 액화되어 분리할 수 있다. ( )

정답 및 해설 10쪽

09 혼합물과 그 혼합물을 분리하는 방법을 바르게 연결하시오.

(1) 물과 아세트산의 분리 · · ㉠ 추출

(2) 물과 에틸에테르 혼합물 · · ㉡ 증류

(3) 바닷물에서 식수 얻기 · · ㉢ 분별 깔때기

10 톱밥, 소금, 모래의 혼합물을 각각의 성분으로 분리하려고 할 때 이용되는 물질의 특성으로 가장 알맞은 것을 〈보기〉에서 고르시오.(2개)

〈 보기 〉

밀도 자성 녹는점 용해도

( )

B

11 분별 증류에 대한 설명 중 옳지 않은 것은?

① 끓는점이 낮은 성분 물질이 먼저 분리된다.
② 서로 잘 녹는 액체 혼합물의 분리 방법이다.
③ 단순 증류에 비해 순수 물질을 얻을 수 있다.
④ 성분 물질의 용해도의 차이가 큰 혼합물을 분리하는데 유용하다.
⑤ 한 가지 성분 물질이 끓어 나오는 동안에는 온도가 거의 일정하게 유지된다.

[12~13] 물과 메탄올 혼합 용액을 가열할 때 시간에 따른 온도 변화를 나타낸 그래프와 물과 메탄올의 끓는점을 나타낸 것이다.

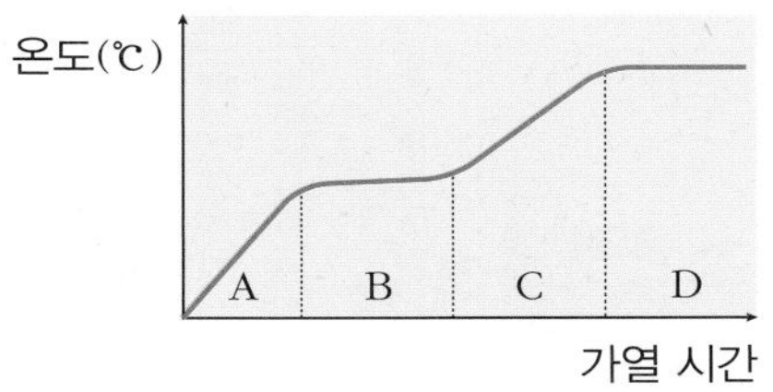

물질	끓는점
메탄올	64 ℃
물	100 ℃

12 B 구간에서 분리되는 물질은 무엇인가?

① 순수한 메탄올
② 끓어나오는 기체가 없다.
③ 소량의 물이 포함된 메탄올
④ 소량의 메탄올이 포함된 물
⑤ 끓어나오지 못한 메탄올과 끓기 전 증발된 물

13 위 그래프에 대한 설명으로 옳지 않은 것은?

① 물은 100℃에서 기화된다.
② 메탄올은 64℃에서 기화된다.
③ 끓는점이 낮은 메탄올이 먼저 끓어 나온다.
④ C 구간에서는 미처 끓어나오지 못한 메탄올이 포함되어 있다.
⑤ 증류를 반복하면 B구간에서 얻는 메탄올의 순도를 높일 수 있다.

[14~15] 원유를 분리하는 과정을 나타낸 그림이다.

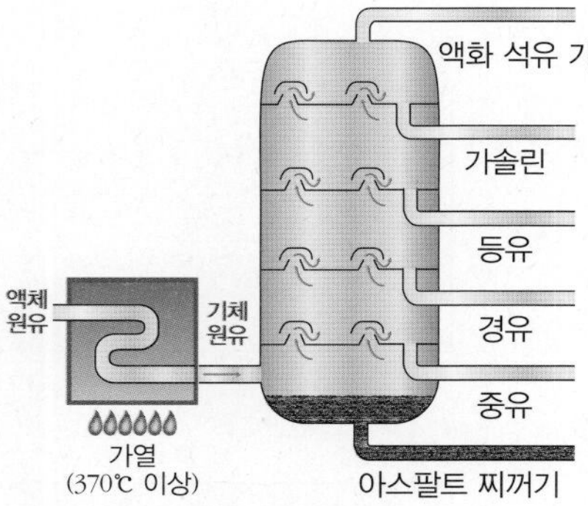

14 증류탑에 대한 설명으로 옳은 것은?

① 끓는점이 낮은 물질이 먼저 기화된다.
② 증류탑의 위쪽으로 갈수록 온도가 높아진다.
③ 끓는점이 낮은 물질은 증류탑 아래에서 액화된다.
④ 끓는점이 높은 물질은 기체 상태로 증류탑 위로 올라간다.
⑤ 아스팔트 찌꺼기 → 중유 → 경유 → 등유 → 가솔린 → 액화 석유 가스 순서로 분리된다.

15 분리되어 나온 물질 중에서 도로 포장재의 재료로 이용되는 것은?

16 증류탑에서 공기를 분리하는 과정을 나타낸 것이다. 이에 대한 설명으로 옳지 않은 것은?

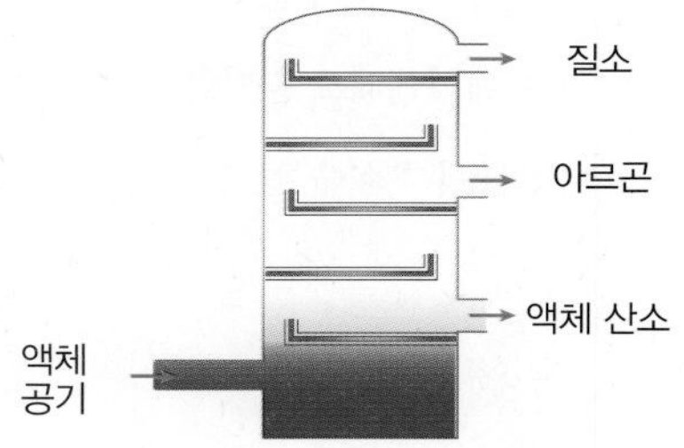

① 질소, 아르곤, 산소 순서로 분리된다.
② 끓는점이 낮은 물질이 먼저 기화되어 분리된다.
③ 액체 공기를 증류탑으로 보내어 끓는점 차이로 분리를 한다.
④ 질소, 아르곤, 산소 중 질소의 끓는점이 가장 높고 , 산소의 끓는점이 가장 낮다.
⑤ 불순물을 제거한 공기를 높은 압력으로 냉각하여 액체 공기를 만든다.

17 미지의 액체 혼합물 속에 들어 있는 성분 물질의 끓는점과 어는점을 나타낸 것이다. 이 액체 혼합물을 분별 증류 장치로 분리할 때 가장 마지막에 분리되는 물질은?

	물질	어는점 (℃)	끓는점 (℃)
①	A	-90	29
②	B	-12	68
③	C	-45	110
④	D	-7	157
⑤	E	-12	216

18 혼합물을 분리할 때 이용한 물질의 특성이 다른 하나는?

① 물과 에탄올 분리하기
② 나물의 쓴 맛 제거하기
③ 붕산과 염화 나트륨 분리하기
④ 암모니아가 섞인 공기 분리하기
⑤ 염화 나트륨과 나프탈렌의 분리하기

정답 및 해설 10쪽

19 혼합물을 분리하는 여러 가지 실험 과정을 나타낸 것이다. 다음 중 혼합물을 분리하는 원리와 그 실험 과정을 바르게 짝지은 것을 <u>모두</u> 고르시오.(2개)

〈 보기 〉

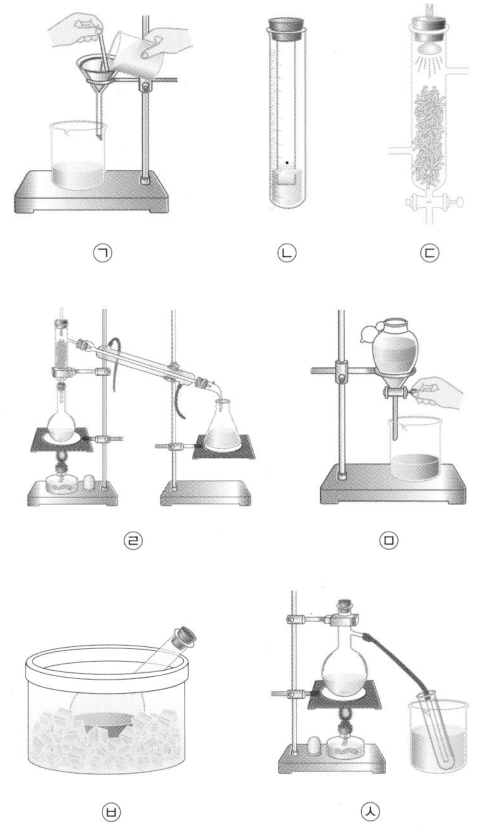

① 밀도 차이를 이용한 분리 - ㄹ, ㅅ
② 용해도 차이를 이용한 분리 - ㄱ, ㄷ
③ 용해도 차이를 이용한 분리 - ㄹ, ㅂ
④ 끓는점 차이를 이용한 분리 - ㄴ, ㄹ
⑤ 끓는점 차이를 이용한 분리 - ㅂ, ㅅ

20 설탕, 나프탈렌, 잘 여문 볍씨가 섞인 고체 혼합물을 분리하려고 할 때, 나프탈렌을 제일 먼저 분리하여 얻으려면 어떤 실험을 제일 먼저 해야 하는가?

① 고체 혼합물을 체에 걸러 알갱이의 크기별로 분리한다.
② 고체 혼합물을 증류탑으로 보내어 끓는점 차이로 분리한다.
③ 고체 혼합물을 물에 녹여 거른 후 걸러진 용액을 증발시킨다.
④ 고체 혼합물을 아세톤에 녹여 거른 후 걸러진 용액을 증발시킨다.
⑤ 고체 혼합물을 물에 넣고 증류 장치를 이용하여 끓는점 차이로 분리한다.

C

21 분별 증류 장치를 나타낸 것이다.

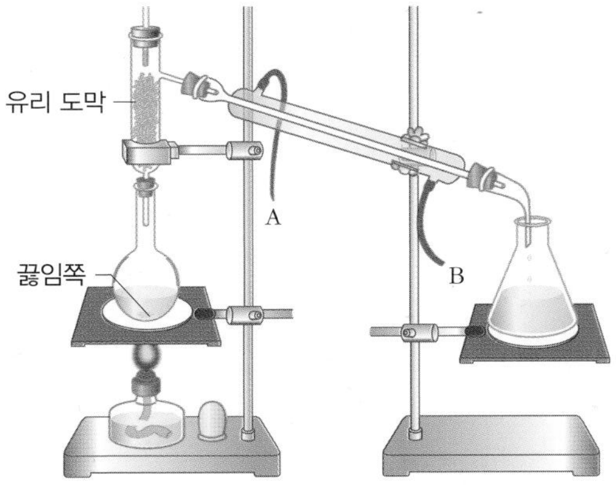

이에 대한 설명으로 옳은 것을 <u>모두</u> 고르시오. (2개)

① 냉각기에서는 승화 현상이 일어난다.
② 유리 도막은 여러 번 증류되는 효과가 있다.
③ 냉각기에서 물은 B에서 들어가 A로 나온다.
④ 온도계의 밑부분은 유리도막과 맞닿게 장치한다.
⑤ 에탄올과 사염화 탄소 혼합물을 분리하는 가장 적절한 장치이다.

22 바닷물을 이용하여 식수를 얻을 수 있는 증류 장치를 나타낸 것이다. 이에 대한 설명으로 옳은 것은?

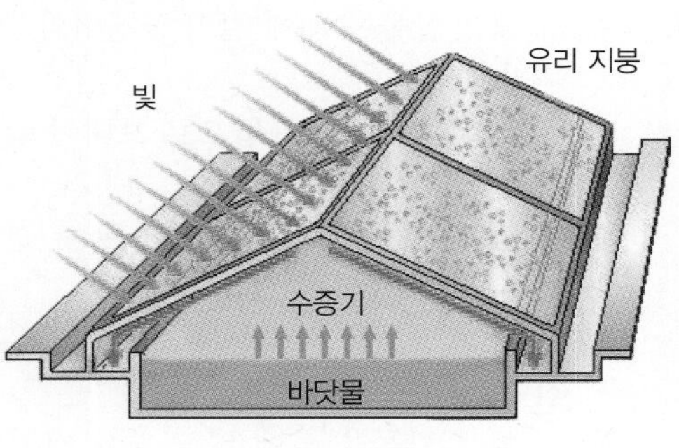

① 염전에서 소금을 얻을 때 이용된다.
② 밀도 차이를 이용하여 혼합물을 분리한 것이다.
③ 암모니아가 섞인 공기를 분리할 때에 같은 방법을 이용한다.
④ 끓는점 차이가 크고 잘 섞이는 액체 혼합물을 분리 할 때에도 사용된다.
⑤ 혼합물을 이루는 성분들이 매질 내에서 나타나는 이동 속도의 차이를 이용한다.

23 액체 혼합물을 분리하는데 이용되는 실험 장치이다. 이에 대한 설명으로 옳지 <u>않은</u> 것은?

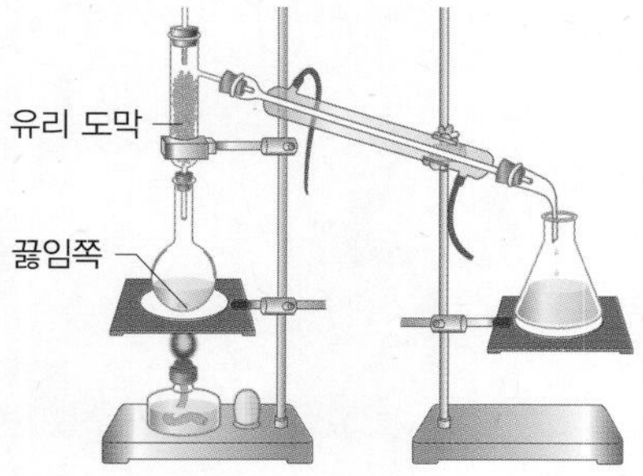

① 냉각기는 기체를 액화시켜 주는 장치이다.
② 냉각기의 물은 아래쪽에서 들어가 위쪽으로 나온다.
③ 용액이 끓기 시작할 때 용액의 증기압은 대기압과 같다.
④ 성분 물질의 끓는점 차이를 이용하여 혼합물을 분리하는 실험 장치이다.
⑤ 끓임쪽은 두 물질을 분리하는데 촉매 역할을 하여 분리가 빨리 일어나도록 한다.

24 기체 A와 기체 B로 이루어진 기체 혼합물을 아래의 그림과 같이 분리하려고 한다. 이때 수조 속의 온도는 몇 ℃가 가장 적당한가?

① -50℃ 이하
② -50℃ 이상, -15℃ 이하
③ -15℃ 이상, 0℃ 이하
④ 0℃ 이상
⑤ 100℃ 이상

25 여러 가지 액체의 특성을 나타낸 것이다.

물질	끓는점 (℃)	어는점 (℃)	밀도 (g/cm^3)	용해성
A	100	0	1.00	C와 섞임
B	84	-50	0.79	A와 섞이지 않음
C	78	-117	0.79	A와 섞임

물질 A와 B, A와 C를 분리하기에 적당한 방법으로 바르게 짝지은 것은?

	A와 B	A와 C
①	거름	크로마토그래피
②	재결정	분별 증류
③	분별 결정	거름
④	분별 증류	분별 깔때기
⑤	분별 깔때기	분별 증류

26 분별 증류 장치에서 유리 도막을 넣는 이유를 서술하시오.

정답 및 해설 10쪽

27 물과 메탄올 혼합물의 가열곡선이다.

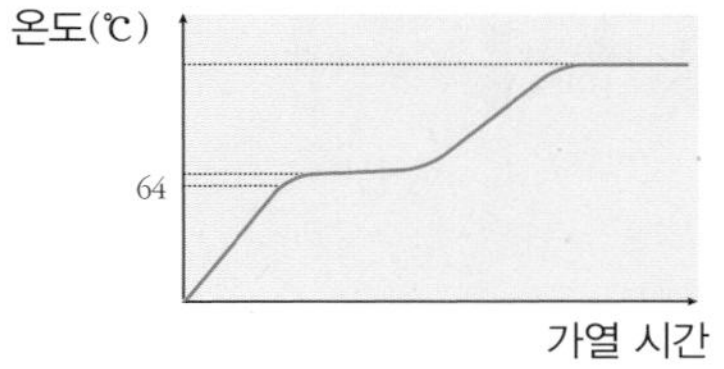

메탄올의 끓는점은 64℃이지만, 혼합물에서 메탄올은 끓는점보다 높은 온도에서 끓기 시작하였다. 그 이유가 무엇인지 서술하시오.

28 증류탑으로 원유를 분리할 때 이용되는 물질의 특성과 먼저 분리되는 물질의 특성을 각각 서술하시오.

29 분별 증류 장치와 증류탑에서 증류가 잘 일어나게 하는 방법을 각각 쓰시오.

30 아래의 그림 (가)와 (나)는 모두 기체의 혼합물을 분리할 때의 모습이다. (가)와 (나)의 차이점을 서술하시오.

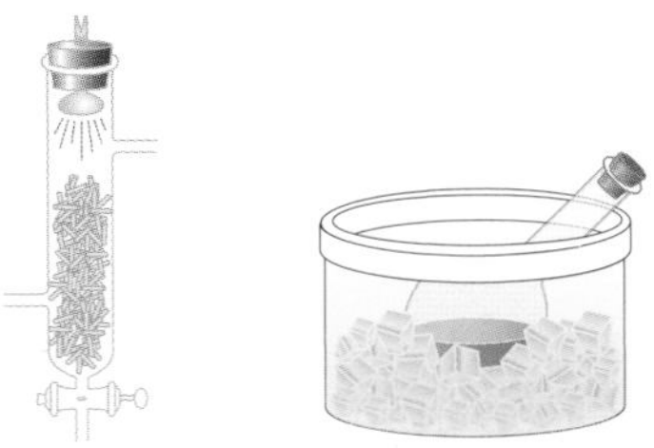

(가) (나)

창의력 서술

31 제주도는 물이 부족하여 바닷물로부터 물을 얻는다. 바닷물로부터 물을 얻는 방법을 서술하시오.

32 소줏고리를 이용하여 탁한 술에서 맑은 술을 얻는 과정을 모식적으로 나타낸 것이다. 이 과정에 대해 서술하시오.

크로마토그래피의 역사

20C 초기에 과학자들은 생물의 조직을 연구하는데 큰 어려움을 겪고 있었다. 생물의 조직은 엄청난 수의 혼합물들에 의해 구성되어 있고, 혼합물을 구성하는 물질들의 성질이 너무나 비슷해서 따로 분리하여 연구한다는 것이 거의 불가능하였기 때문이다.
예를 들어, 식물의 색을 나타내는 물질들은 한 가지가 아니라 비슷한 색상의 물질들로 이루어져 있는데 이것들이 따로 분리하여 성질을 알아낸다는 것은 어려운 일이 아닐 수 없었다. 이에 대한 해결책을 제시한 사람이 러시아 식물학자 미하일 츠베트(Mihail Tswett)이다.

▲ 미하일 츠베트 (Mihail Tswett)

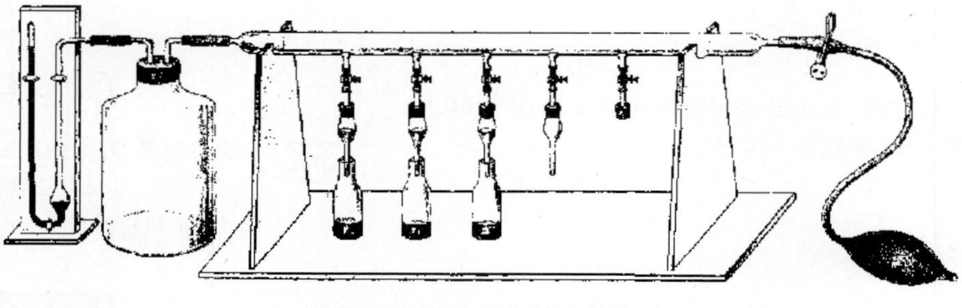
▲ 츠베트가 사용한 색소 분리 실험 기구

츠베트는 다음과 같은 방법을 이용하여 색소를 분리하였다.

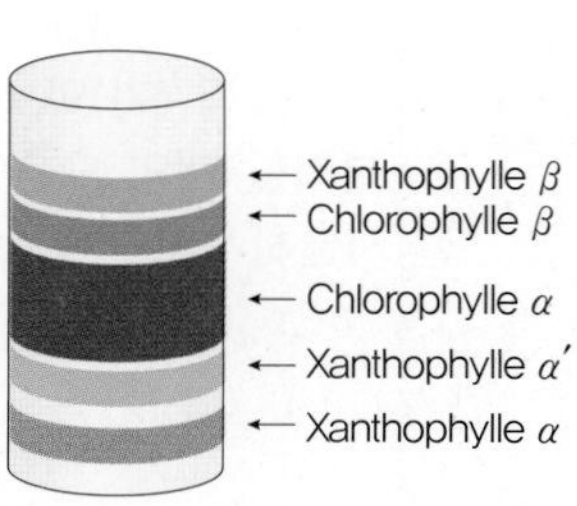

▲ 츠베트의 실험에 의해 나타난 분리 띠

① 녹색 잎을 빻아 에테르에 녹인 다음 석회석 가루를 빽빽하게 채운 유리관 속에 그 용액을 통과시킨다.
② 용매인 에테르는 흘러내려 갔으나 색소는 석회석 미립자에 단단하게 달라붙어 뒤에 남게 되었다.
③ 계속해서 에테르를 통에 부었더니 색소가 서서히 씻겨 내려갔다.
④ 혼합물 중에서 분리된 각 화합물은 석회석 입자에 얼마나 단단히 붙어 있느냐와 에테르에 얼마나 잘 녹느냐에 따라 약간씩 다른 속도로 씻겨 내려가 빨강, 오렌지, 혹은 황색 등의 분리띠(band)가 나타났다. 각 분리 띠는 하나의 특정 색소를 함유한다.

츠베트는 이 기술을 "크로마토그래피(Chromatography)"라고 불렀는데, '색을 기록한다'라는 의미로 희랍어인 Chroma (color : 색)와 Graphein (write : 기록)가 합쳐진 말로, 혼합물에 관한 정보를 모든 사람이 볼 수 있도록 석회석 원통에 색상으로 기록되기 때문이다.

정답 및 해설 12쪽

그러나 아무도 가난한 러시아 과학자의 말에 귀 기울이지 않았기 때문에 미하일 츠베트의 발명이 과학자들에게 인정되기까지 25년이나 걸렸다. 하지만, 오늘날 크로마토그래피는 생화학 등의 분야에서 가장 중요한 분리 방법의 하나로 발전하였다.

▲ Archer John Porter Martin

▲ Richard Laurence Millington Synge

1940년대에 종이를 이용한 크로마토그래피(paper chromatography)를 선보인 아처 마틴(영국)과 리처드 싱(영국)은 분배 크로마토그래피(종이 크로마토그래피가 분배 크로마토그래피의 한 종류)를 발전시킨 공으로 1952년 노벨 화학상을 수상하였고 이후 마틴 등은 가스 크로마토그래피도 개발하였다.

▲ 1950년대에 사용한 크로마토그래피

Q1 **미하일 츠베트가 식물의 색을 나타내는 물질들을 분리할 때 왜 크로마토그래피를 사용해야 했을까?**

Q2 **우리 주위에서 크로마토그래피 기법을 이용하는 것을 찾아보자.**

Project 4 - 탐구

[탐구-1] 사인펜 잉크의 색소 분리

준비물 거름종이, 유리막대(또는 빨대), 수성 사인펜, 비커, 비닐 랩, 물

실험 과정

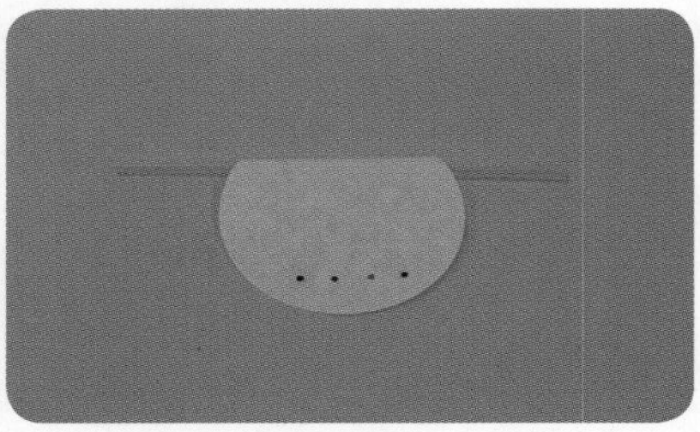

① 거름종이의 가장 밑부분에서 3mm정도 떨어진 곳에 연필로 선을 긋고, 여러 색의 수성 사인펜으로 연필선 위에 점을 찍는다.

② 점이 물에 닿지 않을 정도로 비커에 물을 채우고, 거름 종이 끝부분이 물에 닿도록 한 후, 비커에 비닐 랩을 씌운다.

③ 시간이 지나면서 색소가 어떻게 분리되는지 관찰한다.

④ 물이 거름종이의 가장 윗부분까지 이동하기 전에 거름종이를 비커에서 꺼낸 후, 결과를 분석한다.

탐구 결과 사인펜 색깔에 따라 어떤 색소가 포함되었는지 기록해 보자.

사인펜의 색깔	검은색	파란색	빨간색	초록색
포함된 색소의 종류				

정답 및 해설 12쪽

탐구 문제

1. 과정 ②에서 점이 물에 잠기면 어떤 현상이 일어나겠는가?

2. 거름종이에 나타난 색깔을 보고 알 수 있는 사실을 쓰시오.

3. 유성 사인펜이 아닌 수성 사인펜을 사용하는 무엇일까?

4. 이동상으로 물 대신 에탄올을 넣으면 어떤 현상이 일어나겠는가?

5. 거름종이의 길이가 짧으면 어떤 현상이 일어나겠는가?

6. 이 실험에서 고정상으로 거름종이 대신 사용할 수 있는 것은 무엇이 있을지 쓰시오.

7. 다음 종이 크로마토그래피를 보고 각 물음에 답하시오.

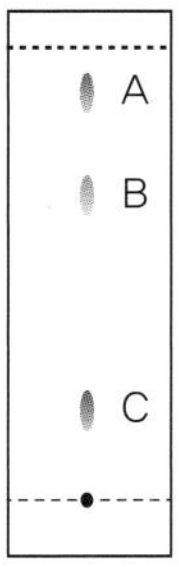

(1) 혼합된 성분 물질의 최소 개수는?

(2) 성분 물질의 이동 속도를 부등호로 비교하시오.

(3) 이동상과의 용해도를 부등호로 비교하시오.

(4) 고정상과의 흡착력을 부등호로 비교하시오.

Project 4 - 탐구

[탐구-2] 식초에서 아세트산 분리하기

계획하여 실험하기

다음은 시중에 판매되고 있는 식초의 모습이다. 식초는 일반적으로 아세트산(CH_3COOH) 5% 와 물 95% 가 섞여 있어 독특한 향기를 가진 신맛의 액체이다. 아세트산과 물 등이 섞여있는 식초 10mL 로부터 아세트산을 분리해 보자.

▲ 식초

사용할 수 있는 준비물

분별 깔때기, 스탠드, 마개, 링, 콕, 바세린, 식초, 물, 에테르, 비커, 스포이트, 알코올 램프

실험 계획 세우기

1. 식초에서 분리된 아세트산은 어떤 용매에 녹아있는가?
2. 아세트산은 분별 깔때기의 위층과 아래층 중 어디에 녹아있는가?
3. 분별 깔때기의 위층과 아래층 경계 부근의 액체는 어떻게 분리할 것인가?
4. 분별 깔때기에서 용매에 섞인 아세트산을 분리한 후, 용매와 아세트산을 어떻게 분리할 것인가?

TIP
1. 에테르와 물은 서로 섞이지 않는 용매이고, 에테르보다 물의 밀도가 더 크다.
   에틸에테르($(C_2H_5)_2O$) – 끓는점 : 34.5℃ 비중 : 0.7135 (20℃ 기준)
2. 아세트산은 물보다 에테르에 더 잘 용해된다.
   아세트산(CH_3COOH) – 끓는점 : 118℃
3. 혼합 용액을 불별 깔때기에 넣은 후 섞기 위해 흔들어 줄 때 가끔씩 링에 분별 깔때기를 세워놓고 마개를 열어 공기를 빼주어야 한다.
4. 에테르는 인화성이 있으므로 취급에 주의하고, 마취성이 있으므로 환기에 주의한다.

계획한 대로 실험한 후 식초 10mL에 들어있는 아세트산의 부피를 측정해 보자.

정답 및 해설 12쪽

아래의 내용을 스스로 계획하여 작성해 보자.

1. 필요한 준비물 :

2. 실험 방법 : (가능하면 그림과 함께 자세히 설계한다.)

3. 실험 결과

① 분별 깔때기에서 위층과 아래층의 물질은 무엇인가?

위층 : 아래층 :

② 식초 10mL에 들어있는 아세트산의 부피는 몇 mL인가?

V

원자의 구조와 주기율

원자, 분자, 화합물은 어떻게 다른 것일까?

16강. 원자

1. 물질관의 변천 1

(1) 물질관의 변천

연대	물질관	
기원전 7세기	탈레스의 1원소설	만물의 근원은 물이다.
기원전 5세기	엠페도클레스의 4원소설	만물은 물, 불, 흙, 공기의 4원소로 이루어져 있다.
	데모크리토스의 입자설	물질은 더 이상 쪼갤 수 없는 입자로 이루어져 있다.
기원전 4세기	아리스토텔레스의 4원소 변환설	모든 물질은 물, 불, 흙, 공기의 4원소로 이루어져 있으며, 원소는 따뜻함, 차가움, 건조함, 축축함의 조합에 의해 다른 원소로 변환될 수 있다.
중세	연금술사	아리스토텔레스의 4원소 변환설을 바탕으로 납, 철, 주석 등의 값싼 물질을 금으로 만들려고 하였다.
17세기	보일의 원소설	물질은 더 이상 분해되지 않는 원소로 이루어져 있다.
18세기	라부아지에의 원소설	더 이상 분해되지 않는 물질을 원소로 정의하고, 빛과 열을 포함한 33개의 물질을 원소로 분류하였다.
19세기	돌턴의 원자설	모든 물질은 원자라고 부르는 더 이상 쪼갤 수 없는 작은 입자로 되어 있다.

(2) 라부아지에의 물 분해 실험

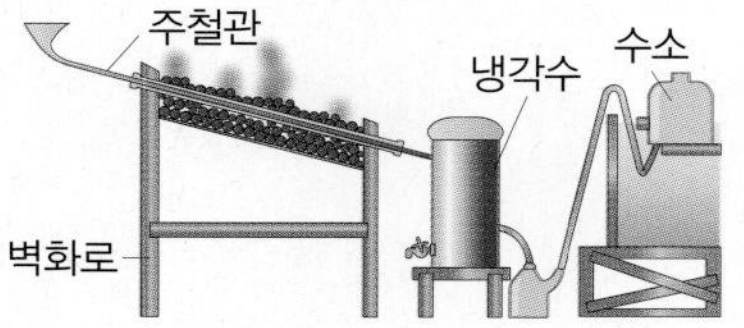

뜨거운 주철관에 물을 부으면 물이 분해되면서 생긴 산소는 주철관의 철과 결합하고, 수소 기체는 냉각수를 통과한다.

① 물 분해 실험을 통해 물이 수소와 산소로 이루어진 화합물임을 밝혀냈다.
② 아리스토텔레스의 4원소 변환설이 옳지 않음을 증명하였다.
③ 더 이상 분해되지 않는 물질을 원소로 정의하고, 33종의 원소를 정리하였다.

동양의 물질관

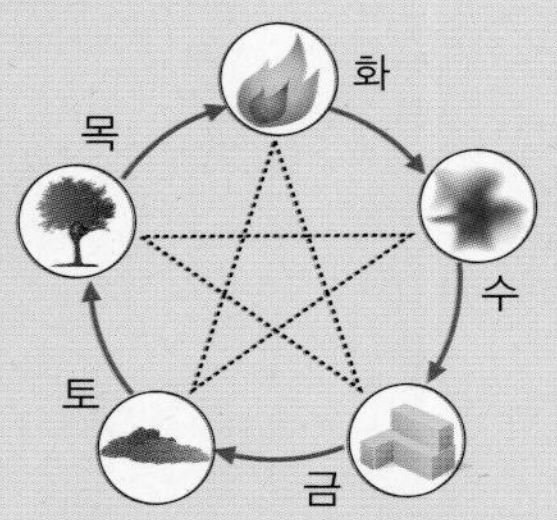

- 자연 현상의 원리를 5행의 원리로 설명
- 5행 : 목(木),화(火),토(土), 금(金), 수(水)
- 서양의 4원소에 없는 생물체인 나무(木)를 포함시킨 것으로 보아 자연과 인간의 관계를 친숙하게 생각하고 있음을 알수 있다.

과학의 발전과 연금술사

연금술사들은 비커, 플라스크 등의 기초적인 실험 도구를 만들고, 증류, 승화, 용해 등의 실험 방법들과 여러 가지 약품들을 만들어냈다.

라부아지에의 원소

빛과 열, 산화 칼슘, 이산화 규소 등 현재는 원소가 아닌 것도 원소에 포함시켰다.

생각해보기★

고대에서부터 원소로 생각되어 온 빛과 열은 왜 원소에 포함되지 않는 것일까?

개념확인 1 물질관을 주장한 학자의 이름을 쓰시오.

(1) 만물의 근원은 물이다. (　　　　　　　　)
(2) 수은, 납 등 값싼 금속으로부터 금을 만들어 낼 수 있다. (　　　　　　　　)

확인 +1 라부아지에의 주장이나 실험에 대한 다음 설명 중 옳지 <u>않은</u> 것은?

① 더 이상 분해될 수 없는 물질을 원소라고 정의했다.
② 물질을 빛과 열을 포함한 33개의 원소로 분류하였다.
③ 한 가지 원소로부터 다른 원소를 합성할 수 있다고 주장했다.
④ 아리스토텔레스의 4원소 변환설이 옳지 않다는 것을 증명하였다.
⑤ 실험을 통해 물이 산소와 수소로 이루어져 있다는 것을 확인하였다.

미니사전

분해 [分 나누다 解 풀다] 물질을 보다 간단한 두 가지 이상의 물질로 나누는 것
주철 [鑄 쇠를 부어 만들다 鐵 쇠] 탄소와 철의 합금. 녹이 잘 슨다.

2. 물질관의 변천 2

(1) 입자설과 연속설

데모크리토스의 입자설	아리스토텔레스의 연속설
물질은 더 이상 쪼개지지 않는 입자로 되어 있고, 물질 사이에는 빈 공간이 존재한다. 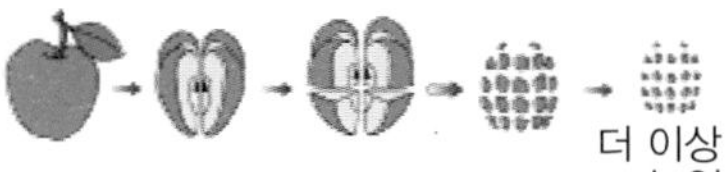 더 이상 쪼갤 수 없다.	물질은 연속적이며, 한없이 계속 쪼갤 수 있고, 빈 공간이 존재하지 않는다. 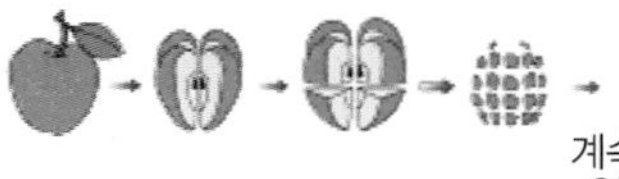 계속 쪼개면 없어진다.
입자 사이에는 빈 공간이 존재한다. 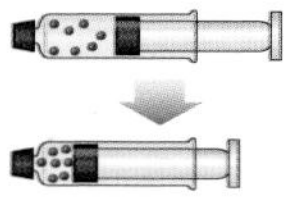 공기를 이루는 입자 사이의 거리가 가까워 진다.	자연계에는 빈 공간이 존재하지 않는다. 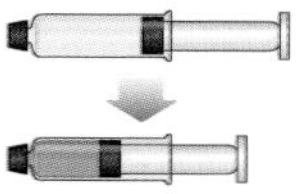 공기가 진해진다.

(2) 입자설의 증거

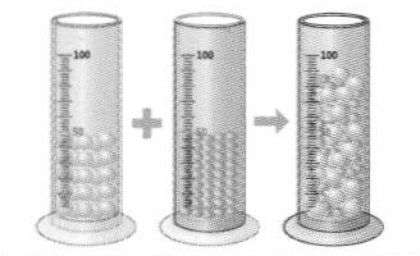	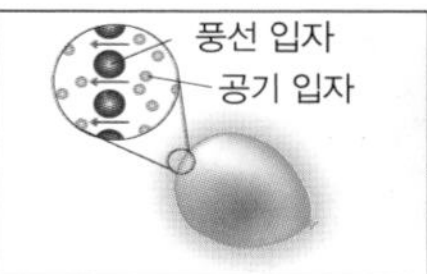		
물 50mL와 에탄올 50mL를 섞으면 혼합 용액의 부피가 100mL보다 작다.	고무풍선의 입구를 단단히 묶어 가만히 놓아두면 공기가 서서히 빠져나가 풍선의 크기가 작아진다.	비누 입자나 금속 입자보다는 얇게 만들 수 없기 때문에 비누방울이나 금속박을 얇게 만드는데 한계가 있다.	물에 잉크를 떨어 뜨리고 놓아두면 잉크 입자가 물 입자 사이로 끼어 들기 때문에 잉크가 물 속으로 천천히 퍼진다.

(3) 보일의 J자관 실험

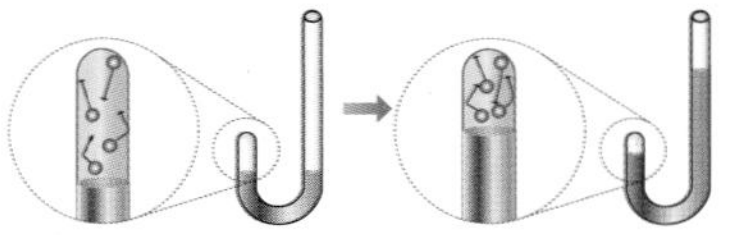

한쪽이 막힌 J자 관에 수은을 계속 넣으면 공기의 부피가 줄어든다.

① 공기는 입자와 입자 사이의 빈 공간으로 이루어져 있다는 것을 밝혀내었다.
② 보일은 J 자관 실험을 통해 입자 사이에 빈 공간이 있음을 증명하였다.

> **간단실험**
> 설탕물 만들기
> ① 설탕과 물의 부피를 측정한다.
> ② 설탕물의 부피를 측정한다.
> ③ 설탕과 물의 부피의 합과 설탕물의 부피를 비교하고 설탕물의 상태를 추리해 본다.

> **보일의 원소설**
> 보일은 '모든 물질은 더 이상 분해되지 않는 원소로 이루어져 있다'고 주장하여 현대적인 원소 개념을 제시하였다.

정답 및 해설 13쪽

개념확인 2 데모크리토스의 입자설이면 '입', 아리스토텔레스의 연속설이면 '연'이라고 쓰시오.

(1) 물질 사이에는 빈 공간이 존재한다. (　　)
(2) 물질은 연속적이며, 한없이 계속 쪼갤 수 있다. (　　)

> **생각해보기★★**
> 보일의 J자관 실험은 고대 학자들의 물질관 중 누구의 물질관을 지지하는 것일까?

확인 +2 물질이 입자로 이루어져 있다는 증거로 옳지 않은 것은?

① 비눗방울을 계속 불면 터진다.
② 금속박을 무한히 얇게 만들 수 있다.
③ 물에 잉크를 떨어뜨려 놓아두면 잉크가 물속으로 천천히 퍼진다.
④ 물 50mL와 에탄올 50mL를 섞으면 혼합 용액의 부피가 100mL보다 작다.
⑤ 고무풍선의 입구를 단단히 묶어 가만히 놓아두면 공기가 서서히 빠져나가 풍선의 크기가 작아진다.

3. 원소와 원자

(1) 원소

① 원소 : 물질을 이루는 기본 성분
② 원소의 특징 : 다른 물질로 나누어지지 않으며, 화학 변화가 일어나도 다른 원소로 변하지 않는다.
③ 화합물 : 두 가지 이상의 원소로 이루어진 물질

(2) 원자

① 원자 : 원소의 성질을 잃지 않으면서 물질을 이루는 최소 입자
② 중심에 원자핵이 있고, 원자핵 주위에서 전자가 빠르게 움직이고 있다.

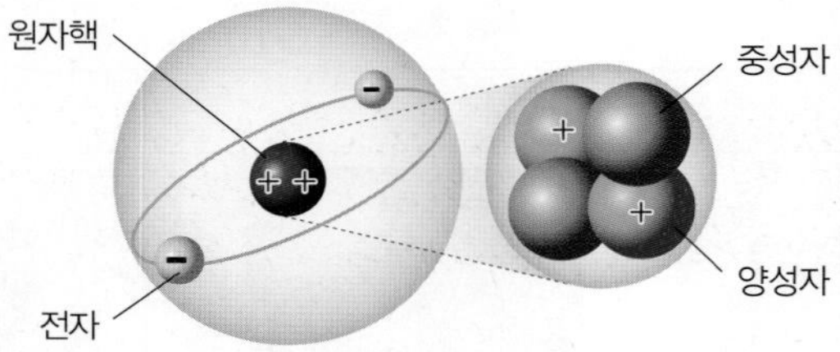

원자핵	원자의 중심에 있으며, 전자에 비해 질량이 매우 크고, (+)전하를 띤다.
전자	원자핵 주위에서 움직이고 있으며, (-)전하를 띤다.
양성자	(+)전하를 띠는 입자
중성자	전하를 띠지 않는 입자

③ 원자는 종류에 따라 원자핵이 띠는 (+)전하량이 다르다.
④ 양성자의 개수에 따라 원자핵의 (+)전하량과 화학적 성질이 결정된다.
⑤ 중성 원자는 원자핵의 (+)전하량과 전자의 총 (-)전하량이 같다.
→ 양성자 수 = 전자 수

(3) 원자의 크기와 질량

① 원자의 질량은 원자핵이 대부분을 차지하고, 전자의 질량은 무시할 수 있다.
→ 원자의 질량 = 양성자의 질량 + 중성자의 질량

② 가장 작은 원자인 수소 원자의 크기는 지름이 $\frac{1}{1억}$ cm이고, 원자핵의 크기는 원자 지름의 $\frac{1}{10만}$ ~ $\frac{1}{1만}$ 정도이다.

개념확인 3 설명하고 있는 입자는 무엇인지 쓰시오.

〈 보기 〉
· 원소의 성질을 잃지 않으면서 물질을 이루는 최소 입자로 중심에 원자핵이 있고, 원자핵 주위를 전자가 빠르게 움직이고 있다.
· 이 입자는 크기가 매우 작아 맨 눈으로 볼 수 없다.

확인 +3 원자의 구조를 나타낸 것이다. 원자를 구성하는 입자 ㉠~㉣에 알맞은 이름을 각각 쓰시오.

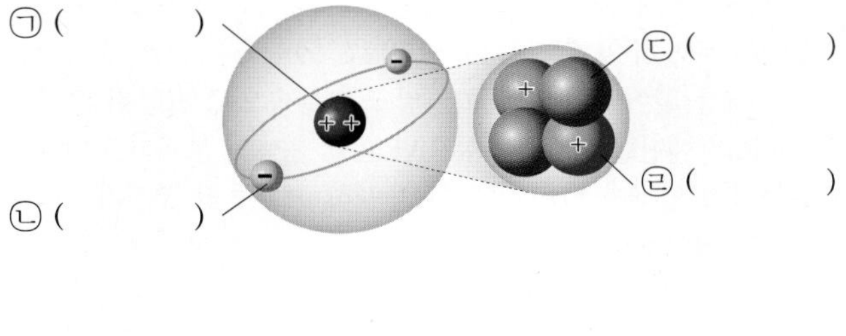

원소와 원자

원소	원자
물질을 이루는 기본 성분	물질을 이루는 기본 입자
종류와 관계 있음	개수와 관계 있음
셀 수 없음	셀 수 있음

양성자, 중성자와 쿼크

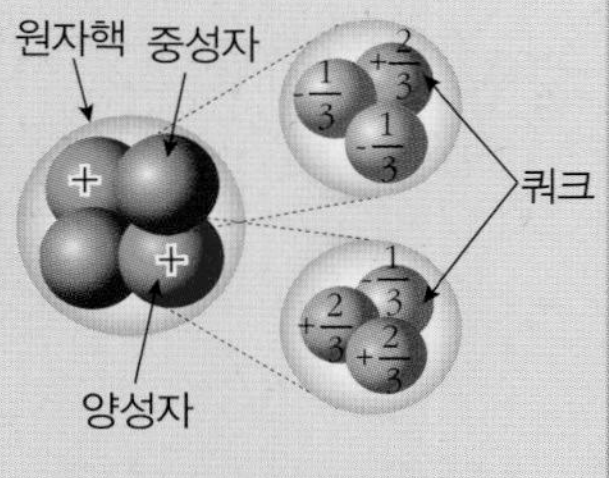

양성자와 중성자는 각각 쿼크라는 기본 입자로 이루어져 있다.

원자핵의 크기 비유

· 원자의 크기를 지름 700m인 원형 야구장에 비교하면 원자핵은 지름 7cm의 야구공의 크기와 같다.
· 전자의 크기는 무시할 수 있을 정도로 작기 때문에 운동장 안에서 끊임없이 움직이는 개미에 비유할 수 있다.

원자의 크기

$\frac{1}{1억}$ cm = 10^{-10}m

생각해보기★★★
양성자의 개수와 중성자의 개수는 항상 같을까?

미니사전
중성 원자 [中 가운데 性 성품 原 근원 子 아들] 핵 주위에 있는 전자의 수가 핵 안에 있는 양자의 수와 같은 원자

4. 원소 기호

(1) 원소 기호 : 원소를 나타내는 기호

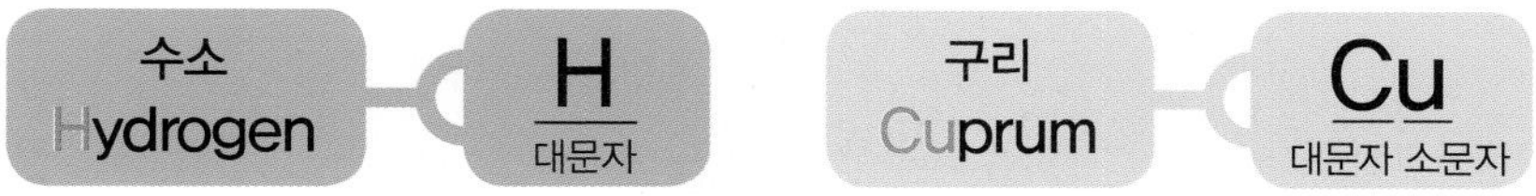

① 현재 사용하는 원소 기호는 베르셀리우스가 제안한 방법대로 알파벳을 이용하여 나타낸다.
② 원소 이름의 알파벳에서 딴 첫 글자를 대문자로 나타낸다.
③ 첫 글자가 다른 원소와 같을 때에는 중간 글자를 택하여 첫 글자 다음에 소문자로 나타낸다.

(2) 여러 가지 원소 기호

원소 이름	원소 이름	원소 기호	원소 이름	원소 이름	원소 기호
수소	Hydrogen	H	황	Sulfur	S
헬륨	Helium	He	염소	Chlorine	Cl
리튬	Lithium	Li	칼륨	Kalium	K
탄소	Carbon	C	칼슘	Calcium	Ca
질소	Nitrogen	N	아연	Zinc	Zn
산소	Oxygen	O	철	Ferrum	Fe
플루오린	Fluorine	F	은	Argentum	Ag
나트륨	Natrium	Na	금	Aurum	Au
마그네슘	Magnesium	Mg	수은	Hydrargyrum	Hg
알루미늄	Aluminium	Al	아이오딘	Iodine	I

(3) 원소의 발견

① 현재까지 110여 종의 원소가 발견되었다.
② 92 종의 원소는 자연계에 존재하는 원소이고, 그 외는 핵반응으로 만들어진 원소이다.

간단실험

원소 기호 만들기

① 염소(Chlorine)의 원소 기호를 스스로 만들어 보자.
② 아연(Zinc)의 원소 기호를 스스로 만들어 보자.
③ 은(Argentum)의 원소 기호를 스스로 만들어 보자.

원소 기호의 변천

① 연금술사 : 자신만이 알아볼 수 있는 그림으로 기록

구리 황 금 철

② 돌턴 : 원과 기호를 이용하여 나타냄

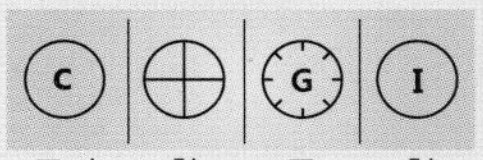

구리 황 금 철

③ 베르셀리우스 : 알파벳으로 나타냄

Cu	S	Au	Fe
구리	황	금	철

원소의 이름

오래 전부터 알려진 것은 라틴어나 그리스 어의 이름에서 따오고, 최근에 알려진 원소는 영어나 독일어 이름에서 따온 것이다.

생각해보기★★★★

원소는 인공적으로 만들 수 있을까?

정답 및 해설 13쪽

개념확인 4

㉠~㉣에 알맞은 원소 이름이나 원소 기호를 써 넣으시오.

원소 이름	원소 이름	원소 기호	원소 이름	원소 이름	원소 기호
수소	Hydrogen	㉠	㉡	Sulfur	S
㉢	Natrium	Na	금	Aurum	㉣

㉠(　　　) ㉡(　　　) ㉢(　　　) ㉣(　　　)

확인 +4

원소 기호에 대한 다음 설명 중 옳지 <u>않은</u> 것은?

① 원소를 나타내는 기호이다.
② 연금술사들은 그림으로 나타내었다.
③ 원소 이름의 첫 글자를 알파벳 대문자로 나타낸다.
④ 현재 사용하는 원소 기호는 베르셀리우스가 제안한 원과 기호이다.
⑤ 원소 이름의 첫 글자가 같을 때는 이름의 중간에 있는 알파벳 하나를 선택해서 소문자로 덧붙인다.

개념 다지기

01 고대의 학자들과 물질에 대한 학자들의 생각을 선으로 연결하시오.

① 탈레스 ·
② 데모크리토스 ·
③ 아리스토텔레스 ·
④ 엠페도클레스 ·

· ㉠ 만물의 근원은 물이다.
· ㉡ 만물은 물, 불, 흙, 공기의 4원소로 이루어져 있다.
· ㉢ 물질은 더 이상 쪼갤 수 없는 입자로 이루어져 있다.
· ㉣ 물질은 4가지 원소로 이루어지며, 이 원소들은 4가지 성질에 의해 서로 변환된다.

02 라부아지에의 물 분해 실험 장치를 나타낸 것이다. 라부아지에가 이 실험을 통해 알게 된 사실을 정리한 다음 빈칸에 알맞은 말을 써 넣으시오.

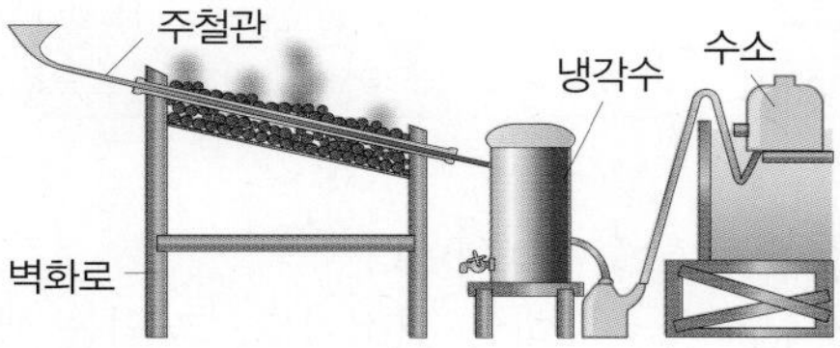

물은 산소와 수소로 분해되므로 ㉠( )이(가) 아니다. 물이 원소라고 했던 아리스토텔레스의 물질관인 ㉡ ( )이(가) 옳지 않음을 증명하였다.

03 설명에 해당하는 물질관을 선으로 연결하시오.

① 물질은 더 이상 쪼개지지 않는 입자로 되어 있다. ·
② 물질 사이에는 빈 공간이 존재한다. ·
③ 물질은 한없이 계속 쪼갤 수 있다. ·
④ 빈 공간이 존재하지 않는다. ·

· ㉠ 입자설
· ㉡ 연속설

정답 및 해설 13쪽

04 원소에 대한 설명으로 옳지 않은 것은?

① 물질을 이루는 기본 성분이다.
② 모두 자연계에서 발견된 것이다.
③ 현재까지 110여 종이 알려져 있다.
④ 원소의 종류가 다르면 성질이 다르다.
⑤ 더 이상 다른 종류의 물질로 분해되지 않는다.

05 어떤 중성 원자를 모형으로 나타낸 것이다. 원자에 대한 설명에 대한 설명으로 옳지 않은 것은?

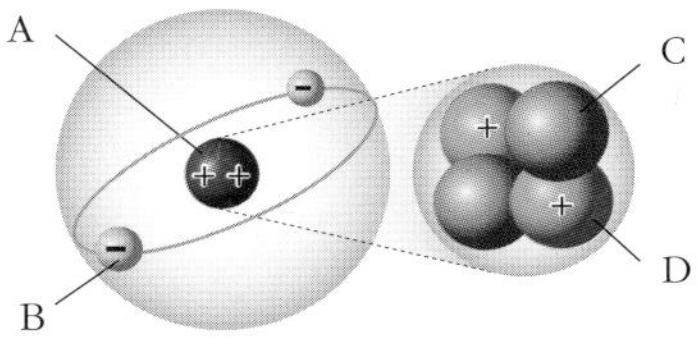

① A는 원자핵을 나타낸다.
② B는 전자를 나타낸다.
③ B는 원자의 총 질량의 대부분을 차지한다.
④ C는 전하를 띠지 않는 중성자를 나타낸다.
⑤ D의 개수에 따라 원자핵의 (+)전하량이 결정된다.

06 ㉠~㉧에 알맞은 원소의 이름이나 원소 기호를 쓰시오.

원소 이름	원소 기호	원소 이름	원소 기호
수소	㉠(　　)	㉤(　　)	S
㉡(　　)	Li	염소	㉥(　　)
㉢(　　)	C	㉦(　　)	K
마그네슘	㉣(　　)	철	㉧(　　)

유형 익히기 & 하브루타

[유형16-1] 물질관의 변천 1

여러 가지 물질관을 시대 순으로 옳게 나열한 것은?

〈 보기 〉

ㄱ. 만물은 물, 불, 공기, 흙으로 되어 있다.
ㄴ. 만물의 근원은 물이다.
ㄷ. 어떤 방법으로도 분해할 수 없는 물질의 성분을 원소로 정의하였다.
ㄹ. 4원소들이 서로 변환될 수 있고, 서로 다른 비율로 결합하여 새로운 물질이 생긴다.
ㅁ. 수은, 황, 소금을 적당히 섞으면 값싼 금속으로 금을 만들 수 있다.

① ㄱ - ㄴ - ㄷ - ㄹ - ㅁ
② ㄴ - ㄱ - ㄷ - ㄹ - ㅁ
③ ㄴ - ㄱ - ㄹ - ㅁ - ㄷ
④ ㄷ - ㄴ - ㄱ - ㅁ - ㄹ
⑤ ㅁ - ㄹ - ㄷ - ㄴ - ㄱ

Tip!

01 라부아지에는 다음 그림과 같이 가열된 주철관에 물을 통과시켜 수소 기체를 얻었다. 이 실험을 통해 얻은 결론은 무엇인가?

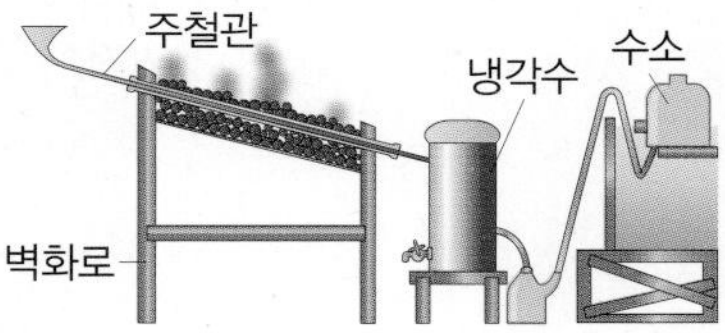

① 물은 원소가 아니다.
② 물은 가열에 의해 수소로 변할 수 있다.
③ 물은 수소 원자와 산소 원자가 섞인 것이다.
④ 수소는 다시 냉각시키면 물로 변할 수 있다.
⑤ 물은 가열에 의해 다른 원자로 변할 수 있다.

02 아리스토텔레스의 4원소 변환설에 대한 설명으로 옳지 않은 것은?

① 4원소란 불, 흙, 물, 공기이다.
② 연금술의 이론적 배경이 되었다.
③ '물질이 서로 변환될 수 있다.'는 이론이다.
④ 라부아지에에 의해 잘못되었다는 것이 증명되었다.
⑤ '물질은 더 이상 쪼갤 수 없는 입자로 되어 있다.'는 이론이다.

정답 및 해설 13쪽

[유형16-2] 물질관의 변천 2

물질의 구조에 대한 두 가지 생각이다. 두 가지 생각을 비교한 내용으로 옳은 것만을 〈보기〉에서 있는 대로 고른 것은?

(가) (나)

〈 보기 〉

ㄱ. (가)의 물질관에서는 진공이 존재할 수 있다.
ㄴ. (나)는 데모크리토스, 돌턴의 입장이다.
ㄷ. 설탕 50mL와 물 50mL를 섞으면 설탕물의 부피가 100mL보다 줄어드는 것은 (나)의 증거이다.

① ㄱ ② ㄴ ③ ㄷ ④ ㄱ, ㄷ ⑤ ㄱ, ㄴ, ㄷ

03

눈금실린더에 설탕과 물을 섞은 다음 부피를 측정하였더니 설탕물의 부피는 처음 두 물질의 부피의 합보다 작았다. 이와 같은 사실로부터 추측할 수 있는 것은?

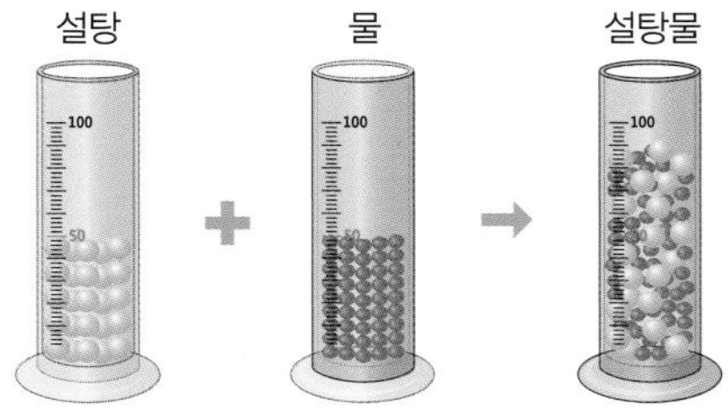

① 설탕의 부피는 물의 부피보다 작다.
② 설탕 입자와 물 입자 사이에 인력은 없다.
③ 설탕이 물에 녹으면 설탕 입자가 사라진다.
④ 물과 설탕이 섞이면 새로운 물질이 생긴다.
⑤ 설탕 입자 사이로 물 입자가 끼어들어 간다.

04

빈칸에 들어갈 알맞은 말을 쓰시오.

보일은 J자관 실험을 통하여 입자 사이에 ㉠(   )이(가) 있음을 입증하였다.

Tip!

유형 16-3 원소와 원자

물질을 이루는 가장 기본적인 입자를 간단한 모형으로 나타낸 것이다. 이에 대한 설명 중 옳은 것은?

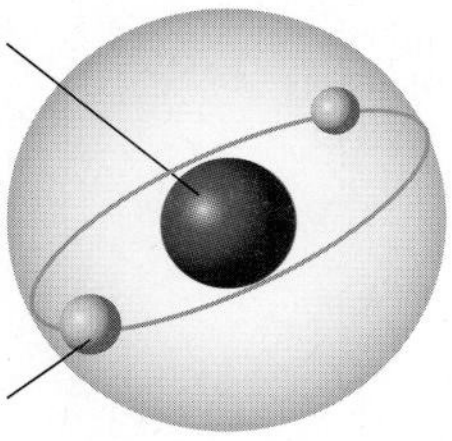

① 중성 원자는 (+)전하량과 (-)전하량이 같다.
② 물질을 이루는 가장 작은 알갱이를 분자라고 한다.
③ (가)는 전자로서 원자의 대부분의 질량을 차지한다.
④ 원자의 종류에 따라 (나)가 띠는 (+) 전하량이 다르다.
⑤ (나)는 원자핵으로 (+)전하를 띤 양성자로만 이루어져 있다.

Tip!

05 원소와 원자에 대한 설명으로 옳지 <u>않은</u> 것은?

① 원소마다 (+)전하량이 다르다.
② 중성 원자는 양성자와 전자의 수가 같다.
③ 원자핵은 양성자와 전자로 이루어져 있다.
④ 원자의 질량은 원자핵이 대부분을 차지한다.
⑤ 두 가지 이상의 원소로 이루어진 물질을 화합물이라고 한다.

06 원자에 대한 설명으로 옳은 것만을 〈보기〉에서 있는 대로 고른 것은?

〈 보기 〉

ㄱ. 원자의 대부분은 빈 공간이다.
ㄴ. (+)전하를 띤 원자핵 주변을 (-)전하를 띤 전자가 돌고 있다.
ㄷ. 중성 원자의 경우 원자의 양성자 전체의 전하량과 전자 전체 전하량의 부호는 서로 다르고 크기는 같다.

① ㄱ ② ㄱ, ㄴ ③ ㄱ, ㄷ ④ ㄴ, ㄷ ⑤ ㄱ, ㄴ, ㄷ

정답 및 해설 13쪽

유형 16-4 원소 기호

원소 이름과 원소 기호를 나타낸 것이다. ㉠~㉥에 들어갈 내용을 바르게 짝지은 것은?

원소 이름	원소 기호	원소 이름	원소 기호
리튬	㉠	㉣	Zn
㉡	O	플루오린	㉤
알루미늄	㉢	아이오딘	㉥

	㉠	㉡	㉢	㉣	㉤	㉥
①	L	산소	A	구리	F	Io
②	L	염소	Ar	철	Fl	A
③	Li	산소	Al	아연	F	I
④	Li	염소	Ar	철	Fl	A
⑤	Li	질소	Al	아연	F	I

07

원소 기호에 대한 설명으로 옳은 것은?

① 항상 한 글자로 나타낸다.
② 원소 기호는 주로 간단한 그림으로 나타낸다.
③ 현재의 원소기호는 멘델레예프가 제안한 것이다.
④ 첫 글자가 중복될 경우에는 바로 다음 글자의 소문자를 붙여서 나타낸다.
⑤ 원소 이름의 첫 글자는 대부분 그리스어, 라틴어 또는 영어 원소 이름의 첫 글자를 알파벳의 대문자로 표시한다.

08

원소와 원소 기호를 옳게 짝지은 것을 〈보기〉에서 모두 고른 것은?

〈 보기 〉

ㄱ. 은 - Au , 금 - Ag
ㄴ. 헬륨 - H , 탄소 - Cl
ㄷ. 칼슘 - Ca , 칼륨 - K
ㄹ. 마그네슘 - Mg , 질소 - N

① ㄱ, ㄴ　② ㄱ, ㄷ　③ ㄴ, ㄷ　④ ㄷ, ㄹ　⑤ ㄱ, ㄷ, ㄹ

Tip!

01 최초의 철학자라고 일컬어지는 탈레스는 사물의 본질, 우주의 근본 물질이 무엇인지 찾기 위해 신에 기대지 않고, 이성적이고, 철학적으로 생각했다. 그리고 '만물의 근원은 물이다.' 라는 결론을 내렸다. 탈레스가 만물의 근원이 물이라고 주장할 수 있었던 이유에 대해 서술하시오.

정답 및 해설 14쪽

02 같은 원소는 양성자의 수가 같다. 그러나 중성자의 수가 모두 같지는 않다. 이렇게 양성자의 수는 같지만 중성자의 수가 다른 원소를 동위 원소라고 한다. 자연계에 존재하는 산소는 대부분이 8개의 양성자와 8개의 중성자를 갖고 있으나, 이 밖에 얼마 안 되지만 9개의 중성자를 갖는 산소와 10개의 중성자를 갖는 산소가 혼재하고 있다.

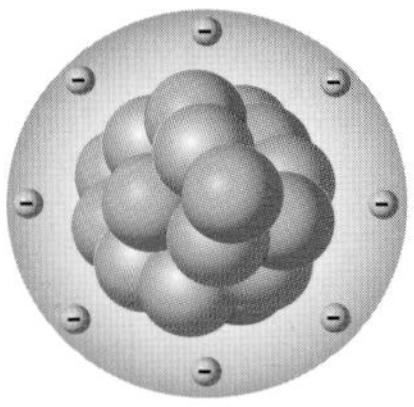
▲ 중성자 8개 산소 원자

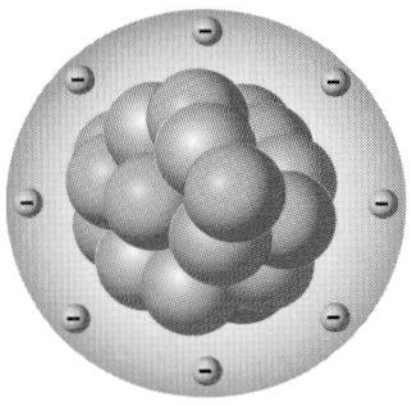
▲ 중성자 9개 산소 원자

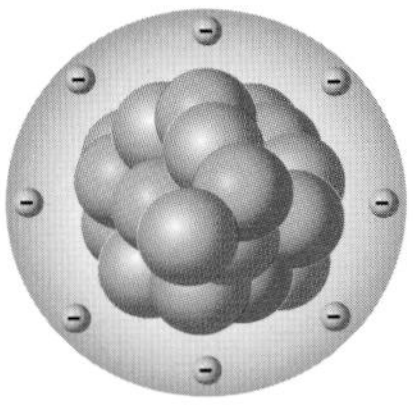
▲ 중성자 10개 산소 원자

다음은 산소의 동위 원소들을 이용한 실험 결과이다.

- 양성자 8개, 중성자 8개인 산소 원자로 이루어진 산소 기체에 꺼져가는 성냥불을 가져다 대었더니 불이 다시 타올랐다.
- 양성자 8개, 중성자 9개인 산소 원자로 이루어진 산소 기체에 꺼져가는 성냥불을 가져다 대었더니 불이 다시 타올랐다.
- 양성자 8개, 중성자 10개인 산소 원자로 이루어진 산소 기체에 꺼져가는 성냥불을 가져다 대었더니 불이 다시 타올랐다.

동위 원소의 공통점과 차이점에 대해 서술하시오.

03 아리스토텔레스의 4원소 변환설을 바탕으로 납, 철, 주석 등의 값싼 물질을 금으로 만들려고 하였던 중세 시대의 연금술사들은 비커, 플라스크 등의 기초적인 실험 도구를 만들고, 여러가지 실험 방법들과 약품을 만들어냈지만 과학자로 인정받지 못한다. 아래의 그림은 연금술사들의 원소 기호를 나타낸 것이다.

▲ 연금술사들의 원소 기호

(1) 연금술사들이 원소 기호를 자신만이 알아볼 수 있는 그림으로 나타낸 이유에 대해 서술하시오.

(2) 연금술이 과학으로 인정받지 못한 이유를 연금술사들의 원소 기호와 관련지어 서술하시오.

정답 및 해설 14쪽

04 원자핵이 방사선을 내고 붕괴 반응을 하여 다른 원자로 바뀌고 원래의 원자수가 줄어드는 시기가 있다. 이러한 방법으로 원래 수의 절반으로 줄어드는 데 걸리는 시간을 반감기라고 한다.

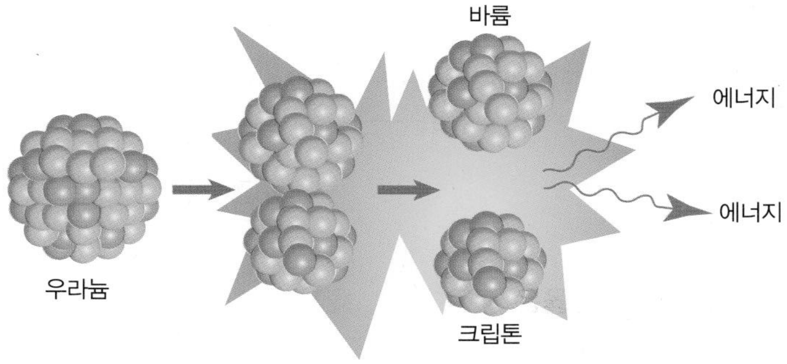

(1) 원자핵이 붕괴 반응을 할 때, 원자핵의 질량과 전하량의 변화를 서술하시오.

(2) 반감기는 고고학 등에서 많이 이용된다. 반감기를 통해서 어떤 정보들을 알아낼 수 있을지 서술하시오.

스스로 실력 높이기

A

01 **해당하는 물질관을 주장한 학자의 이름을 쓰시오.**

〈 보기 〉

만물은 물, 불, 흙, 공기의 4원소로 이루어져 있으며, 원소는 따뜻함, 차가움, 건조함, 축축함의 조합에 의해 다른 원소로 변환될 수 있다.

(　　　　　　　　　　)

02 **원소에 대한 설명 중 옳은 것은 ○표, 옳지 않은 것은 ×표 하시오.**

(1) 화학적 방법을 사용하면 다른 물질로 분해된다. (　　)

(2) 원소의 종류가 다르면 다른 특성을 나타낸다. (　　)

03 **보일은 그림과 같이 J자관에 수은을 넣는 실험을 하였다. 이에 대한 보일의 해석으로 옳은 것은 ○표, 옳지 않은 것은 ×표 하시오.**

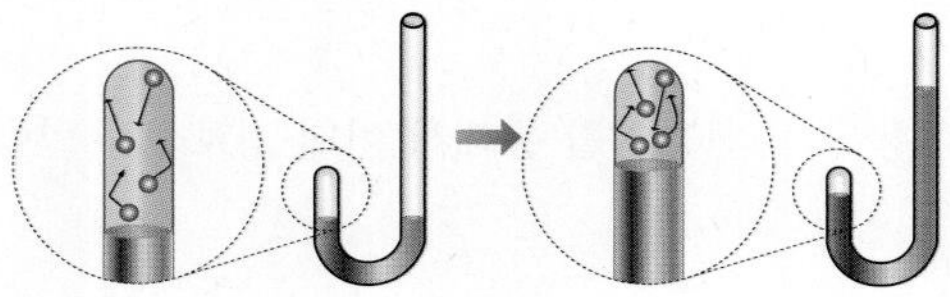

(1) J자관 속 공기가 진해진다. (　　)

(2) J자관 속 공기의 부피가 줄어든다. (　　)

(3) J자관 속 공기 입자의 크기는 변함없지만 빈 공간이 줄어들어 공기의 부피가 줄어든다. (　　)

04 **입자설과 연속설에 대한 설명 중 옳은 것은 ○표, 옳지 않은 것은 ×표 하시오.**

(1) 입자 사이에 빈 공간이 존재한다는 것은 입자설이다. (　　)

(2) 연속설은 아리스토텔레스가 주장했다. (　　)

(3) 고무풍선의 입구를 단단히 묶어 가만히 놓아두어도 풍선의 크기가 작아지는 것은 연속설의 증거이다. (　　)

05 **빈칸에 들어갈 용어가 원소인지 원자인지 쓰시오.**

㉠(　　　　　　) : 물질을 이루는 기본 성분
㉡(　　　　　　) : 물질을 이루는 기본 입자

06 **해당하는 답을 〈보기〉에서 골라 기호로 쓰시오.**

〈 보기 〉

㉠ 원자핵　㉡ 전자　㉢ 중성자　㉣ 양성자

(1) 원자의 중심에 있으며 (+) 전하를 띠고 있다. (　　)

(2) 빠르게 움직이고 있으며, (-) 전하를 띠고 있다. (　　)

07 **여러 가지 원소 기호를 나타낸 것이다. 해당하는 원소 기호를 〈보기〉에서 골라 기호를 쓰시오.**

〈 보기 〉

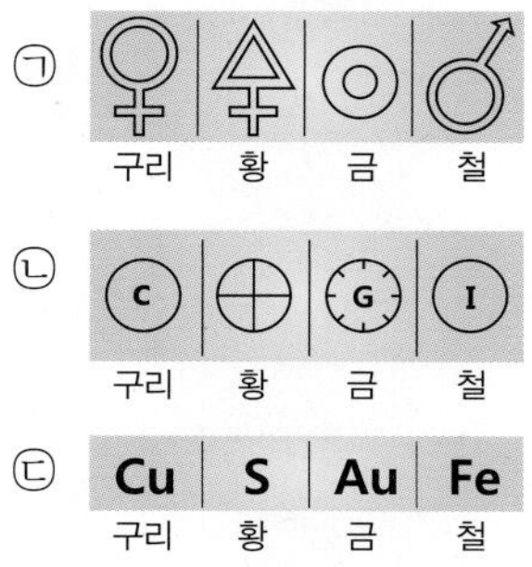

(1) 연금술사의 원소 기호 : (　　)

(2) 돌턴의 원소 기호 : (　　)

(3) 베르셀리우스의 원소 기호 : (　　)

정답 및 해설 15쪽

08 원소 기호에 대한 설명 중 옳은 것은 ○표, 옳지 않은 것은 ×표 하시오.

(1) 원소 이름의 알파벳에서 딴 첫 글자를 대문자나 소문자로 나타낸다. (　　)

(2) 첫 글자가 다른 원소와 같을 때에는 두번째 글자를 택하여 첫 글자 다음에 소문자로 나타낸다. (　　)

09 원소 이름과 원소 기호를 나타낸 것이다. 빈칸에 알맞는 원소 이름 또는 원소 기호를 쓰시오.

원소 이름	원소 기호	원소 이름	원소 기호
질소	㉠(　　)	㉣(　　)	Fe
㉡(　　)	Na	염소	㉤(　　)
수은	㉢(　　)	알루미늄	㉥(　　)

10 설명하는 물질을 고르면?

〈 보기 〉
- 물질을 이루는 기본 성분이다.
- 화학적 방법으로는 더 이상 다른 물질로 분해되지 않는다.

① 물　② 소금　③ 구리
④ 설탕물　⑤ 산화 철

B

11 철학자나 과학자의 물질관을 시대 순으로 바르게 나열하시오.

〈 보기 〉
ㄱ. 보일 - 물질은 더 이상 분해되지 않는 원소로 되어 있다.
ㄴ. 탈레스 - 만물의 근원은 물이다.
ㄷ. 연금술사 - 값싼 금속을 이용하여 금을 만들려 하였다.
ㄹ. 데모크리토스 - 모든 물질을 계속 쪼개면 더 이상 쪼갤 수 없는 입자(원자)가 남는다.
ㅁ. 아리스토텔레스 - 4원소(물, 불, 흙, 공기)가 서로 만나 만물을 만든다.

(　　) → (　　) → (　　) → (　　) → (　　)

12 라부아지에의 물 분해 실험을 나타낸 것이다. 이에 대해 바르게 설명한 것은?

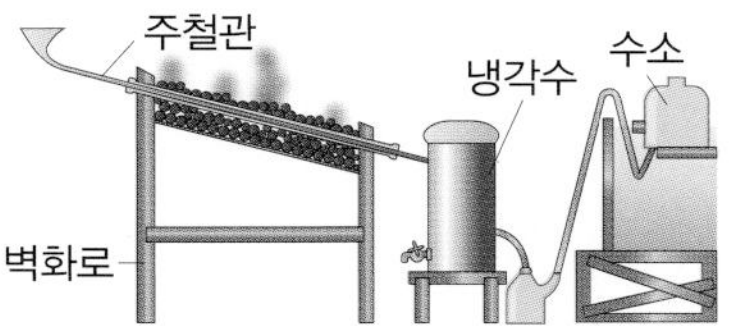

① 물은 더 이상 쪼갤 수 없다는 것을 증명하는 실험이다.
② 원소가 다른 원소로 변할 수 있음을 증명하는 실험이다.
③ 물은 쪼갤 수 있으며 원소가 아님을 증명하는 실험이다.
④ 주철관은 산소에 의해 녹슬 수 있다는 것을 증명하는 실험이다.
⑤ 모든 물질은 물로 이루어졌다는 탈레스의 1원소설을 증명하는 실험이다.

13 보일의 J자 관 실험을 나타낸 것이다. 이 실험 결과에 대한 〈보기〉의 설명 중에서 옳은 것만을 있는 대로 고르면?

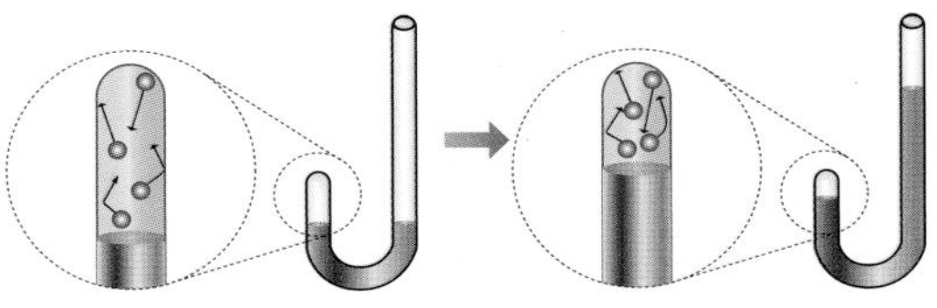

〈 보기 〉
ㄱ. 수은은 더 넣으면 유리관 속 공기가 진해진다.
ㄴ. 유리관 속 공기의 부피가 줄어든다.
ㄷ. 공기는 입자와 빈 공간으로 이루어져 있다.

① ㄱ　② ㄷ　③ ㄱ, ㄴ
④ ㄴ, ㄷ　⑤ ㄱ, ㄴ, ㄷ

14 물질의 구조에 대한 두 가지 생각이다. 두 가지를 비교한 내용으로 옳은 것만을 있는 대로 고른 것은?

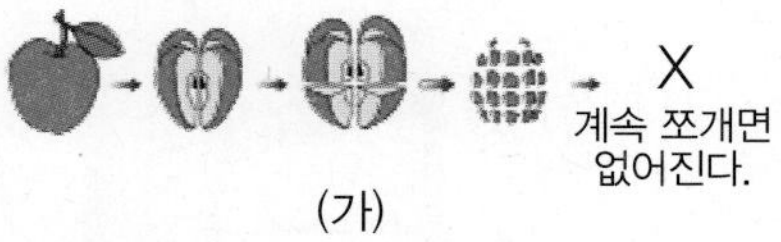

(가)

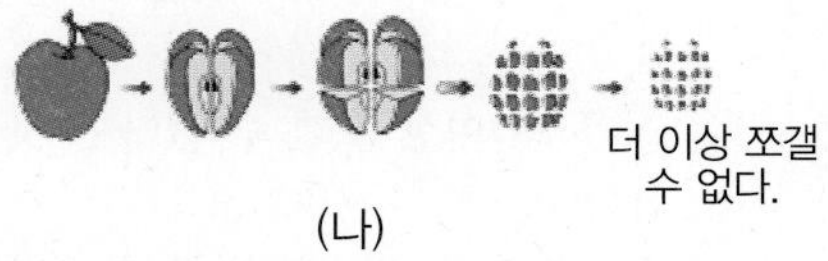

(나)

〈 보기 〉

ㄱ. (가)의 물질관에서는 진공이 존재할 수 없다.
ㄴ. (나)는 데모크리토스의 주장이다.
ㄷ. 물 50mL와 에탄올 50mL를 섞으면 혼합물의 부피가 100mL보다 적은 것은 (나)의 증거이다.

① ㄱ ② ㄷ ③ ㄱ, ㄴ
④ ㄴ, ㄷ ⑤ ㄱ, ㄴ, ㄷ

15 연속설과 입자설에 대한 설명으로 옳지 않은 것은?

① 연속설은 아리스토텔레스, 입자설은 데모크리토스가 주장하였다.
② 연속설의 입장에서 보면 자연에는 진공이 존재할 수 없다.
③ 비눗방울을 너무 크게 불면 터지는 것은 입자설의 증거가 될 수 있다.
④ 연속설에서는 물질을 무한히 계속 쪼개면 결국 없어진다고 주장한다.
⑤ 연속설로 금속박의 두께를 무한히 얇게 만들 수 없는 이유를 설명 할 수 있다.

16 원소에 대한 다음 설명 중 옳지 않은 것은?

① 물질을 이루는 기본 성분이다.
② 현재까지 110여 종의 원소가 발견되었다.
③ 원소는 종류에 따라 다른 특성을 나타낸다.
④ 원소 중에는 인공적으로 만들어진 것도 있다.
⑤ 원소는 화학적 방법을 사용하면 다른 원소로 분해된다.

17 원자에 대한 설명으로 옳지 않은 것은?

① 원자핵과 전자로 이루어져 있다.
② 중성 원자는 총 전하량이 0인 원자이다.
③ 원자가 가진 양성자와 중성자의 수는 같다.
④ 원소의 성질을 잃지 않으면서 물질을 이루는 최소 입자이다.
⑤ 원자핵은 크기는 작지만, 원자 질량의 대부분을 차지한다.

18 원소 기호에 대한 설명으로 옳은 것을 모두 고르시오.(2개)

① 그림을 사용해서 나타낸 사람은 돌턴이다.
② 연금술사들은 원과 기호를 사용하여 나타내었다.
③ 현대의 원소 기호는 베르셀리우스가 제안한 것이다.
④ 원소 이름의 알파벳에서 첫 글자를 대문자로 나타낸 것이다.
⑤ 첫 글자가 다른 원소와 같을 때는 이름의 두번째 글자를 첫글자 뒤에 소문자로 덧붙여 나타낸다.

19 어떤 중성 원자를 모형으로 나타낸 것이다. 원자에 대한 설명으로 옳지 않은 것은?

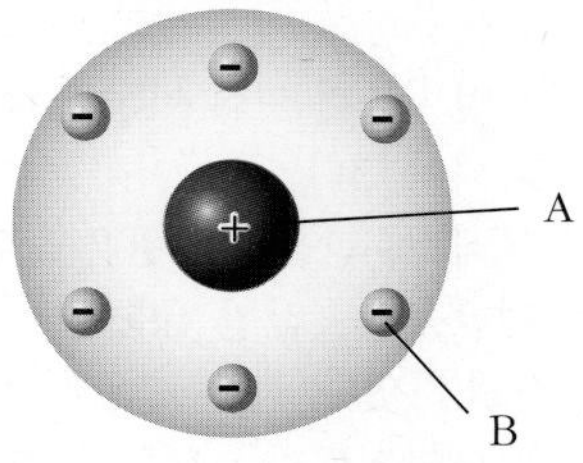

① A는 원자핵이다.
② A의 전하량은 +6이다.
③ A는 양성자와 중성자로 이루어져 있다.
④ B는 전자를 나타낸다.
⑤ B는 원자의 총 질량의 대부분을 차지한다.

정답 및 해설 15쪽

20 원소와 원소 기호를 옳게 짝지은 것을 〈보기〉에서 있는 대로 고른 것은?

〈 보기 〉
ㄱ. 수은 - Hg , 은 - Ag
ㄴ. 헬륨 - H , 질소 - G
ㄷ. 칼슘 - K , 칼륨 - Ca
ㄹ. 철 - I , 염소 - Ch

① ㄱ ② ㄷ ③ ㄱ, ㄴ
④ ㄴ, ㄹ ⑤ ㄱ, ㄴ, ㄹ

C

21 고대 철학자들의 물질관이다. 이들이 주장한 물질관의 공통점으로 가장 알맞은 것은?

· 탈레스 : 만물의 근원은 물이다.
· 아리스토텔레스 : 만물은 흙, 물, 공기, 불로 되어 있고, 이들은 서로 변환된다.
· 데모크리토스 : 만물은 더 이상 쪼개지지 않는 입자로 이루어져 있다.

① 만물은 연속적이다.
② 만물은 끝없이 쪼갤 수 있다.
③ 모든 물질 사이에는 빈 공간이 존재한다.
④ 만물은 서로 다른 성질이 만나 변환된다.
⑤ 만물은 그 물질을 이루는 근원 물질이 있다.

22 라부아지에의 물 분해 실험을 나타낸 것이다. 이에 대한 설명으로 옳지 않은 것은?

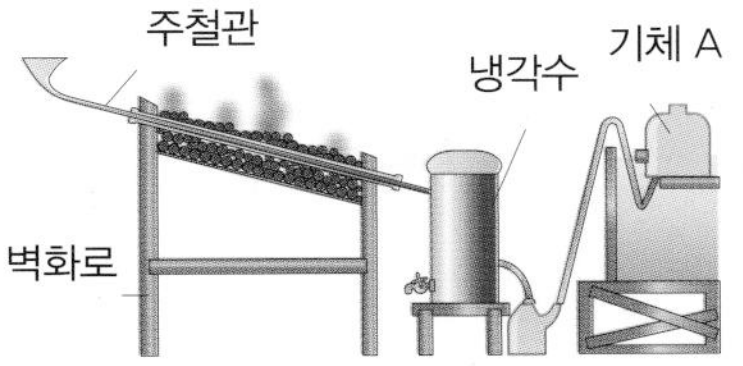

뜨거운 주철관에 물을 부어 물을 분해했다.

① 주철관의 질량은 증가한다.
② 주철관은 산소와 결합한다.
③ 물이 수소와 산소로 분해된다.
④ 냉각수를 통과한 기체 A는 산소이다.
⑤ 아리스토텔레스의 4원소 변환설을 반박하였다.

23 그림 (가)와 (나)는 주사기 속의 공기를 압축할 때 공기의 부피 변화를 데모크리토스의 입자설과 아리스토텔레스의 연속설의 관점에서 나타낸 것이다. 이에 대한 설명으로 옳은 것만을 〈보기〉에서 있는 대로 고른 것은?

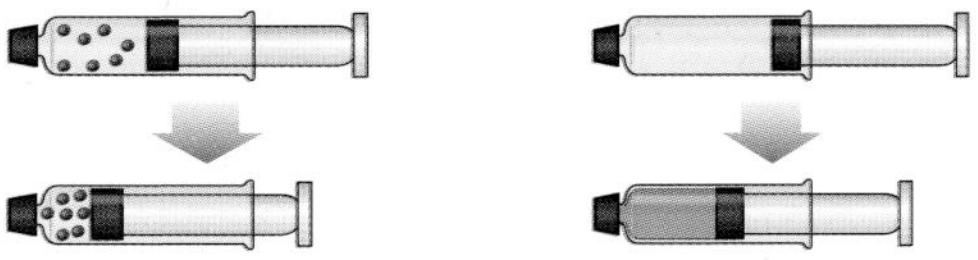

〈 보기 〉
ㄱ. (가)는 공기를 이루는 입자 사이의 빈 공간을 인정한다.
ㄴ. 보일의 J자관 실험을 통해 (나)의 주장이 다시 주목받게 되었다.
ㄷ. (가)의 물질관이 (나)의 물질관보다 더 빨리 주장되었다.

① ㄱ ② ㄱ, ㄴ ③ ㄱ, ㄷ
④ ㄴ, ㄷ ⑤ ㄱ, ㄴ, ㄷ

24 원소와 원자에 대한 설명으로 옳은 것은?

① 원자는 원소의 성질을 지니고 있는 입자이다.
② 원자는 구성 성분의 종류이며, 물질의 성질을 나타낸다.
③ 물건의 종류는 원자, 물건의 개수는 원소에 비유할 수 있다.
④ 양성자 수가 2개인 중성 원자는 전자가 2개, 원자핵의 전하량은 -2, 전자의 전하량은 +2이다.
⑤ 중성 원자는 (+)전하를 띠는 원자핵과 (-)전하를 띠는 전자로 구성되어 있기 때문에 (+)전하 또는 (-)전하를 띤다.

25 중성 원자의 구조를 모형으로 나타낸 것이다. 이에 대한 설명으로 옳은 것만을 있는 대로 고른 것은?

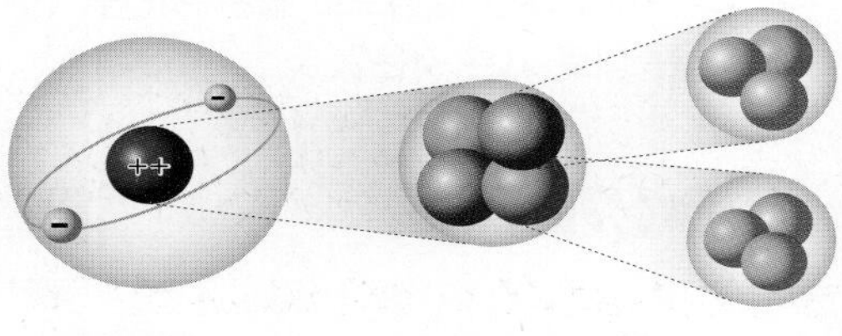

〈 보기 〉

ㄱ. 원자의 중심에는 원자핵이 있고, 원자핵 주위에 전자가 빠르게 움직이고 있다.
ㄴ. 이 원자의 전하량은 +2이다.
ㄷ. 양성자는 더 이상 쪼개지지 않는 가장 작은 입자이다.

① ㄱ ② ㄷ ③ ㄱ, ㄴ
④ ㄴ, ㄷ ⑤ ㄱ, ㄴ, ㄷ

26 원자를 구성하는 원자핵과 전자는 모두 전하를 띠는데, 원자는 전기적으로 중성이다. 그 이유에 대해 서술하시오.

27 보일의 J관 실험을 나타낸 것이다. 이 실험을 통해서 아리스토텔레스의 연속설을 반박할 수 있었다. 그 이유에 대해 서술하시오.

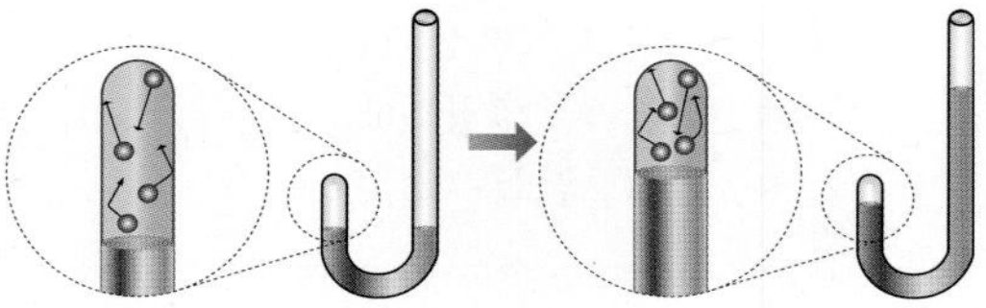

28 라부아지에의 물 분해 실험을 나타낸 것이다. 이 실험을 통해서 라부아지에는 4원소 변환설(4원소설)을 반박할 수 있었다. 그 이유에 대해 서술하시오.

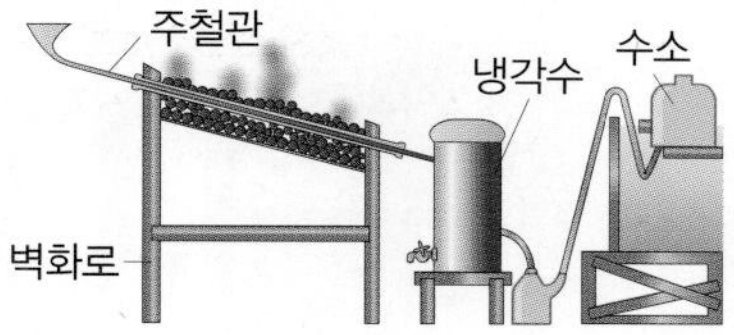

정답 및 해설 15쪽

29 중세의 연금술사는 값싼 금속을 금으로 바꿀 수 있다고 생각하고, 연구하였다. 이러한 생각에 영향을 끼친 고대 시대의 물질관은 무엇이었는지 그 이유와 함께 서술하시오.

30 원소 기호의 변천 과정을 나타낸 것이다. (가)~(다) 중 현재 사용하는 원소 기호는 어떤 것인지 고르고, 현재의 원소 기호를 사용하였을 때의 장점을 서술하시오.

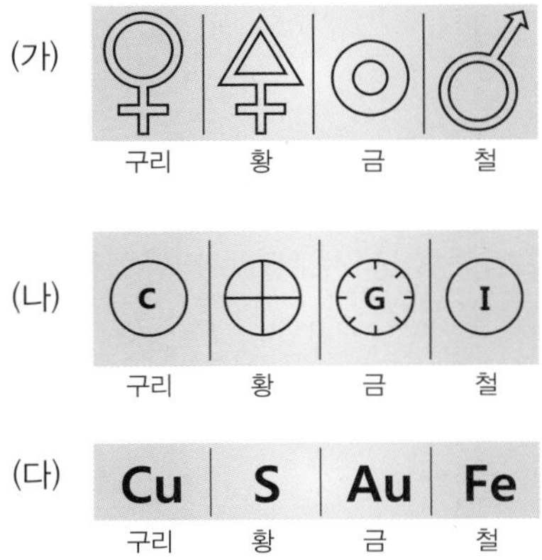

창의력 서술

31 데모크리토스의 물질관으로 비눗방울 놀이를 설명한 것이다. 비눗방울 놀이를 아리스토텔레스의 물질관으로 설명한다면 비눗방울의 크기는 어떻게 되어야 하는지 그 이유와 함께 서술하시오.

> 비눗방울은 크기가 어느 정도 이상이 되면 터져버리게 된다. 이것은 물질이 더 이상 쪼갤 수 없는 입자인 원자로 되어 있기 때문이다. 비눗방울의 두께도 비눗방울을 이루는 원자의 크기보다 얇아질 수는 없기 때문에 비눗방울이 결국 터지게 되는 것이다.

32 원자의 크기를 지름 700m인 원형 야구장에 비교하면 원자핵은 지름 7cm의 야구공의 크기와 같고, 전자의 크기는 야구장의 개미의 크기와 같다. 이러한 사실을 통해 알 수 있는 원자의 특징을 서술하시오.

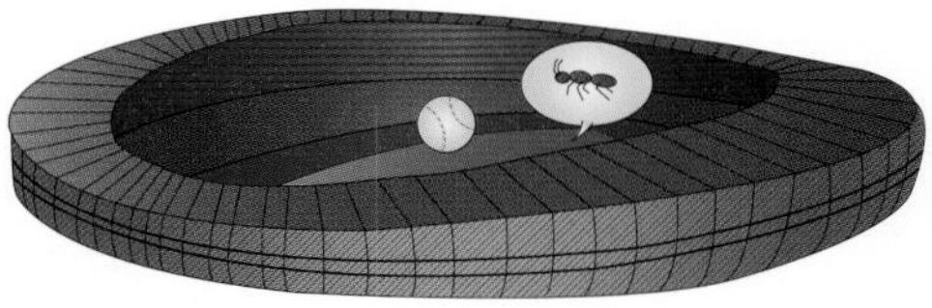

17강. 주기율표

1. 원자 모형 변천

(1) 원자 모형 : 크기가 너무 작아서 우리 눈으로 직접 볼 수 없는 원자의 성질과 내부 구조를 설명하기 위해 제안된 모형

- 원자 모형은 깨지거나 변형되지 않아야 한다.
- 같은 종류의 원자 모형은 크기, 모양, 질량이 같아야 한다.

(2) 원자 모형의 변천 : 원자 구조에 대한 새로운 사실이 밝혀질 때마다 원자 모형은 좀 더 발전된 모습으로 변천되어 왔다.

과학자	돌턴	톰슨	러더퍼드	보어	현대적 원자 모형
연도	1803년	1897년	1911년	1913년	1926년
원자 모형		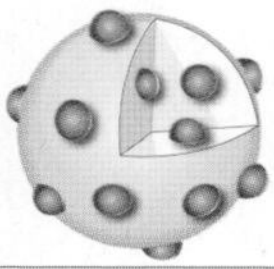	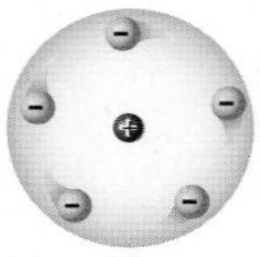	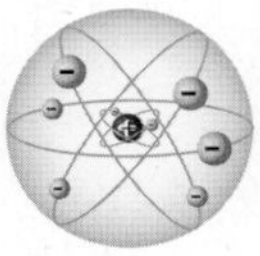	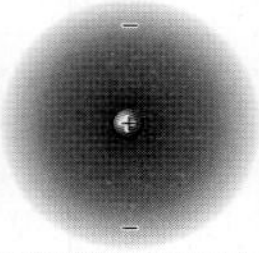
	딱딱한 공 모형	건포도 박힌 푸딩 모형	태양계 모형	궤도 모형	전자 구름 모형
	원자는 깨지지 않는 입자	전자 발견	원자핵 발견	전자 궤도(전자 껍질) 제시	전자가 분포하는 확률 계산
	원자는 더 이상 쪼갤 수 없는 단단한 작은 **공**과 같다.	(+)전하를 띠는 구 속에 (−)전하를 띠는 전자가 마치 푸딩 속에 건포도가 박혀 있는 것과 같다.	원자 중심에 (+)전하를 띤 딱딱한 입자(원자핵)가 있고, 나머지 비어 있는 공간에서 전자가 움직인다.	전자는 원자핵 주위의 결정된 궤도 안에서 움직인다.	전자들의 위치가 정해진 것이 아니라 구름 처럼 확률적으로 분포한다.

톰슨의 음극선 실험

톰슨은 음극선 실험을 통해 (−)전하를 띠는 전자를 발견했다.

개념확인 1 음극선 실험을 통해 전자를 발견하고, 전자를 건포도로 비유해서 원자를 건포도 박힌 푸딩 모형을 제시한 과학자를 쓰시오.

(　　　　　)

생각해보기★
전자가 원자핵에서 멀어지지 않고, 원자핵 주위를 돌 수 있는 이유는 무엇일까?

확인 +1 현재까지 제안된 원자 모형을 순서 없이 나열한 것이다. 원자 모형이 제안된 순서대로 바르게 나열하시오.

㉠ 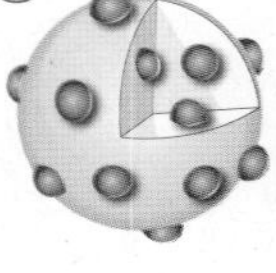 ㉡ 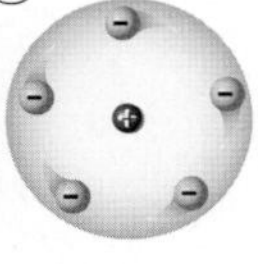 ㉢  ㉣ 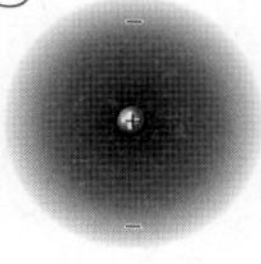 ㉤ 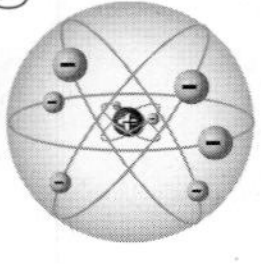

(　　) - (　　) - (　　) - (　　) - (　　)

미니사전
궤도 [軌 바퀴자국 道 길] 어떤 물질이 지나가는 일정한 길

2. 돌턴의 원자설

(1) 돌턴의 원자설 : 현대적인 원자 개념을 확립하는 계기가 되었다.

구분	1항	2항	3항	4항
내용	모든 물질은 더 이상 쪼갤 수 없는 원자로 이루어져 있다.	같은 종류의 원자는 크기와 질량이 같고, 다른 종류의 원자는 크기와 질량이 다르다.	원자는 없어지거나 새로 생기지 않으며, 다른 종류의 원자로 변하지 않는다. (질량 보존 법칙 설명)	서로 다른 원자들이 일정한 개수비로 결합하여 새로운 물질이 만들어진다. (일정 성분비 법칙 설명)
모형	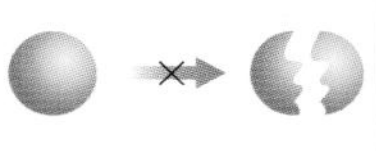	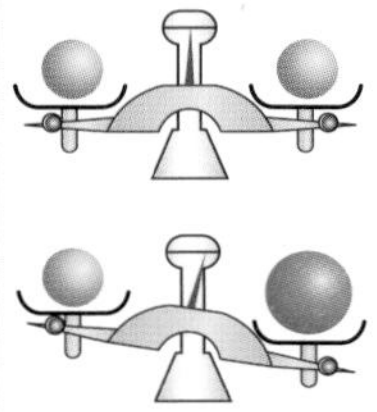	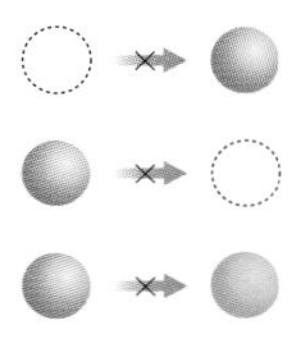	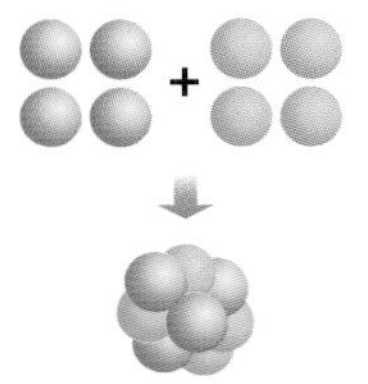

(2) 돌턴의 원자설에서 수정되어야 할 사항 : 과학의 발달로 돌턴의 원자설 중 수정되어야 할 내용이 있다.

구분	1항	2항	3항
수정될 내용	원자는 원자핵과 전자로 나뉘며, 원자핵은 핵분열에 의해 양성자와 중성자 등으로 나뉜다.	같은 원소면서 질량이 다른 동위 원소가 발견되었다. (양성자 수는 동일하고, 중성자 수는 다른 동위 원소 발견)	무거운 원자핵은 핵분열을 일으키며 쪼개져 에너지를 방출하면서 다른 원자로 바뀐다.
모형	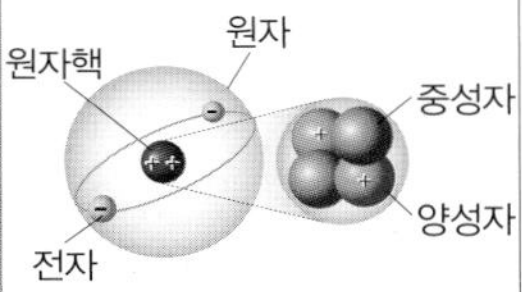	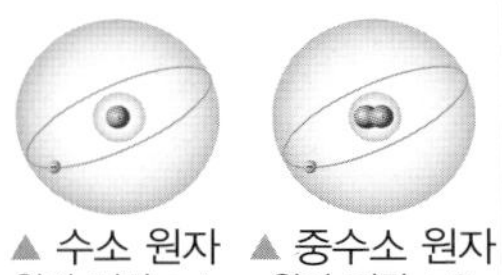 ▲ 수소 원자 원자 질량 : 1 ▲ 중수소 원자 원자 질량 : 2	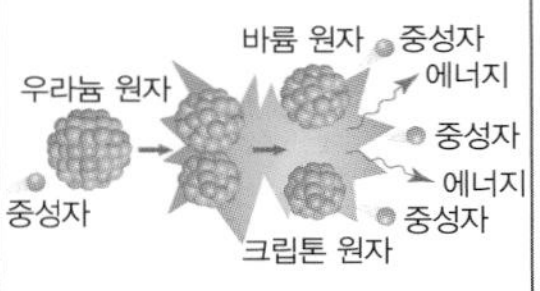

정답 및 해설 16쪽

개념확인 2 **돌턴의 원자설에 관한 내용이다. 이에 대한 설명 중 옳은 것은 ○표, 옳지 않은 것은 ×표 하시오.**

(1) 원자는 더 이상 쪼갤 수 없다. ( )

(2) 모든 원자는 크기와 질량이 같다. ( )

(3) 원자는 화학 변화에 의해 다른 원자로 변할 수 있다. ( )

(4) 화합물이 생성될 때 화합물을 구성하는 서로 다른 종류의 원자들 사이에는 일정한 개수비가 성립된다. ( )

확인 +2 **돌턴의 원자설 중 오늘날 동위 원소의 발견으로 일부 수정되어야 할 부분이 생겼다고 한다. 수정되어야 할 내용은 다음 중 어느 것인가?**

① 원자는 더 이상 쪼갤 수 없다.
② 원자는 종류가 같으면 크기와 질량이 같다.
③ 화학 변화할 때 원자는 없어지거나 새로 생기지 않는다.
④ 화학 변화할 때 원자는 다른 종류의 원자로 변하지 않는다.
⑤ 화합물은 원자들이 일정한 질량비로 결합하여 만들어진다.

돌턴의 원자설
질량 보존 법칙과 일정 성분비 법칙을 설명하기 위해 돌턴이 원자설을 제안하였다.

연금술사들이 금을 만들지 못한 이유
중세의 연금술은 원자는 없어지거나 새로 생기지 않으며, 다른 종류의 원자로 변하지 않는다는 돌턴의 원자설 3항에 위배되기 때문이다. 그러나 과학이 발달하면서 오늘날에는 원자를 다른 원자로 바꿀 수 있게 되었다. 따라서 다른 원자를 이용해서 금 원자로도 만들 수 있지만 그렇게 만드는 비용이 금 가격보다 더 많이 들기 때문에 실용화되지 않고 있다.

원자의 질량
원자의 질량은 양성자와 중성자 질량의 합이다.

생각해보기★★
돌턴이 원자를 동그란 구로 생각한 이유가 무엇일까?

미니사전
동위 원소 [同 한 가지 位 자리 元 으뜸 素 본디] 동위원소 화학적 성질은 같으나 질량수가 다른 원소

● 주기율표의 변천
① 멘델레예프 : 원자량 순서로 원소를 배열하여 최초의 주기율표를 제안
② 모즐리 : 원자 번호 순서로 원소를 배열하여 주기율표를 완성

● 원자 번호
양성자 수를 원자 번호로 사용

● 금속 원소 확인 – 불꽃 반응
① 니크롬선을 묽은 염산으로 세척한다.
② 시료를 묻힌다.
③ 시료가 묻은 니크롬선을 겉불꽃에 넣은 후 불꽃색을 관찰한다.

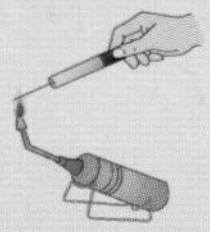

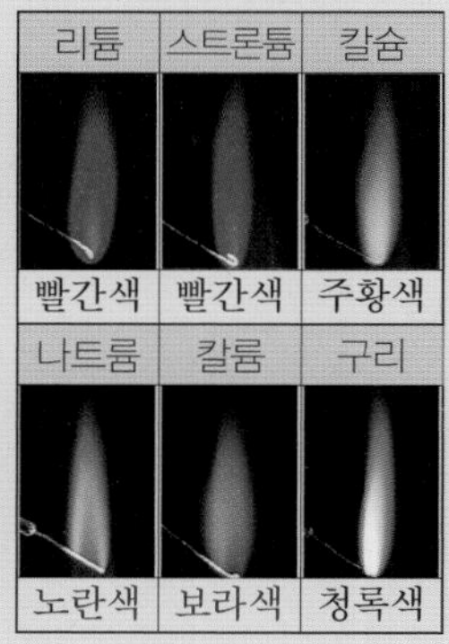

● 선 스펙트럼 분석
원소마다 선의 색깔, 위치, 개수, 굵기 등이 다르므로 불꽃색이 비슷한 원소도 구별할 수 있다.
→ 리튬과 스트론튬
▼ 리튬

▼ 스트론튬

● 생각해보기★★★
불꽃 반응으로 금속 원소만 확인될까?

미니사전
주기율 [週 돌다 期 기간 律 법칙] 원소를 원자 번호의 차례로 배열하였을 때, 그 성질이 주기적으로 나타나는 법칙

3. 주기율표 1

(1) 주기율 : 원소들을 원자 번호 순으로 배열할 때 일정한 간격을 두고 비슷한 성질을 갖는 원소가 주기적으로 나타나는 성질이다.

(2) 주기율표 : 주기율을 바탕으로 원소들을 원자 번호 순으로 배열한 표
① 족 : 주기율표의 세로줄(1~18족)
② 주기 : 주기율표의 가로줄(1~7주기)

족 / 주기	1	2	13	14	15	16	17	18
1	1 — 원자 번호 H — 원소 기호 수소 — 원소 이름		금속 원소		비금속 원소			2 He 헬륨
2	3 Li 리튬	4 Be 베릴륨	5 B 붕소	6 C 탄소	7 N 질소	8 O 산소	9 F 플루오린	10 Ne 네온
3	11 Na 나트륨	12 Mg 마그네슘	13 Al 알루미늄	14 Si 규소	15 P 인	16 S 황	17 Cl 염소	18 Ar 아르곤
4	19 K 칼륨	20 Ca 칼슘						

③ 금속 원소와 비금속 원소

구분	금속 원소	비금속 원소
정의	전자를 잃고 양이온이 되기 쉬운 원소	전자를 얻어 음이온이 되기 쉬운 원소
주기율표에서의 위치	왼쪽, 가운데	오른쪽
열과 전기의 전도성	큼	작음
힘을 가할 때	늘어나거나 펴짐	부서지거나 쪼개짐
상온에서의 상태	광택이 있는 고체 (단, 수은은 액체)	기체 또는 고체 (단, 브로민은 액체)

개념확인 3

주기율과 주기율표에 대한 설명으로 옳은 것은 O표, 옳지 않은 것은 X표 하시오.

(1) 원자 번호는 중성자의 수이다. ( )
(2) 주기율표의 세로줄을 족, 가로줄을 주기라고 한다. ( )
(3) 원소를 어떤 기준에 따라 배열할 때, 성질이 비슷한 원소가 주기적으로 나타나는 것을 주기율이라고 한다. ( )

확인 +3

주기율표에 대한 설명으로 옳지 않은 것은?

① 주기율표의 오른쪽 원소는 비금속 원소이다.
② 리튬, 베릴륨, 질소, 산소는 주기율표의 2족 원소이다.
③ 주기율의 세로줄을 족이라고 하며 1족 부터 18족까지 있다.
④ 주기율의 가로줄을 주기라고 하며 1주기 부터 7주기까지 있다.
⑤ 원소들을 원자 번호 순으로 배열하면 일정한 간격을 두고 비슷한 성질을 갖는 원소가 주기적으로 나타난다.

4. 주기율표 2

(1) 주기율표와 전자 배치

① 같은 주기 원소는 전자 껍질의 수가 같다.

② 같은 족 원소는 원자가 전자의 개수가 같아서 화학적 성질이 비슷하다.

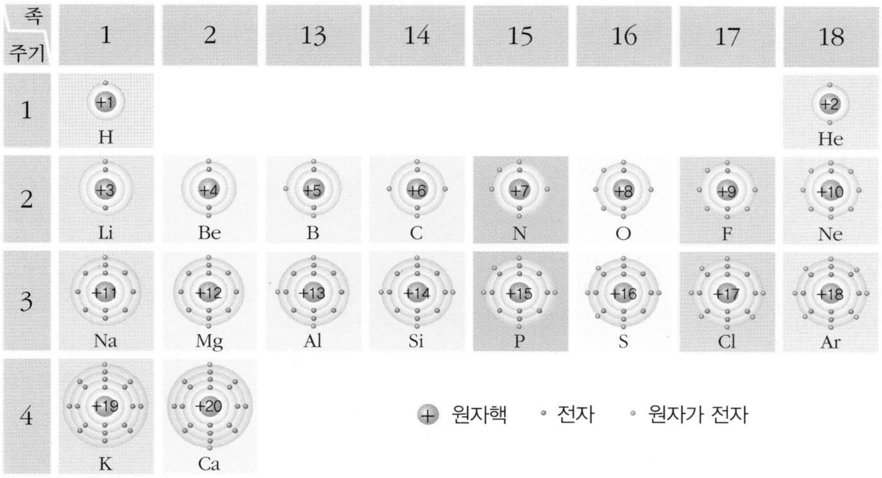

▲ 원자 번호 1~20번 중성 원자의 전자 배치

(2) 전자 껍질 : 원자핵을 중심으로 한 전자들이 이루는 여러 층의 껍질

① 원자 내의 전자는 에너지가 낮은 껍질부터 차례로 들어가 주기율이 성립된다.

② 첫 번째 전자 껍질에는 전자가 2개, 두 번째 전자 껍질부터는 여덟 전자 규칙에 따라 전자가 8개씩 채워진다.

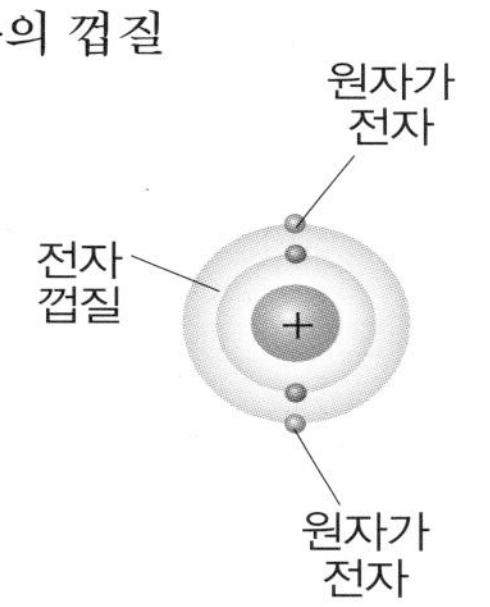

(3) 원자가 전자 : 가장 바깥쪽에 있는 전자를 원자가 전자(또는 최외각 전자)라고 한다.

정답 및 해설 **16쪽**

개념확인 4 **빈 칸에 알맞은 말을 넣으시오.**

같은 족의 원소들이 화학적 성질이 비슷하게 나타나는 이유는 (　　　　　　) 의 수가 같기 때문이다.

확인 +4 **원자 번호 19번인 칼륨의 전자 배치를 나타낸 것이다. 이에 대한 설명으로 옳지 않은 것은?**

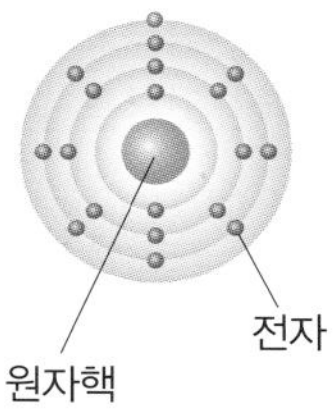

① 전자 껍질은 4개이다.
② 원자가 전자는 19개이다.
③ 주기율표의 1족 원소이다.
④ 주기율표의 4주기 원소이다.
⑤ 칼륨 원자핵의 전하량은 +19이다.

1족 원소
수소는 1족 원소이나 알칼리 금속에 속하지 않는다.

3~12족 원소
3~12족 원소는 4주기 부터 나오기 때문에 장주기형 주기율표에 나온다.

여덟 전자 규칙 (옥텟 규칙)
전자 껍질에는 전자가 8개까지 채워지고, 가장 바깥쪽에 있는 전자 껍질에 8개의 전자가 채워지면 안정한 원자가 된다.

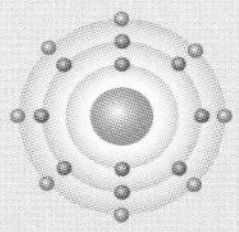

▲ 안정한 아르곤 원자

18족 원소의 원자가 전자
원자가 전자는 화학 반응에 참여하는 전자의 개념으로 쓰이기 때문에 18족 원소의 원자가 전자를 0으로 한다.

생각해보기★★★★
18족 원소는 왜 모두 비활성 기체일까?

[01-02] 현재까지 제안된 원자 모형을 순서 없이 나열한 것이다.

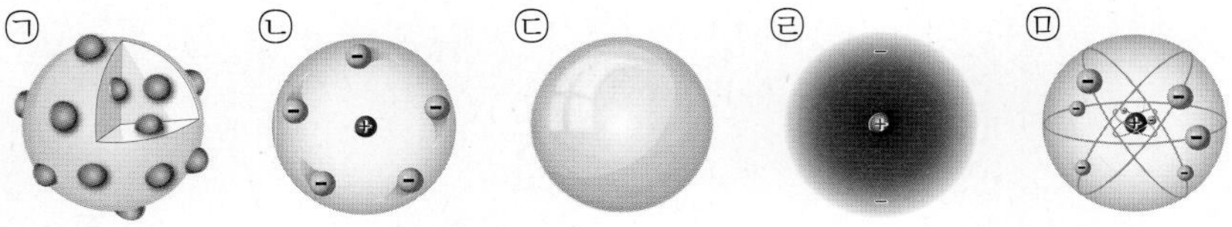

01 원자 모형과 모형을 제안한 과학자가 바르게 연결된 것은?

① ㉠ - 보일　② ㉡ - 돌턴　③ ㉢ - 러더퍼드
④ ㉣ - 톰슨　⑤ ㉤ - 보어

02 위 모형에 대한 설명으로 옳은 것은?

① ㉠ - 전자는 일정한 궤도 안에서 움직인다.
② ㉡ - (+)전하를 띠는 구 속에 (−)전하를 띤 전자가 박혀 있다.
③ ㉢ - 원자 중심에 (+)전하를 띤 입자가 있고 나머지 빈 공간을 전자가 빠르게 움직인다.
④ ㉣ - 전자의 위치는 정확하게 정할 수 없어 전자를 발견할 확률로 나타낸다.
⑤ ㉤ - 원자는 더 이상 쪼갤 수 없는 단단한 공과 같다.

03 중세 연금술사들은 값싼 금속을 금으로 바꾸려고 노력하였으나 실패하였다. 연금술사들이 실패한 이유를 돌턴의 원자설에서 찾으면 다음 중 어느 것인가?

① 원자는 더 이상 쪼갤 수 없다.
② 원자는 종류가 같으면 크기와 질량이 같다.
③ 화학 변화할 때 원자는 없어지거나 새로 생기지 않는다.
④ 화학 변화할 때 원자는 다른 종류의 원자로 변하지 않는다.
⑤ 화합물은 원자들이 일정한 질량비로 결합하여 만들어진다.

정답 및 해설 17쪽

04 돌턴의 원자설을 나타낸 것으로 옳지 않은 것은?

① ② ③ ④ ⑤

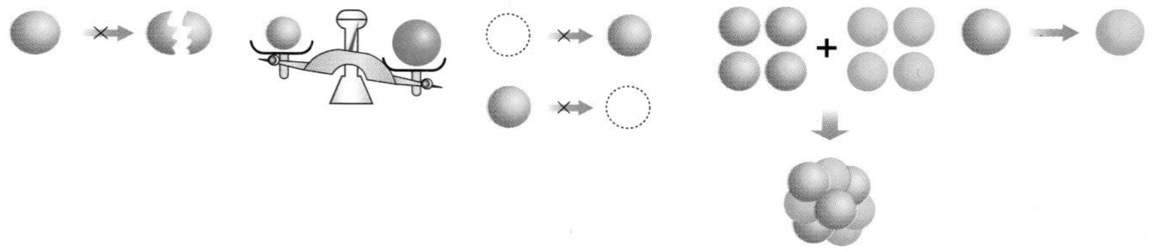

[05-06] 원자 번호 1번~20번까지의 원소들의 주기율표이다.

족 / 주기	1	2	13	14	15	16	17	18
1	1 H 수소							2 He 헬륨
2	3 Li 리튬	4 Be 베릴륨	5 B 붕소	6 C 탄소	7 N 질소	8 O 산소	9 F 플루오린	10 Ne 네온
3	11 Na 나트륨	12 Mg 마그네슘	13 Al 알루미늄	14 Si 규소	15 P 인	16 S 황	17 Cl 염소	18 Ar 아르곤
4	19 K 칼륨	20 Ca 칼슘						

05 화학적 성질이 비슷한 원소끼리 묶은 것은?

① He , Ne , Ar　② H , B , Si　③ C , N , O　④ K , C , Ca　⑤ Ne , He , Be

06 위의 주기율표에 대한 설명으로 옳지 않은 것은?

① 수소와 헬륨은 1족 원소이다.
② 플루오린과 염소는 같은 족 원소이다.
③ 리튬과 나트륨의 화학적 성질은 비슷하다.
④ 칼슘 중성 원자의 원자가 전자 수는 2개이다.
⑤ 나트륨과 아르곤 중성 원자의 전자 껍질은 3개이다.

유형 익히기 & 하브루타

[유형17-1] 원자 모형 변천

현재까지 제안된 원자 모형을 순서 없이 나열한 것이다. 이에 대한 설명으로 옳은 것만을 〈보기〉에서 있는 대로 고른 것은?

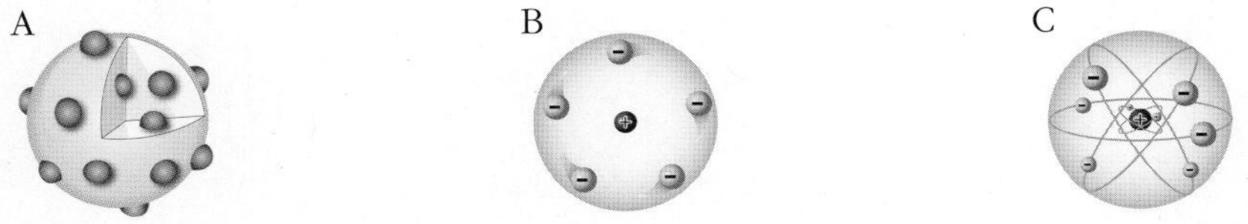

〈 보기 〉

ㄱ. A는 (+)전하를 띠는 구 속에 (−)전하를 띤 전자가 박혀 있다.
ㄴ. B는 원자 중심에 (+)전하를 띤 입자가 있고 나머지 빈 공간을 전자가 움직인다.
ㄷ. C는 전자는 일정한 궤도 안에서 움직인다.

① ㄱ ② ㄴ ③ ㄷ ④ ㄱ, ㄷ ⑤ ㄱ, ㄴ, ㄷ

Tip!

01 〈보기〉는 어떤 학자가 주장한 원자 모형에 관한 내용이다. 이 원자 모형을 주장한 학자는 누구인가?

〈 보기 〉

ㄱ. 원자 중심에 (+)전하를 띠는 딱딱한 입자가 있다.
ㄴ. 딱딱한 입자 주변은 빈 공간이다.
ㄷ. 빈 공간 안에서 전자가 움직이고 있다.

① 돌턴 ② 톰슨 ③ 보어
④ 보일 ⑤ 러더퍼드

02 현재까지 제안된 원자 모형을 순서 없이 나열한 것이다. 원자 모형이 제안된 순서대로 바르게 나열한 것은?

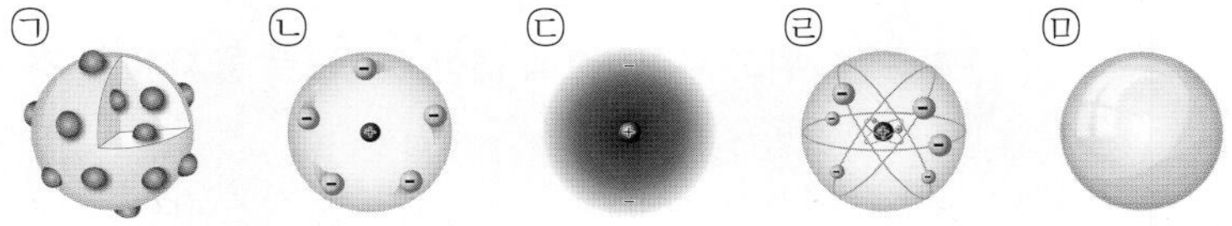

① ㉠-㉡-㉢-㉣-㉤ ② ㉡-㉠-㉢-㉤-㉣ ③ ㉢-㉤-㉡-㉣-㉠
④ ㉤-㉡-㉠-㉢-㉣ ⑤ ㉤-㉠-㉡-㉣-㉢

정답 및 해설 17쪽

[유형17-2] 돌턴의 원자설

돌턴의 원자설을 모형으로 나타낸 것이다. 이에 대한 설명으로 옳지 않은 것은?

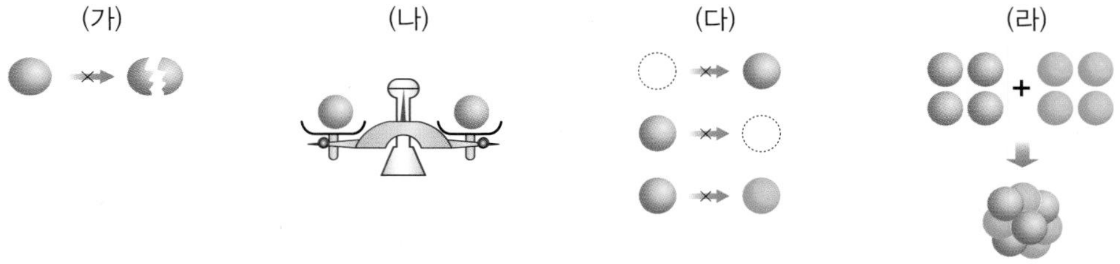

① (가)는 원자핵의 발견으로 수정되어야 한다.
② (나)는 동위 원소의 발견으로 수정되어야 한다.
③ (다)를 이용해서 연금술이 실패한 이유를 설명할 수 있다.
④ (라)는 원자핵이 핵분열을 일으키며 다른 원자로 바뀌므로 수정되어야 한다.
⑤ (라)로 수소 원자와 산소 원자가 결합하여 물 분자가 생성되는 것을 설명할 수 있다.

03

돌턴의 원자설과 일치하는 것만을 〈보기〉에서 있는 대로 고른 것은?

〈 보기 〉

ㄱ. 질소 원자와 탄소 원자는 질량과 크기가 서로 다르다.
ㄴ. 물이 분해될 때 수소 원자와 산소 원자는 다른 원자로 변하지 않는다.
ㄷ. 원자는 핵분열을 일으켜 다른 원자로 바뀔 수 있다.

① ㄱ ② ㄴ ③ ㄷ ④ ㄱ, ㄴ ⑤ ㄱ, ㄴ, ㄷ

04

돌턴의 원자설 중의 하나를 모형으로 나타낸 것이다. 원자설이 수정되어야 하는 이유 중 이 모형과 관련된 것은 무엇인가?

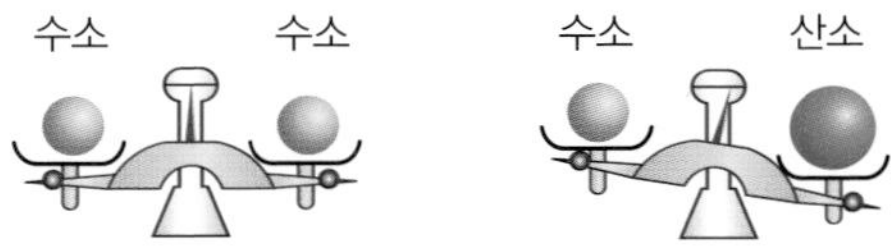

① 원자는 원자핵과 전자로 쪼개진다.
② 원자는 양성자와 중성자로 쪼개진다.
③ 원자는 핵분열을 일으켜 다른 원자로 바뀐다.
④ 같은 원소이지만 양성자 수가 다른 원소가 발견되었다.
⑤ 같은 원소이지만 중성자 수가 다른 원소가 발견되었다.

Tip!

[유형17-3] 주기율표 1

다음은 주기율표를 나타낸 것이다. 다음 중 원소 (가) ~ (바)에 대한 설명으로 옳지 않은 것은?

족 주기	1	2	13	14	15	16	17	18
1	1 (가)							2 (나)
2	3 (다)	4 Be 베릴륨	5 (라)	6 C 탄소	7 N 질소	8 O 산소	9 (마)	10 Ne 네온
3	11 (바)	12 Mg 마그네슘	13 Al 알루미늄	14 Si 규소	15 P 인	16 S 황	17 Cl 염소	18 Ar 아르곤
4	19 K 칼륨	20 Ca 칼슘						

① (가)와 (다)는 상온에서 기체 상태이다.
② (나)는 원소 기호가 He인 헬륨이다.
③ (다)와 (바)는 전자를 잃어 양이온이 되기 쉬운 원소이다.
④ (라)의 양성자 수는 5개이다.
⑤ (마)는 전자를 얻어 음이온이 되기 쉬운 원소이다.

Tip!

05 주기율표에 관한 설명으로 옳지 않은 것은?

① 세로줄은 '족'이고, 18족까지 있다.
② 가로줄은 '주기'이고, 7주기까지 있다.
③ 현대의 주기율표는 멘델레예프의 주기율표를 사용한다.
④ 현대의 주기율표는 원소를 원자 번호 순으로 배열하였다.
⑤ 수소를 제외하면 일반적으로 주기율표의 왼쪽에는 금속 원소가 오른쪽에는 비금속 원소가 위치한다.

06 주기율표의 원소들을 크게 두 가지로 구분하여 나타낸 것이다. (나)에 해당하는 원소의 공통적인 특징으로 옳은 것은?

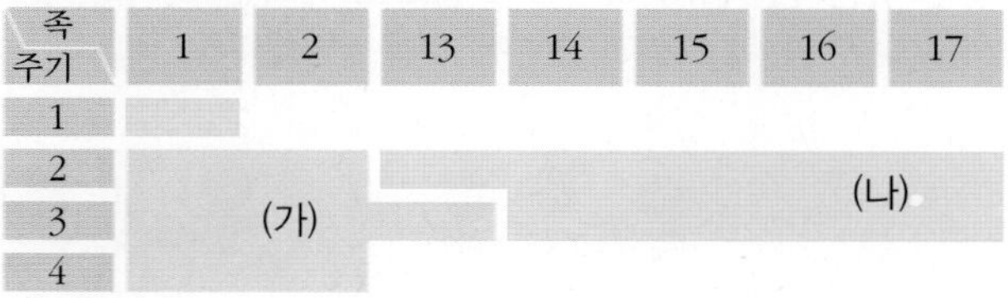

① 광택이 있다.
② 열과 전기의 도체이다.
③ 상온에서 주로 고체이다.
④ 음이온이 되기 쉬운 원소이다.
⑤ 철, 은, 금, 구리, 나트륨, 리튬 등 있다.

정답 및 해설 17쪽

[유형17-4] 주기율표 2

다음은 주기율표를 나타낸 것이다. 이에 대한 설명으로 옳은 것은?

족 주기	1	2	13	14	15	16	17	18
1	1 H 수소							2 He 헬륨
2	3 Li 리튬	4 Be 베릴륨	5 B 붕소	6 C 탄소	7 N 질소	8 O 산소	9 F 플루오린	10 Ne 네온
3	11 Na 나트륨	12 Mg 마그네슘	13 Al 알루미늄	14 Si 규소	15 P 인	16 S 황	17 Cl 염소	18 Ar 아르곤
4	19 K 칼륨	20 Ca 칼슘						

① 13족 원소들은 원자가 전자 수가 13개이다.
② 헬륨, 네온, 아르곤의 원자가 전자 수는 같다.
③ 같은 족 원소끼리는 원자핵의 전하량이 같다.
④ 붕소, 알루미늄 중성 원자의 전자 껍질 수는 3개이다.
⑤ 수소와 리튬, 나트륨, 칼륨은 화학적 성질이 비슷하다.

07

원자 번호 20번인 칼슘의 전자 배치를 나타낸 것이다. 이에 대한 설명으로 옳지 않은 것은?

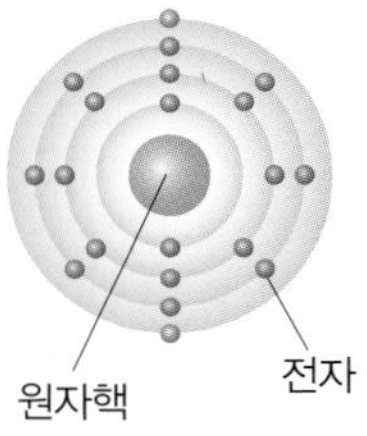

① 원자가 전자는 2개이다.
② 주기율표의 2족 원소이다.
③ 주기율표의 4주기 원소이다.
④ 칼슘 원자핵의 전하량은 +20이다.
⑤ 전자를 얻어 음이온이 되기 쉬운 원소이다.

Tip!

08

화학적 성질이 비슷한 원소끼리 묶인 것을 〈보기〉에서 모두 고른 것은?

〈 보기 〉

ㄱ. H, Na　　ㄴ. F, Cl
ㄷ. Mg, Al　　ㄹ. He, Ar

① ㄱ, ㄴ　② ㄴ, ㄷ　③ ㄴ, ㄹ　④ ㄷ, ㄹ　⑤ ㄱ, ㄴ, ㄹ

창의력 & 토론 마당

01 원자 반지름은 다음과 같이 전자 껍질 수와 원자핵의 전하량에 의해서 결정된다.

1. 같은 족의 원소인 경우, 전자 껍질 수가 증가할수록 원자 반지름은 커진다.

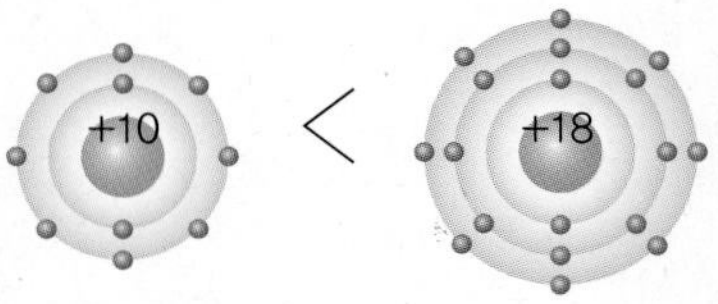

2. 같은 주기의 원소인 경우, 원자핵의 전하량이 클수록 원자핵이 전자를 당기는 힘이 강해져 원자 반지름은 작아진다.

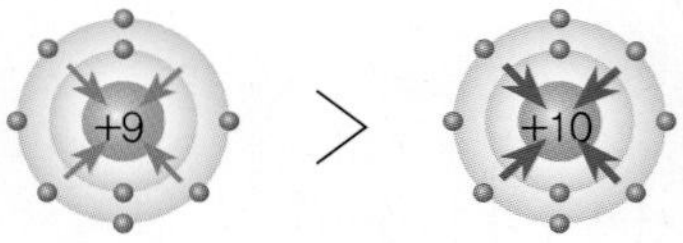

(1) 아래의 주기율표를 참고하여 2주기 원소 중에서 원자 반지름이 가장 큰 것을 쓰시오.

족 / 주기	1	2	13	14	15	16	17	18
1	1 H 수소							2 He 헬륨
2	3 Li 리튬	4 Be 베릴륨	5 B 붕소	6 C 탄소	7 N 질소	8 O 산소	9 F 플루오린	10 Ne 네온
3	11 Na 나트륨	12 Mg 마그네슘	13 Al 알루미늄	14 Si 규소	15 P 인	16 S 황	17 Cl 염소	18 Ar 아르곤
4	19 K 칼륨	20 Ca 칼슘						

(2) Na(나트륨), Cl(염소), F(플루오린) 중 원자 반지름이 가장 큰 원소는 무엇일지 쓰고, 그렇게 생각하는 이유를 서술하시오.

정답 및 해설 18쪽

02 러더퍼드는 방사성 물질에서 나오는 (+)전기를 가진 무거운 입자인 α 입자로 다음과 같은 α 입자 산란 실험을 설계했다.

러더퍼드는 약 2,000개의 금 원자가 밀집된 아주 얇은 금속박에 α 입자를 쏘아주고, α 입자의 궤도를 식별하기 위해 형광 스크린을 설치했다. 기존의 원자설이 맞는다면 α 입자는 금박에 부딪혔을 때 튕겨 나와야 했다. 하지만 실험을 진행했을 때, α 입자를 충돌시키면 대부분의 α 입자는 직진하지만 일부의 α 입자가 크게 휘면서 산란되었다.

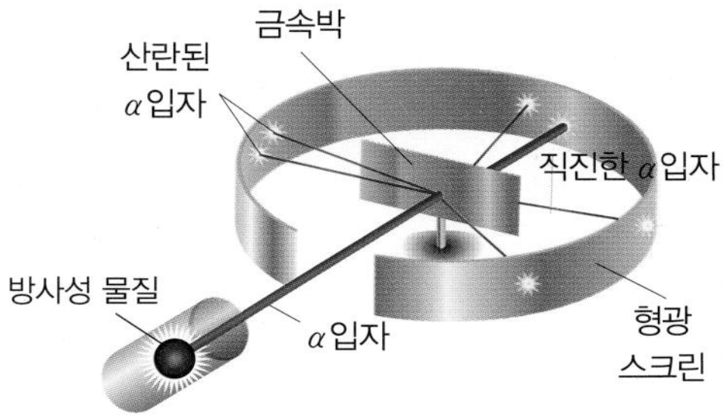

(1) 러더퍼드는 기존의 원자설이 맞다면 α입자가 금박에 부딪혔을 때 대부분이 튕겨 나와야 한다고 생각했을까?

(2) 러더퍼드의 α입자 산란 실험을 통해 알 수 있는 원자의 특징 2가지를 서술하시오.

03 존 돌턴(John Dalton)은 1808년에 출간된 저서 『화학 철학의 새로운 체계』 에서 다음과 같이 주장했다. 이를 통해 알 수 있는 돌턴의 원자론을 서술하고, 그 내용이 수정되어야 하는 이유에 대해 서술하시오.

태양계에 행성을 만들거나 없애는 것보다 수소 원자를 만들거나 없애는 것이 더 어렵다.

정답 및 해설 18쪽

04 멘델레예프와 모즐리의 주기율표가 나오기 전부터 과학자들은 원소들을 분류하기 위해 여러 가지 방법을 제시했다. 다음은 라부아지에와 되베라이너, 뉴랜즈의 원소 분류에 대한 글이다.

〈 되베라이너의 세 쌍 원소 〉
되베라이너는 세 개의 원소로 이루어진 어떤 원소 무리들은 첫 번째 원소와 세 번째 원소의 물리량의 평균값이 두 번째 원소의 물리량과 같다는 것을 발견했다. 세 쌍 원소 관계에 있는 원소의 예로는 칼슘(Ca) – 스트론튬(Sr) – 바륨(Ba), 리튬(Li) – 나트륨(Na) – 칼륨(K), 염소(Cl) – 브로민(Br) – 아이오딘(I) 등이 있다.

〈 뉴랜즈의 옥타브 법칙 〉
뉴랜즈는 원소들을 원자량의 순서로 배열하면 음악에서의 옥타브와 같이 여덟 번째 원소마다 성질이 비슷한 원소가 나타난다는 것을 발견하였다.

옥타브	도	레	미	파	솔	라	시	도	레	미	파	솔	라	시	도	레
원소	Li	Be	B	C	N	O	F	Na	Mg	Al	Si	P	S	Cl	K	Ca

(1) 되베라이너의 세 쌍 원소에서 리튬의 원자량이 7이고, 칼륨의 원자량이 39라면 나트륨의 원자량은 몇이라 예상되는지 쓰시오.

(2) 뉴랜즈의 옥타브 법칙이 제안되었을 당시 발견되지 않은 원소들은 무엇이었을까? 그리고 왜 그때까지 발견되지 않았을지 예상하여 서술하시오.

A

01 설명에 해당하는 원자 모형을 주장한 과학자의 이름을 쓰시오.

〈 보기 〉

원자는 더 이상 쪼갤 수 없는 단단한 작은 공과 같다.

( )

02 원자 모형에 대한 설명 중 옳은 것은 ○표, 옳지 않은 것은 ×표 하시오.

(1) 러더퍼드는 원자핵을 발견했다. ( )

(2) 보어는 전자들의 위치가 정해지지 않고 구름처럼 확률적으로 분포한다고 주장했다. ( )

(3) 톰슨은 원자를 건포도 박힌 푸딩 모형에 비유했다. ( )

[03~04] 돌턴의 원자설을 모형으로 나타낸 것이다.

㉠

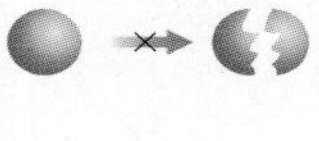

㉡

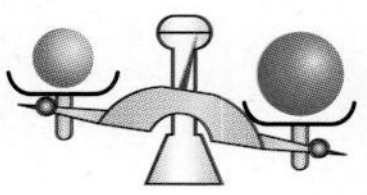

㉢

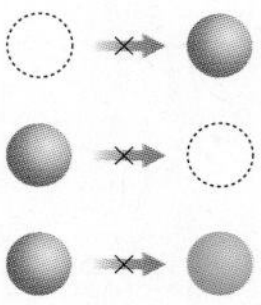

㉣

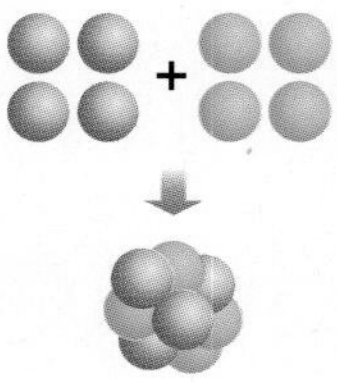

03 각각의 설명에 해당하는 그림의 기호를 쓰시오.

(1) 모든 물질은 더 이상 쪼갤 수 없는 원자로 이루어져 있다. ( )

(2) 서로 다른 원자들이 일정한 개수 비로 결합하여 새로운 물질이 만들어진다. ( )

(3) 다른 종류의 원자는 크기와 질량이 다르다. ( )

04 중세의 연금술사들이 금을 만들지 못한 이유를 설명하기에 가장 적합한 모형의 기호를 쓰시오.

( )

05 괄호에 들어갈 알맞은 용어를 쓰시오.

〈 보기 〉

같은 원소면서 질량이 다른 ( ) 원소의 발견으로 돌턴의 원자설 중 같은 종류의 원자는 크기와 질량이 같다는 내용이 수정되어야 한다.

( )

06 현재 사용하고 있는 주기율표에서 원소들을 나열하는 기준이 되는 것을 〈보기〉에서 골라 쓰시오.

〈 보기 〉

양성자 수　　중성자 수　　원자 크기

( )

정답 및 해설 19쪽

07 **주기율표에 대한 설명 중 옳은 것은 ○표, 옳지 않은 것은 ×표 하시오.**

(1) 족은 주기율표의 세로줄이다. (　　)

(2) 비금속 원소는 주기율표 오른쪽에 위치하며 전자를 얻어 음이온이 되기 쉽다. (　　)

(3) 헬륨, 네온, 아르곤은 1족 원소이다. (　　)

08 **주기율표의 같은 족 원소들의 공통점으로 알맞은 것을 〈보기〉에서 골라 기호를 쓰시오.**

〈 보기 〉

㉠ 전자 껍질　㉡ 원자가 전자　㉢ 원자 번호

(　　　)

09 **주기율표의 같은 주기 원소들의 공통점으로 알맞은 것을 〈보기〉에서 골라 기호를 쓰시오.**

〈 보기 〉

㉠ 전자 껍질　㉡ 원자가 전자　㉢ 원자 번호

(　　　)

10 **어떤 중성 원자의 전자 배치를 나타낸 모형이다. 이 원소는 주기율표에서 몇 족에 속하는지 쓰고, 이 원소의 원자 번호를 쓰시오.**

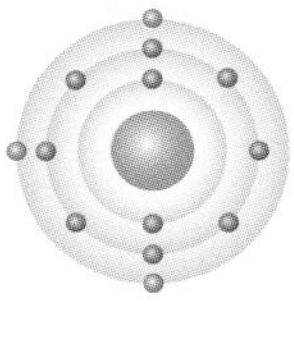

(　　　) 족 , 원자 번호 : (　　　)번

B

11 **현재까지 제안된 원자 모형을 수서 없이 나열한 것이다. 이 원자 모형들이 제안된 순서대로 바르게 나열하시오.**

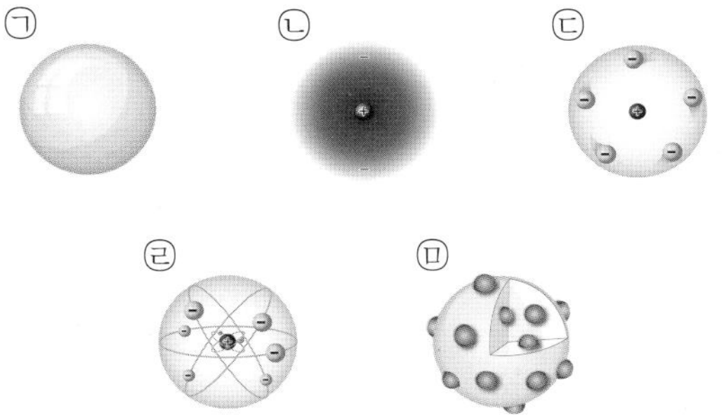

(　　) → (　　) → (　　) → (　　) → (　　)

12 **원자 모형에 대한 설명으로 옳지 않은 것은?**

① 원자 모형은 깨지거나 변형되지 않아야 한다.
② 같은 종류의 원자 모형은 크기, 모양, 질량이 같아야 한다.
③ 톰슨은 전자가 원자핵 주위의 결정된 궤도 안에서 움직이는 원자 모형을 제시했다.
④ 돌턴은 원자는 깨지지 않는 입자라고 주장하고, 원자는 딱딱한 공과 같다고 주장했다.
⑤ 러더퍼드는 원자 중심에 있는 (+)전하를 띤 딱딱한 입자가 원자핵이라는 사실을 발견하고, 태양계 원자 모형을 제시했다.

13 돌턴의 원자설을 나타내는 모형으로 옳은 것만을 〈보기〉에서 있는 대로 고른 것은?

〈 보기 〉

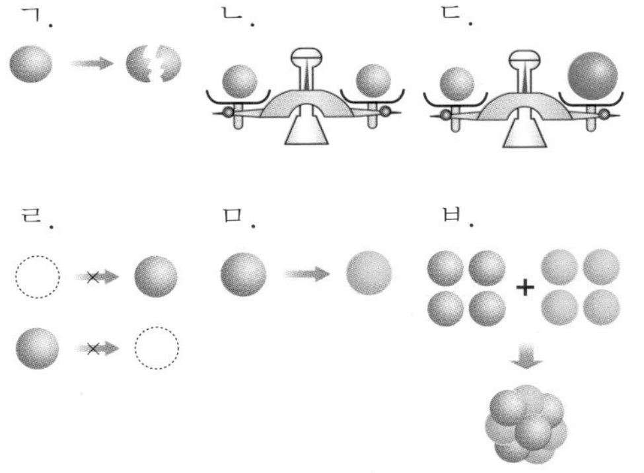

① ㄱ, ㄴ　② ㄱ, ㄴ, ㄷ　③ ㄴ, ㄷ, ㅁ
④ ㄴ, ㄹ, ㅂ　⑤ ㄷ, ㅁ, ㅂ

스스로 실력 높이기

14 돌턴의 원자설 중 한 내용을 모형으로 나타낸 것이다. 〈보기〉의 설명 중 이 모형과 관련이 있는 것을 있는 대로 고른 것은?

〈 보기 〉

ㄱ. 중세의 연금술사들은 값싼 금속으로 금을 만들지 못했다.
ㄴ. 원자는 원자핵과 전자로 나뉘고, 원자핵은 양성자와 중성자로 나뉜다.
ㄷ. 원자핵은 핵분열을 일으키며 쪼개져 다른 원자로 바뀐다.

① ㄱ　② ㄷ　③ ㄱ, ㄴ
④ ㄱ, ㄷ　⑤ ㄱ, ㄴ, ㄷ

15 현재 사용하는 주기율표에 대한 설명으로 옳은 것은?

① 현재의 주기율표는 원자량의 순서로 나열하였다.
② 주기율표의 세로줄은 주기라고 하며 7주기까지 있다.
③ 일반적으로 같은 족 원소의 화학적 성질이 비슷하다.
④ 현재의 주기율표는 멘델레예프가 만든 것을 사용한다.
⑤ 같은 족에서 원자 번호가 큰 원자일수록 원자가 전자의 수가 많아진다.

16 불꽃 반응 실험 과정을 나타낸 것이다. 실험 결과 불꽃색이 빨간색으로 나타나는 물질끼리 짝지어진 것은?

① 염화 칼륨, 염화 칼슘
② 염화 칼륨, 질산 칼륨
③ 질산 칼륨, 질산 칼슘
④ 탄산 구리, 황산 구리
⑤ 탄산 리튬, 탄산 스트론튬

17 주기율표의 원소들을 크게 두 가지로 구분하여 나타낸 것이다. (가)에 해당하는 원소의 공통적인 특징으로 옳지 않은 것은?

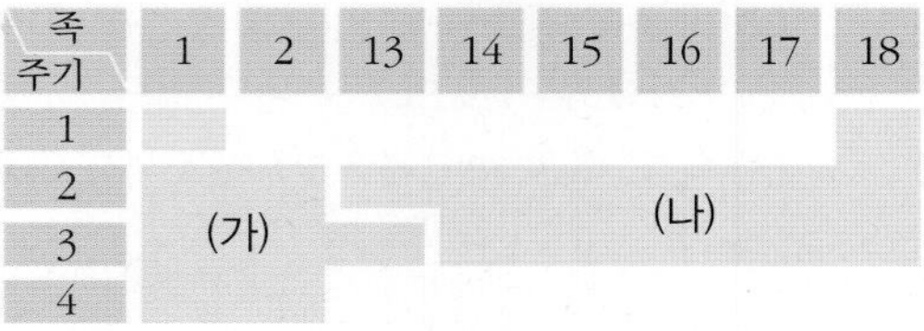

① 금속 원소이다.
② 열과 전기 전도성이 큰 편이다.
③ 대부분 상온에서 고체 상태로 존재한다.
④ 중성 원자의 원자가 전자가 5개 이상이다.
⑤ 전자를 잃고 양이온이 되기 쉬운 원소이다.

18 주기율표를 나타낸 것이다. 이에 대한 설명으로 옳은 것은?

족 / 주기	1	2	13	14	15	16	17	18
1	1 H							2 He
2	3 Li	4 Be	5 B	6 C	7 N	8 O	9 F	10 Ne
3	11 Na	12 Mg	13 Al	14 Si	15 P	16 S	17 Cl	18 Ar
4	19 K	20 Ca						

① 18족 원소들은 원자가 전자 수가 18개이다.
② 리튬, 나트륨, 칼륨의 전자 껍질 수는 같다.
③ 같은 족 원소끼리는 원자핵의 전하량이 같다.
④ 탄소와 질소, 산소의 화학적 성질은 비슷하다.
⑤ 황의 양성자 수는 16개이고, 원자가 전자는 6개이다.

19 원자 번호 12번인 마그네슘 중성 원자의 전자 배치를 나타낸 것이다. 이에 대한 설명으로 옳지 않은 것은?

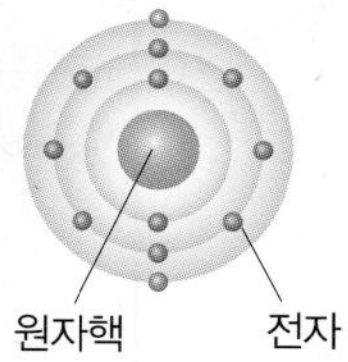

① 원자가 전자는 2개이다.
② 주기율표의 2족 원소이다.
③ 주기율표의 3주기 원소이다.
④ 이 원자의 전체 전하량은 +12이다.
⑤ 전자를 잃어 양이온이 되기 쉬운 원소이다.

정답 및 해설 19쪽

20 몇 가지 원소의 선 스펙트럼과 미지의 물질 X의 선 스펙트럼을 나타낸 것이다. 물질 X에 포함되어 있는 원소를 모두 고른 것은?

① A　② B　③ A, B
④ B, C　⑤ A, B, C

C

21 주기율표에 대한 설명이다. 빈칸에 들어갈 알맞은 말을 순서대로 옳게 쓴 것은?

> · 멘델레예프는 원소를 ㉠(　　)순으로, 모즐리는 원소를 ㉡(　　)순으로 나열하였다.
> · 모즐리의 주기율표는 원자량 순으로 원소를 배열하였을 때 특정 원소들에서 원소의 ㉢(　　)이 나타나지 않는 단점을 해결하였다.
> · 같은 족 원소는 원자가 전자의 개수가 같아서 ㉣(　　) 성질이 비슷하다.

	㉠	㉡	㉢	㉣
①	원자량	원자 번호	주기율	화학적
②	원자핵	원소 기호	원자 번호	물리적
③	원자 번호	원자량	주기율	화학적
④	원자량	원자 번호	족	물리적
⑤	원자 번호	원자량	원자 질량	화학적

22 지름이 각각 5cm, 10cm, 15cm인 동심원을 벽에 걸고 10사람이 10번씩 다트를 100번 던져서 나온 결과를 나타낸 것이다.

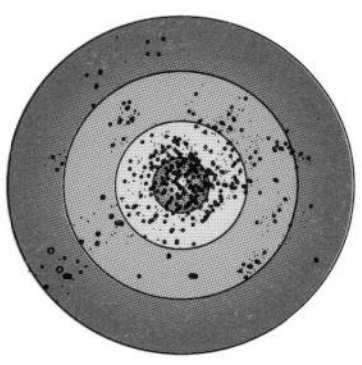

노란 부분에 다트가 꽂힐 확률은 $\frac{32}{100}$ 이다. 다음 중 이와 같은 원리로 만든 원자 모형은?

① 궤도 모형　② 태양계 모형
③ 딱딱한 공 모형　④ 전자 구름 모형
⑤ 건포도가 든 푸딩 모형

23 러더퍼드의 α 입자 산란 실험을 나타낸 것이다. 금으로 만든 얇은 박을 만들고 여기에 (+)전하를 띠는 α 입자를 쪼여주면, 대부분은 통과하였지만 극히 일부는 크게 휘거나 튕겨 나오는 현상을 관찰할 수 있다. 이 결과로 알 수 있는 사실로 알맞은 것을 <u>모두</u> 고르시오.(2개)

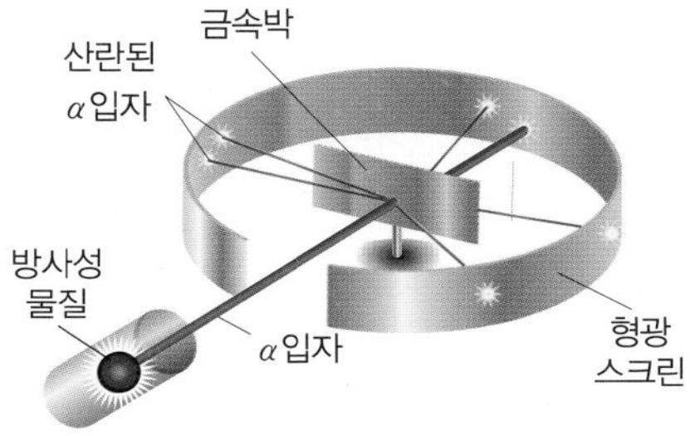

① 전자는 (−)전하를 띠고 있다.
② 원자의 대부분이 빈 공간이다.
③ 원자핵은 (+)전하를 띠고 있다.
④ 원자의 대부분 공간은 원자핵이 차지한다.
⑤ 전자는 원자핵 주위의 정해진 궤도 안에서 움직인다.

24 여러 가지 원자 모형을 나타낸 것이다. 원자 모형을 (㉠)과 (㉡, ㉢, ㉣, ㉤)으로 분류하였을 때 분류의 기준으로 옳은 것은?

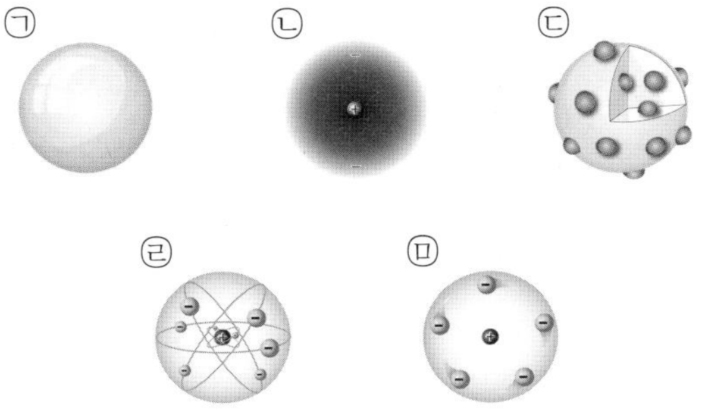

① 전자의 유무
② 중성자의 유무
③ 원자핵의 유무
④ 양성자의 유무
⑤ 전자 껍질의 유무

25 종류가 다른 2개의 중성 원자의 전자 배치를 나타낸 모형이다. 이에 대한 설명으로 옳지 <u>않은</u> 것은?

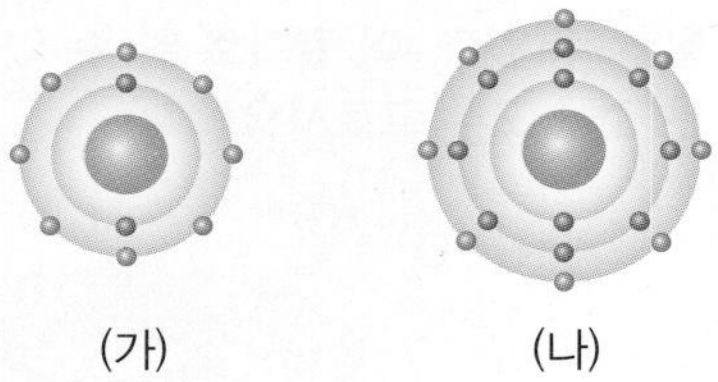

① (가)는 네온이고, (나)는 아르곤이다.
② 원자핵의 전하량은 (나)가 (가)보다 크다.
③ (가)는 3주기 원소 중 가장 안정한 원소이다.
④ (가)와 (나)는 다른 원자와 거의 반응하지 않는다.
⑤ (가)와 (나)의 물리적 성질은 다르지만 화학적 성질은 비슷하다.

26 불꽃 반응 실험 과정을 나타낸 것이다. 이 실험에서 니크롬선을 증류수와 묽은 염산으로 깨끗이 씻는 까닭은 무엇인가?

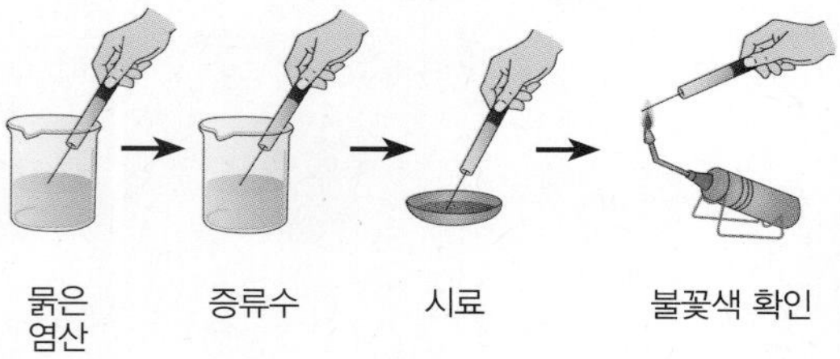

27 과학자들은 자연 현상을 탐구할 때 경우에 따라 모형을 만들어 연구한다. 돌턴의 원자설 내용을 보고, 원자 모형이 갖추어야 할 조건을 서술하시오.

〈돌턴의 원자설〉

1. 모든 물질은 더 이상 쪼갤 수 없는 원자로 이루어져 있다.
2. 같은 종류의 원자는 크기와 질량이 같고, 다른 종류의 원자는 크기와 질량이 다르다.
3. 원자는 없어지거나 새로 생기지 않으며, 다른 종류의 원자로 변하지 않는다.
4. 서로 다른 원자들이 일정한 개수비로 결합하여 새로운 물질이 만들어진다.

28 과학의 발달로 양성자 수는 동일하고, 중성자 수는 다른 동위 원소를 발견하였다. 이 때문에 수정되어야 하는 돌턴의 원자설 내용은 무엇인지 서술하시오.

정답 및 해설 19쪽

29 원소의 족은 그 원자의 무엇에 의해 결정되는지 쓰고, 같은 족 원소들의 공통점이 무엇인지 서술하시오.

30 다음은 보어, 러더퍼드, 톰슨이 제시한 원자 모형을 순서없이 나타낸 것이다. (가)~(다)의 원자 모형을 주장한 과학자를 쓰고, 원자의 구성 입자를 서술하시오,

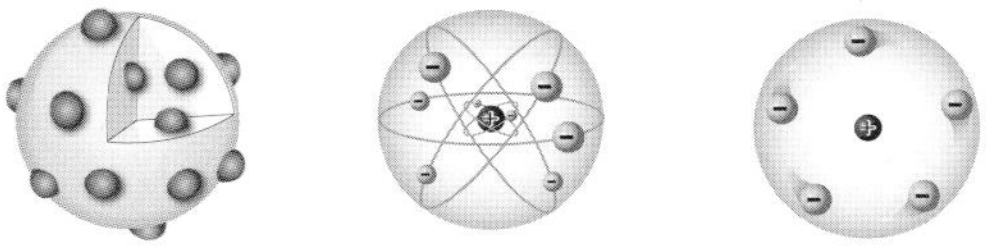

(가) (나) (다)

창의력 서술

31 다음은 18족에 속하는 원소들의 전자 배치를 나타낸 모형이다. 이 모형의 전자 배치를 통해 알 수 있는 18족 원소의 특징을 쓰시오.

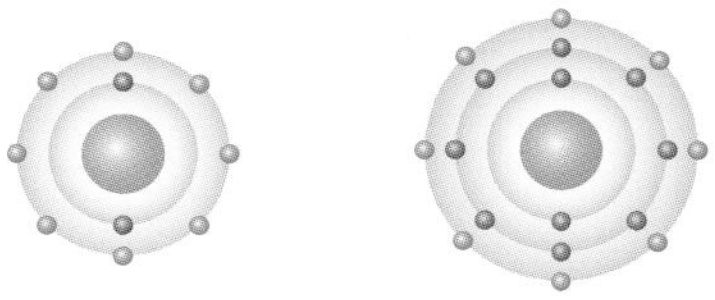

32 다음과 같이 리튬과 스트론튬의 불꽃 반응색은 빨간색 계통으로서, 육안으로는 쉽게 구별하기 어렵다. 리튬과 스트론튬을 쉽게 구별할 수 있는 방법은 무엇인지 쓰고, 그렇게 생각하는 이유를 서술하시오.

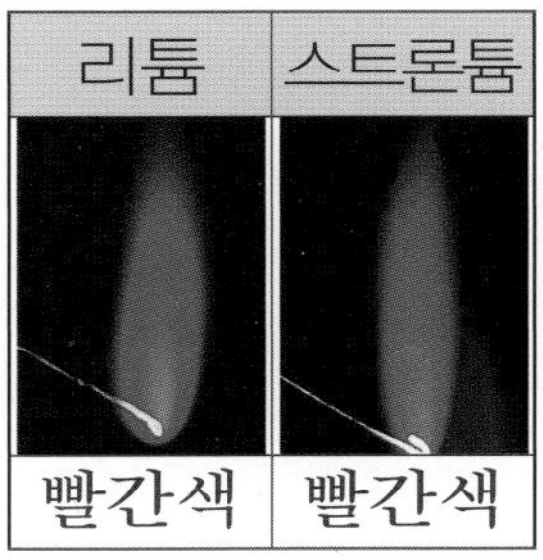

18강. 이온

1. 이온

(1) 이온 : 중성 원자가 전자를 잃거나 얻어서 전하를 띠게 된 입자

구분	양이온				음이온			
정의	중성 원자가 전자를 잃어 (+)전하를 띤 입자				중성 원자가 전자를 얻어 (−)전하를 띤 입자			
형성 과정	 전자 잃음 / 중성 원자 전하량 : 0 / 양이온 전하량 : +1 / 전자				 전자 얻음 / 중성 원자 전하량 : 0 / 전자 / 음이온 전하량 : -1			
전하	(+)전하의 총량 > (−)전하의 총량 ⇒ 전체적으로 (+)전하를 띤다.				(+)전하의 총량 < (−)전하의 총량 ⇒ 전체적으로 (−)전하를 띤다.			
표시	Li^{+} (전하 종류, 원소 기호) Cu^{2+} (잃은 전자 수, 전하 종류, 원소 기호) 원소 기호의 오른쪽 위에 잃은 전자의 수와 '+' 기호를 표시(단, 1은 생략)				Cl^{-} (전하 종류, 원소 기호) O^{2-} (얻은 전자 수, 전하 종류, 원소 기호) 원소 기호의 오른쪽 위에 얻은 전자의 수와 '−' 기호를 표시(단, 1은 생략)			
이름	원소 이름 + '이온'				원소 이름 + '화 이온' (단, 원소 이름 끝의 '소'는 생략)			
종류	이름	이온식	이름	이온식	이름	이온식	이름	이온식
	수소 이온	H^{+}	리튬 이온	Li^{+}	산화 이온	O^{2-}	플루오린화 이온	F^{-}
	나트륨 이온	Na^{+}	마그네슘 이온	Mg^{2+}	황화 이온	S^{2-}	염화 이온	Cl^{-}
	칼륨 이온	K^{+}	칼슘 이온	Ca^{2+}	수산화 이온	OH^{-}	탄산 이온	CO_3^{2-}
	구리 이온	Cu^{2+}	암모늄 이온	NH_4^{+}	질산 이온	NO_3^{-}	황산 이온	SO_4^{2-}

양이온이 형성될 때
전자가 떨어져 나갈 때에는 가장 바깥 껍질에 있는 전자가 먼저 떨어져 나간다.

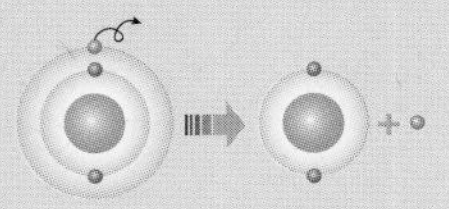
리튬 중성 원자 리튬 양이온
▲ 리튬 양이온 형성 과정

음이온이 형성될 때
가장 바깥 껍질에 있는 전자를 8개로 채우기 위해 전자를 얻는다.

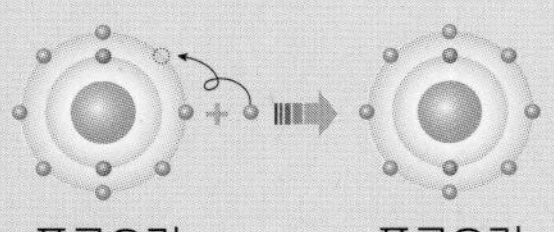
플루오린 중성 원자 플루오린 음이온
▲ 플루오린 음이온 형성 과정

이온의 종류
· 단원자 이온 : 1개의 원자에서 생성된 이온 → H^{+}, Na^{+}, Cl^{-}, S^{2-} 등
· 다원자 이온 : 여러 개의 원자가 1개의 원자처럼 전자를 주고 받아 생성된 이온 → NH_4^{+}, OH^{-}, NO_3^{-}, SO_4^{2-} 등

이온의 이용

H^{+}	Li^{+}

수소 연료 전지	리튬 이온 전지
Ba^{2+}	F^{-}
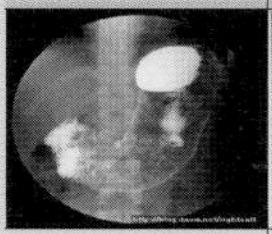	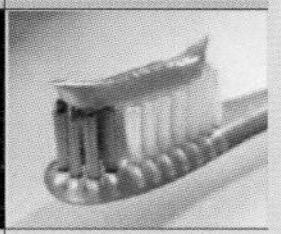
조영제	치약 성분

미니사전
전하 [電 전기 荷 띠다] 물체가 띠고 있는 전기의 양

개념확인 1 이온에 대한 설명으로 옳은 것은 O표, 옳지 않은 것은 X표 하시오.

(1) 양이온은 중성 원자가 전자를 잃어 (+)전하를 띤 입자이다. ( )
(2) 음이온은 전체적으로 (−)전하를 띤다. ( )
(3) 탄산 이온은 양이온이다. ( )

확인 +1 어떤 원자가 이온이 되는 과정을 모형으로 나타낸 것이다. 이 모형과 같은 방법으로 형성된 이온을 다음에서 고르면?

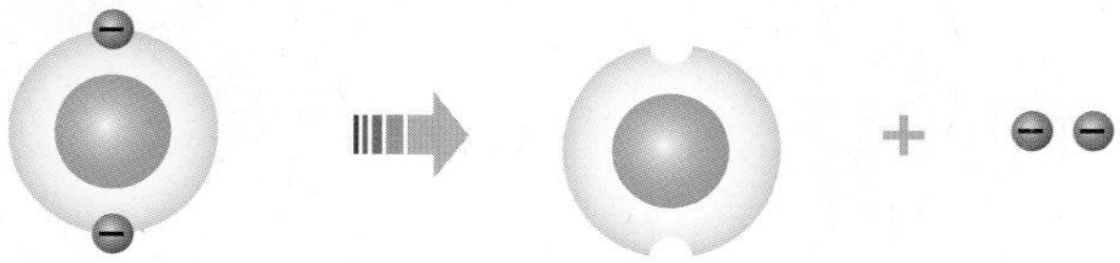

① Na^{+} ② Cu^{2+} ③ Cl^{-} ④ O^{2-} ⑤ Al^{3+}

2. 전해질과 비전해질

(1) 화학식과 화합물

① 화학식 : 물질을 이루는 성분 원소의 기호와 개수를 이용하여 표현한 것

② 화합물 : 두 가지 이상의 원소로 이루어진 물질

(2) 이온으로 이루어진 물질 : 이온 결합 화합물

① 양이온과 음이온이 규칙적으로 배열되어 결정을 이룬다.

② 이온 결합 화합물의 화학식

- 양이온의 원소 기호를 먼저 쓰고, 음이온을 나중에 쓴다.
- 이온의 개수비를 구한다.
  (양이온 전하×양이온 수) + (음이온 전하×음이온 수) = 0
- 이온의 개수비를 원소 기호의 오른쪽 아래에 표시한다.
  (1은 생략)
- 읽을 때는 음이온을 먼저 읽고, 양이온을 나중에 읽는다.

양이온과 음이온의 개수비
Ca^{2+} : Cl^- = 1 : 2

$CaCl_2$

염화 칼슘

양이온		+	음이온		→	화학식		개수비(양이온:음이온)
나트륨 이온	Na^+	+	염화 이온	Cl^-	→	염화 나트륨	NaCl	1 : 1
칼슘 이온	Ca^{2+}	+	산화 이온	O^{2-}	→	산화 칼슘	CaO	1 : 1
마그네슘 이온	Mg^{2+}	+	염화 이온	Cl^-	→	염화 마그네슘	$MgCl_2$	1 : 2

(3) 전해질과 비전해질

① 전해질 : 고체 상태에서는 전류가 흐르지 않지만 수용액이 되었을 때 전류가 흐르는 물질

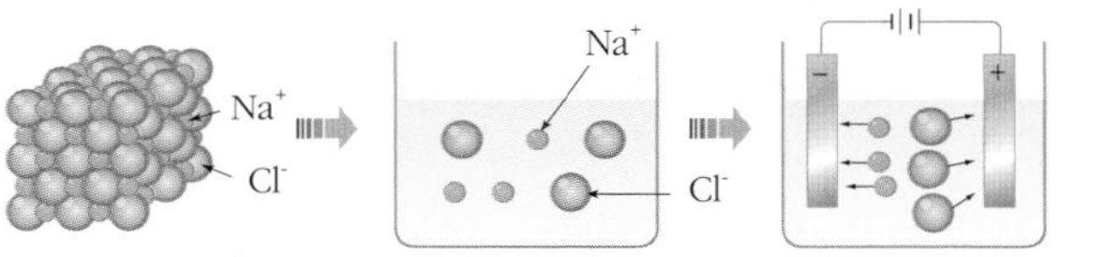

▲ 고체 염화 나트륨 ▲ 염화 나트륨 수용액 ▲ 전원을 연결했을 때

② 비전해질 : 수용액이 되었을 때 전류가 흐르지 않는 물질

이온 결합
양이온과 음이온 사이의 힘에 의해 생성되는 결합

이온의 개수비
이온 결합 화합물이 될 때는 양이온과 음이온의 전하의 총합이 0이 되는 개수비로 결합한다.

전해질과 비전해질의 예
- 전해질 : 염화 나트륨, 질산 칼륨, 수산화 나트륨, 황산, 염화 수소 등
- 비전해질 : 설탕, 녹말, 포도당, 에탄올 등

도체와 부도체
- 도체 : 고체 상태에서 전류가 잘 흐르는 물질
- 부도체 : 고체 상태에서 전류가 흐르지 않는 물질로, 전해질도 고체 상태에서는 전류가 흐르지 않으므로 부도체에 속한다.

정답 및 해설 21쪽

개념확인 2 물질을 이루는 성분 원소의 기호와 개수를 이용하여 표현한 것을 무엇이라하는지 쓰시오.

( )

생각해보기★
수소 기체(H_2)와 산소 기체(O_2)는 화합물일까?

확인 +2 양이온과 음이온이 1 : 1의 개수비로 결합한 것은?

① $MgCl_2$ ② $CaCl_2$ ③ $BaCl_2$ ④ NaCl ⑤ Fe_2O_3

미니사전
화학식 [化 되다 學 배우다 式 법] 원소 기호를 사용하여 화합물을 나타낸 것
화합물 [化 되다 合 합하다 物 물건] 둘 이상의 물질이 결합하여 이루어진 물질

3. 이온화

(1) 이온화 : 전해질이 물에 녹아 양이온과 음이온으로 나누어지는 현상

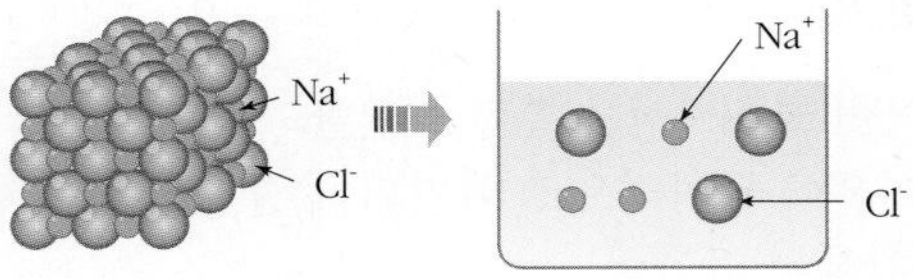

(2) 이온화식 : 전해질의 이온화 과정을 이온식을 이용하여 나타낸 것

① 이온화식을 나타내는 방법

염화 나트륨($NaCl$)의 나트륨 이온(Na^+)과 염화 이온(Cl^-)은 1 : 1의 개수비로 이온화함

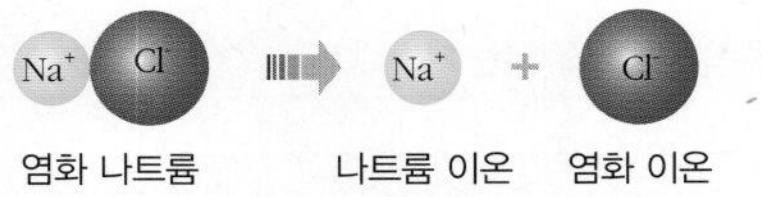

이온화식 : $NaCl \rightarrow Na^+ + Cl^-$
염화 나트륨 나트륨 이온 염화 이온
이온 수의 비 : 1 : 1

② 전해질의 이온화식과 이온 수의 비

화학식	이름	이온화식	이온 수의 비 (양이온 : 음이온)
KCl	염화 칼륨	$KCl \rightarrow K^+ + Cl^-$	1 : 1
Na_2CO_3	탄산 나트륨	$Na_2CO_3 \rightarrow 2Na^+ + CO_3^{2-}$	2 : 1
$Ca(OH)_2$	수산화 칼슘	$Ca(OH)_2 \rightarrow Ca^{2+} + 2OH^-$	1 : 2
HCl	염화 수소	$HCl \rightarrow H^+ + Cl^-$	1 : 1
$CuSO_4$	황산 구리(II)	$CuSO_4 \rightarrow Cu^{2+} + SO_4^{2-}$	1 : 1
$CaCl_2$	염화 칼슘	$CaCl_2 \rightarrow Ca^{2+} + 2Cl^-$	1 : 2

용해와 이온화
용해는 용질이 용매에 녹는 현상이고, 이온화는 물질이 물에 녹아 양이온과 음이온으로 나누어지는 현상이다. 용해되었다고 해서 모두 이온화되는 것은 아니다.

염화 나트륨($NaCl$)의 이온화
고체 염화 나트륨은 전류를 통하지 않으나 수용액이나 용융되어 액체 상태가 되면 전류를 통한다.

생각해보기★★
전해질인 염화 나트륨($NaCl$)은 소금의 주성분이다. 소금은 짠 맛을 내는데, 소금이 짠 맛을 낼 수 있는 것은 염화 이온 때문이다. 만약 우리 혀에 침이 없다면 우리가 소금을 짜다고 느낄 수 있을까?

개념확인 3 이온화식에 대한 설명으로 옳은 것은 O표, 옳지 않은 것은 X표 하시오.

(1) 이온화란 양이온과 음이온이 물에서 결합하는 현상이다. ( )

(2) 염화 나트륨은 물에 녹아 나트륨 이온과 염화 이온으로 이온화한다. ( )

(3) 황산 구리(II)($CuSO_4$)가 물에 녹으면 양이온과 음이온의 비율이 1 : 4 로 이온화된다. ( )

확인 +3 여러 가지 전해질의 이온화식이다. 이 중 옳지 않은 것은?

① $NaCl \rightarrow Na^+ + Cl^-$
② $KCl \rightarrow K^+ + Cl^-$
③ $Na_2CO_3 \rightarrow Na^+ + CO_3^{2-}$
④ $HCl \rightarrow H^+ + Cl^-$
⑤ $CaCl_2 \rightarrow Ca^{2+} + 2Cl^-$

미니사전
전해질 [電 전기 解 풀다 質 바탕] 물 등의 용매에 녹아서 이온으로 해리되어 전류를 흐르게 하는 물질

4. 이온의 이동

(1) 수용액에서 전류의 흐름

① 이온이 들어 있는 수용액에 전원 장치를 연결하면 이온이 이동하므로 전류가 흐른다.

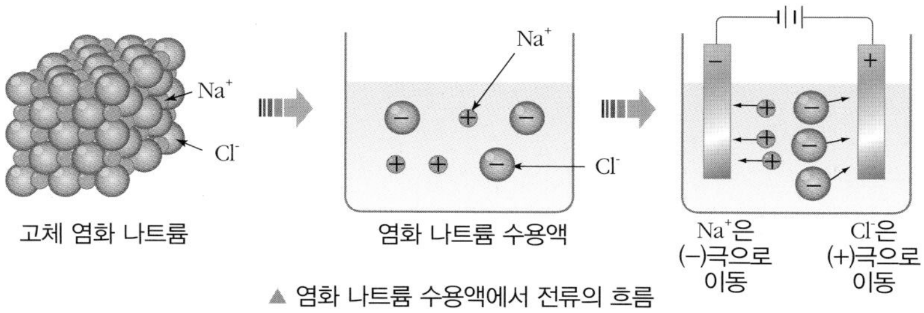

▲ 염화 나트륨 수용액에서 전류의 흐름

② 양이온 : (+)전하를 띠므로 전기적 인력에 의해 (−)극으로 이동

③ 음이온 : (−)전하를 띠므로 전기적 인력에 의해 (+)극으로 이동

④ 이온의 이동 : 색깔을 띤 이온의 이동은 눈으로 확인할 수 있다.

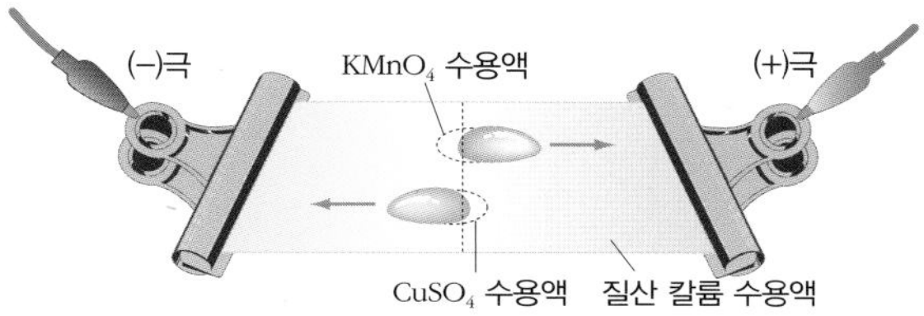

① 질산 칼륨 수용액을 적신 거름종이에 파란색의 황산 구리(Ⅱ)($CuSO_4$) 수용액과 보라색의 과망가니즈산 칼륨($KMnO_4$) 수용액을 떨어뜨린 다음 전류를 흘려 준다.

② 파란색의 구리 이온(Cu^{2+})은 (−)극으로, 보라색의 과망가니즈산 이온(MnO_4^-)은 (+)극으로 이동한다.

			(−)극으로 이동하는 이온		(+)극으로 이동하는 이온
· 황산 구리(Ⅱ)	: $CuSO_4$	→	Cu^{2+} (파란색)	+	SO_4^{2-}(무색)
· 과망가니즈산 칼륨	: $KMnO_4$	→	K^+(무색)	+	MnO_4^-(보라색)
· 질산 칼륨	: KNO_3	→	K^+(무색)	+	NO_3^-(무색)

간단실험

소금물과 설탕물에 전류 흘려주기

① 물이 담긴 비커 2개에 소금과 설탕을 각각 녹인다.

② 위의 그림과 같이 (+)극과 (−)극에 각각 연결한 전극을 수용액에 담근 후 전류를 흘려준다.

③ 전구에 불이 들어오는지 확인한다.

④ 이온이 들어 있는 비커는 어떤 것일지 생각해 본다.

질산 칼륨 수용액으로 거름종이를 적시는 이유

순수한 물은 전류가 흐르지 않으므로 무색 투명한 전해질 수용액인 질산 칼륨 수용액을 사용하여 전류가 흐르도록 하기 위해

개념확인 4 빈 칸에 알맞은 말을 고르시오.

정답 및 해설 21쪽

> 이온이 들어 있는 수용액에 전원 장치를 연결하면
> 양이온은 ㉠[(+)극 , (−)극]으로, 음이온은 ㉡[(+)극 , (−)극]으로 이동한다.

생각해보기★★★

순수한 물은 전류가 흐르지 않는데, 물 묻은 손으로 전기 기구를 만지면 감전의 위험이 있는 이유는 무엇일까?

확인+4 염화 나트륨 수용액에 전극을 넣고, 전류를 흘려주었다. 이에 대한 설명으로 옳지 않은 것은?

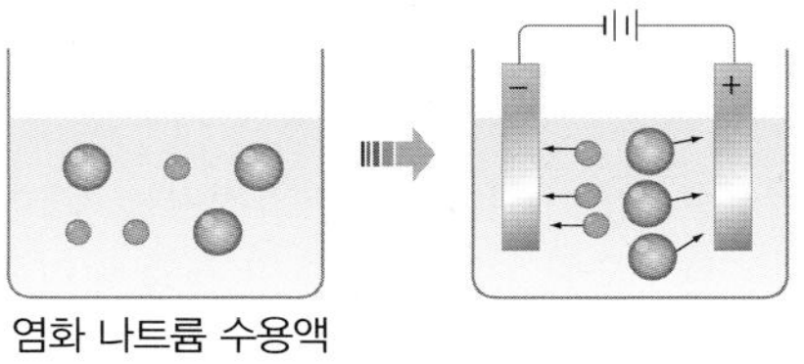

① 수용액에 전류가 흐른다.
② 염화 나트륨은 전해질이다.
③ 염화 이온은 이동하지 않는다.
④ 나트륨 이온은 (−)극으로 이동한다.
⑤ (−)이온은 전기적 인력에 의해 (+)극으로 이동한다.

개념 다지기

01 중성 원자가 이온이 되는 과정을 모형으로 나타낸 것이다.

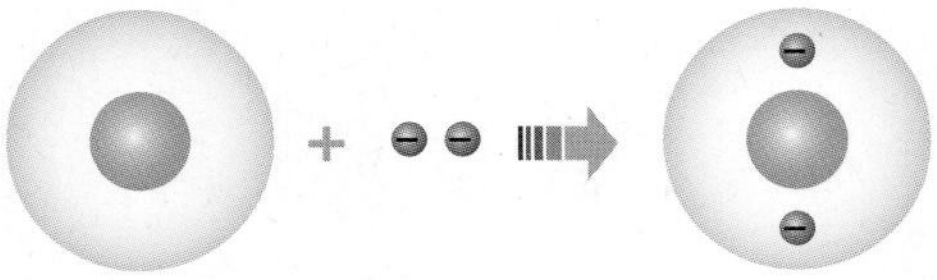

위 모형과 같은 방법으로 형성된 이온을 다음에서 고르면?

① Na^{+} ② Cu^{2+} ③ Cl^{-} ④ O^{2-} ⑤ Al^{3+}

02 마그네슘 중성 원자가 이온이 되는 과정을 바르게 나타낸 식은? (단, ⊖는 전자를 나타낸다.)

① $Mg \rightarrow Mg^{2+}$ + ⊖
② $Mg \rightarrow Mg^{2+}$ + 2⊖
③ Mg + ⊖ $\rightarrow Mg^{2+}$
④ Mg + 2⊖ $\rightarrow Mg^{2+}$
⑤ Mg + 2⊖ $\rightarrow Mg^{2-}$

03 플루오린화 이온이 형성되는 과정을 나타낸 모형이다. 이에 대한 설명으로 옳은 것만을 〈보기〉에서 있는 대로 고른 것은?

〈 보기 〉

ㄱ. 플루오린 원자의 원자가전자는 7개이다.
ㄴ. 플루오린 원자는 전자 한 개를 잃어서 이온이 된다.
ㄷ. 플루오린화 이온은 +1의 양이온이다.

① ㄱ ② ㄴ ③ ㄷ ④ ㄱ, ㄴ ⑤ ㄱ, ㄷ

정답 및 해설 21쪽

04 **염화 나트륨의 결정 구조를 모형으로 나타낸 것이다. 이에 대한 설명으로 옳지 않은 것은?**

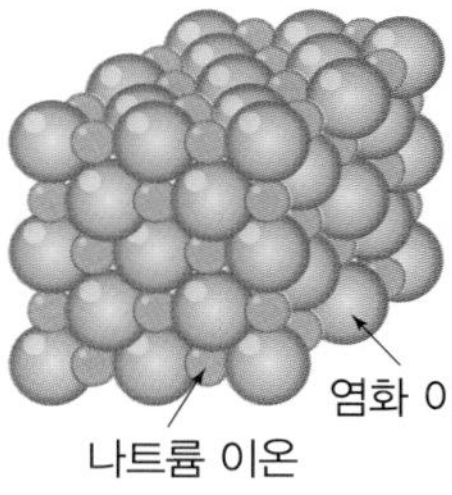

① 염화 나트륨의 화학식은 NaCl이다.
② 양이온과 음이온의 개수비는 1 : 1이다.
③ 고체 염화 나트륨은 전기가 흐르지 않는다.
④ 물에 녹으면 전류를 흐르게 하는 전해질이다.
⑤ 물에 녹으면 Na^- 음이온과, Cl^+ 양이온으로 이온화된다.

05 **화합물의 화학식과 화합물을 구성하는 이온을 짝지은 것으로 옳지 않은 것은?**

	화합물	화학식	양이온	음이온
①	염화 나트륨	NaCl	Na^+	Cl^-
②	염화 암모늄	NH_4Cl_2	NH_4^{2+}	Cl^-
③	수산화 칼륨	KOH	K^+	OH^-
④	탄산 칼슘	$CaCO_3$	Ca^{2+}	CO_3^{2-}
⑤	염화 칼슘	$CaCl_2$	Ca^{2+}	Cl^-

06 **질산 칼륨 수용액을 적신 거름종이에 파란색의 황산 구리(II)($CuSO_4$) 수용액과 보라색의 과망가니즈산 칼륨($KMnO_4$) 수용액을 떨어뜨린 다음 전류를 흘려 주는 실험을 했다. 이에 대한 설명으로 옳지 않은 것은?**

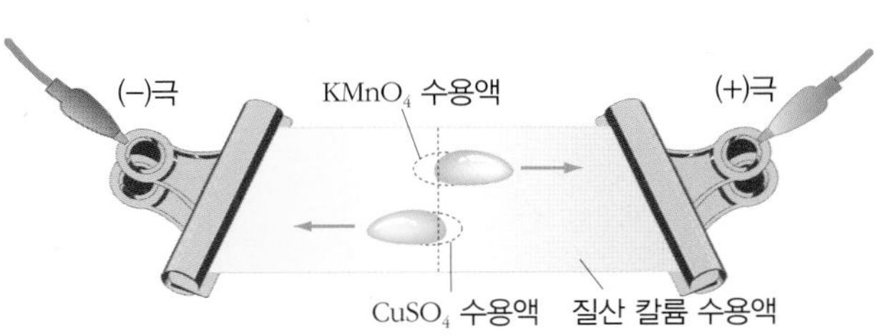

① 칼륨 이온은 무색이다.
② 황산 이온은 이동하지 않는다.
③ 파란색의 이온은 구리 이온이다.
④ 구리 이온은 (−)극으로 이동한다.
⑤ 보라색의 이온은 과망가니즈산 이온이다.

유형 익히기 & 하부르타

[유형18-1] 이온

어떤 원자가 이온이 되는 과정을 모형으로 나타낸 것이다. 이에 대한 설명으로 옳지 않은 것은?

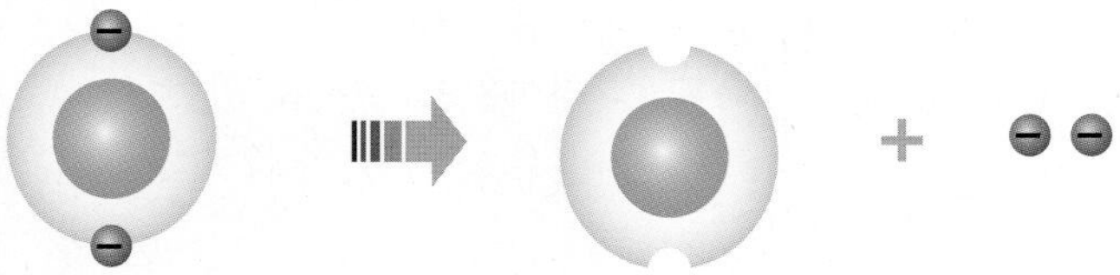

(가) (나) (다)

① (가)는 원자가 전자가 2개인 원자이다.
② (나)는 전체 전하량이 +2인 양이온이다.
③ (나)의 예로는 산화 이온, 황화 이온 등이 있다.
④ 주기율표의 2족 원소들의 이온이 되는 과정을 나타낸 것이다.
⑤ 중성 원자가 전자 2개를 잃어 이온이 되는 과정을 나타낸 것이다.

Tip!

01 어떤 원소의 중성 원자와 이온 상태를 모형으로 나타낸 것이다. 이에 대한 설명으로 옳은 것만을 〈보기〉에서 있는 대로 고른 것은?

(가) (나)

〈 보기 〉
ㄱ. (가)는 리튬 중성 상태의 리튬 원자이다.
ㄴ. 전자 한 개를 잃고 양이온이 된다.
ㄷ. (나)의 전체 전하량은 +3이다.

① ㄱ ② ㄱ, ㄴ ③ ㄱ, ㄷ ④ ㄴ, ㄷ ⑤ ㄱ, ㄴ, ㄷ

02 원자가 이온이 되는 과정을 바르게 나타낸 식은? (단, ⊖는 전자를 나타낸다.)

① $Cl \rightarrow Cl^- + ⊖$
② $Na + ⊖ \rightarrow Na^+$
③ $Mg + 2⊖ \rightarrow Mg^{2+}$
④ $S \rightarrow S^{2-} + 2⊖$
⑤ $Al \rightarrow Al^{3+} + 3⊖$

정답 및 해설 21쪽

[유형18-2] 전해질과 비전해질

두 이온으로 생성되는 화합물의 모형을 나타낸 것이다. 이에 대한 설명으로 옳지 않은 것은?

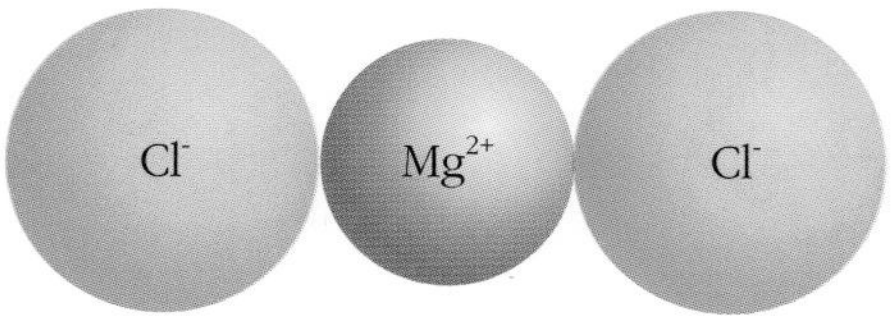

① 화합물의 화학식은 $MgCl_2$이다.
② 화합물의 이름은 염화 마그네슘이다.
③ 양이온과 음이온의 개수의 비는 1 : 2 이다.
④ 양이온보다 음이온이 더 많아 전체적으로 (-)전하를 띤다.
⑤ 이 물질은 마그네슘 이온과 염화 이온이 결합한 화합물이다.

03 칼슘 이온과 염화 이온으로 이루어진 화합물에 대한 설명으로 옳은 것을 〈보기〉에서 모두 고른 것은?

〈 보기 〉
ㄱ. 화합물의 Ca^{2+}와 Cl^-의 개수비는 2 : 1이다.
ㄴ. 화합물의 화학식은 $CaCl_2$이다.
ㄷ. 이 화합물은 물에 녹아 전류를 흐르게 하는 물질이다.

① ㄱ ② ㄱ, ㄴ ③ ㄱ, ㄷ ④ ㄴ, ㄷ ⑤ ㄱ, ㄴ, ㄷ

04 알루미늄과 산소는 각각 Al^{3+}, O^{2-}와 같이 이온이 된다. Al^{3+}와 O^{2-}이 결합하여 만들어진 산화 알루미늄의 화학식으로 옳은 것은?

① Al_2O_3 ② O_3Al_2
③ Al_3O_2 ④ O_2Al_3
⑤ Al^3O^2

Tip!

[유형18-3] 이온화

고체 염화 나트륨이 물에 녹은 모습을 나타낸 것이다. 이에 대한 설명으로 옳은 것만을 〈보기〉에서 있는 대로 고른 것은?

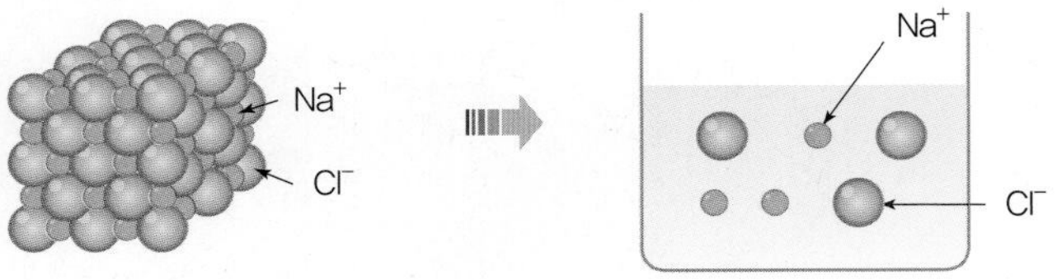

〈 보기 〉

ㄱ. 염화 나트륨은 물에 용해되어 Na^+와 Cl^-로 이온화된다.
ㄴ. 나트륨 이온과 염화 이온의 개수비는 1 : 1이다.
ㄷ. 염화 나트륨의 이온화식은 $NaCl \rightarrow Na^+ + Cl^-$이다.

① ㄱ ② ㄴ ③ ㄷ ④ ㄱ, ㄷ ⑤ ㄱ, ㄴ, ㄷ

Tip!

05 전해질의 이온화식, 이온수의 비를 바르게 나타낸 것은?

	이름	이온화식	양이온 : 음이온 개수비
①	염화 칼륨	$KCl \rightarrow K^- + Cl^+$	1 : 1
②	탄산 나트륨	$Na_2CO_3 \rightarrow Na^{2+} + CO^{3-}$	1 : 1
③	수산화 칼슘	$Ca(OH)_2 \rightarrow Ca^{2+} + 2OH^-$	1 : 2
④	황산 구리(II)	$CuSO_4 \rightarrow Cu^{2+} + SO^{4-}$	1 : 1
⑤	염화 칼슘	$CaCl_2 \rightarrow Ca^{2+} + Cl_2^-$	1 : 2

06 이온화에 대한 설명으로 옳은 것만을 〈보기〉에서 있는 대로 고른 것은?

〈 보기 〉

ㄱ. 물질이 이온화되면 전류가 흐른다.
ㄴ. 물질이 이온화되면 양이온과 음이온으로 나누어진다.
ㄷ. 물질이 이온화되면 양이온과 음이온의 개수비가 같다.

① ㄱ ② ㄱ, ㄴ ③ ㄱ, ㄷ ④ ㄴ, ㄷ ⑤ ㄱ, ㄴ, ㄷ

정답 및 해설 21쪽

[유형18-4] 이온의 이동

다음 그림과 같이 질산 칼륨 수용액을 적신 거름종이에 파란색의 황산 구리(II)($CuSO_4$) 수용액과 보라색의 과망가니즈산 칼륨($KMnO_4$) 수용액을 떨어뜨린 다음 전류를 흘려 주는 실험을 했다. 이에 대한 설명으로 옳은 것은?

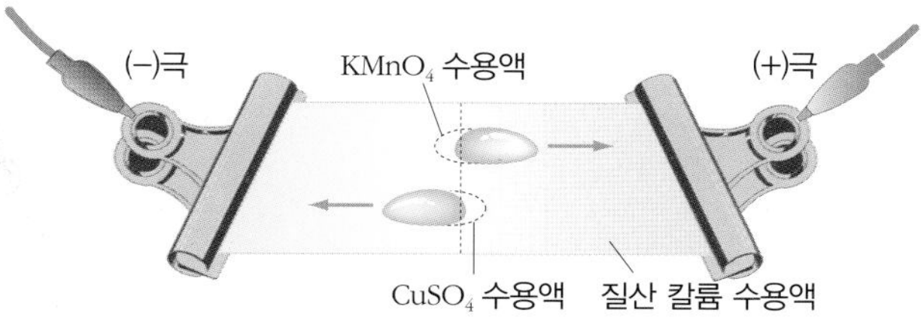

① Cu^{2+}이온은 (−)극으로 이동한다.
② 질산 칼륨은 이온화하지 않는다.
③ MnO_4^-이온만 (+)극으로 이동한다.
④ 보라색을 띠는 이온은 K^+이온이다.
⑤ (−)극으로 이동하는 파란색 이온은 황산 이온이다.

07

위의 실험에서 물이 아닌 질산 칼륨 수용액을 거름종이에 적시는 이유로 알맞은 것을 모두 고르시오.(2개)

① 질산 칼륨이 비전해질이기 때문에
② 순수한 물은 전류가 흐르지 않기 때문에
③ 질산 칼륨 수용액이 무색 투명하기 때문에
④ 질산 칼륨 수용액이 다른 용액의 색을 더 뚜렷하게 바꾸기 때문에
⑤ 질산 이온과 칼륨 이온은 전기를 흘려주어도 이동하지 않기 때문에

Tip!

08

염화 나트륨 수용액에 전극을 넣고, 전류를 흘려주었다. 이에 대한 설명으로 옳은 것만을 〈보기〉에서 있는 대로 고른 것은?

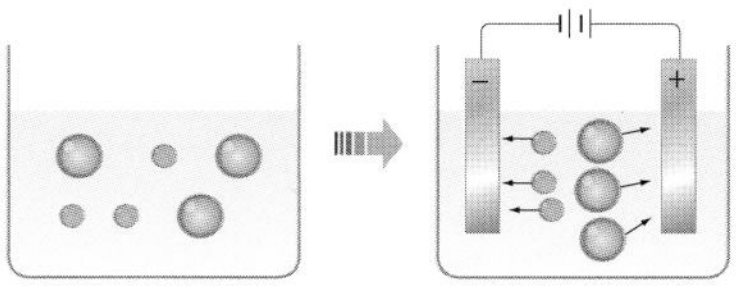

염화 나트륨 수용액

〈 보기 〉

ㄱ. 염화 나트륨 수용액에 전류를 흘려주면 전류가 흐른다.
ㄴ. 나트륨 이온은 (−)극으로 이동한다.
ㄷ. 전류를 흘려주지 않으면 염화 이온은 (−)극으로 이동한다.

① ㄱ ② ㄱ, ㄴ ③ ㄱ, ㄷ ④ ㄴ, ㄷ ⑤ ㄱ, ㄴ, ㄷ

01 금속 원자와 이온의 반지름을 비교한 표이다. 일반적으로 금속 원자가 전자를 잃어서 양이온이 될 때는 입자의 반지름이 작아진다. 이렇게 입자의 반지름이 작아지는 이유에 대해서 이온 모형을 비교하여 서술해 보자.

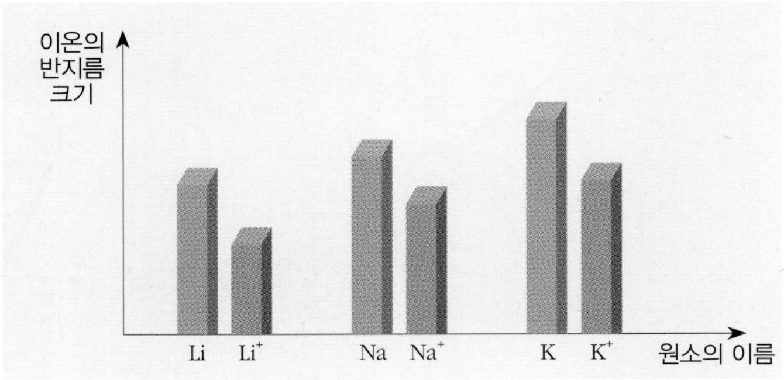

▲ 금속 원자와 이온의 반지름

정답 및 해설 22쪽

02 다음은 이온화에 대한 글이다.

이온화란 물리적 과정을 통해 원자나 분자에 전자나 다른 이온 입자를 제거하거나 더하여 이온이 되는 것을 말한다. 이 때 원자는 (+)전하를 띠어 양이온이 되거나 (−)전하를 띠는 음이온이 된다. 양이온의 경우, 원자에서 1개의 전자가 분리되어 양이온과 전자로 완전히 분리하는 데는 이온화 에너지가 필요하다.

* 이온화 에너지 : 전자를 떼어내기 위해 필요한 에너지

이온화 에너지가 작으면 양이온이 되기 쉽다. 주기율표의 같은 주기 원소들을 비교했을 때, 1족, 17족 원소들의 이온화 에너지를 비교하고, 그렇게 생각하는 이유에 대해 서술하시오.

03 무한이는 터치형 전기 스탠드 금속 센서에 손끝을 살짝 대자 전기 스탠드의 불이 켜졌다. 그러나 금속 센서에 고무풍선을 가져다 대었을 때는 불이 켜지지 않았다. 이러한 이유가 궁금하여 조사한 결과 터치형 전기 스탠드 센서의 금속 표면에는 약한 전류가 흐르고 있었다.

▲ 손끝을 대었을 때

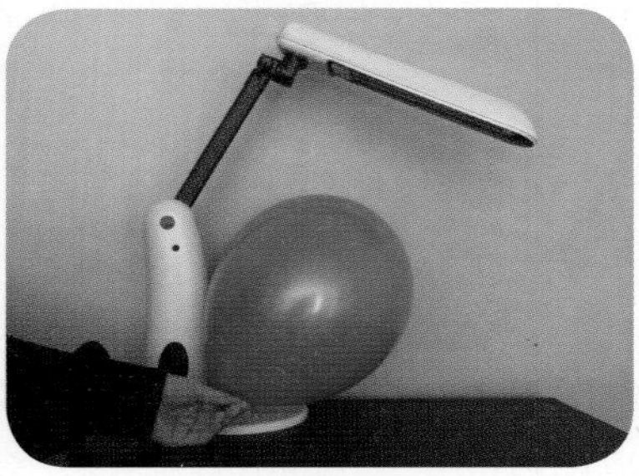

▲ 고무풍선을 대었을 때

(1) 손끝을 대었을 때 불이 켜지는 이유는 무엇일까?

(2) 이 밖에 터치형 전기 스탠드의 불을 켤 수 있는 것은 무엇이 있을까?

정답 및 해설 22쪽

04 다음은 영화 『딥 블루 씨』에서 주인공이 유전자 조작된 상어의 공격을 받아 싸우고 있는 장면이다. 이와 같은 상황에 처해졌을 때, 〈보기〉의 자료를 사용하여 상어를 물리치는 방법에 대해 원리와 함께 서술해 보자.

〈 보기 〉

바람 빠진 고무 보트　　잠수복　　피복이 벗겨진 전류가 흐르는 전선

스스로 실력 높이기

A

01 해당하는 입자의 이름을 쓰시오.

〈 보기 〉

중성 원자가 전자를 잃거나 얻어서 전하를 띠게 된 입자

(　　　　　　　　)

02 이온에 대한 설명 중 옳은 것은 ○표, 옳지 않은 것은 ×표 하시오.

(1) 중성 원자가 전자를 잃으면 양이온이 된다. (　　)

(2) 질산 이온은 다원자 이온으로, 양이온이다. (　　)

(3) 염소 원자는 전자를 얻어 염소 이온이 된다. (　　)

03 ㉠~㉣에 알맞는 이온식을 쓰시오.

이름	이온식	이름	이온식
수소 이온	㉠	수산화 이온	㉡
플루오린화 이온	㉢	마그네슘 이온	㉣

㉠(　　　　) ㉡(　　　　)
㉢(　　　　) ㉣(　　　　)

04 화학식에 대한 설명 중 옳은 것은 ○표, 옳지 않은 것은 ×표 하시오.

(1) 물질을 이루는 성분 원소의 기호와 개수를 이용하여 표현한 것이 화학식이다. (　　)

(2) 염화 나트륨의 화학식은 ClNa이다. (　　)

(3) 산화 칼슘의 화학식은 CaO_2이다. (　　)

05 빈칸에 들어갈 알맞은 용어를 쓰시오.

〈 보기 〉

㉠(　　　　　) : 고체 상태에서 전류가 잘 흐르는 물질

㉡(　　　　　) : 고체 상태에서는 전류가 흐르지 않지만 수용액이 되었을 때 전류가 흐르는 물질

06 원자와 이온을 모형으로 나타낸 것이다. A~C를 원자, 양이온, 음이온으로 각각 구분하시오.

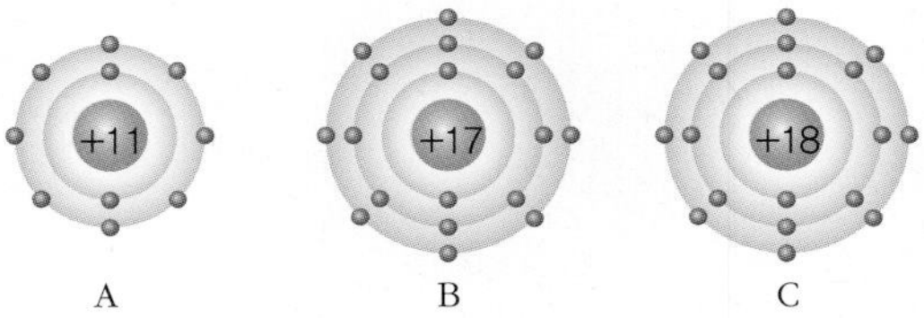

(1) 원자 : (　　)

(2) 양이온 : (　　)

(3) 음이온 : (　　)

07 여러 가지 이온의 전자 배치를 나타낸 모형이다. 각 모형의 이온식을 쓰시오.

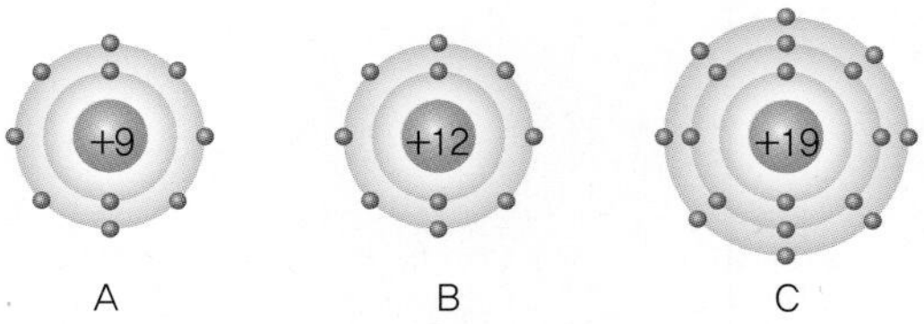

A : (　　　) B : (　　　) C : (　　　)

정답 및 해설 23쪽

08 이온에 대한 설명 중 옳은 것은 ○표, 옳지 않은 것은 ×표 하시오.

(1) 양이온은 원자핵이 이동한 것이고 음이온은 전자가 이동한 것이다. (　　)

(2) 수소는 이온이 될 때 양이온으로, 산소는 이온이 될 때 음이온으로 된다. (　　)

09 이온의 이동에 대한 설명 중 옳은 것은 ○표, 옳지 않은 것은 ×표 하시오.

(1) 이온이 들어 있는 수용액에 전원 장치를 연결하면 양이온은 (−)극으로 이동한다. (　　)

(2) 염화 나트륨 수용액에 전원 장치를 연결하면 염화 이온은 (−)극으로 이동한다. (　　)

10 황산 구리(Ⅱ) 수용액이 파란색을 띠는 것은 어떤 이온 때문인지 이온식을 쓰시오.

(　　　　)

B

11 어떤 중성 원자가 이온이 되는 과정을 모형으로 나타낸 것이다. 이에 대한 설명으로 옳은 것은?

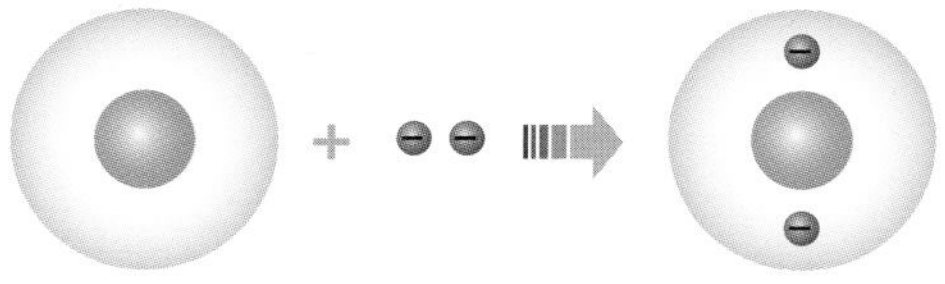

① 양이온의 형성 과정이다.
② 전자 2개를 잃어서 형성된 이온이다.
③ 이 과정에서 원자핵의 전하량이 변한다.
④ 입자의 전체 전하량이 0이 되기 위해 전자 얻는다.
⑤ 산화 이온은 이 모형과 같은 방법으로 형성된 이온이다.

12 X 원자가 이온이 형성되는 과정을 식으로 나타낸 것이다. 이와 같은 과정에 의해 이온을 형성하는 원자를 〈보기〉에서 모두 고른 것은?

$X \rightarrow X^{2+} + 2\ominus$

〈 보기 〉

ㄱ. Na	ㄴ. Be	ㄷ. O
ㄹ. Mg	ㅁ. S	ㅂ. Ca

① ㄱ, ㄴ, ㄷ　② ㄴ, ㄹ, ㅂ　③ ㄷ, ㄹ, ㅁ
④ ㄷ, ㄹ, ㅂ　⑤ ㄱ, ㅁ, ㅂ

13 이온이 만들어지는 과정으로 옳은 것은?

① $K \rightarrow K^- + \ominus$　② $S + 2\ominus \rightarrow S^{2-}$
③ $Cl \rightarrow Cl^- + \ominus$　④ $Mg + 2\ominus \rightarrow Mg^{2-}$
⑤ $Cu + 2\ominus \rightarrow Cu^-$

14 모형 (가)와 (나)처럼 이온화 하는 원자로 이루어진 화합물의 화학식으로 옳은 것은?

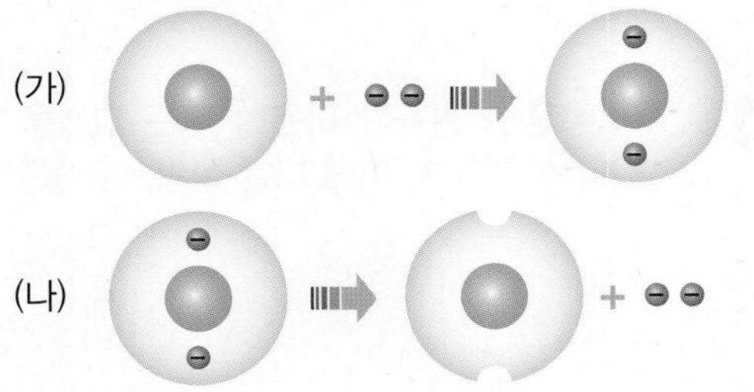

① Na_2SO_4 ② $CuCl_2$ ③ NaCl
④ Al_2O_3 ⑤ CaO

15 리튬 원자가 이온이 되는 과정에 대한 설명으로 옳은 것만을 〈보기〉에서 있는 대로 고른 것은?

〈 보기 〉
ㄱ. 리튬 이온이 될 때 전자 수가 감소한다
ㄴ. 리튬 이온이 될 때 양성자 수가 증가한다.
ㄷ. 리튬 이온은 (−)전하량이 (+)전하량보다 많다.

① ㄱ ② ㄴ ③ ㄷ
④ ㄱ, ㄷ ⑤ ㄱ, ㄴ, ㄷ

16 화합물의 화학식과 이름이 바르게 연결되지 <u>않은</u> 것은?

① NaCl - 염화 나트륨
② $AgNO_3$ - 질산 은
③ $CaSO_4$ - 황산 칼슘
④ $NaCO_3$ -탄산 나트륨
⑤ $Mg(OH)_2$ - 수산화 마그네슘

17 이온이 될 때 가장 많은 전자를 얻어야 하는 원자는?

① Li ② F ③ Ca
④ Al ⑤ O

18 이온에 대한 설명으로 옳은 것은?

① 중성 원자가 전자를 잃으면 음이온이 된다.
② 1족 원소는 전자를 1개 얻어 이온이 되기 쉽다.
③ 18족 원소는 전자를 2개 잃고 이온이 되기 쉽다.
④ 일반적으로 금속 원자는 전자를 얻어 음이온이 되기 쉽다.
⑤ 이온이 들어있는 수용액에 전극을 넣고 전류를 흘려주면 음이온은 (+)극으로 이동한다.

19 고체 염화 나트륨이 물에 녹은 모습을 나타낸 것이다. 이에 대한 설명으로 옳은 것만을 〈보기〉에서 있는 대로 고른 것은?

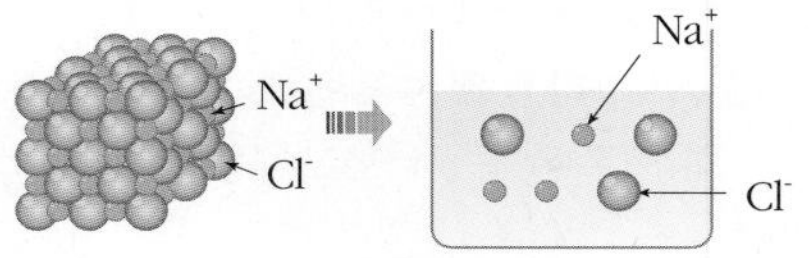

〈 보기 〉
ㄱ. 염화 나트륨의 이온화식은 $NaCl \rightarrow Na^+ + Cl^-$이다.
ㄴ. 염화 나트륨의 Na^+이온과 Cl^-이온은 1 : 1의 개수 비로 이온화한다.
ㄷ. 수용액에 전극을 넣고, 전류를 흘려주면 Cl^- 이온은 (+)극으로 이동한다.

① ㄱ ② ㄴ ③ ㄷ
④ ㄱ, ㄷ ⑤ ㄱ, ㄴ, ㄷ

20 전해질의 이온화식을 바르게 나타낸 것은?

	전해질	이온화식
①	염화 칼륨	$KCl \rightarrow K^+ + Cl^-$
②	탄산 나트륨	$Na_2CO_3 \rightarrow Na^{3+} + CO^{2-}$
③	수산화 칼슘	$Ca(OH)_2 \rightarrow Ca^{2+} + OH^{2-}$
④	황산 구리(II)	$CuSO_4 \rightarrow Cu^{2+} + SO_4^-$
⑤	염화 칼슘	$CaCl_2 \rightarrow Ca^{2+} + Cl^{2-}$

정답 및 해설 23쪽

C

21 **세 가지 입자를 원자핵과 전자 모형으로 나타낸 것이다.** (가)~(다)에 대한 설명으로 옳은 것은?

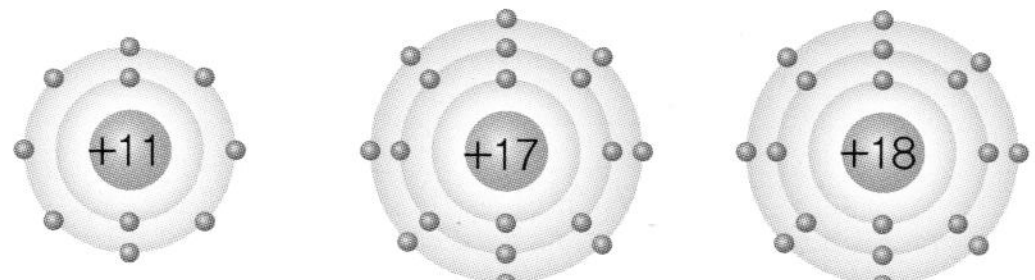

(가) (나) (다)

① (가)와 (나)는 같은 족 원소이다.
② (나)는 17개의 양성자를 가지고 있다.
③ (나)는 중성 원자이고, (가)와 (다)는 이온이다.
④ (가)는 전자를 잃고, (다)는 전자를 얻어서 형성된다.
⑤ (나) 원소의 중성 원자의 경우 원자가 전자 수는 17개이다.

[22~23] **원자 번호 1번~20번까지의 원소들의 주기율표를 나타낸 것이다.**

족 / 주기	1	2	13	14	15	16	17	18
1	1 H							2 He
2	3 Li	4 Be	5 B	6 C	7 N	8 O	9 F	10 Ne
3	11 Na	12 Mg	13 Al	14 Si	15 P	16 S	17 Cl	18 Ar
4	19 K	20 Ca						

22 **이 원소들 중 아래와 같은 과정에 의해 이온을 형성하는 원자들끼리 바르게 짝지은 것은?**

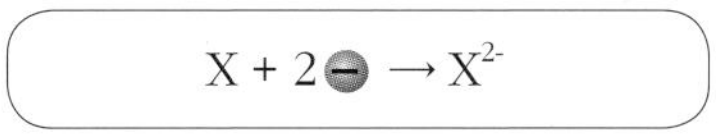

X + 2⊖ → X^{2-}

① Li, K ② O, S ③ Na, Al
④ He, Ar ⑤ Be, Ca

23 **칼슘 원자의 전자 배치를 나타낸 것이다. 이에 대한 설명으로 옳지 않은 것은?**

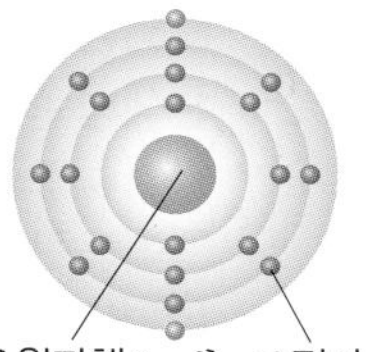

① 칼슘 원자는 이온이 될 때 전자 2 개를 잃는다.
② 칼슘 이온의 전자 수는 칼륨 이온의 전자 수와 같다.
③ 칼슘 이온의 전자 수는 아르곤 원자의 전자 수와 같다.
④ 칼슘 이온의 전자 수는 염화 이온의 전자 수와 같다.
⑤ 칼슘 이온의 (+)전하량은 아르곤 원자의 (+)전하량과 같다.

24 **여러 가지 원자를 구성하는 원자핵의 전하를 나타낸 모형이다. 이온이 되었을 때 가장 많은 전자를 갖고 있는 원자는?**

Li Be O F K

① Li ② Be ③ O
④ F ⑤ K

25 투명한 질산 칼륨 수용액을 적신 거름종이에 푸른색의 황산 구리(II) 수용액 (가)와 보라색의 과망가니즈산 칼륨 수용액 (나)를 각각 한 방울씩 떨어뜨린 후 전류를 흐르게 하였더니 다음과 같은 변화가 생겼다. 이 실험에 대한 설명으로 옳은 것을 <u>모두</u> 고르시오.(2개)

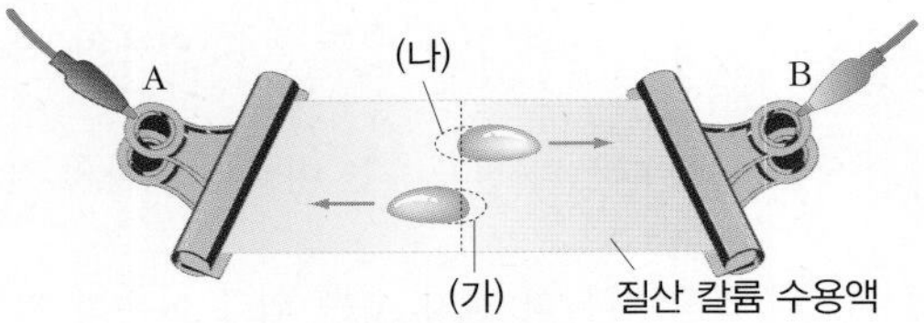

① A는 (+)극이고, B는 (-)극이다.
② (가)에서 푸른색을 띠는 것은 음이온이다.
③ (나)에서 B로 이동하는 이온은 양이온이다.
④ (가)에서 A로 이동한 물질은 구리 이온이다.
⑤ (나)에서 보라색을 띠는 것은 과망가니즈산 이온이다.

26 플루오린화 이온이 형성되는 과정을 나타낸 모형이다. 플루오린 원자가 이온이 되는 과정을 서술하시오.

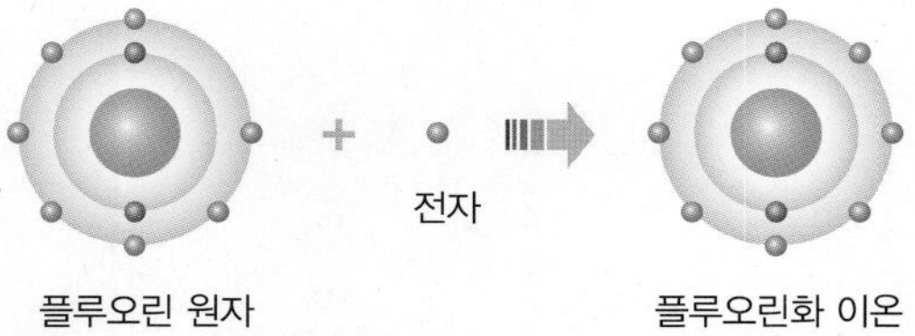

27 여러 가지 입자의 양성자 수와 전자 수를 나타낸 것이다. ㉠~㉢을 각각 원자, 양이온, 음이온으로 분류하고, 그 이유를 함께 설명하시오.

입자	양성자 수(개)	전자 수(개)
㉠	4	2
㉡	9	10
㉢	10	10

28 이온 결합 물질이 액체 상태가 되면 전기가 잘 흐르는 이유를 설명하시오.

정답 및 해설 23쪽

[29~30] 다음과 같이 장치하고 거름종이 위에 크로뮴산 칼륨(K_2CrO_4) 수용액을 떨어뜨리고, 전류를 흘려 주었다.

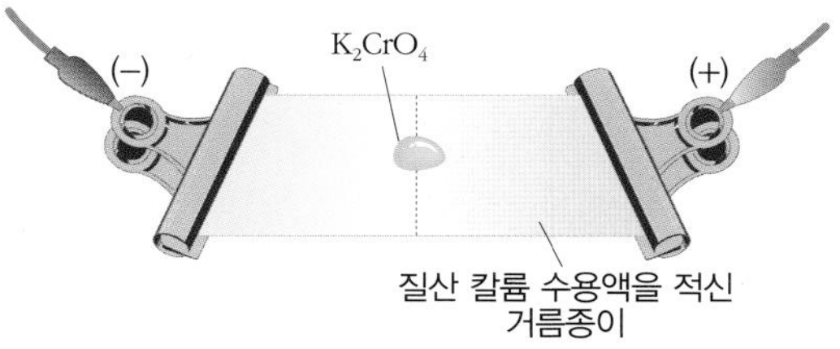

29 전류를 흘려 주었을 때 크로뮴산 이온이 어느 극으로 이동하는지 쓰고, 그 이유를 서술하시오.

30 이 실험에서 물이 아닌 질산 칼륨 수용액을 거름종이에 적시는 이유를 쓰시오.

창의력 서술

31 A원자와 B원자 사이에 형성되는 물질의 화학식을 쓰고, 그 이유를 함께 설명하시오.

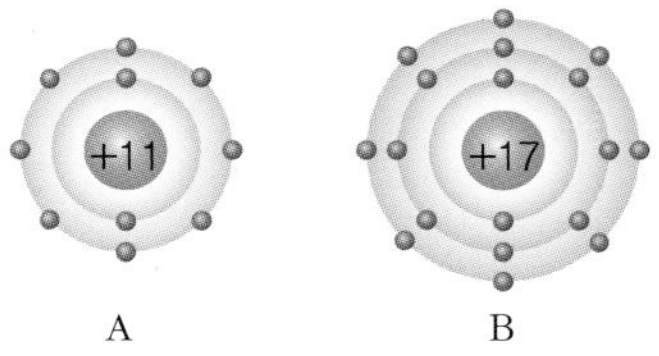

32 비커에 설탕물과 소금물을 준비하고 각각의 비커에 다음 그림과 같이 장치를 했을 때, 전구에 불이 들어오는 비커는 어떤 용액이 들어 있는 것인지 쓰고, 그렇게 생각하는 이유를 서술하시오.

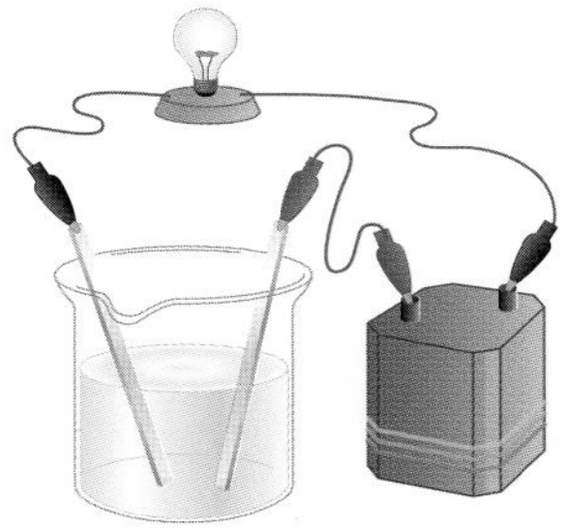

19강. 화학 결합

1. 이온 결합

(1) 화학 결합의 종류

이온 결합	공유 결합	금속 결합
금속 원소 + 비금속 원소	비금속 원소 + 비금속 원소	금속 원소 + 금속 원소

(2) 이온 결합 : 양이온과 음이온 사이의 정전기적 인력에 의해 형성된 결합

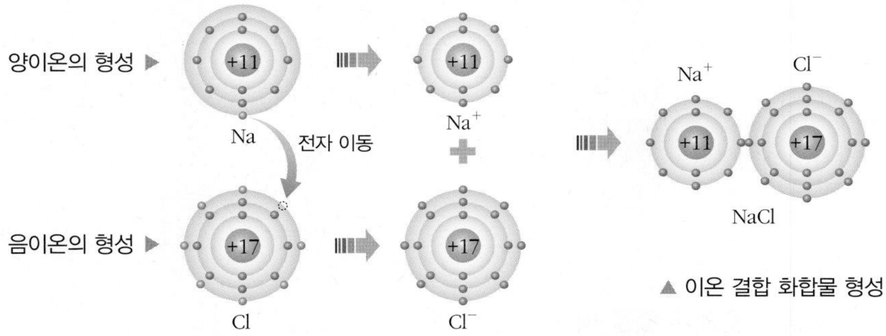

▲ 이온 결합 화합물 형성

① 화합물이 전기적으로 중성이 되는 개수비로 양이온과 음이온이 결합한다.
→ (양이온의 전하 × 양이온의 개수) + (음이온의 전하 × 음이온의 개수) = 0

② 이온 결합 화합물은 양이온과 음이온이 규칙적으로 결합하여 반복되는 구조인 이온 결정을 이룬다 .

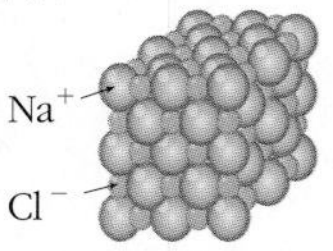

▲ 염화 나트륨 결정

③ 이온 결합 화합물의 특징

전기 전도성	고체 상태 - 없음 , 수용액 상태와 액체(용융액) 상태 - 있음
물에 대한 용해성	물 분자는 극성을 띠므로 대부분의 이온 결합 화합물은 물에 잘 녹음
녹는점과 끓는점	이온 사이에 작용하는 정전기적 인력때문에 녹는점과 끓는점 높음
단단한 정도	단단하지만 외부 충격에 의해 쉽게 부서짐

화학 결합을 하는 이유
18족을 제외한 원자들은 전자 배치가 불안정하여 안정한 전자 배치를 가지려고 하는 경향이 있으므로 18족 원소와 같은 전자 배치를 하기 위해 원자들끼리 화학 결합을 한다.

이온 결합과 주기율표
일반적으로 양이온이 되기 쉬운 금속 원소인 1족, 2족과 음이온이 되기 쉬운 비금속 원소인 16족, 17족 사이에서 이온 결합이 잘 형성된다.

물 분자의 극성
물 분자의 산소 원자 쪽은 (−)전하, 수소 원자 쪽은 (+)전하를 띠고 있으므로 물 분자는 극성을 띤다.

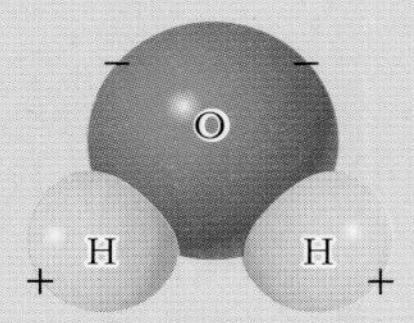

이온 결정이 부서지는 이유
이온들이 규칙적으로 배열되어 있는 이온 결정에 외부에서 힘을 받으면 층이 옆으로 밀리면서 같은 전하를 띠는 이온들이 만나게 되어 강한 반발력이 나타나므로 부서진다.

생각해보기★
염화 나트륨도 물처럼 분자라고 할 수 있을까?

개념확인 1 이온 결합에 대한 설명으로 옳은 것은 O표, 옳지 않은 것은 X표 하시오.

(1) 이온 결합은 금속 원소끼리의 결합을 말한다. ( )

(2) 이온 결합 화합물은 물질의 상태에 관계없이 전기 전도성이 있다. ( )

(3) 이온 결합 화합물의 총 전하는 0이다. ( )

미니사전
결정 [結 맺다 晶 결정] 원자, 이온 등이 규칙적으로 일정한 법칙에 따라 배열되어 규칙 바른 형체를 이룸
용융 [溶 흐르다 融 녹다] 고체에 열을 가했을 때 액체로 되는 현상

확인+1 염화 칼륨과 같은 종류의 결합으로 생성되는 물질은?

① 물 ② 황화 나트륨 ③ 염화 수소
④ 암모니아 ⑤ 이산화 탄소

2. 공유 결합

(1) 공유 결합 : 두 원자가 전자쌍을 공유함으로써 형성되는 결합

▲ 수소 분자의 형성

① 비금속 원소들은 홀전자(짝 짓지 못한 전자)를 서로 내놓아 전자쌍을 만들고, 그 전자쌍을 공유하여 안정한 분자가 된다.

② 비금속 원소는 홀전자의 수만큼 다른 원소와 공유 결합할 수 있다.

	▲ 수소	▲ 탄소	▲ 질소	▲ 산소
결합 가능한 개수 :	1개	4개	3개	2개

③ 단일 결합 : 전자쌍 1개를 공유하는 결합

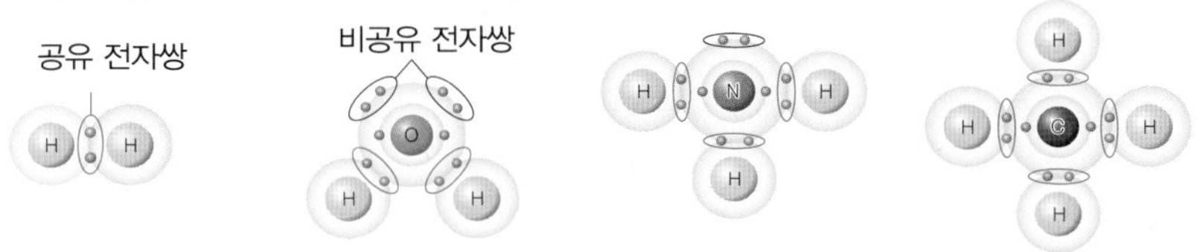

▲ 수소(H_2) ▲ 물(H_2O) ▲ 암모니아(NH_3) ▲ 메테인(CH_4)

④ 이중 결합과 삼중 결합 : 전자쌍 2개 또는 3개를 공유하는 결합

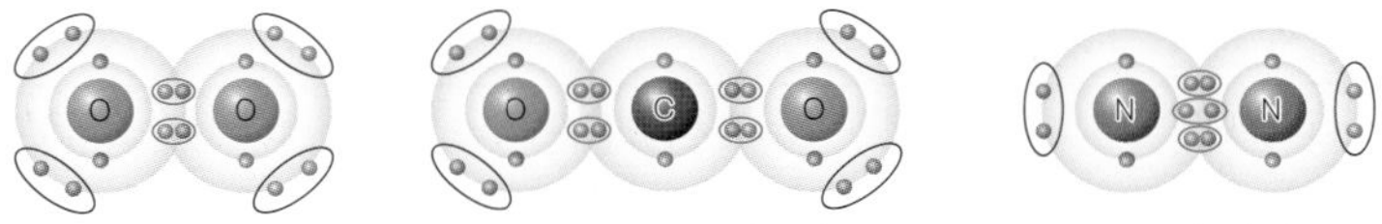

▲ 산소(O_2) ▲ 이산화 탄소(CO_2) ▲ 질소(N_2)

공유 전자쌍과 비공유 전자쌍

① 공유 전자쌍 : 두 원자가 공유하는 전자쌍

② 비공유 전자쌍 : 공유 결합에 참여하지 않고, 한 원자에만 속해 있는 전자쌍

루이스 전자점식

화학 결합을 나타내기 위하여 원자들의 원자가 전자를 점으로 표시하여 나타내는 방법

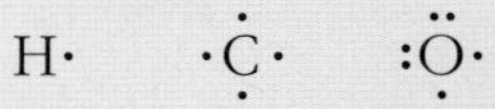

수소 원자 탄소 원자 산소 원자

점으로 표시할 때, 4번째 전자까지는 원소 기호 상하좌우에 한 개씩 나타내고, 5번째 전자부터 쌍을 이루어 나타낸다.

공유 전자쌍 표현

공유 전자쌍은 원소 기호와 함께 '－' 또는 ':'으로 표현한다.

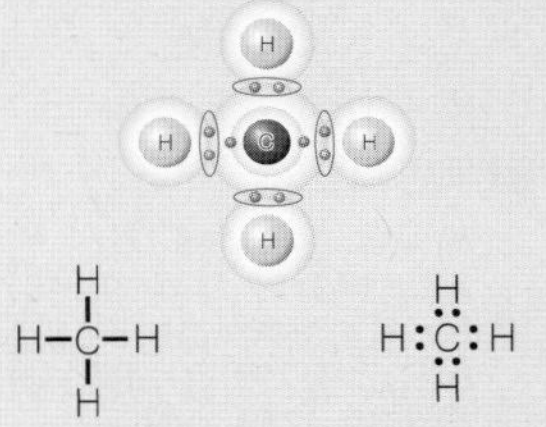

▲ 구조식 ▲ 전자점식

정답 및 해설 24쪽

개념확인 2 **탄소 원자의 전자 배치를 나타낸 모형이다. 탄소 원자가 다른 원자와 결합할 때, 최대 몇 개의 결합을 할 수 있을까?**

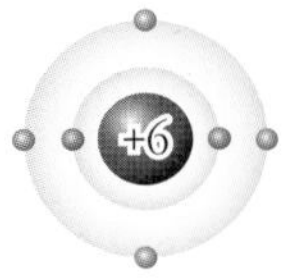

( ) 개

확인 +2 **수소(H_2)와 같은 결합 방법으로 형성된 물질을 모두 고르시오.(2개)**

① 물 ② 산화 칼슘 ③ 알루미늄
④ 금 ⑤ 이산화 탄소

생각해보기★★

수소를 제외하면 대부분의 공유 결합하는 원소의 원자가 전자는 4개 이상이다. 그 이유가 무엇일까?

미니사전

결합 [結 맺다 合 합하다] 둘 이상의 사물이나 사람이 서로 관계를 맺어 하나가 됨

3. 공유 결합 물질

(1) 분자 : 일정한 수의 원자가 공유 결합한 독립적인 입자로, 물질의 성질을 띠고 있는 가장 작은 입자이다.

▲ 수소(H_2)

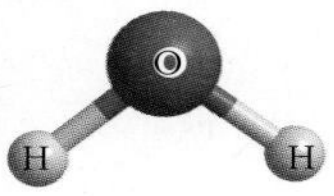

▲ 물(H_2O)

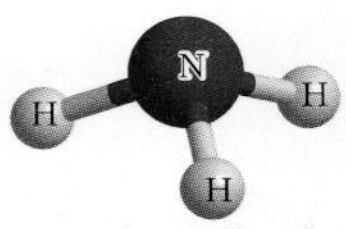

▲ 암모니아(NH_3)

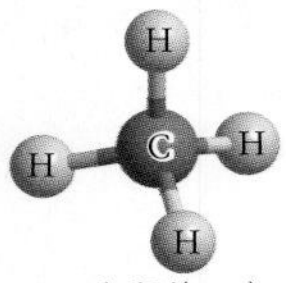

▲ 메테인(CH_4)

(2) 분자식

① 원소 기호와 숫자를 이용하여 분자를 이루는 원자의 종류와 수를 나타낸 것으로, 분자식은 화학식에 포함된다.

② B, C, N, H, S, I, Br, Cl, O, F 순서로 배열하여 분자식을 완성한다.

(3) 공유 결합 물질

① 홑원소 물질 : 한 가지 원소로만 이루어진 물질 (예) 수소(H_2), 산소(O_2) 등

② 공유 결합 화합물 : 두 가지 이상의 원소가 공유 결합한 물질 (예) 물(H_2O) 등

③ 공유 결합 화합물의 이름

- 뒤쪽 원소의 이름을 먼저 읽고, 앞쪽 원소의 이름을 나중에 읽고, 분자식에서 뒤쪽 원소 이름 뒤에 '~화'를 붙인다. (단, 원소 이름 끝의 '소'는 생략) (예) HCl → 염화 수소
- 두 종류의 원소가 두 개 이상의 화합물을 만드는 경우에 이름 앞에 '일~', '이~' 등을 붙인다. (예) CO → 일산화 탄소, CO_2 → 이산화 탄소
- 오래전부터 널리 쓰이고 있는 화합물의 이름은 그대로 인정하여 사용한다. (예) H_2O → 물, NH_3 → 암모니아
- 복잡한 화합물은 국제 명명법에 따라 이름을 붙인다. (예) CH_4 → 메테인, C_2H_6 → 에테인

④ 공유 결합 물질의 특징

전기 전도성	일반적으로 고체, 액체, 수용액 상태에서 전기 전도성 없음(흑연 예외)
물에 대한 용해성	잘 녹지 않는 물질이 많음 → 산소, 질소, 수소, 메테인, 프로페인 등
녹는점과 끓는점	분자들 사이의 인력이 약하므로 녹는점과 끓는점 낮음

개념확인 3 **공유 결합 물질에 대한 설명으로 옳은 것은 O표, 옳지 않은 것은 X표 하시오.**

(1) 분자는 2개 이상의 원자가 공유 결합한 독립적인 입자이다. (　　)

(2) 분자식은 원소 기호와 원자 번호로 분자를 이루는 원자의 종류를 나타낸 것이다. (　　)

(3) 대부분의 공유 결합 물질은 전기 전도성이 없다. (　　)

확인 +3 **여러 가지 물질의 분자 모형이다. 이 중 화합물은 몇 개인가?**

▲ 수소(H_2)

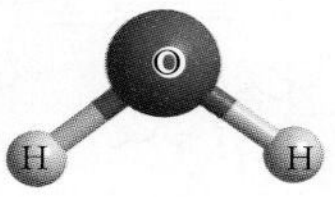

▲ 물(H_2O)

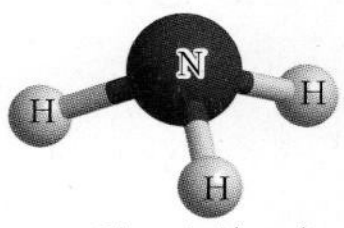

▲ 암모니아(NH_3)

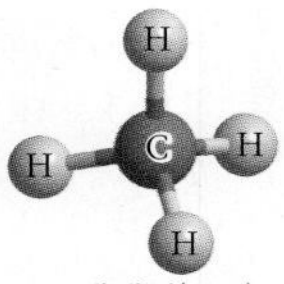

▲ 메테인(CH_4)

(　　　　) 개

일원자 분자
18족 원소인 비활성 기체는 매우 안정하여 다른 원자와 결합하지 않고, 원자 자체가 분자로 된다.
→ 헬륨(He), 네온(Ne), 아르곤(Ar) 등

승화성 물질
공유 결합 물질 중 분자 사이의 인력이 특히 약한 물질들은 승화성을 갖는다. (예) 드라이 아이스(CO_2), 나프탈렌($C_{10}H_8$) 등

공유 결정(원자 결정)
모든 원자들이 공유 결합에 의해 그물처럼 연결된 결정으로, 원소 기호로 공유 결정 물질을 나타낸다. (예) 다이아몬드, 흑연, 풀러렌, 탄소 나노 튜브

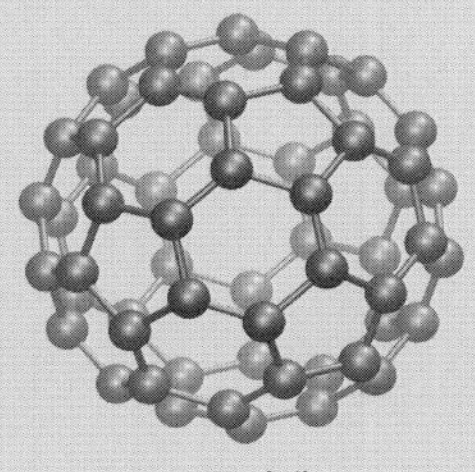
▲ 풀러렌

배위 결합
비공유 전자쌍을 가진 원자나 분자가 다른 이온이나 분자에게 일방적으로 비공유 전자쌍을 제공하여 형성되는 결합이다.

생각해보기★★★
이온 결정과 공유 결정, 그리고 공유 결정이 아닌 공유 결합 물질 중 결합력의 세기는 무엇이 가장 클까?

미니사전
풀러렌 (Fullerene) 탄소원자가 5각형과 6각형으로 이루어진 축구공 모양으로 연결된 분자
탄소 나노 튜브 (Carbon Nanotube) 탄소 6개로 이루어진 육각형들이 연결돼 관 형태를 보이는 신소재

4. 금속 결합

(1) 금속 결합 : 금속 양이온과 자유 전자의 정전기적 인력에 의해 이루어지는 결합

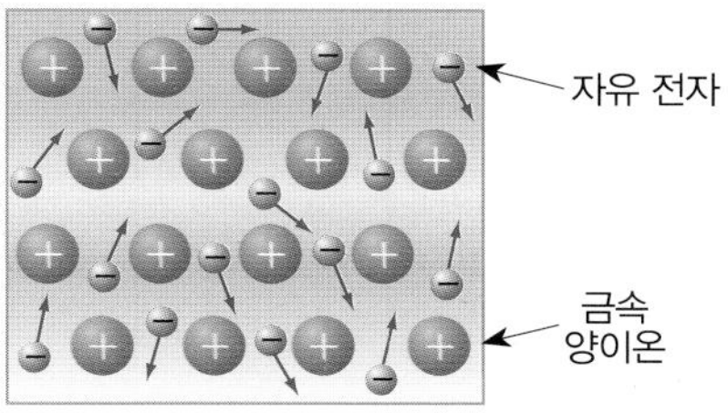

① 자유 전자는 금속 원자에서 이온화되어 나온 전자로, 금속 양이온 사이를 자유롭게 이동하는 전자이다.
② 금속 양이온은 규칙적으로 배열되어 있다.
③ 금속 결합 내의 자유 전자의 움직임

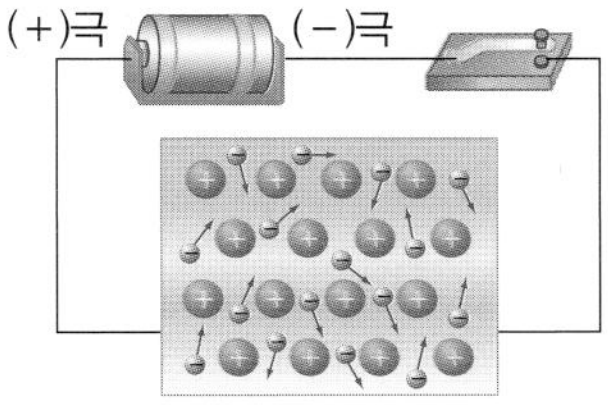

▲ 전류가 흐르지 않을 때

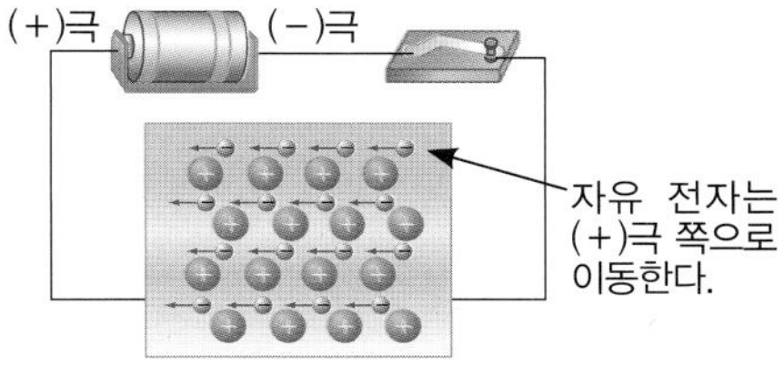

▲ 전류가 흐를 때

④ 금속의 특징

전기/열 전도도	자유 전자에 의해 전기 전도도와 열 전도도가 크다.
연성과 전성	연성과 전성이 매우 크다. 자유 전자가 금속의 양이온 사이로 쉽게 이동하여 금속의 양이온들을 결합시키므로 부서지지 않고 변형된다.
색	대부분 광택이 나는 은백색이나 회백색
녹는점과 끓는점	자유 전자가 금속 양이온과 정전기적인 인력으로 결합하고 있어서 분자로 된 물질보다는 녹는점과 끓는점이 높다.

금속의 화학식
한 종류의 원자가 연속적으로 결합된 금속의 경우는 원소 기호로 나타낸다.

금속의 전기 전도도
Ag > Cu > Au > Al

금속의 열 전도도
자유롭게 열에너지를 전달해 줄 수 있는 자유 전자가 있기 때문에 금속의 열 전도도는 높다.

연성과 전성
① 연성(뽑힘성) : 가늘고 길게 뽑을 수 있는 성질
② 전성(펴짐성) : 얇게 펴질 수 있는 성질

정답 및 해설 24쪽

개념확인 4 **빈 칸에 알맞은 말을 고르시오.**

금속에 전류가 흐를 때 ㉠(금속 양이온 , 자유 전자)은(는) 움직이지 않으나 ㉡(금속 양이온 , 자유 전자)이(가) (+)극 쪽으로 이동한다.

생각해보기★★★★
금속이 광택을 나타내는 이유는 무엇일까?

확인+4 **금속의 특징으로 옳지 않은 것은?**

① 열을 잘 전달한다.
② 대부분 광택이 있다.
③ 전기 전도성이 있다.
④ 힘을 가하면 쉽게 부서진다.
⑤ 녹는점과 끓는점이 높은 편이다.

개념 다지기

01

이온 결합을 할 때 전자를 얻는 원소는?

① 나트륨 ② 리튬 ③ 칼륨 ④ 칼슘 ⑤ 플루오린

02

황화 나트륨과 같은 종류의 결합으로 생성되는 물질은?

① 물 ② 암모니아 ③ 염화 수소
④ 이산화 탄소 ⑤ 염화 마그네슘

03

공유 결합에 대한 설명이다. 이에 대한 설명으로 옳은 것만을 〈보기〉에서 있는 대로 고른 것은?

〈 보기 〉

ㄱ. 비금속 원소끼리 전자를 공유하는 결합이다.
ㄴ. 비금속 원소들은 홀전자를 서로 내놓아 전자쌍을 만든다.
ㄷ. 비금속 원소는 원자가 전자 수만큼 다른 원소와 공유 결합할 수 있다.

① ㄱ ② ㄴ ③ ㄷ ④ ㄱ, ㄴ ⑤ ㄱ, ㄷ

정답 및 해설 25쪽

04 수소와 탄소의 원자 모형이다. 이에 대한 설명으로 옳지 <u>않은</u> 것은?

▲ 수소

▲ 탄소

① 수소 원자는 전자를 잃고 양이온으로 된다.
② 수소와 탄소의 결합 방법은 공유 결합이다.
③ 수소는 한 개의 원자와 공유 결합할 수 있다.
④ 탄소는 최대 4개의 원자와 공유 결합할 수 있다.
⑤ 탄소 원자끼리는 전자를 공유하는 결합을 할 수 없다.

05 분자 이름과 분자 모형을 잘못 짝지은 것은?

① 수소

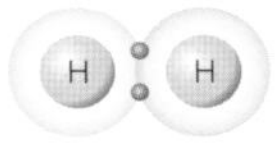

② 물

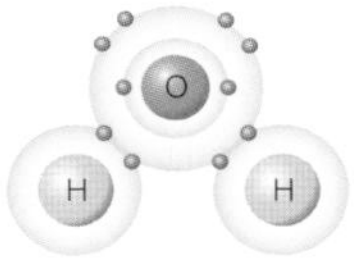

③ 암모니아

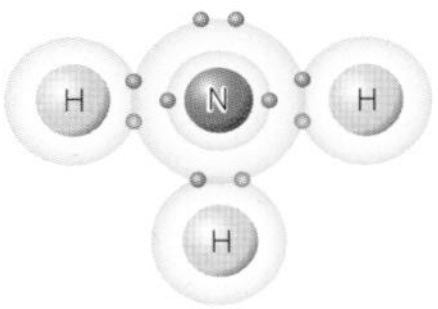

④ 메테인

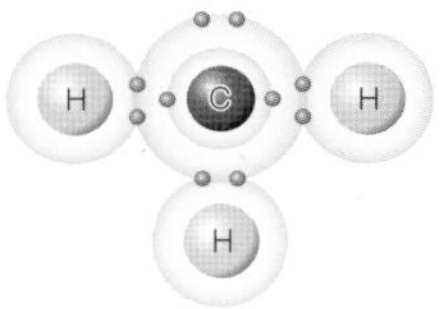

⑤ 산소

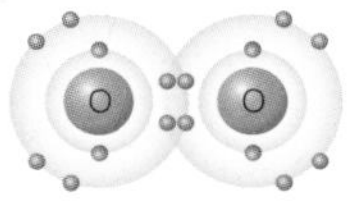

06 금속 결합에 대한 설명으로 옳지 <u>않은</u> 것은?

① 금속 양이온은 규칙적으로 배열되어 있다.
② 금속 결합 물질은 전기 전도도와 열 전도도가 크다.
③ 분자로 이루어진 물질보다 녹는점과 끓는점이 낮다.
④ 자유 전자는 금속 양이온 사이를 자유롭게 이동한다.
⑤ 금속 양이온과 자유 전자의 인력에 의해 이루어지는 결합이다.

유형 익히기 & 하부르타

[유형19-1] 이온 결합

그림은 고체 상태의 염화 나트륨을 모형으로 나타낸 것이다. 이 화합물에 대한 설명으로 옳지 않은 것은?

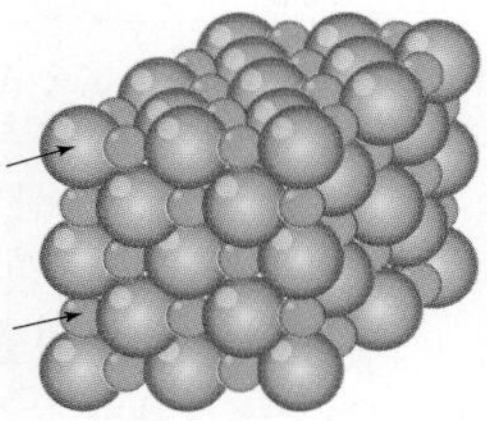

① 염화 나트륨의 전체 전하량은 0이다.
② 이 화합물의 기본 입자는 염화 나트륨 분자이다.
③ 염화 나트륨이 물에 녹으면 이온화되어 나뉘므로 전기가 통한다.
④ 나트륨 원자에서 염소 원자로 전자가 이동하여 화합물을 형성하였다.
⑤ 염화 나트륨을 구성하는 나트륨 이온과 염화 이온의 개수비는 1 : 1이다.

Tip!

01 원자 모형을 나타낸 것이다. A와 B가 결합한 화합물과 같은 방법으로 결합한 물질은?

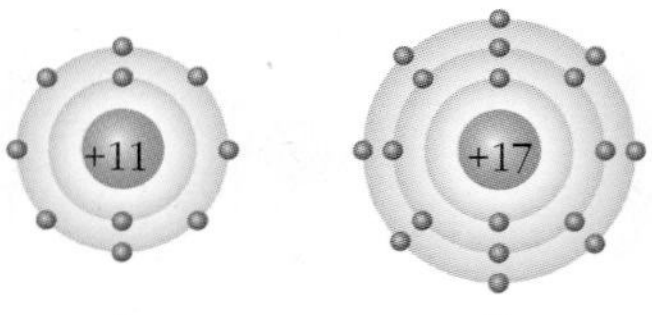

① 물 ② 암모니아 ③ 산소 ④ 산화 구리 ⑤ 이산화 탄소

02 이온 결합에 관한 설명으로 옳은 것은?

① 금속 원자가 전자를 내놓고 음이온이 된다.
② 금속 양이온 사이에 작용하는 정전기적 인력에 의한 결합이다.
③ 고체 상태에서는 전류가 흐르지만, 액체 상태에서는 전류가 흐르지 않는다.
④ 금속 양이온과 비금속 음이온 사이에 전자를 서로 공유하여 결합을 형성한다.
⑤ 염화 마그네슘($MgCl_2$)의 경우 마그네슘 이온과 염화 이온이 1 : 2의 개수비로 결합하여 생성된다.

정답 및 해설 25쪽

[유형19-2] 공유 결합

수소 원자와 염소 원자의 전자 배치를 나타낸 모형이다. 이에 대한 설명으로 옳은 것만을 〈보기〉에서 있는 대로 고른 것은?

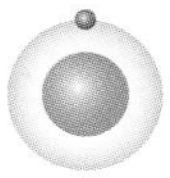
▲ 수소 원자

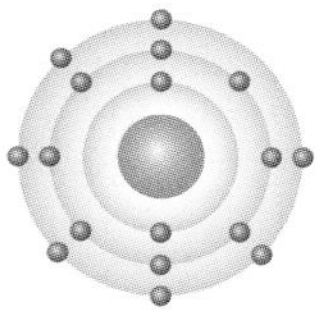
▲ 염소 원자

〈 보기 〉

ㄱ. 수소 원자와 염소 원자는 공유 결합을 통하여 안정한 물질을 만든다.
ㄴ. 수소 원자는 전자 1개를 얻고, 염소 원자는 전자 1개를 잃는다.
ㄷ. 염화 수소 분자는 수소 원자 1개와 염소 원자 2개가 결합하여 만들어진다.

① ㄱ ② ㄴ ③ ㄷ ④ ㄱ, ㄷ ⑤ ㄱ, ㄴ, ㄷ

03

산소 원자와 수소 원자가 결합하여 물 분자가 형성되는 과정을 모형으로 나타낸 것이다. 이에 대한 설명으로 옳은 것만을 〈보기〉에서 있는 대로 고른 것은?

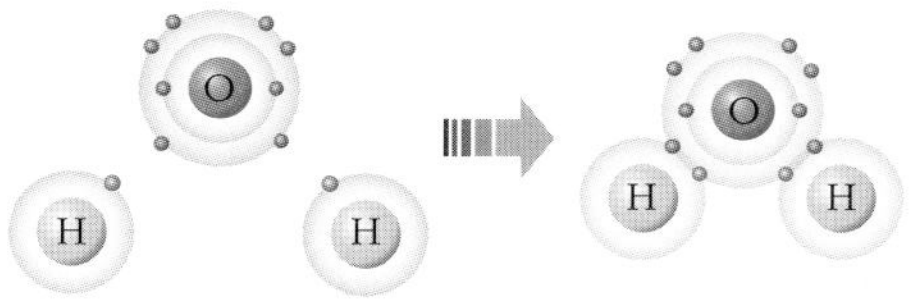

〈 보기 〉

ㄱ. 물 분자의 공유 결합 수는 2개이다.
ㄴ. 물 분자는 이중 결합으로 만들어진 분자이다.
ㄷ. 산소 원자의 비공유 전자쌍은 2개이다.

① ㄱ ② ㄱ, ㄴ ③ ㄱ, ㄷ ④ ㄴ, ㄷ ⑤ ㄱ, ㄴ, ㄷ

04

수소 분자 모형을 나타낸 것이다. 이에 대한 설명으로 옳은 것은?

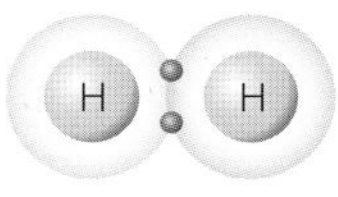

① 수소 분자는 화합물이다.
② 수소 원자는 (+)전하를 띤다.
③ 수소 원자는 홀전자 수가 2개이다.
④ 수소 분자는 공유 전자쌍이 2개이다.
⑤ 두 원자 사이의 화학 결합은 공유 결합이다.

[유형19-3] 공유 결합 물질

몇 가지 물질의 분자 모형을 나타낸 것이다. 이에 대한 설명으로 옳은 것만을 〈보기〉에서 있는 대로 고른 것은?

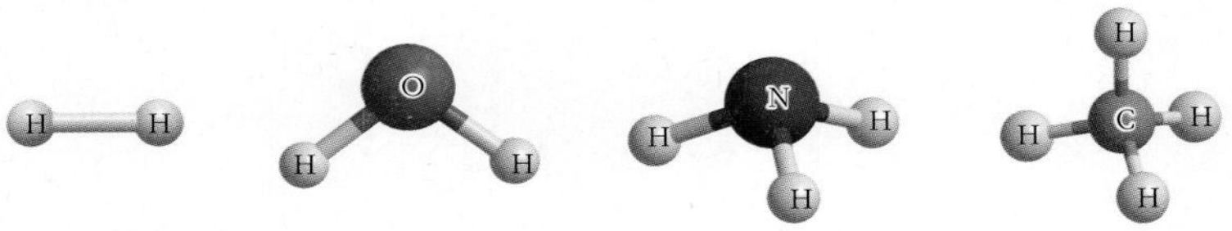

(가) (나) (다) (라)

〈 보기 〉

ㄱ. (가)는 일원자 분자이다.
ㄴ. (나)의 분자식은 H_2O이다.
ㄷ. (다)와 (라)는 단일 결합으로 이루어진 공유 결합 화합물이다.

① ㄱ ② ㄴ ③ ㄷ ④ ㄱ, ㄷ ⑤ ㄴ, ㄷ

Tip!

05 다음 글이 설명하는 물질의 분자식과 이름을 쓰시오.

· 분자를 구성하는 원소는 탄소, 수소이다.
· 분자 1개를 구성하는 원자의 개수는 5개이다.
· 분자를 구성하는 탄소, 수소 원자의 개수비는 1 : 4이다.

(,)

06 다음 분자식을 보고 빈칸 안에 알맞은 말을 쓰시오.

$2H_2O$

(1) 분자의 총 개수 : ( )개
(2) 분자 1개를 이루는 원자의 개수 : ( )개
(3) 성분 원소의 종류 : ( ) 종류
(4) 분자를 이루는 수소 원자와 산소 원자의 개수비 : (:)

정답 및 해설 25쪽

[유형19-4] 금속 결합

은 조각에 압력을 가하여 은박지를 만드는 과정을 나타낸 것이다. 이에 대한 설명으로 옳은 것만을 〈보기〉에서 있는 대로 고른 것은?

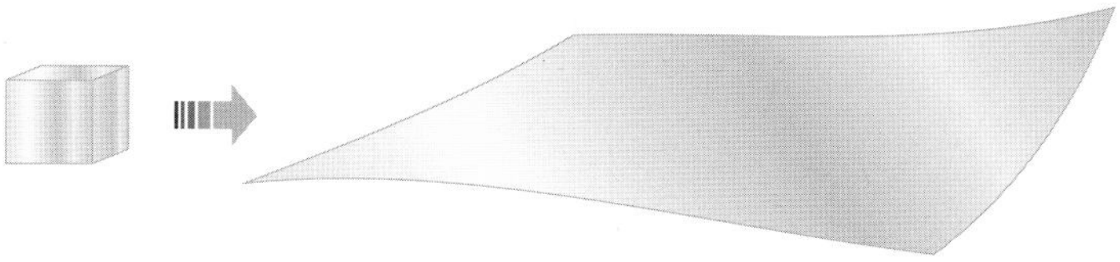

〈 보기 〉

ㄱ. 금속은 연성과 전성이 크다.
ㄴ. 은박지가 되면서 자유 전자의 수가 변하여 전기 전도도가 변한다.
ㄷ. 금속은 외부에서 압력을 가해도 쉽게 깨지지 않는다.

① ㄱ ② ㄴ ③ ㄷ ④ ㄱ, ㄷ ⑤ ㄴ, ㄷ

07 그림은 금속에 전류를 흘려줬을 때의 자유 전자의 움직임을 나타낸 것이다. 이에 대한 설명으로 옳은 것만을 〈보기〉에서 있는 대로 고른 것은?

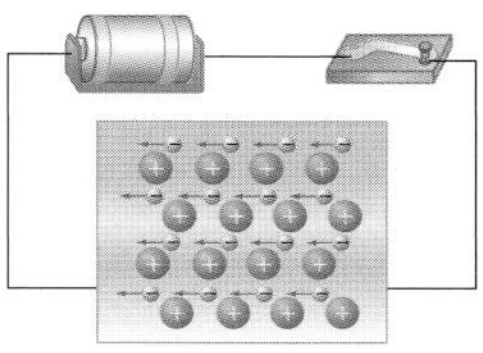

〈 보기 〉

ㄱ. 금속은 자유 전자로 인해 전기 전도성을 갖는다.
ㄴ. 자유 전자는 (+)극 쪽으로 이동한다.
ㄷ. 전류가 흐르지 않을 때 자유 전자는 움직이지 않는다.

① ㄱ ② ㄱ, ㄴ ③ ㄱ, ㄷ ④ ㄴ, ㄷ ⑤ ㄱ, ㄴ, ㄷ

08 금속의 특징에 대한 설명으로 옳지 않은 것은?

① 자유 전자에 의해 열 전도도가 크다.
② 금속의 대부분의 특성은 자유 전자로 인해 나타난다.
③ 금속 양이온과 자유 전자는 규칙적으로 배열되어 있다.
④ 금속에 힘을 주면 금속 양이온 사이의 반발력이 생겨나 쉽게 부서진다.
⑤ 금속 양이온과 자유 전자의 정전기적 인력으로 인해 분자로 된 물질보다 끓는점이 높다.

Tip!

01 탄소와 산소가 결합한 분자로는 일산화 탄소(CO)와 이산화 탄소(CO_2)가 존재한다. 이산화 탄소의 경우 그림과 같이 산소와 이중 결합을 하게 된다.

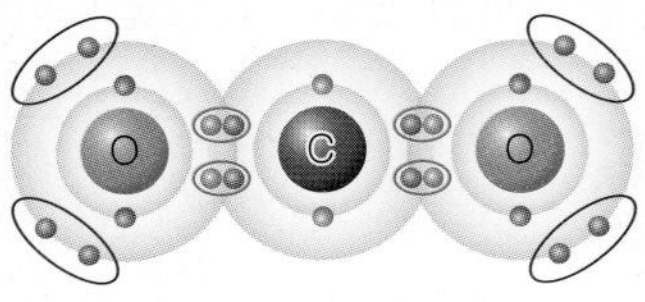

▲ 이산화 탄소(CO_2)

탄소 원자 1개와 산소 원자 1개가 결합한 일산화 탄소(CO)의 경우 어떤 결합을 하고 있을지 결합 모델을 예상하여 제시하시오.

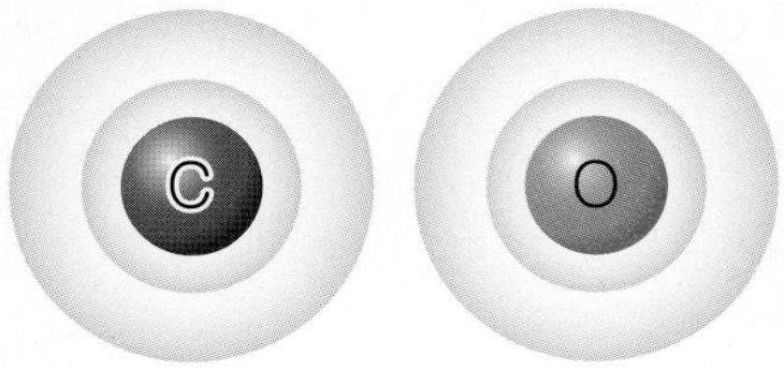

정답 및 해설 26쪽

02 탄소 간의 결합은 다음과 같이 단일 결합, 이중 결합, 삼중 결합이 모두 가능하다.

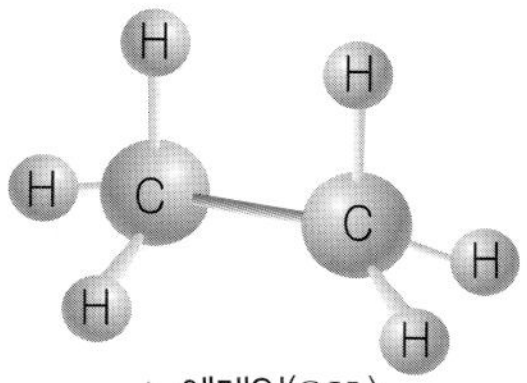

▲ 에테인(C_2H_6)

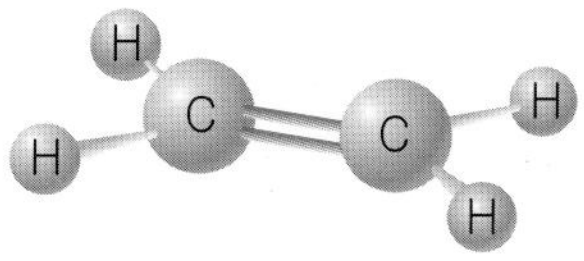

▲ 에틸렌(C_2H_4)

▲ 아세틸렌(C_2H_2)

(1) 탄소 원자 간의 결합 수가 늘어날수록 탄소 원자와 결합하는 수소 원자의 수가 줄어드는 이유에 대해 서술하시오.

(2) 탄소 원자 간의 결합 길이가 가장 짧을 것이라 예상되는 화합물과 가장 길 것이라 예상되는 화합물을 쓰고, 그 이유를 서술하시오.

03 탄소는 다양한 모양으로 결합할 수 있다. 지금까지 알려진 탄소 화합물의 종류는 1000만 종이 넘는다. 다양한 탄소 화합물이 존재할 수 있는 이유에 대해 탄소의 화학 결합과 관련지어 2가지 이상 서술하시오.

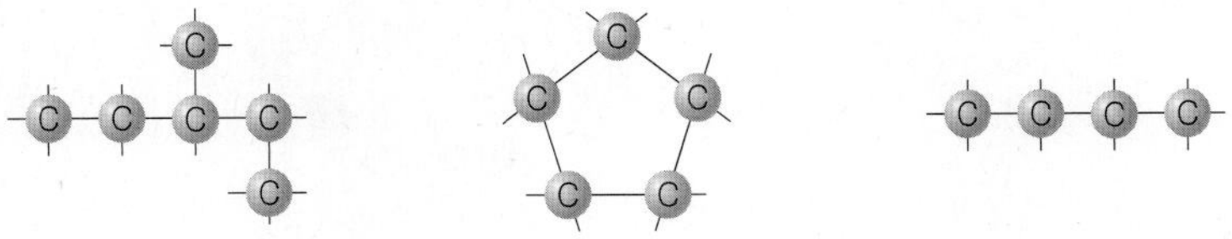

정답 및 해설 26쪽

04 물 분자와 이산화 탄소 분자 모형을 나타낸 것이다.

▲ 물 분자

▲ 이산화 탄소 분자

(1) 그림의 모형과 같이 물은 굽은형이고, 이산화 탄소는 직선형인 이유는 무엇일까?

(2) 암모니아(NH_3) 분자는 어떤 모양인지 그리고, 그렇게 표현한 이유에 대해 설명해 보자.

스스로 실력 높이기

A

01 〈보기〉의 설명에 해당하는 결합의 이름을 쓰시오.

〈 보기 〉

두 원자가 전자쌍을 공유함으로써 형성되는 결합

( )

02 옳은 것은 ○표, 옳지 않은 것은 ×표 하시오.

(1) 비금속 원소끼리는 이온 결합한다. ( )

(2) 이온 결합 화합물의 총 전하량은 모두 0이다. ( )

(3) 대부분의 이온 결합 화합물은 물에 잘 녹는다. ( )

03 나트륨 이온과 염화 이온의 모형을 나타낸 것이다. 이 이온들이 결합할 때 생성되는 화합물의 화학식을 쓰시오.

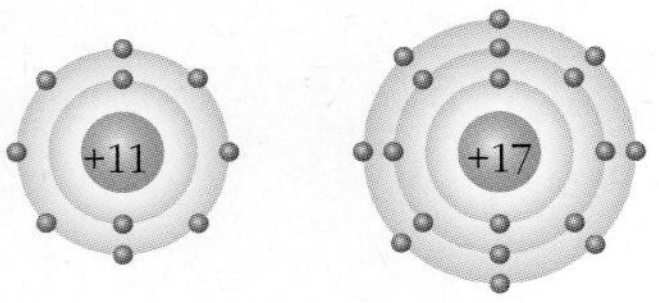

( )

04 공유 결합에 대한 설명 중 옳은 것은 ○표, 옳지 않은 것은 ×표 하시오.

(1) 수소, 물, 암모니아는 공유 결합 물질이다. ( )

(2) 질소 원자 2개는 삼중 결합하여 질소 분자가 된다. ( )

05 수소(H_2) 모형을 나타낸 것이다. 이와 같은 결합 방법으로 형성된 물질이 아닌 것은?

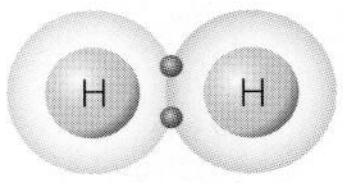

① NH_3 ② CH_4 ③ N_2
④ CO_2 ⑤ $MgCl_2$

06 공유 결합 물질에 대한 설명 중 옳은 것은 ○표, 옳지 않은 것은 ×표 하시오.

(1) 공유 결합 물질은 모두 분자로 이루어져 있다. ( )

(2) 한 가지 원소로만 이루어진 공유 결합 물질이 있다. ( )

(3) 공유 결합 물질은 일반적으로 고체 상태에서 전기 전도성이 있다. ( )

07 물 분자의 분자 모형이다. 물 분자 안에는 몇 개의 공유 전자쌍이 존재하는가?

( ) 개

정답 및 해설 27쪽

08 분자식을 보고 빈칸 안에 알맞은 말을 쓰시오.

$3CO_2$

(1) 분자의 총 개수 : (　　)개

(2) 분자 1개를 이루는 원자의 개수 : (　　)개

(3) 성분 원소의 종류 : (　　) 종류

09 주어진 몇 가지 물질들의 이름을 보고 화학식을 쓰시오.

이름	화학식	이름	화학식
암모니아	㉠	메테인	㉡
이산화탄소	㉢	염화 수소	㉣

㉠(　　　　　　)　㉡(　　　　　　)

㉢(　　　　　　)　㉣(　　　　　　)

10 금속에 대한 설명 중 옳은 것은 ○표, 옳지 않은 것은 ×표 하시오.

(1) 대부분 상온에서 고체 상태로 존재한다. (　　)

(2) 연성과 전성이 매우 작다. (　　)

(3) 금속 양이온 사이를 자유 전자가 자유롭게 이동한다. (　　)

B

11 이온 결합과 이온 결합 화합물에 대한 설명으로 옳지 <u>않은</u> 것은?

① 한 가지 원소로 된 이온 결합 물질도 있다.
② 이온 결합 화합물은 외부 충격에 의해 잘 부스러진다.
③ 이온 결합은 금속 양이온과 비금속 음이온의 결합이다.
④ 양이온과 음이온 사이에 작용하는 힘은 정전기적 인력이다.
⑤ 이온 결합 화합물은 양이온과 음이온이 규칙적으로 끊임없이 결합하여 결정을 이룬다.

12 염화 나트륨 결정을 모형으로 나타낸 것이다. 이에 대한 설명으로 옳은 것은?

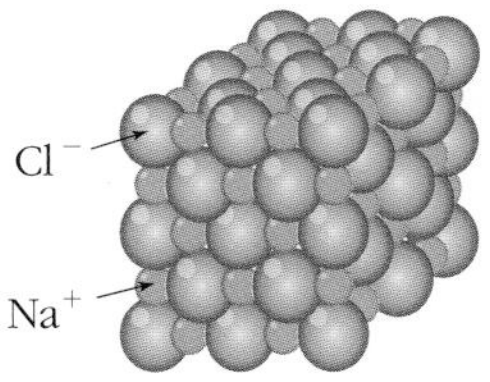

① 염화 나트륨 분자식은 NaCl이다.
② 염화 나트륨의 총 전하량은 0이다.
③ 염소 원자는 전자 1개를 잃어 음이온이 된다.
④ 나트륨 원자는 전자 1개를 얻어 양이온이 된다.
⑤ 염화 이온과 나트륨 이온은 1 : 1의 부피비로 결합한다.

13 칼륨 원자와 염소 원자가 결합하는 과정을 나타낸 모형이다. 이와 같은 전자의 이동에 의해 생성되는 화합물은?

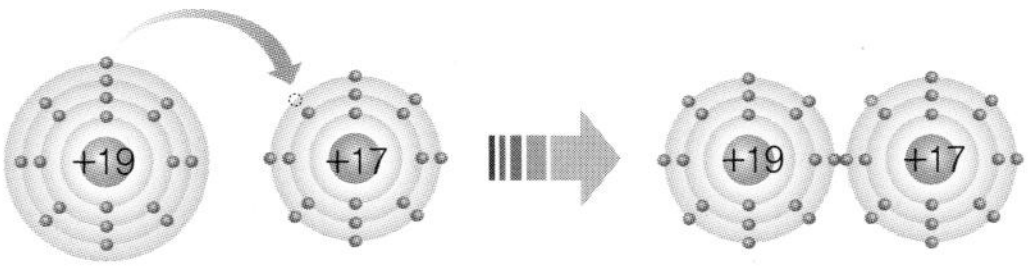

① Na_2SO_4　② $CaCl_2$　③ NaCl
④ $MgCl_2$　⑤ HCl

스스로 실력 높이기

14 모형 (가)와 (나)처럼 이온화하는 원자로 이루어진 화합물의 화학식으로 옳은 것은?

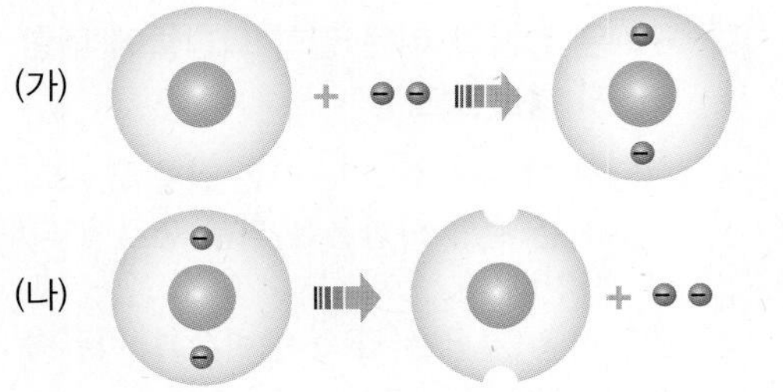

① Na_2SO_4　② $CuCl_2$　③ NaCl
④ Al_2O_3　⑤ CaO

15 다음과 같이 물질을 분류한 기준으로 가장 적절한 것은?

(가) 물, 암모니아, 이산화 탄소, 흑연 (나) 염화 리튬, 황산 구리, 탄산 칼슘

① 결합 방식이 무엇인가?
② 순물질인가, 혼합물인가?
③ 상온에서 상태가 무엇인가?
④ 성분 물질이 고르게 섞여 있는가?
⑤ 몇 가지 원소로 이루어져 있는가?

16 다음 분자식에 대한 설명으로 옳지 않은 것은?

$2CH_4$

① 분자의 수는 2개이다.
② 원소의 종류는 2가지이다.
③ 전체 원자의 수는 6개이다.
④ 탄소 원자의 수는 총 2개이다.
⑤ 분자 1개를 이루는 원자의 수는 5개이다.

17 공유 결합에 대한 설명으로 옳은 것을 〈보기〉에서 모두 고른 것은?

〈 보기 〉
ㄱ. 분자는 모두 공유 결합 물질이다.
ㄴ. 금속 원자 사이의 결합이다.
ㄷ. 공유 결합을 통해 각 원자는 같은 주기의 비활성 기체와 같은 전자 배치를 갖는다.

① ㄱ　② ㄴ　③ ㄷ
④ ㄱ, ㄷ　⑤ ㄱ, ㄴ, ㄷ

18 수소 분자가 형성되는 과정을 나타낸 것이다. 이에 대한 설명으로 옳은 것은?

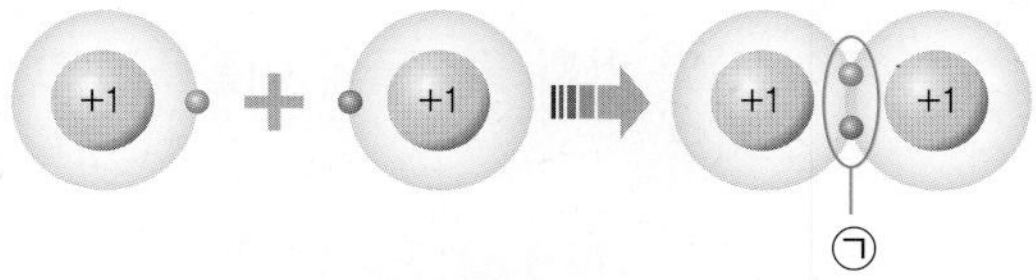

① ㉠은 공유 전자쌍이다.
② 수소 분자는 화합물이다.
③ 수소 분자는 (+)전하를 띤다.
④ 두 원자 사이의 화학 결합은 이온 결합이다.
⑤ 각 수소 원자는 1개의 비공유 전자쌍을 갖고있다.

19 탄소와 수소가 결합할 때 형성될 수 있는 가장 안정적인 분자 구조로 적당한 것은?

①

②
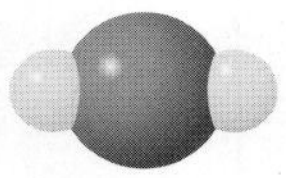
③
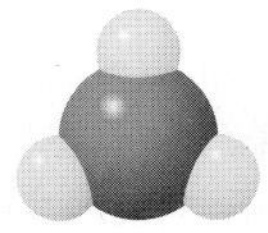
④
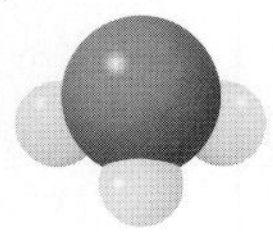
⑤
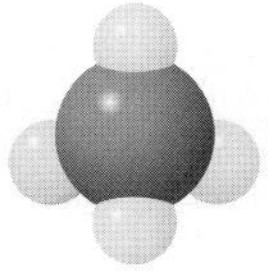

정답 및 해설 27쪽

20 금속에 전기 회로를 연결하였다. 이에 대한 설명으로 옳은 것만을 〈보기〉에서 있는 대로 고른 것은?

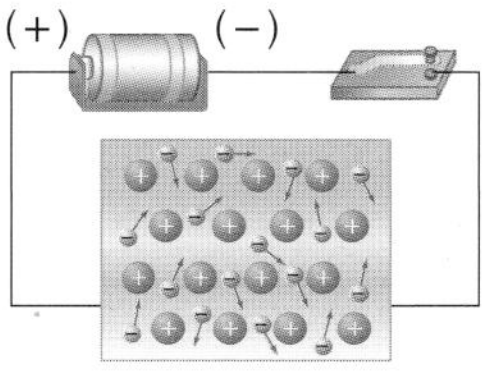

〈 보기 〉

ㄱ. 금속은 자유 전자가 있기 때문에 전기를 잘 흐르게 한다.
ㄴ. 스위치를 닫으면 금속 양이온은 (−)극 쪽으로 이동한다.
ㄷ. 스위치를 닫으면 자유 전자는 (+)극 쪽으로 이동한다.

① ㄱ ② ㄴ ③ ㄱ, ㄷ
④ ㄴ, ㄷ ⑤ ㄱ, ㄴ, ㄷ

C

21 어떤 물질의 생성 과정을 나타낸 것이다. 이에 대한 설명으로 옳은 것만을 〈보기〉에서 있는 대로 고른 것은?

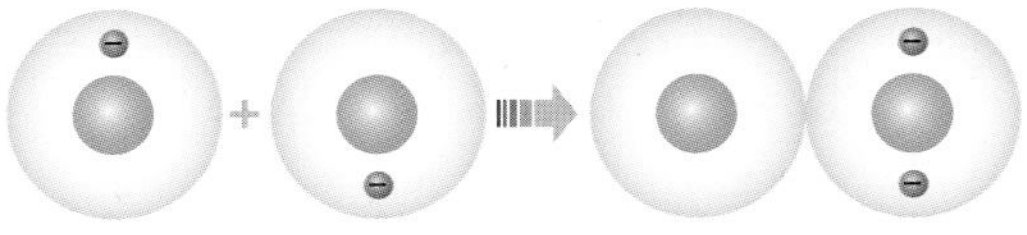

〈 보기 〉

ㄱ. (가)는 금속 원소이고, (나)는 비금속 원소이다.
ㄴ. (다)는 정전기적 인력으로 결합하였다.
ㄷ. (다)와 같은 결합으로 생성된 물질에는 염화 나트륨, 플루오린화 리튬 등이 있다.

① ㄱ ② ㄴ ③ ㄷ
④ ㄱ, ㄷ ⑤ ㄱ, ㄴ, ㄷ

22 다이아몬드와 풀러렌에 대한 설명으로 옳은 것만을 〈보기〉에서 있는 대로 고른 것은?

〈 보기 〉

ㄱ. 두 물질은 같은 원소로 이루어져 있다.
ㄴ. 모든 원자들이 공유 결합에 의해 연결된 결정이다.
ㄷ. 공유 결합 물질로, 끓는점이 매우 낮다.

① ㄱ ② ㄴ ③ ㄷ
④ ㄱ, ㄴ ⑤ ㄱ, ㄴ, ㄷ

23 여러 물질들의 특성을 나타낸 것이다. 이에 대한 설명으로 옳은 것만을 〈보기〉에서 있는 대로 고른 것은?

물질	물질의 분류	녹는점	전기 전도성	
			고체	액체
(가)	홑원소 물질	3730℃	X	X
(나)	화합물	0℃	X	X
(다)	화합물	800℃	X	O

〈 보기 〉

ㄱ. (가)는 공유 결정이다.
ㄴ. (나)는 공유 결합 화합물이다.
ㄷ. (다)는 이온 결합 화합물이다.

① ㄱ ② ㄴ ③ ㄷ
④ ㄱ, ㄴ ⑤ ㄱ, ㄴ, ㄷ

24 원자의 원자가 전자를 점으로 표시하여 나타낸 것이다. 이 원자들의 결합으로 형성된 물질에 대한 설명으로 옳은 것은?

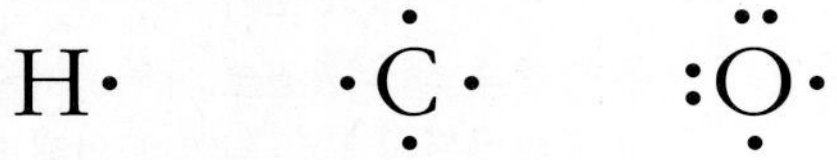

① 금속 원소와 비금속 원소간의 결합이다.
② 산소 원자 1개는 공유 결합을 6개 형성할 수 있다.
③ 분자를 형성하며 상온에서 고체 상태로 존재한다.
④ 양이온과 음이온의 전하의 합이 0이 되는 비율로 결합한다.
⑤ 산소 원자 1개와 수소 원자 2개가 결합하여 안정한 화합물을 형성한다.

25 고체 (가)와 (나)에 각각 외력이 작용했을 때 결정이 변형되는 것을 모식적으로 나타낸 것이다. 이에 대한 설명으로 옳은 것만을 〈보기〉에서 있는 대로 고른 것은?

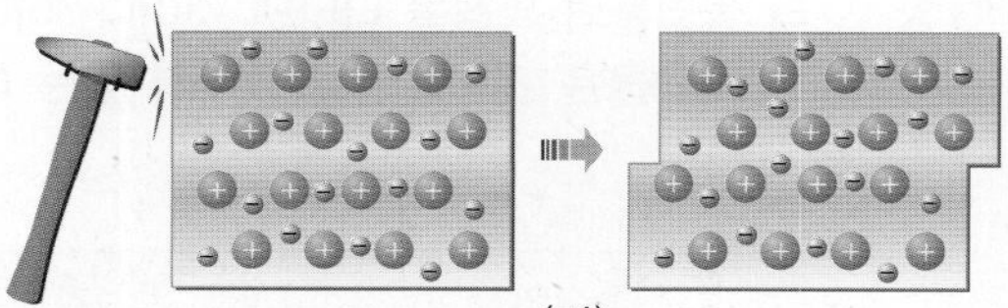

(가)

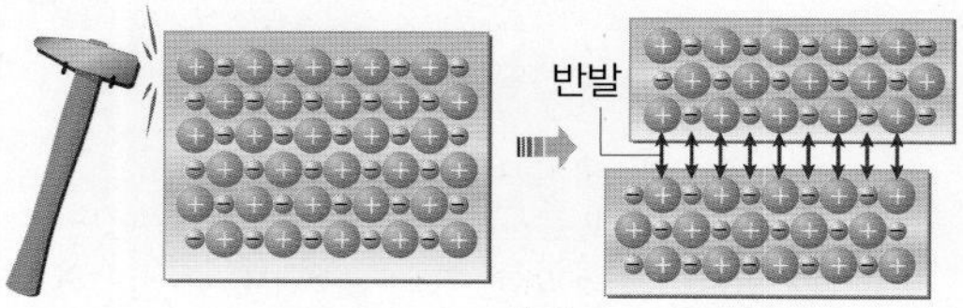

(나)

〈 보기 〉

ㄱ. (가)는 (나)보다 전성이 크다.
ㄴ. (나)의 예로는 염화 나트륨, 염화 수소 등이 있다.
ㄷ. (가)는 (나)보다 전기 전도성이 크다.

① ㄱ　② ㄴ　③ ㄷ
④ ㄱ, ㄷ　⑤ ㄱ, ㄴ, ㄷ

26 두 원소의 전자 배치를 나타낸 모형이다. 이 두 원소가 화합물을 만들 때 어떤 결합을 할 지 쓰고, 그 이유를 서술하시오.

(가)　(나)

27 염화 나트륨과 염화 수소는 분자로 존재하는지의 여부를 쓰고, 분자로 존재하지 않는다면 그 이유를 서술하시오.

28 염화 나트륨과 설탕을 맛을 보지 않고 구별하는 방법을 쓰고, 그 이유를 서술하시오.

정답 및 해설 27쪽

29 흑연은 공유 결정이다. 하지만 고체에서 전기 전도성을 갖고 있다. 이런 특성을 갖을 수 있는 이유에 대해 서술하시오.

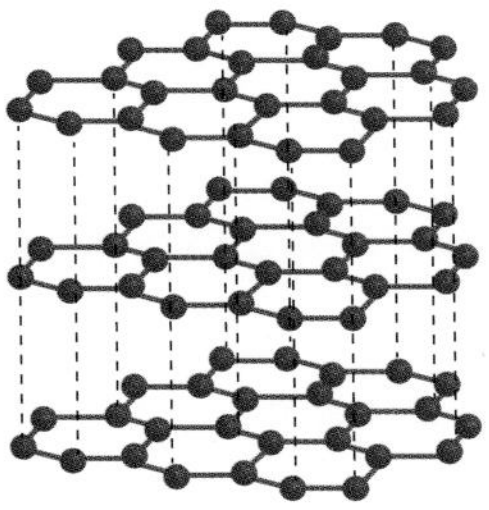

▲ 흑연

30 금속은 외부에서 압력을 가해도 부서지지 않고 변형된다. 이런 특성을 갖을 수 있는 이유에 대해 서술하시오.

창의력 서술

31 18족을 제외한 원자들이 다른 원자들과 화학 결합을 하는 이유를 설명하시오.

32 수소, 암모니아, 메테인과 같은 분자로 된 물질은 대부분 상온에서 기체로 존재한다. 그 이유에 대해 서술하시오.

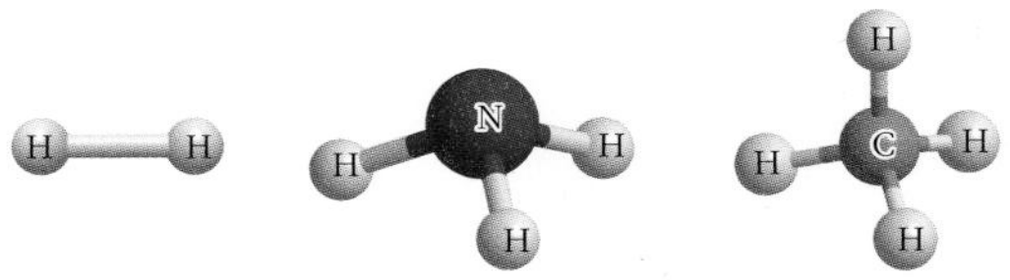

▲ 수소(H_2) ▲ 암모니아(NH_3) ▲ 메테인(CH_4)

20강. 화학 변화

1. 물리 변화와 화학 변화

(1) 물리 변화

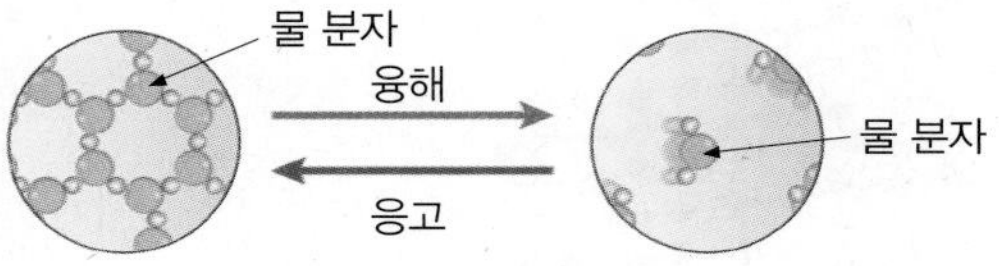

▲ 물리 변화 (물의 상태 변화)

① 물질의 성질은 변하지 않으면서 모양이나 크기, 상태가 변하는 현상이다.
② 물질을 구성하는 분자의 종류는 변하지 않고, 분자의 배열만 변한다.
③ 물리 변화 현상

	상태 변화	모양 변화	용해	확산
현상		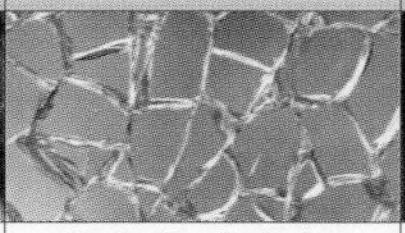		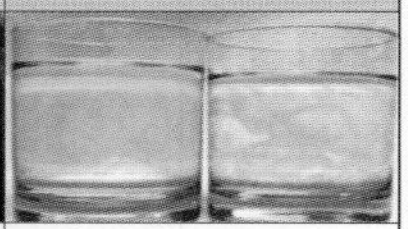
예	· 얼음이 녹는다. · 젖은 옷이 마른다. · 드라이아이스의 승화	· 유리가 깨진다. · 자가 휘어진다. · 종이를 접는다.	· 소금을 물에 녹인다. · 물과 에탄올을 섞는다.	· 잉크가 물속으로 퍼진다. · 향수 냄새가 방 안에 퍼진다.

(2) 화학 변화

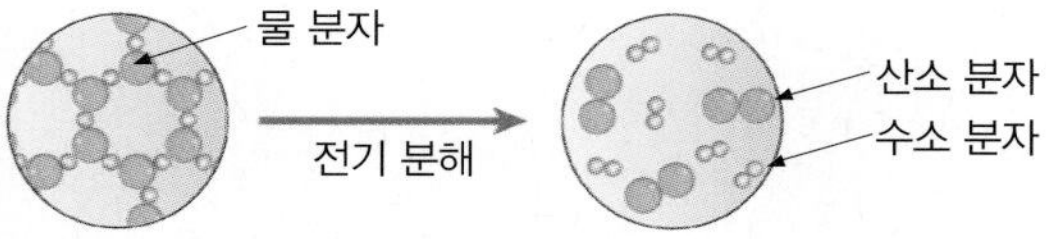

▲ 화학 변화 (물의 전기 분해)

① 물질의 성질이 다른 새로운 물질로 변하는 현상이다.
② 물질을 구성하는 원자의 배열이 달라져서 새로운 물질이 생성된다.
③ 화학 변화 현상

	냄새, 맛, 색의 변화	열 또는 빛의 발생	기체 발생	앙금 생성
현상			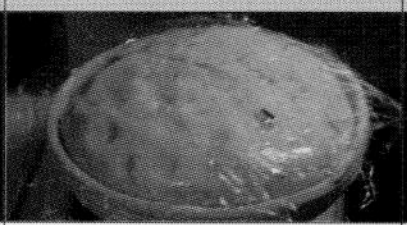	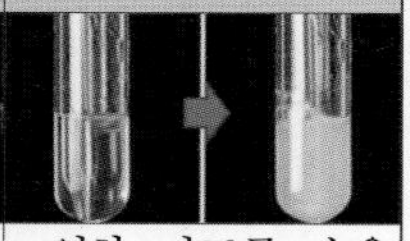
예	· 단풍이 든다. · 과일이 익는다. · 음식이 썩는다.	· 양초가 탄다. · 손난로가 따뜻해진다.	· 빵이 부풀어 오른다. · 나트륨이 염산과 반응하여 수소 기체가 발생한다.	· 염화 나트륨 수용액과 질산 은 수용액이 반응하면 흰색 앙금이 생성된다.

물리 변화와 화학 변화 비교

구분	물리 변화	화학 변화
물질의 성질	변화 없음	변함
분자의 변화	분자 배열 상태 변함	새로운 분자 생성
원자의 변화	변화 없음	원자 배열 변함

기체 발생

금속(나트륨, 철, 아연 등)과 산(염산, 황산 등)이 반응하면 수소 기체가 발생한다.

앙금 생성

염화 나트륨 수용액의 Cl^-(염화 이온)과 질산 은 수용액의 Ag^+(은 이온)이 반응하면 흰색 앙금 $AgCl$(염화 은)이 생성된다.

생각해보기★

멍드는 것은 화학 변화일까? 물리 변화일까?

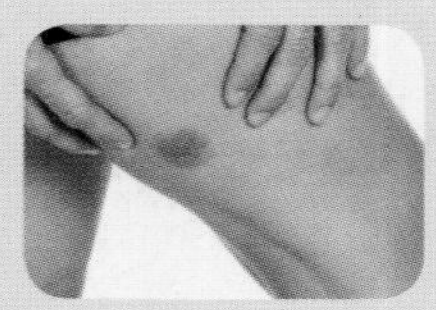

미니사전

앙금 액체에 잘 녹지 않고 바닥에 가라앉는 물질

개념확인 1 물리 변화에 대한 설명으로 옳은 것은 O표, 옳지 않은 것은 X표 하시오.

(1) 물질의 성질이 변하는 변화이다. ( )
(2) 분자의 종류는 변하지 않고, 분자의 배열은 변한다. ( )

확인+1 화학 변화의 현상이 아닌 것은?

① 상태 변화 ② 연소 ③ 기체 발생
④ 앙금 생성 ⑤ 색의 변화

2. 화학 반응

(1) 화학 반응 : 화학 변화가 일어나 새로운 물질이 생성되는 반응으로, 원자의 배열 방식에 따라 화합, 분해, 치환 등으로 구분된다.

(2) 화학 반응 종류

구분		설명	예
화합		두 가지 이상의 물질이 결합하여 새로운 물질을 생성 A + B ➡ AB	철 + 황 → 황화 철 Fe + S → FeS 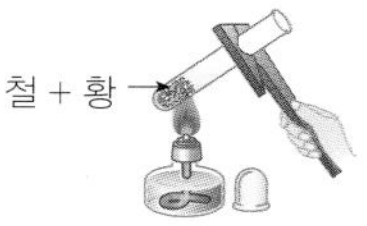
분해		한 화합물이 두 가지 이상의 물질로 나누어짐 AB ➡ A + B	
	열분해		탄산수소 나트륨 → 탄산 나트륨 + 이산화 탄소 + 물 $2NaHCO_3 \rightarrow Na_2CO_3 + CO_2\uparrow + H_2O$ 
	촉매 분해		과산화 수소 → 물 + 산소 $2H_2O_2 \rightarrow 2H_2O + O_2$ 
	전기 분해		물 → 수소 + 산소 $2H_2O \rightarrow 2H_2\uparrow + O_2\uparrow$ 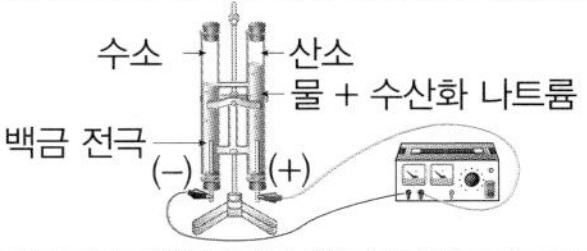
치환		화합물을 구성하는 성분 물질 중 일부가 다른 물질로 자리 바꿈 A + BC ➡ AC + B	아이오딘화 칼륨 + 질산 납 → 아이오딘화 납↓ + 질산 칼륨 $2KI + Pb(NO_3)_2 \rightarrow PbI_2\downarrow + 2KNO_3$ 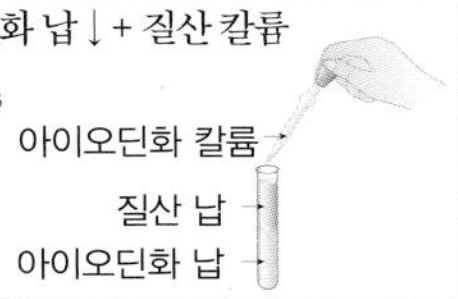

(3) 화학 반응식 : 화학 반응을 원소 기호와 숫자를 이용하여 나타낸 식이다.

(4) 화학 반응식으로 알 수 있는 것

화학 반응식	$2H_2$ +	O_2	→ $2H_2O$
	반응 물질		생성 물질
물질의 종류	수소	산소	수증기
분자의 종류	수소 분자	산소 분자	물 분자
원자의 종류	수소 원자	산소 원자	수소 원자, 산소 원자
분자 수의 비	2	1	2
부피비	2	1	2
질량비	$(1 \times 2) \times 2 = 4$	$(16 \times 2) \times 1 = 32$	$(1 \times 2 + 16) \times 2 = 36$

촉매

화학 반응에서 자신은 변하지 않으면서 다른 물질의 화학 반응을 빠르게 하거나 늦추는 작용을 하는 물질

화학 반응식 표현 방법

- 반응 물질의 화학식을 화살표 왼쪽에 쓰고, 생성 물질의 화학식을 화살표 오른쪽에 쓴다.
- 반응 물질과 생성 물질을 구성하는 원자의 종류와 개수가 같도록 계수를 맞춘다. (계수비는 간단한 정수비이고, 계수가 1이면 생략한다.)

① 화살표 양쪽 산소(O)의 개수를 맞춘다.

$H_2 + O_2 \rightarrow 2H_2O$ (2개, 2개)

② 화살표 양쪽 수소(H)의 개수를 맞춘다.

$2H_2 + O_2 \rightarrow 2H_2O$ (4개, 4개)

원자량

실제 원자의 질량은 매우 작으므로 원자의 상대적 질량을 나타낸 원자량을 사용한다.

원소	원소번호	질량
수소(H)	1	1
탄소(C)	6	12
질소(N)	7	14
산소(O)	8	16

기체의 부피 비

반응 물질과 생성 물질이 모두 기체일 때, 분자수의 비는 부피비이다.

정답 및 해설 29쪽

개념확인 2 화학 변화가 일어나 새로운 물질이 생성되는 반응을 무엇이라 하는지 쓰시오.

(   ) 반응

확인 +2 화학 반응식으로 알 수 없는 것은?

① 물질의 종류　② 분자의 종류　③ 원자의 종류
④ 질량비　⑤ 반응 속도

3. 화학 변화의 규칙성 1

(1) 물리 변화에서의 질량 보존 : 물리 변화가 일어나도 물질을 이루는 분자의 종류와 수가 일정하게 유지되므로 물질의 질량은 변하지 않는다.

(2) 화학 변화에서의 질량 보존

① 물질을 이루는 원자의 종류와 수가 변하지 않기 때문에 질량이 보존된다.

② 화학 변화에서 질량이 보존되는 예

앙금 생성 반응	앙금이 생성될 때, 구성 원자들의 배열이 달라져서 새로운 물질이 생성되지만, 반응 전후에 물질의 총 질량은 보존된다.	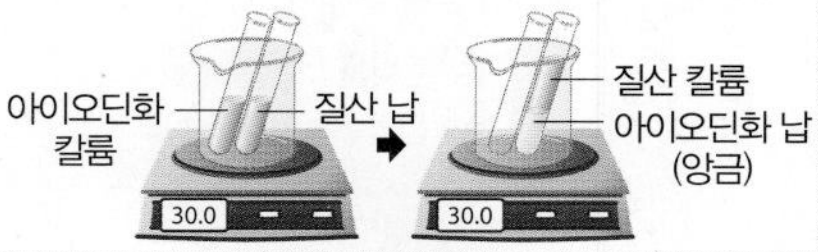
기체 발생 반응	열린 공간에서는 발생한 기체가 공기 중으로 날아가므로 반응 전후 물질의 질량이 다르다.	
	밀폐된 공간에서는 발생한 기체가 빠져나가지 못하므로 반응 전후 물질의 총 질량은 보존된다.	
연소 반응	열린 공간에서 연소 반응이 일어나면 기체의 출입으로 인해 반응 전후 물질의 질량이 다르다.	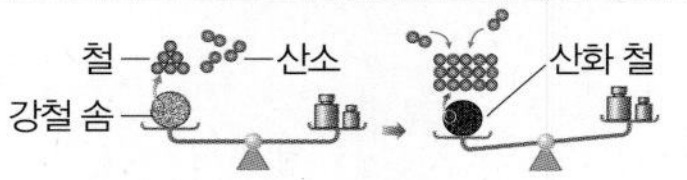
	밀폐된 공간에서 연소 반응이 일어나면 반응 전후에 물질의 총 질량은 보존된다.	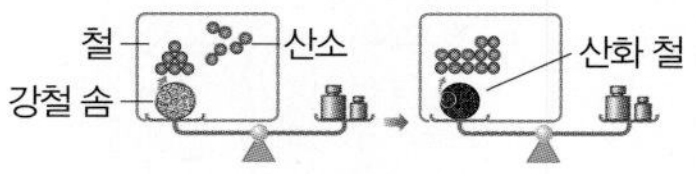

(3) 질량 보존 법칙(라부아지에, 1774년)

① 화학 반응이 일어날 때 반응 전후에 물질의 총 질량은 변하지 않고 보존된다.

> 반응 물질의 총 질량 = 생성 물질의 총 질량

② 화학 반응이 일어날 때, 물질을 구성하는 원자들은 없어지거나 새로 생성되지 않고, 배열만 달라진다.

기체 발생 반응
대리석과 염산이 반응하면 이산화 탄소가 발생하며, 대리석이 녹는다.

생각해보기★★
물리 변화에서 부피는 일정하게 유지될까?

개념확인 3 다음에서 설명하는 법칙의 이름을 쓰시오.

> 1774년 라부아지에가 주장한 것으로, '화학 반응이 일어날 때 반응 전후에 물질의 총 질량은 변하지 않고 보존된다.'는 법칙

( ) 법칙

미니사전
밀폐 [密 빽빽하다 閉 닫다] 샐 틈이 없이 꼭 막거나 닫음
배열 [配 짝짓다 列 벌이다] 일정한 차례나 간격에 따라 벌여 놓음

확인 +3 반응 전후 물질의 질량이 보존되는 경우를 모두 고르시오.(3개)

① 열린 공간에서 진행된 연소 반응
② 밀폐된 공간에서 진행된 연소 반응
③ 열린 공간에서 진행된 앙금 생성 반응
④ 열린 공간에서 진행된 기체 발생 반응
⑤ 밀폐된 공간에서 진행된 기체 발생 반응

4. 화학 변화의 규칙성 2

(1) 물(H_2O)을 구성하는 성분 원소의 질량비

: 수소와 산소가 반응하여 물이 생성될 때 수소와 산소는 항상 1 : 8의 질량비로 반응한다.

실험	수소(H_2)의 질량(g)	산소(O_2)의 질량(g)	물(H_2O)의 질량(g)	질량비 (수소 : 산소)
1	1	8	9	1 : 8
2	2	16	18	1 : 8
3	3	24	27	1 : 8
4	4	32	36	1 : 8

(2) 아이오딘화 납을 이루는 성분 원소의 질량비

: 같은 농도의 아이오딘화 칼륨 수용액과 질산 납 수용액은 일정한 부피비로 반응하여 아이오딘화 납 앙금을 생성 → 아이오딘화 납을 이루는 아이오딘화 이온과 납 이온의 질량비는 일정하다.

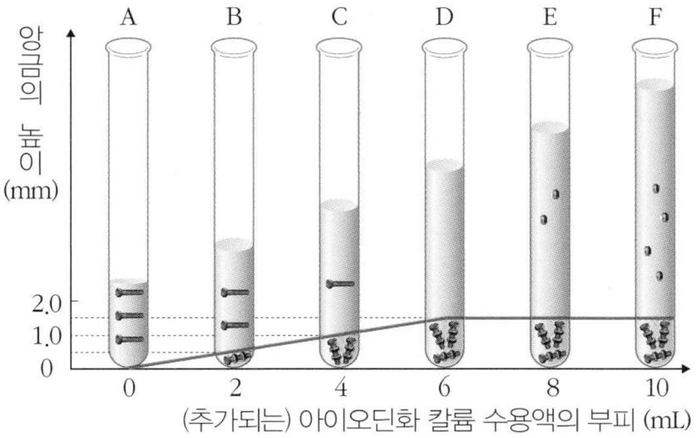

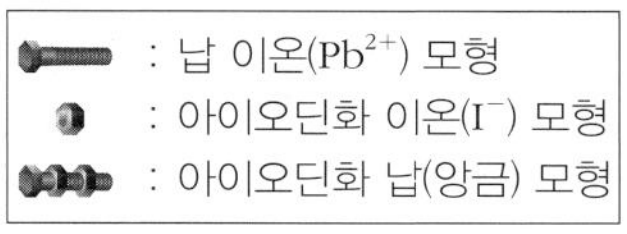

▶ 6mL의 질산 납 수용액에 같은 농도의 아이오딘화 칼륨 수용액을 2mL씩 추가

→ 추가되는 아이오딘화 칼륨 수용액의 전체량이 6mL 보다 많으면 반응할 납 이온이 존재하지 않아 앙금의 높이가 일정하게 유지된다.

(3) 일정 성분비 법칙(프루스트, 1799년)

① 한 화합물을 구성하는 성분 원소 사이에는 항상 일정한 질량비가 성립한다.

② 같은 화합물에서는 성분 원소의 질량비가 항상 일정하다.

③ 화합물이 생성될 때 반응 물질은 항상 일정한 질량비로 결합하므로 반응하지 못한 물질은 남는다.

화합물과 성분 원소의 질량비

화합물	구성 원자 수의 비	구성 원자의 질량비	성분 원소의 질량비
H_2O	수소 : 산소		
	2 : 1	1 : 16	1 : 8
NH_3	질소 : 수소		
	1 : 3	14 : 1	14 : 3
CO_2	탄소 : 산소		
	1 : 2	12 : 16	3 : 8

아이오딘화 이온과 납 이온의 부피비

I^-과 Pb^{2+}은 2 : 1의 개수비로 반응하여 PbI_2를 생성한다. 같은 농도의 아이오딘화 칼륨 수용액과 질산 납 수용액 같은 부피에는 I^-와 Pb^{2+}이 2 : 1의 개수비로 존재하므로 두 수용액은 1 : 1의 부피비로 반응한다.

아이오딘화 이온과 납 이온의 질량비

일정 부피의 수용액에 들어 있는 아이오딘화 이온과 납 이온의 수는 일정하기 때문에 부피비가 일정하고, 질량비도 일정하다.

정답 및 해설 29쪽

개념확인 4 수소(H_2) 2g과 산소(O_2) 16g이 반응하여 18g의 물(H_2O)을 생성했다. 수소(H_2)와 산소(O_2)의 질량비를 쓰시오.

수소 : 산소 = (:   )

생각해보기★★★

혼합물에서도 성분 원소의 질량비가 항상 일정할까?

확인 +4 일정 성분비 법칙이 성립하지 않는 경우는?

① 구리를 연소시켜 산화 구리를 생성하는 경우
② 물에 소금을 녹여서 소금물을 생성하는 경우
③ 철과 황을 반응시켜 황화 철을 생성하는 경우
④ 산화 은을 분해시켜 산소와 은을 생성하는 경우
⑤ 탄소와 산소를 반응시켜 이산화 탄소를 생성하는 경우

개념 다지기

01 염화 나트륨 수용액과 질산 은 수용액이 반응하여 흰색 앙금이 생성되는 반응에서 변하지 않는 것은?

① 총 분자 수　② 분자의 종류　③ 원자의 종류
④ 원자의 배열　⑤ 물질의 성질

02 물의 변화를 모형으로 나타낸 것이다. 이에 대한 설명으로 옳은 것만을 〈보기〉에서 있는 대로 고른 것은?

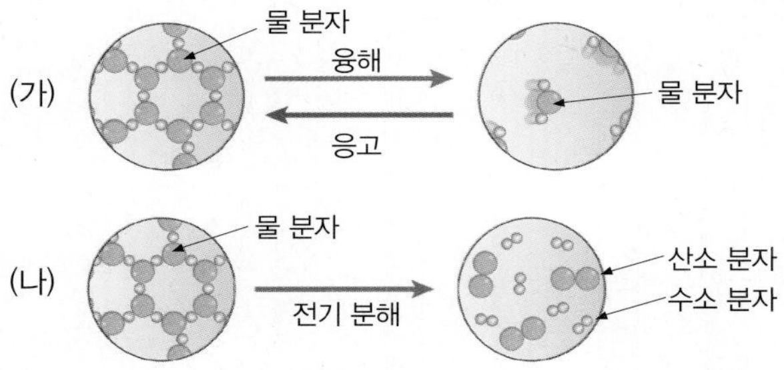

〈 보기 〉

ㄱ. (가) 변화에서는 물질의 성질이 변한다.
ㄴ. (나) 변화에서는 물질을 구성하는 원자의 배열이 달라진다.
ㄷ. (가)와 (나) 변화 모두 물질의 성질은 변하지 않는다.

① ㄱ　② ㄴ　③ ㄷ　④ ㄱ, ㄴ　⑤ ㄱ, ㄷ

03 어떤 화학 반응을 모형으로 나타낸 것이다. 이 모형으로 설명할 수 있는 화학 반응을 〈보기〉에서 있는 대로 고른 것은?

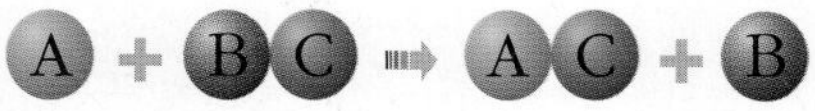

〈 보기 〉

ㄱ. $2NaHCO_3(s) \rightarrow Na_2CO_3(s) + CO_2(g)\uparrow + H_2O(l)$
ㄴ. $2H_2O(l) \rightarrow 2H_2(g)\uparrow + O_2(g)\uparrow$
ㄷ. $2KI(aq) + Pb(NO_3)_2(aq) \rightarrow PbI_2(aq)\downarrow + 2KNO_3(aq)$

① ㄱ　② ㄴ　③ ㄷ　④ ㄱ, ㄴ　⑤ ㄱ, ㄷ

정답 및 해설 29쪽

04 질량 보존 법칙에 대한 설명으로 옳지 않은 것은?

① 혼합물이 생성될 때는 성립하지 않는다.
② 라부아지에가 1774년에 발표한 법칙이다.
③ 물리 변화와 화학 변화에서 모두 성립한다.
④ 반응 물질의 총 질량과 생성 물질의 총 질량은 같다.
⑤ 물질을 구성하는 원자들이 없어지거나 새로 생기지 않기 때문에 성립된다.

05 물의 전기 분해 반응을 나타낸 것이다. 빈칸에 들어갈 산소의 질량을 구하시오.

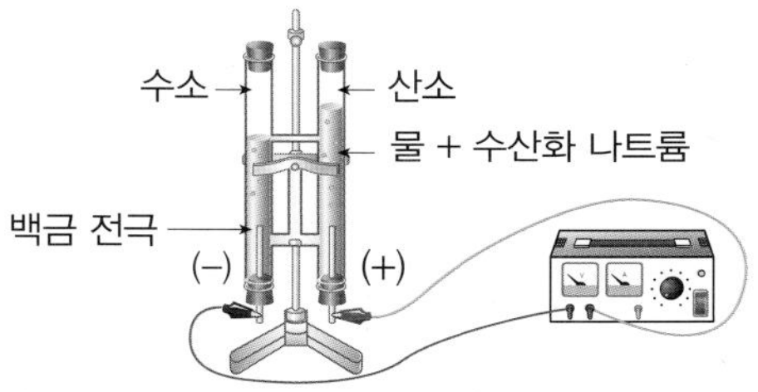

$2H_2O$	→	$2H_2$	+	O_2
18g		2g		(　　)g

06 어떤 화학 반응을 볼트(B)와 너트(N) 모형으로 나타낸 것이다. 볼트 20g 과 너트 40g 을 사용하여 최대한 만들 수 있는 BN_2 모형의 개수는?

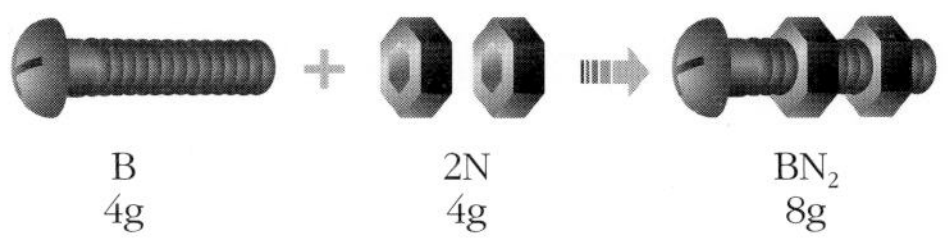

① 5개　　② 10개　　③ 20개
④ 30개　　⑤ 40개

유형 익히기 & 하브루타

[유형20-1] 물리 변화와 화학 변화

물의 변화를 모형으로 나타낸 것이다. (가) 또는 (나)의 예를 같은 종류의 변화와 바르게 짝지은 것은?

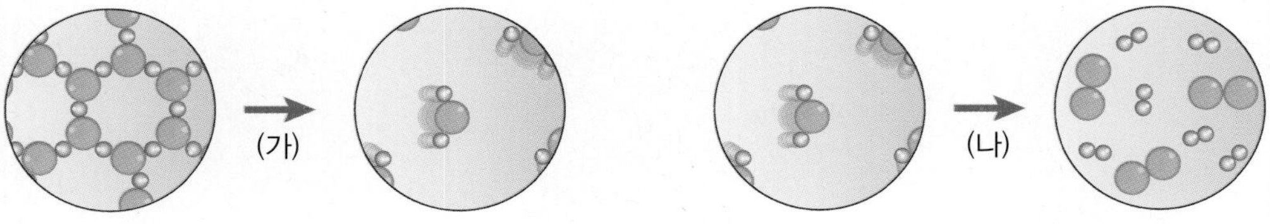

① (가) - 양초가 탄다.
② (가) - 젖은 옷이 마른다.
③ (가) - 빵이 부풀어 오른다.
④ (나) - 소금을 물에 녹인다.
⑤ (나) - 잉크가 물속으로 퍼진다.

Tip!

01 다음 두 가지 물질 변화에서 공통적으로 일어나는 현상으로 가장 적절한 것은?

▲ 단풍이 든다.

▲ 빵이 부풀어 오른다.

① 물질의 질량이 증가한다.
② 물질의 상태가 변화한다.
③ 물질의 성질은 변하지 않는다.
④ 물질을 구성하는 원자의 배열이 달라진다.
⑤ 물질을 구성하는 분자의 종류는 변하지 않는다.

02 방 안에 향수병을 열어 두면 향수 냄새가 방 안에 퍼진다. 이와 같은 변화가 일어날 때 변하는 것을 〈보기〉에서 모두 고른 것은?

〈 보기 〉
ㄱ. 원자의 종류　　ㄴ. 분자의 배열
ㄷ. 분자의 종류　　ㄹ. 물질의 성질

① ㄱ　② ㄴ　③ ㄱ, ㄹ　④ ㄴ, ㄷ　⑤ ㄴ, ㄷ, ㄹ

정답 및 해설 29쪽

[유형20-2] 화학 반응

과산화 수소에 이산화 망가니즈를 넣어 물과 산소를 얻는 실험 장치이다. 이 화학 반응과 같은 종류의 화학 반응을 〈보기〉에서 있는 대로 고른 것은?

〈 보기 〉

ㄱ. $2NaHCO_3(s) \rightarrow Na_2CO_3(s) + CO_2(g)\uparrow + H_2O(l)$
ㄴ. $2H_2O(l) \rightarrow 2H_2(g)\uparrow + O_2(g)\uparrow$
ㄷ. $2KI(aq) + Pb(NO_3)_2(aq) \rightarrow PbI_2(aq)\downarrow + 2KNO_3(aq)$

① ㄱ ② ㄴ ③ ㄷ ④ ㄱ, ㄴ ⑤ ㄱ, ㄷ

03 메테인를 연소시킬 때 일어나는 반응을 나타낸 것이다. 이 반응의 화학 반응식으로 옳은 것은?

메테인 + 산소 → 이산화 탄소 + 물

① $CH_4 + O_2 \rightarrow CO_2 + H_2O$
② $CH_4 + 2O_2 \rightarrow CO_2 + H_2O$
③ $CH_4 + 2O_2 \rightarrow CO_2 + 2H_2O$
④ $CH_4 + 2O_2 \rightarrow 2CO_2 + 2H_2O$
⑤ $2CH_4 + 2O_2 \rightarrow 2CO_2 + 2H_2O$

04 어떤 화학 반응을 모형으로 나타낸 것이다. 이 모형으로 나타낼 수 있는 화학 반응식으로 옳은 것은?

① $H_2 + O_2 \rightarrow H_2O_2$
② $2H_2 + O_2 \rightarrow 2H_2O$
③ $H_2 + Cl_2 \rightarrow 2HCl$
④ $2C + O_2 \rightarrow 2CO$
⑤ $2H_2O \rightarrow 2H_2 + O_2$

Tip!

[유형20-3] 질량 보존 법칙

탄산 칼슘이 주성분인 대리석과 묽은 염산의 반응을 나타낸 것이다. (가)는 반응 전, (나)는 대리석을 묽은 염산에 넣고, 뚜껑을 닫아 밀폐된 공간에서 진행된 실험, (다)는 대리석을 묽은 염산에 넣고, 뚜껑을 열어 열린 공간에서 진행된 실험이다. 이에 대한 설명으로 옳은 것을 〈보기〉에서 모두 고른 것은?

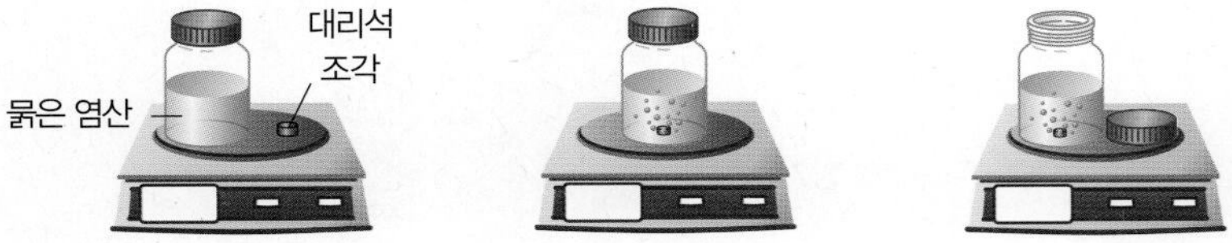

(가) (나) (다)

〈 보기 〉

ㄱ. (가)보다 (나)의 질량이 더 크다.
ㄴ. (나)보다 (다)의 질량이 더 작다.
ㄷ. (나)의 질량에서 (다)의 질량을 뺀 값은 발생한 기체의 질량과 같다.

① ㄱ ② ㄴ ③ ㄷ ④ ㄱ, ㄷ ⑤ ㄴ, ㄷ

Tip!

05 질량 보존 법칙에 대한 설명으로 옳은 것을 〈보기〉에서 모두 고른 것은?

〈 보기 〉

ㄱ. 물에 소금을 녹이는 반응에서 질량 보존 법칙은 성립하지 않는다.
ㄴ. 화학 변화에서 질량 보존 법칙이 성립하는 이유는 물질을 이루는 원자의 종류와 수가 변하지 않기 때문이다.
ㄷ. 물리 변화에서 질량 보존 법칙이 성립하는 이유는 분자의 종류와 배열이 일정하게 유지되기 때문이다.

① ㄱ ② ㄴ ③ ㄷ ④ ㄱ, ㄴ ⑤ ㄱ, ㄴ, ㄷ

06 강철 솜을 연소시키는 실험을 나타낸 것이다. 이에 대한 설명으로 옳지 않은 것은?

① 강철 솜이 공기 중의 산소와 결합한다.
② 연소 후 생성된 물질은 철과 다른 성질을 갖는다.
③ 강철 솜이 연소될 때 철 원자는 다른 원자로 바뀐다.
④ 강철 솜을 연소시키면 연소시키기 전보다 질량이 더 커진다.
⑤ 연소 후 강철 솜의 질량에서 연소 전 강철 솜의 질량을 빼면 반응한 산소의 질량을 구할 수 있다.

정답 및 해설 29쪽

[유형20-4] 일정 성분비 법칙

크기가 같은 시험관 A ~ F 에 아이오딘화 칼륨 수용액을 각각 6mL 씩 넣고, 질산 납 수용액을 차례 0, 2, 4, 6, 8, 10mL 씩 넣었다. 이에 대한 설명으로 옳지 <u>않은</u> 것은? (단, 두 용액의 농도는 같다.)

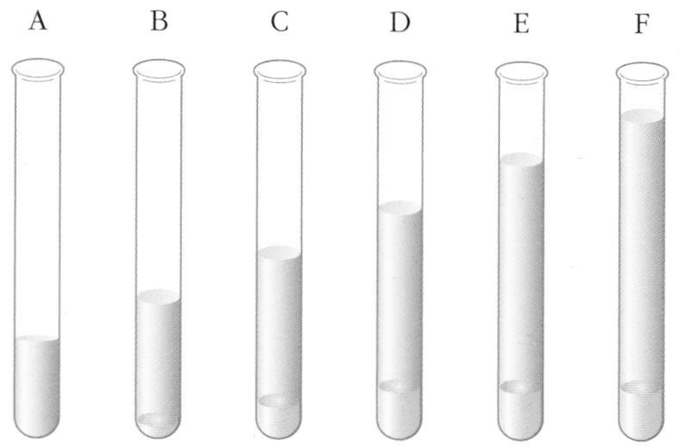

① 생성된 노란색 앙금은 아이오딘화 납이다.
② 반응 후 납 이온이 남아있는 시험관은 B와 C이다.
③ 아이오딘화 이온과 납 이온은 일정한 질량비로 반응한다.
④ 같은 농도의 아이오딘화 칼륨 수용액과 질산 납 수용액은 1 : 1의 부피비로 반응한다.
⑤ 시험관 D 이후로 앙금의 높이가 일정한 이유는 시험관에 아이오딘화 이온이 남아있지 않기 때문이다.

07

위의 실험에서 시험관 F 에 남아 있는 납 이온이 모두 반응하기 위해서는 아이오딘화 칼륨 수용액을 몇 mL 이상 더 넣어 줘야 하는지 쓰시오.

(   ) mL

08

어떤 화학 반응을 볼트(B)와 너트(N) 모형으로 나타낸 것이다. 볼트 40g 과 너트 8g 을 사용하여 최대한 만들 수 있는 BN 모형의 개수는?

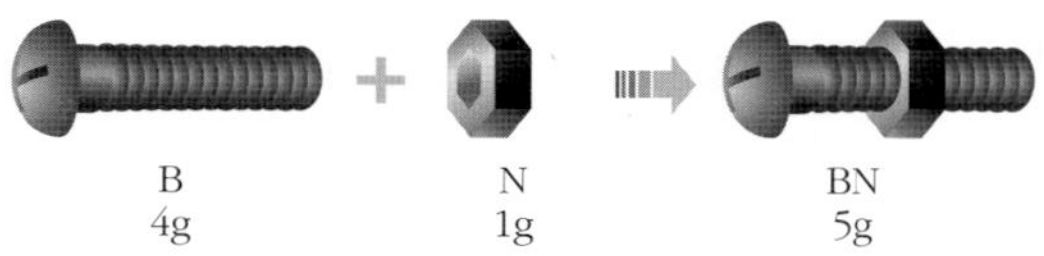

① 5개 ② 8개 ③ 10개
④ 15개 ⑤ 20개

Tip!

01 탄산수소 나트륨을 열분해하고, 생성 물질을 확인하는 실험을 나타낸 것이다.

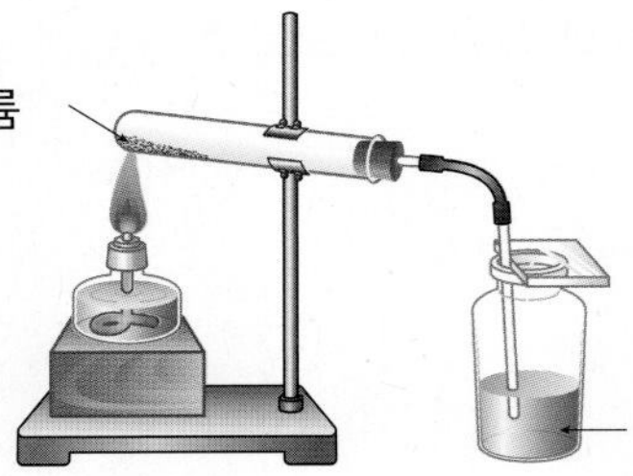

(1) 이 실험에서 발생하는 기체를 석회수에 넣으면 뿌옇게 흐려진다. 이 화학 반응의 종류를 쓰고, 이 기체가 석회수와 반응하는 화학 반응식을 쓰시오. (단, 석회수의 주성분은 수산화 칼슘($Ca(OH)_2$)이다.)

(2) 이 실험의 시험관 안쪽에는 액체 방울이 생긴다. 이 액체에 푸른색 염화 코발트 종이를 갖다대면 붉게 변한다. 붉게 변한 염화 코발트 종이를 대기 중에서 건조시키면 다시 푸른색으로 돌아올 수 있을지 쓰고, 그렇게 생각하는 이유를 서술하시오.

정답 및 해설 30쪽

02 다음 글을 읽고 물음에 답하시오.

(가) 마그네슘은 반응성이 큰 금속으로 미세한 가루는 공기 중에서 백색광을 내면서 탄다.
(나) 드라이아이스에 구멍을 파고 마그네슘 가루를 넣은 후, 마그네슘 리본에 불을 붙인 후 구멍 위에 같은 크기의 드라이아이스 조각을 덮는다.

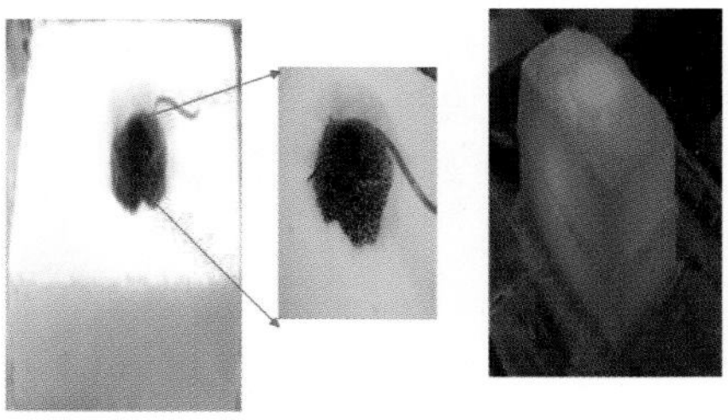

(1) (나)에서 반응 후 검은 색 물질이 생성되었다. 이 검은색 물질이 무엇인지 화학 반응식을 이용하여 설명하시오.

(2) 마그네슘에 불이 붙었을 때 불을 끄기 위해 이산화 탄소 소화기를 사용하거나 물을 뿌려서는 안된다. 이산화 탄소 소화기를 사용하거나 물을 뿌리면 안되는 이유는 무엇일까?

03 주석(Sn)을 이용해서 라부아지에가 질량 보존 법칙을 발견한 실험을 나타낸 것이다.

① 물이 든 수조에 유리 컵을 거꾸로 하여 놓고, 컵 속의 수면과 수조의 수면을 같은 높이로 일치시킨다.
② 그림과 같이 주석 가루가 든 플라스크의 입구는 컵의 공기 부분에 오도록 설치한다.
③ 플라스크의 콕을 잠근 상태에서 플라스크의 주석 가루를 화로로 가열한다.
④ 가열하면서 플라스크 전체의 질량을 측정하였으나 변하지 않았다.
⑤ 그림과 같은 상태에서 플라스크의 콕을 열자 수조의 컵 안쪽 수면이 바깥쪽 수면보다 높아졌다.

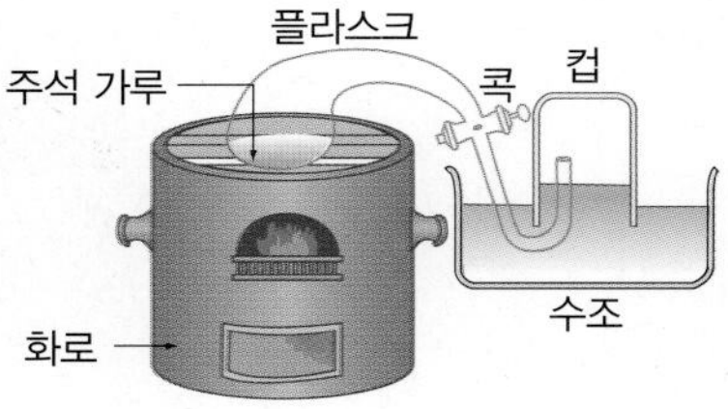

(1) 이 실험에서 주석이 산화 주석이 되는 화학 반응식을 쓰시오.

(2) 이 실험으로 알 수 있는 사실을 서술하시오.

(3) 마개를 열었을 때 수조의 컵 안쪽 수면이 바깥쪽 수면보다 높아지는 이유를 서술하시오.

정답 및 해설 31쪽

04 돌턴은 질량 보존 법칙과 일정 성분비 법칙을 설명하기 위하여 1803년에 다음과 같은 원자설을 제안했다.

구분	1항	2항	3항	4항
내용	모든 물질은 더 이상 쪼갤 수 없는 원자로 이루어져 있다.	같은 종류의 원자는 크기와 질량이 같고, 다른 종류의 원자는 크기와 질량이 다르다.	원자는 없어지거나 새로 생기지 않으며, 다른 종류의 원자로 변하지 않는다.	서로 다른 원자들이 일정한 개수비로 결합하여 새로운 물질이 만들어진다.
모형		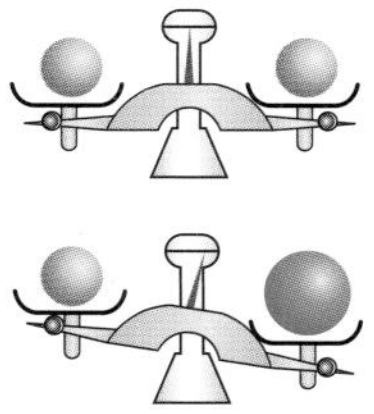	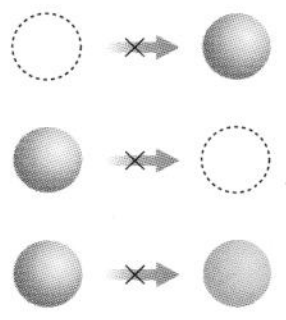	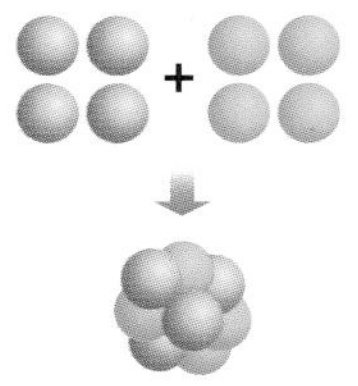

이 원자설 중 질량 보존 법칙과 일정 성분비 법칙을 설명하는 조항은 어떤 것인지 이유와 함께 서술하시오.

A

01 화학 변화에 대한 설명 중 옳은 것은 ○표, 옳지 않은 것은 ×표 하시오.

(1) 상태 변화할 때 물질의 성질이 변한다. (　　)

(2) 앙금 생성 반응에서 분자의 종류는 변하지 않는다. (　　)

(3) 단풍이 드는 것은 물질을 구성하는 원자의 배열이 달라졌기 때문이다. (　　)

02 화학 반응에 대한 설명 중 옳은 것은 ○표, 옳지 않은 것은 ×표 하시오.

(1) 두 가지 이상의 물질이 결합하여 새로운 물질을 생성하는 반응은 치환 반응이다. (　　)

(2) 과산화 수소 분해 반응에서 이산화 망가니즈는 촉매다. (　　)

(3) 치환 반응의 예로는 앙금 생성 반응이 있다. (　　)

03 ㉠, ㉡에 알맞는 계수를 쓰시오.

㉠(　　)H_2 + O_2 → ㉡(　　)H_2O

04 다음 글에서 설명하는 것이 무엇인지 쓰시오.

화학 반응에서 자신은 변하지 않으면서 다른 물질의 화학 반응을 빠르게 하거나 늦추는 작용을 하는 물질

(　　　　)

05 과산화 수소 분해 실험이다. 그림의 ㉠에 알맞은 기체의 분자식을 쓰시오.

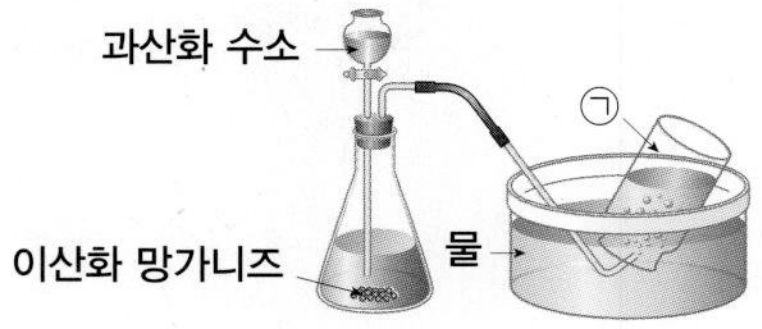

㉠ : (　　　　)

06 얼음이 녹아 물로 변하는 과정에서 변하는 것을 〈보기〉에서 모두 고르시오.

〈 보기 〉

ㄱ. 물질의 질량	ㄴ. 분자의 종류
ㄷ. 분자의 개수	ㄹ. 분자의 배열
ㅁ. 물질의 부피	ㅂ. 물질의 성질

(　　　　)

07 화학 반응식으로 알 수 없는 것은?

① 질량비
② 반응 속도
③ 분자의 종류
④ 물질의 종류
⑤ 분자 수의 비

정답 및 해설 31쪽

08 **질량 보존 법칙에 대한 설명 중 옳은 것은 ○표, 옳지 않은 것은 ×표 하시오.**

(1) 화학 반응이 일어날 때 반응 물질의 총 질량은 생성 물질의 총 질량과 같다. ( )

(2) 물리 변화에서는 질량 보존 법칙이 성립하지 않는다. ( )

09 **수소와 산소가 반응하여 물이 생성될 때 수소와 산소는 항상 1 : 8 의 질량비로 반응한다. 수소의 질량이 5g 이라면 생성된 물의 질량은 몇 g 인지 쓰시오.**

( )g

10 **다음 설명에 해당하는 법칙을 쓰시오.**

한 화합물을 구성하는 성분 원소 사이에는 항상 일정한 질량비가 성립한다.

( )

B

11 **(가)와 (나)의 변화에 대한 설명으로 옳지 않은 것은?**

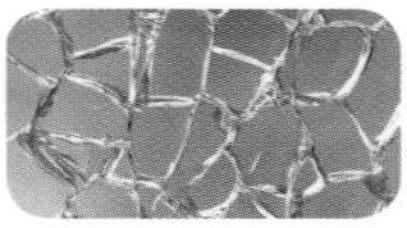

(가)
유리가 깨졌다.

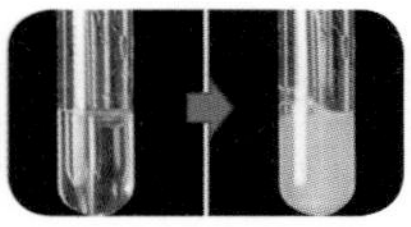

(나)
앙금이 생겼다.

① (가)에서 물질의 성질은 변함 없다.
② (가)에서 분자의 종류는 변하지 않는다.
③ (나)에서 원자의 종류가 변했다.
④ (나)에서 원자의 배열이 달라졌다.
⑤ (나)에서 물질의 성질이 달라졌다.

12 **양초에 불을 붙이는 과정을 설명한 것이다. 이 중 화학 변화가 일어나는 과정을 모두 고른 것은?**

〈 보기 〉

ㄱ. 양초에 성냥불을 가까이 가져가면 양초가 녹는다.
ㄴ. 양초가 심지를 타고 올라가 기화된다.
ㄷ. 양초 기체가 산소와 반응하여 연소된다.

① ㄱ ② ㄴ ③ ㄷ
④ ㄱ, ㄷ ⑤ ㄴ, ㄷ

스스로 실력 높이기

[13~14] 물에 수산화 나트륨을 조금 녹여서 전류를 통해 주었더니 (가)와 (나) 시험관에 각각 기체가 모였다.

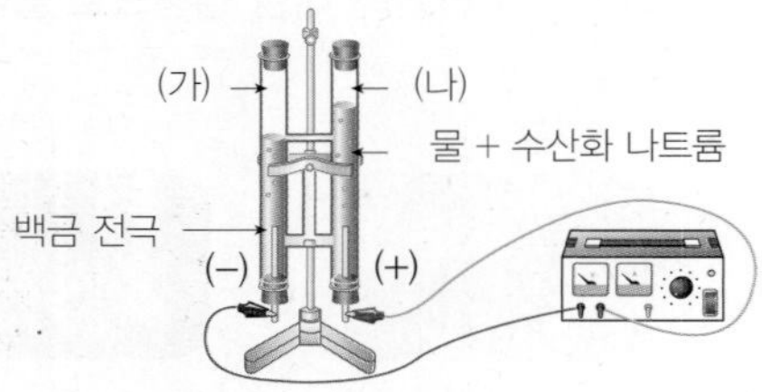

13 이에 대한 설명으로 옳은 것만을 〈보기〉에서 있는 대로 고른 것은?

〈 보기 〉

ㄱ. 이 실험에서 일어나는 화학 반응은 치환이다.
ㄴ. 수산화 나트륨은 물에 전류가 흐를 수 있도록 해 준다.
ㄷ. (가)는 수소 기체, (나)는 산소 기체이다.

① ㄱ　② ㄴ　③ ㄷ
④ ㄱ, ㄷ　⑤ ㄴ, ㄷ

14 이 실험의 화학 반응식으로 알맞은 것은?

① $2H_2O \rightarrow 2H_2 + O_2$
② $4H_2O \rightarrow 2H_2 + O_2$
③ $H_2O \rightarrow 2H_2 + 2O_2$
④ $2H_2O \rightarrow H_2 + 2O_2$
⑤ $2H_2O \rightarrow 2H_2 + 2O_2$

15 어떤 종류의 화학 반응을 모형으로 나타낸 것이다. 이 모형과 같은 종류의 화학 반응만을 〈보기〉에서 있는 대로 고른 것은?

〈 보기 〉

ㄱ. 철과 황을 반응시키면 황화 철이 생성된다.
ㄴ. 탄소를 연소시키면 이산화 탄소가 생성된다.
ㄷ. 과산화 수소는 물과 산소로 분해된다.

① ㄱ　② ㄴ　③ ㄷ
④ ㄱ, ㄷ　⑤ ㄱ, ㄴ, ㄷ

16 탄산 칼슘이 주성분인 대리석과 묽은 염산의 반응을 나타낸 것이다. (가)는 반응 전, (나)와 (다)는 묽은 염산에 대리석을 넣고, 뚜껑을 닫거나 연 상태에서 진행된 실험이다. (가), (나), (다)의 질량을 비교한 것으로 옳은 것은?

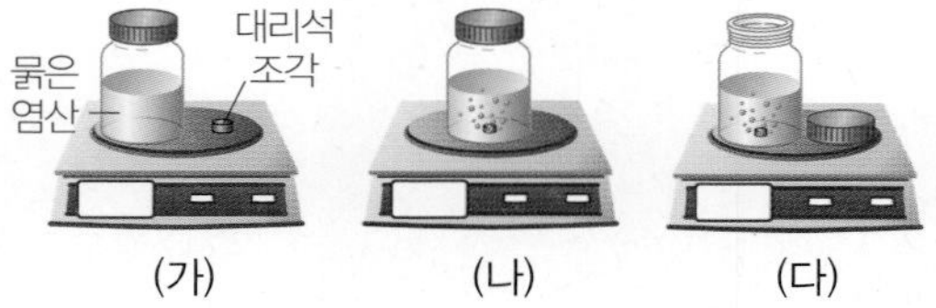

① (가) = (나) = (다)　② (가) 〈 (나) 〈 (다)
③ (가) 〈 (나) = (다)　④ (가) = (나) 〉 (다)
⑤ (가) 〉 (나) 〉 (다)

17 다음 반응식에서 ㉠~㉢의 질량 관계를 바르게 나타낸 것은?

강철 솜(㉠) + 산소(㉡) → 산화 철(㉢)

① ㉠ = ㉡ + ㉢　② ㉠ = ㉡ − ㉢
③ ㉡ = ㉠ − ㉢　④ ㉡ = ㉠ + ㉢
⑤ ㉢ = ㉠ + ㉡

[18~19] 어떤 화학 반응을 볼트(B)와 너트(N) 모형으로 나타낸 것이다. (단, 볼트 1개의 질량은 10g 이고, 너트 1개의 질량은 2g 이다.)

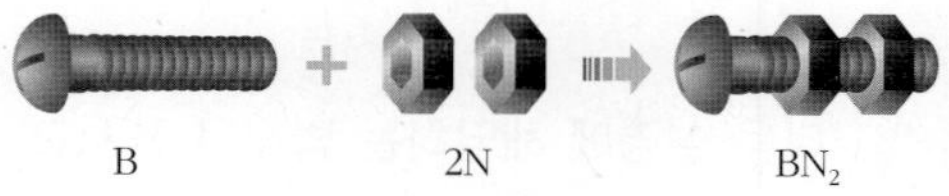

18 화합물 BN_2 를 구성하는 볼트(B)와 너트(N)의 질량비는?

① 1 : 2　② 1 : 12　③ 5 : 1
④ 5 : 2　⑤ 5 : 7

19 볼트 50g과 너트 10g을 사용하여 최대한 만들 수 있는 BN_2 모형의 개수는?

① 1개　② 2개　③ 3개
④ 4개　⑤ 5개

정답 및 해설 31쪽

20 마그네슘 3g 을 공기 중에서 완전히 연소시켰더니 산화 마그네슘 5g 이 생성되었다. 마그네슘 6g 을 완전히 연소시킬 때 필요한 산소의 질량은?

① 2g ② 4g ③ 6g
④ 8g ⑤ 10g

C

[21~22] 철가루와 황가루를 이용하여 실험을 하였다. (가)는 철가루와 황가루를 골고루 섞어서 실험하였고, (나)는 (가)를 충분히 가열한 후 빻아서 실험하였다.

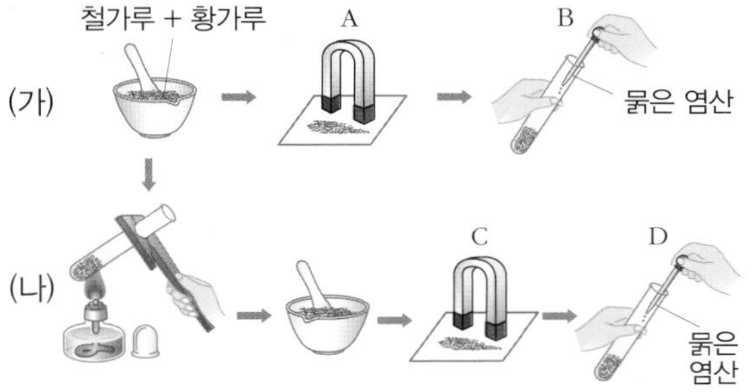

21 이 실험의 목적으로 가장 알맞은 것은?

① 철과 황의 성질
② 철과 황의 부피비
③ 철과 황의 연소 생성물
④ 철과 황의 반응 질량비
⑤ 철과 황으로 이루어진 혼합물과 화합물의 성질

22 이 실험에 대한 설명으로 옳은 것은?

① (가)에서 생성된 물질은 산화 철이다.
② (나)에서 화합물이 생성된다.
③ A와 C에서 물질은 자석에 붙는다.
④ B에서 달걀 썩는 냄새가 난다.
⑤ D에서 수소 기체가 발생한다.

23 여러 가지 화학 반응을 나타낸 것이다. 이에 대한 설명으로 옳지 않은 것은?

(가) $2H_2O \rightarrow 2H_2 + ㉠$
(나) $2Mg + ㉡ \rightarrow 2MgO$
(다) $2NaHCO_3 \rightarrow Na_2CO_3 + CO_2 + ㉢$

① (가)와 (다)는 분해 반응이다.
② ㉠ ~ ㉢은 같은 물질이다.
③ ㉡은 물질이 연소할 때 관여하는 물질이다.
④ ㉢을 전기 분해하면 두 가지 물질로 나누어진다.
⑤ (나) 반응은 마그네슘의 연소 반응으로 화합 반응에 속한다.

24 그림 (가)와 같이 아이오딘화 칼륨 수용액이 6mL 씩 들어 있는 시험관 6개에 같은 농도의 질산 납 수용액을 시험관 A ~ F에 각각 0, 2, 4, 6, 8, 10mL 씩 넣었을 때 생성된 앙금의 높이가 표 (나)와 같았다. 이에 대한 설명으로 옳지 않은 것은?

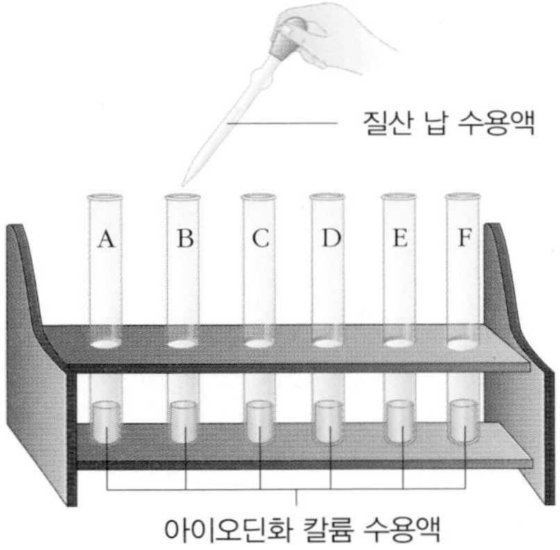

(가)

시험관	A	B	C	D	E	F
앙금의 높이 (mm)	0	1	2	3	3	3

(나)

① 모든 시험관에는 칼륨 이온이 있다.
② 시험관 C에는 반응할 아이오딘화 이온이 없다.
③ 이 실험을 통해 일정 성분비 법칙을 확인할 수 있다.
④ 이 실험에서 생성되는 앙금은 노란색의 아이오딘화 납이다.
⑤ 같은 농도의 아이오딘화 칼륨 수용액과 질산 납 수용액은 1 : 1의 부피비로 반응한다.

25 마그네슘과 구리를 각각 연소시킬 때 반응한 금속의 질량과 생성된 산화물의 질량 관계를 나타낸 것이다. 이에 대한 설명으로 옳은 것만을 〈보기〉에서 있는 대로 고른 것은?

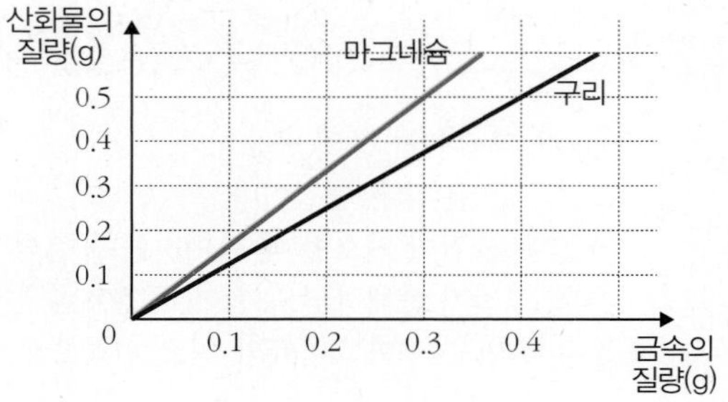

〈 보기 〉

ㄱ. 구리와 산소는 4 : 1의 질량비로 반응한다.
ㄴ. 마그네슘과 산소는 3 : 2의 질량비로 반응한다.
ㄷ. 산소 1g과 결합하는 금속의 질량은 구리가 마그네슘보다 크다.

① ㄱ ② ㄴ ③ ㄷ
④ ㄴ, ㄷ ⑤ ㄱ, ㄴ, ㄷ

26 일정 성분비 법칙이 혼합물에서 성립하지 않는 이유는 무엇인지 쓰시오.

27 질산 납($Pb(NO_3)_2$) 수용액에 아이오딘화 칼륨(KI) 수용액을 넣어 주면 아이오딘화 납(PbI_2) 앙금이 생성된다. 이 화학 반응의 화학 반응식을 쓰시오.

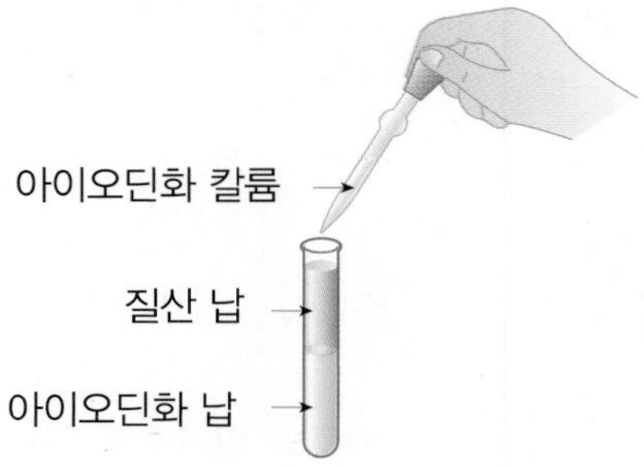

28 밀폐된 병 속에서 묽은 염산에 대리석 조각을 넣어 반응시키는 실험을 진행했다. 반응 전과 후의 질량에 어떤 차이가 있는지 쓰고, 그 이유에 대해 서술하시오.

정답 및 해설 31쪽

[29~30] 크기가 같은 시험관 A ~ F에 아이오딘화 칼륨 수용액을 각각 6mL씩 넣고, 질산 납 수용액을 차례 0, 2, 4, 6, 8, 10mL씩 넣었다.(단, 두 수용액의 농도는 같다.)

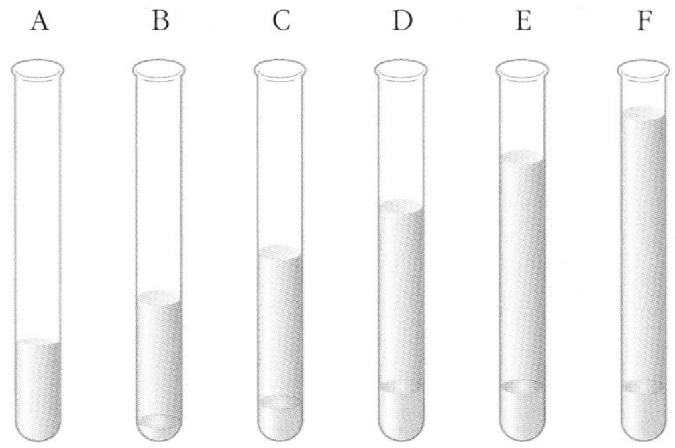

29 시험관 D 이후부터 질산 납 수용액을 더 넣어 주어도 앙금이 증가하지 않는 이유에 대해 쓰시오.

30 시험관 F에 남아 있는 이온을 모두 쓰시오.

창의력 서술

31 베이킹 파우더를 첨가하여 빵을 구웠더니 반죽의 크기보다 커지고 구멍이 생겼다. 그 이유에 대해 서술하시오.

32 질산 칼륨 수용액을 적신 거름종이 위에 한쪽에는 아이오딘화 칼륨 수용액을, 다른 쪽에는 질산 납 수용액을 떨어뜨린 후 전류를 흘려주었더니 시간이 지난 후 노란색이 나타났다. 노란색이 나타난 위치와 그 이유에 대해 서술하시오.

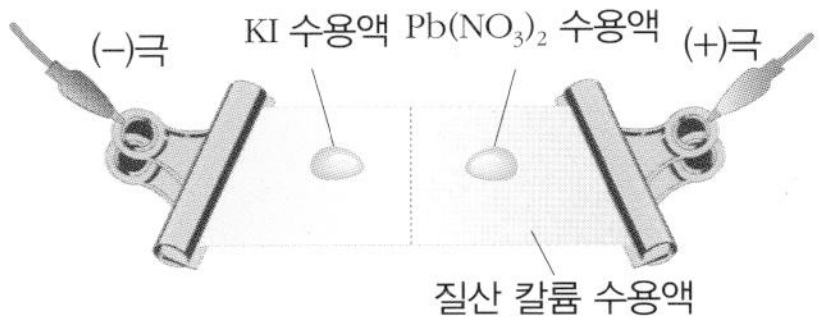

나폴레옹은 누가 죽였나?

1815년 워터루에서 패배한 나폴레옹은 대서양의 작은 세인트 헬레나 섬으로 추방되어 그곳에서 생의 마지막을 보낸 후 1821년 5월 5일 51세로 사망하였다.

▲ 헬레나 섬에서 프랑스를 바라보고 있는 나폴레옹

한동안 그의 죽음을 둘러싸고 많은 논란이 있었다. 나폴레옹의 부검을 한 의사는 그가 위암으로 죽었다고 발표하였으나 1961년 그의 머리카락을 분석한 결과, 많은 양의 비소가 포함되어 있어, 독살에 의해 죽었을 것이라는 가능성이 제기되었기 때문이다.

비소(As, 원자번호 33번) 원소 자체는 유해하지 않지만 물에 용해하여 생성된 산화 비소(III) As_2O_3는 독약으로 사용된다. '아비산'이라고도 불리우는 As_2O_3는 흰색의 분말로 아무맛도 나지 않는다. 또한 이 독약은 일정 기간 동안 조금씩 양을 늘려가며 투약하면 나중에는 치사량의 2배까지 복용하게 되어도 독성이 나타나지 않는다. 그러나 어느날 투여를 중단하면 목숨을 잃게 된다.

▲ 나폴레옹의 머리카락

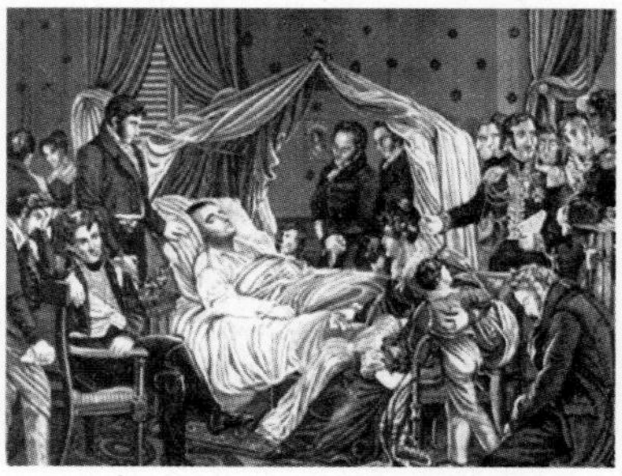

▲ 죽음을 맞이하는 나폴레옹

정답 및 해설 33쪽

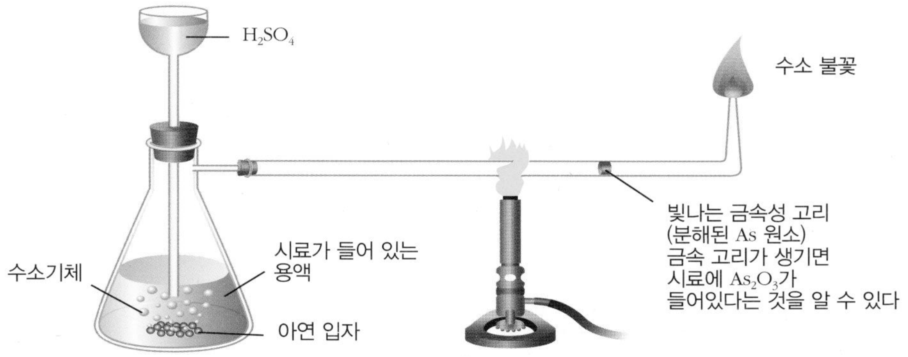

▲ 마쉬 테스트

1832년 영국의 화학자 제임스 마쉬(Jmaes Marsh)는 비소를 검출하기 위한 기구로 마쉬 테스트를 고안해 냈다. 이 실험은 As_2O_3가 들어 있을 것이라고 예상되는 시료를 수소와 반응시키면(이때 수소는 아연과 황산을 반응시켜 만든다)) '아르신(As_2H_3)'이라는 유독 가스가 만들어지는 것으로 시료에 비소가 들어 있는지 확인할 수 있다. 아르센 가스에 열을 가하면, 분해하여 비소와 수소 기체가 발생한다.

1961년 마쉬 테스트를 이용해 나폴레옹의 머리카락을 분석한 결과, 다량의 비소가 발견되어 비소로 인한 독살설이 신빙성을 얻게 되었다. 하지만 당시 유럽 왕궁과 귀족 저택에 사용된 페인트나 벽지에서도 많은 양의 비소가 검출되었다. 헬레나 섬의 높은 습도가 벽지의 곰팡이를 잘 자라게 하였고, 곰팡이는 비소 성분을 휘발성이고 독성이 강한 트라이메틸 아르센[$(CH_3)_3As$]으로 바꾸었을 것이다. 따라서 이 증기에 오랫동안 노출된 나폴레옹의 몸에 비소가 축적되어 왔다고 설명할 수 있다. 뿐만 아니라 당시 이 시대 대부분의 사람들의 머리카락에서도 비소가 많이 검출되었기 때문에 나폴레옹의 독살설은 신빙성을 잃게 되었다.

Q1 나폴레옹이 죽었을 때 어떻게 비소를 검출할 수 있었는지 방법을 서술해 보시오.

Q2 나폴레옹의 독살설이 신빙성을 잃게 된 이유를 서술해 보시오.

Project 5 - 탐구

[탐구-1] 아이오딘화 납의 생성

준비물 시험관, 눈금 스포이트, 질산 납 수용액, 아이오딘화 칼륨 수용액

탐구 과정

① 1~6의 번호가 붙어 있는 굵기가 같은 6개의 시험관을 준비하고 각 시험관에 10% 아이오딘화 칼륨 수용액을 6.0mL씩 넣는다.

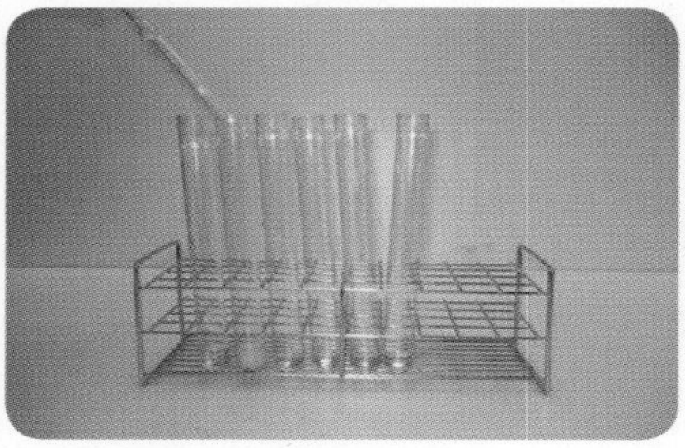

② 눈금 스포이트를 이용하여 각 시험관에 10% 질산 납 수용액을 양을 달리하여 넣어준 후 변화를 관찰한다.

③ 약 10분이 지난 후 시험관 1~6에 생긴 앙금의 높이를 측정한다.

TIP : 질산 은과 염화 나트륨을 이용하여 흰색 앙금이 생기는 실험으로 대체 가능하다.

탐구 결과

1. 실험 결과를 질산 납 수용액의 부피에 대한 앙금의 높이를 표에 채우시오.

시험관	1	2	3	4	5	6
10% 아이오딘화 칼륨 수용액의 부피(mL)	6.0	6.0	6.0	6.0	6.0	6.0
10% 질산 납 수용액의 부피(mL)	2.0	4.0	6.0	8.0	10.0	12.0
앙금의 높이(cm)						

정답 및 해설 33쪽

2. 1번의 표를 보고 질산납 수용액에 대한 앙금의 높이를 그래프에 나타내시오.

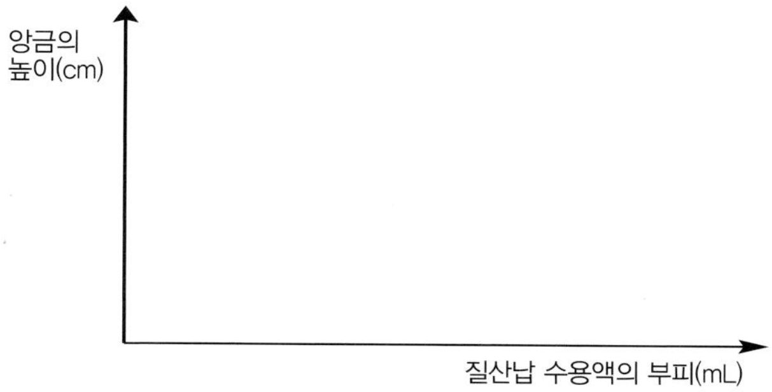

탐구 문제

1. 다음 화학 반응식은 위의 실험에 대한 반응식이다. 빈칸에 알맞은 화학식을 쓰시오.

$Pb(NO_3)_2 + 2KI \rightarrow 2KNO_3 + (\quad\quad)\downarrow$

2. 질산 납 수용액을 6.0mL 이상 넣어도 앙금의 높이가 일정한 이유는 무엇인가?

3. 시험관 5에서 남은 물질을 모두 반응시키기 위해 넣어 주어야 할 물질과 양을 쓰시오.

4. 20% 질산 납 수용액을 사용한다면, 10% 아이오딘화 칼륨 수용액 6mL을 모두 반응시키기 위한 20% 질산 납 수용액의 부피(mL)는 얼마일까?

[탐구-2] 물의 전기 분해

준비물 전원 장치. 황산 나트륨 수용액

탐구 과정

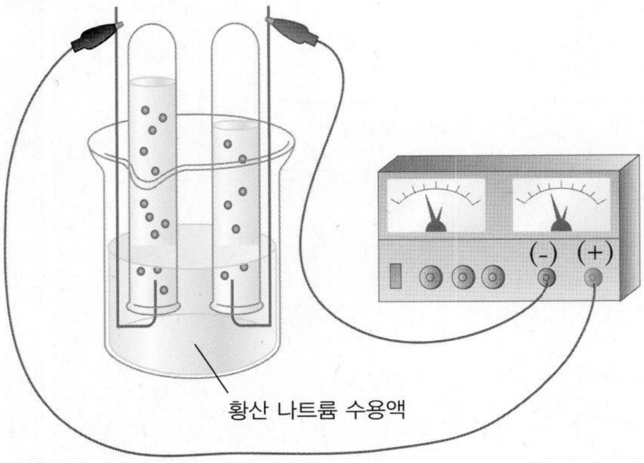

① 비커에 황산 나트륨 수용액을 넣는다.
② 물이 든 비커에 금속을 넣은 시험관을 넣고 전원 장치에 각각 연결한다.
③ (+)극에 연결한 전극이 들어 있는 시험관에 기체가 $\frac{1}{3}$정도 생성될 때까지 모은 후 전원 장치를 끈다.

탐구 결과

1. 위 실험에서 (+)극과 (-)극에서 생성되는 물질을 적으시오.

(+)극 : (-)극 :

2. 물의 전기 분해에 황산 나트륨을 넣는 이유는 무엇일까?

3. 실험에서 (+)극에 발생하는 기체를 $\frac{1}{3}$ 만 모으는 이유는 무엇일까?

정답 및 해설 33쪽

탐구 문제

1. 다음 빈칸에 알맞은 답을 쓰시오.

> 고체 상태에서는 전류가 흐르지 않지만 물에 녹은 수용액 상태에서는 전류가 흐르는 물질을 (   ) 이라고 한다.

2. 위의 실험에 대한 다음의 질문에 답하시오.

(1) (+)극과 (-)극에서 발생하는 기체를 확인하는 방법을 쓰시오.

(2) 다음은 각 전극에서 일어나는 반응의 화학 반응식이다. 빈칸에 알맞은 화학식을 쓰시오.

(+)극	$H_2O \rightarrow \frac{1}{2}(\quad) + 2H^+ + 2e^-$
(-)극	$2H_2O + 2e^- \rightarrow (\quad) + 2OH^-$

3. 위 실험에 대한 설명으로 옳은 것을 모두 고르시오.

① (+)극에서 산화 반응이 일어난다.
② 나트륨 이온은 (-)극으로 이동한다.
③ 황산 이온의 수는 일정하다.
④ (+)극에 연결한 시험관에는 수소 기체가 발생한다.
⑤ (-)극에 연결한 시험관에는 산소 기체가 발생한다.

4. 전해질로 염화 나트륨과 황산 구리를 쓸 수 없다. 그 이유는 무엇일까?

Ⅵ 화학 변화와 결합

우리 주변에서 일어나는 산 · 염기 반응은 무엇이 있을까?

22강. 산과 염기

1. 여러 가지 산

(1) 산 : 수용액에서 이온화하여 수소 이온(H^+)를 내놓는 물질이다.

〈 산성 : 산의 공통적인 성질 〉

- 신맛이 난다.
- 푸른색 리트머스 종이를 붉게 만든다.
- 대부분의 금속과 반응하여 수소 기체를 발생시킨다.

$$2HCl(aq) + Mg(s) \rightarrow MgCl_2(aq) + H_2(g)\uparrow$$

- 탄산 칼슘과 반응하여 이산화 탄소 기체를 발생시킨다.

$$2HCl(aq) + CaCO_3(s) \rightarrow CaCl_2(aq) + H_2O(l) + CO_2(g)\uparrow$$

(2) 산의 종류 : 염산(HCl), 황산(H_2SO_4), 질산(HNO_3), 아세트산(CH_3COOH)등

(3) 약산과 강산 : 산의 종류에 따라 수용액에서 이온화되는 정도가 다르다.

강산	약산
수용액에서 이온화되는 정도가 커서 수소 이온(H^+)을 많이 내놓는 산	수용액에서 이온화되는 정도가 작아서 수소 이온(H^+)을 적게 내놓는 산
염산(HCl), 황산(H_2SO_4) 질산(HNO_3)	아세트산(CH_3COOH), 탄산(H_2CO_3)
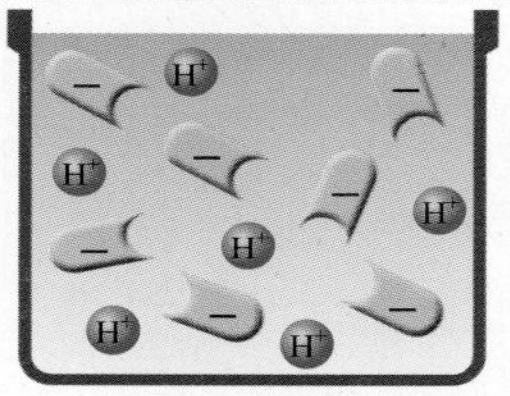	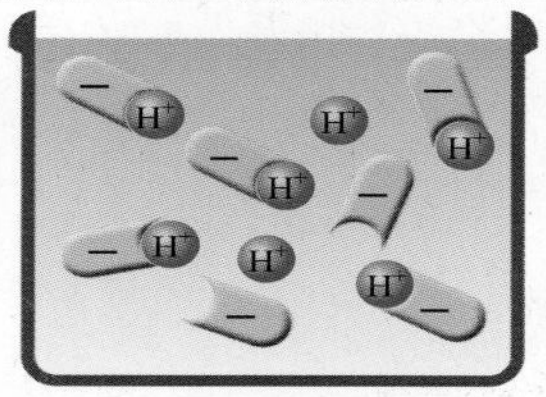

H^+ : 수소 양이온 , − : 음이온

개념확인 1 산성 물질만을 있는 대로 고른 것은?

〈 보기 〉

ㄱ. HCl ㄴ. $NaOH$ ㄷ. H_2SO_4 ㄹ. NH_3

① ㄱ, ㄴ ② ㄱ, ㄷ ③ ㄴ, ㄷ
④ ㄴ, ㄷ ⑤ ㄱ, ㄴ, ㄷ

확인 +1 산성의 성질로 옳은 것만을 〈보기〉에서 있는 대로 고르면?

〈 보기 〉

ㄱ. 붉은색 리트머스 종이를 푸르게 만든다.
ㄴ. 금속과 반응하여 수소 기체를 발생시킨다.
ㄷ. 쓴맛이 난다.

① ㄱ ② ㄴ ③ ㄷ
④ ㄱ, ㄴ ⑤ ㄴ, ㄷ

과일에 들어 있는 산

▲ 사과(말 산)

▲ 포도(타타르 산)

▲ 레몬(시트르 산)

산의 이온화 식

- $HCl \rightarrow H^+ + Cl^-$
- $H_2SO_4 \rightarrow 2H^+ + SO_4^{2-}$
- $HNO_3 \rightarrow H^+ + NO_3^-$
- $CH_3COOH \rightarrow H^+ + CH_3COO^-$

일상생활에서의 산성 물질

· 아스피린
해열,진통제로 널리 사용하는 아스피린은 살리실산(버드나무 추출물)과 아세트산을 이용하여 만든다.
· 개미산(폼산)
수분을 흡수하는 성질이 강하여 건조제나 탈수제로 이용된다.

황산(H_2SO_4)의 탈수 작용

설탕에 진한 황산을 떨어뜨리면 탈수 작용이 일어나 물이 빠져나가고 탄소만 남게 되어 검게 변한다.

생각해보기★

모든 금속은 산과 반응할까?

2. 여러 가지 염기

(1) 염기 : 수용액에 이온화하여 수산화 이온(OH^-)를 내놓는 물질이다.

〈 염기성 : 염기의 공통적인 성질 〉

- 쓴맛이 난다.
- 붉은색 리트머스 종이를 푸르게 만든다
- 단백질을 녹이는 성질이 있어 손에 닿으면 미끈미끈하다.

(2) 염기의 종류 : 수산화 나트륨($NaOH$), 수산화 칼슘($Ca(OH)_2$), 암모니아(NH_3), 수산화 칼륨(KOH), 수산화 알루미늄($Al(OH)_3$)등

(3) 약염기와 강염기 : 염기의 종류에 따라 수용액에서 이온화되는 정도가 다르다.

강염기	약염기
수용액에서 이온화되는 정도가 커서 수산화 이온을 많이 내놓는 염기	수용액에서 이온화되는 정도가 작아서 수산화 이온을 적게 내놓는 염기
수산화 나트륨($NaOH$) 수산화 칼륨(KOH) 수산화 칼슘($Ca(OH)_2$)	암모니아(NH_3) 수산화 마그네슘($Mg(OH)_2$) 수산화 알루미늄($Al(OH)_3$)
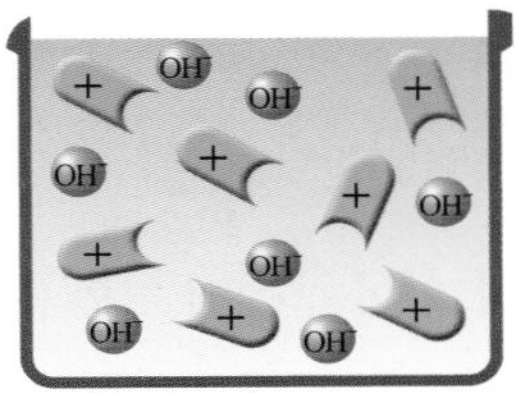	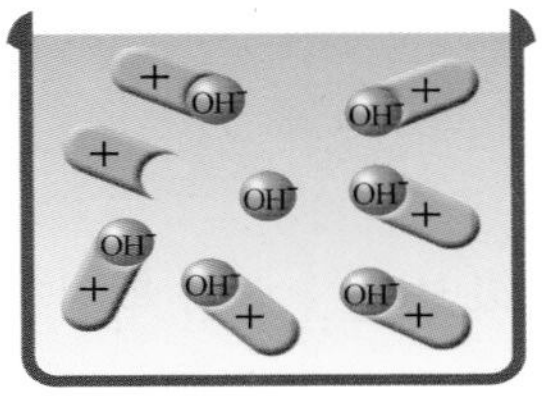

OH^- : 수산화 이온 , +: 양이온

제빵 소다

빵을 만들 때 빵이 부풀어 오르도록 넣는 제빵 소다에는 염기성 물질인 탄산수소 나트륨($NaHCO_3$)이 포함되어 있다.

염기의 이온화 식

- $NaOH \rightarrow Na^+ + OH^-$
- $Ca(OH)_2 \rightarrow Ca^{2+} + 2OH^-$
- $KOH \rightarrow K^+ + OH^-$
- $NH_3 + H_2O \rightarrow NH_4^+ + OH^-$

알칼리란?

염기 중에서 수산화 나트륨이나 수산화 칼륨과 같이 물에 잘 녹는 물질을 알칼리라고 한다.

정답 및 해설 **34쪽**

개념확인 2 염기에 대한 설명으로 옳은 것은 O표, 옳지 않은 것은 X표 하시오.

(1) 쓴맛이 나고 수용액에 이온화하여 수산화 이온이 생성된다. (　　)

(2) 붉은색 리트머스 종이를 푸르게 만든다. (　　)

(3) 수산화 칼슘은 물에 녹아 극히 일부만 이온화된다. (　　)

확인 +2 빈칸에 알맞은 정답을 쓰거나 고치시오.

(1) 염기는 물에 녹아 (　　　) 이온을 내놓는 물질이다.

(2) 염기는 (　　　)을 녹이는 성질이 있으므로 손으로 만지면 미끈거린다.

(3) $Mg(OH)_2$와 $NaOH$ 중에서 강염기인 것은 (　　　)이다.

(4) 강염기는 수용액에서 이온화되는 정도가 (커서, 작아서) 수산화 이온을 (많이, 적게) 내놓는 염기이다.

생각해보기★★

암모니아(NH_3)는 어떻게 수산화 이온을 내놓을까?

3. 지시약과 중화 반응

(1) 지시약과 pH

①지시약 : 수용액의 액성에 따라 색이 변하는 물질

지시약	리트머스 용액	BTB 용액	메틸 오렌지 용액	페놀프탈레인 용액
산성	붉은색	노란색	붉은색	무색
중성	보라색	녹색	주황색	무색
염기성	푸른색	푸른색	노란색	붉은색

② pH : 용액 속에 들어있는 수소 이온(H^+) 농도를 간단히 나타낸 값이다.

산성 : pH 〈 7 , 중성 : pH = 7 , 염기성 : pH 〉 7

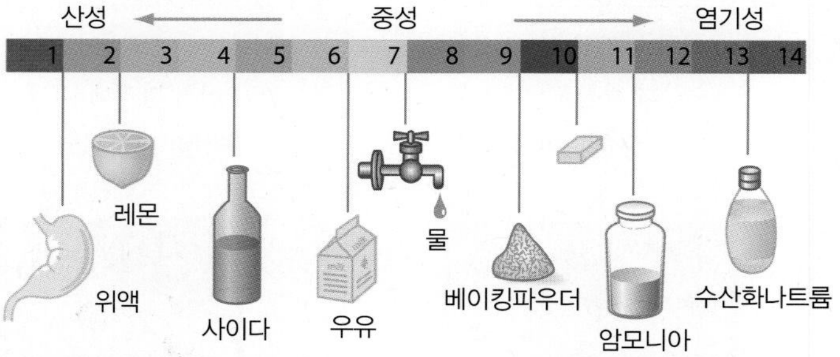

(2) 중화 반응 : 산과 염기가 반응하여 물과 염이 생성되는 반응이다.

산 + 염기 → 물 + 염

알짜 이온 방정식 : $H^+ + OH^- \rightarrow H_2O$

산성비
pH가 5.6 미만의 산성을 띠는 비. 화석 연료의 연소 시 발생하는 이산화황이나, 자동차의 배기 가스로 배출된 질소 산화물이 빗물에 녹아 황산이나 질산을 생산하면서 산성비가 만들어지게 된다.

pH(수소 이온 농도 지수)

$$pH = \log\frac{1}{[H^+]} = -\log[H^+]$$

용액 속의 수소 이온 농도($[H^+]$)는 그 크기가 너무 작아서 사용하기 불편하므로 10의 거듭제곱 꼴로 나타내었을 때 지수에 (–) 부호를 붙인 값을 pH로 정의하여 사용한다.

개념확인 3 농도가 같은 산 수용액과 염기 수용액에 여러 가지 지시약을 떨어뜨렸을 때 나타나는 색깔을 빈칸에 쓰시오.

산 · 염기 수용액	메틸오렌지 용액	BTB 용액	페놀프탈레인 용액
HCl	㉠(　　　)	노란색	무색
H_2O	㉡(　　　)	녹색	㉢(　　　)
NaOH	㉣(　　　)	푸른색	㉤(　　　)

확인 3+ 산과 염기를 구별하는 데 사용하는 물질로 옳지 <u>않은</u> 것은?

① BTB 용액　　② 유리 세정제
③ 리트머스 종이　　④ 메틸 오렌지 용액
⑤ 페놀프탈레인 용액

미니사전

BTB(브로모 티몰 블루) 산성, 중성, 염기성에서 모두 다른 색깔을 나타내는 지시약으로 중화 적정이나 광합성 반응 등을 확인할 때 주로 쓰인다.

알짜 이온 방정식 실제 반응에 참여한 이온만으로 나타낸 화학 반응식

4. 중화 반응과 염

(1) 중화 반응과 염

· 염 : 중화 반응에서 산의 음이온과 염기의 양이온이 만나 이루어진 물질이다.

$$HCl(aq) + NaOH(aq) \rightarrow H_2O(l) + NaCl(aq)\text{(염)}$$
$$H_2SO_4(aq) + Ba(OH)_2(aq) \rightarrow 2H_2O(l) + BaSO_4(s)\downarrow\text{(앙금)}$$

① 물에 녹는 염 : 중화 반응 후 생성된 물을 증발시키면 염이 결정으로 석출된다. 예 NaCl, $NaNO_3$, KCl 등

② 물에 녹지 않는 염 : 중화 반응 후 생성된 염은 앙금이 되어 가라 앉는다. 예 AgCl, $CaSO_4$, $CaCO_3$, $BaSO_4$

(2) 중화점 확인

온도	중화점에서 최고치를 나타낸다.
지시약	색의 변화를 관찰하여 중화점을 확인한다.
전류의 세기	혼합 용액의 전류의 세기가 최소인 지점이다.

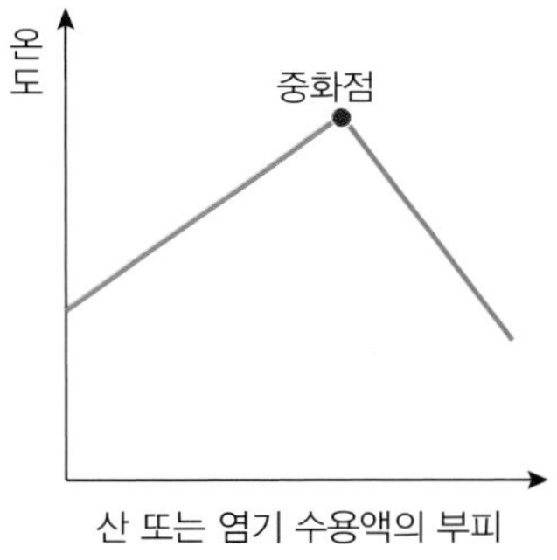

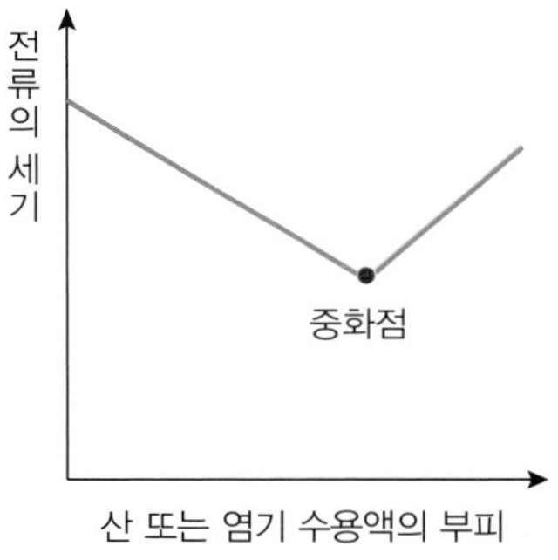

생활 속의 중화 반응

· 생선 요리(염기)에 레몬즙(산)을 뿌린다.

· 속이 쓰릴 때(산) 제산제(염기)를 먹는다.

· 김치(산)가 시어지지 않도록 달걀 껍데기(염기)를 함께 넣어 둔다.

· 화장실의 찌든 때(염기)를 식초(산)로 제거한다.

· 비누(염기)로 머리를 감은 후 식초(산)를 몇 방울 떨어뜨린 물로 헹군다.

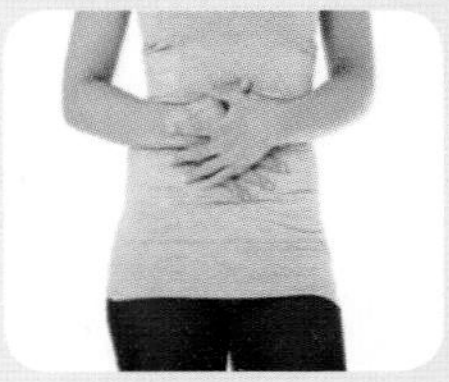

정답 및 해설 34쪽

개념확인 4 중화 반응에 대한 설명으로 옳은 것은 O표, 옳지 않은 것은 X표 하시오.

(1) 중화 반응에서 H^+과 OH^-이 1:1 개수비로 반응하여 물을 생성한다. (　　)

(2) 중화점에서의 온도는 최저치를 나타낸다. (　　)

(3) 산과 염기의 중화 반응이 일어나면 열이 발생한다. (　　)

확인 4+ 황산과 수산화 바륨 수용액이 중화 반응하면 황산 바륨 염이 생성된다. 빈칸에 알맞은 화학식을 써서 화학 반응식을 완성하시오.

$$H_2SO_4 + Ba(OH)_2 \rightarrow 2(\;㉠\;) + (\;㉡\;)\downarrow$$

미니사전

중화점 산이 내놓은 수소 이온(H^+)와 염기가 내놓은 수산화 이온(OH^-)이 모두 반응하여 완전히 중화 반응이 일어난 지점이다.

앙금 두 가지 침전물을 섞었을때 바닥에 가라앉는 침전 물질

01 산과 염기에 대한 설명으로 옳지 않은 것은?

① 산과 염기의 수용액에는 전류가 흐른다.
② 염기는 BTB용액을 푸른색으로 변화시킨다.
③ 산은 모든 금속과 반응하여 수소 기체를 발생시킨다.
④ 산과 염기가 반응하는 중화 반응에서는 물이 생성된다 .
⑤ 산은 탄산 칼슘과 반응하면 이산화 탄소 기체가 발생한다.

02 강산을 모두 고르시오.(2개)

① HCl　② HNO_3　③ H_2CO_3　④ CH_3COOH　⑤ NH_3

03 여러 가지 물질의 pH를 나타낸 것이다. 이에 대한 〈보기〉의 설명 중 옳은 것만을 있는 대로 고른것은?

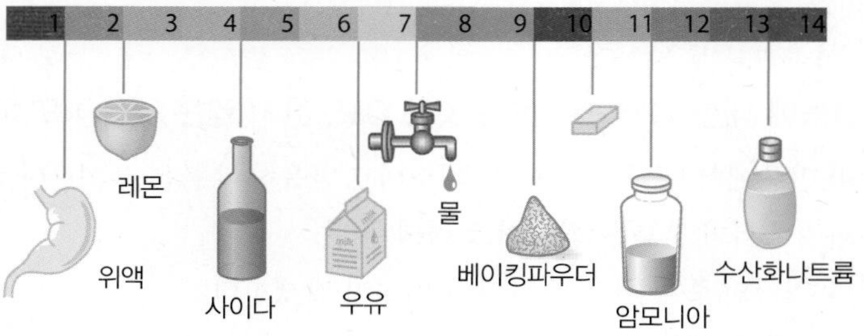

〈 보기 〉

ㄱ. 베이킹파우더와 수산화 나트륨은 염기이다.
ㄴ. 사이다를 푸른색 리트머스 종이에 떨어뜨리면 붉은색으로 변한다.
ㄷ. 메틸 오렌지는 비눗물과 반응하였을 때 초록색으로 변한다.

① ㄱ　② ㄱ, ㄴ　③ ㄱ, ㄷ　④ ㄴ, ㄷ　⑤ ㄱ,ㄴ,ㄷ

정답 및 해설 34쪽

04

중화 반응에 대한 설명으로 옳지 않은 것은?

① 중화 반응이 일어나면 열이 발생한다.
② 중화점의 액성은 중성이므로 pH는 7이다.
③ 수소 이온과 수산화 이온이 반응하여 물을 생성한다.
④ 중화점 이후에 산이나 염기를 더 넣어 주면 온도가 높아진다.
⑤ 수소 이온과 수산화 이온이 1:1의 개수비로 결합하는 반응이다.

05

쐐기풀이란 꿀벌이나 개미와 마찬가지로 개미산을 분출하는 식물로, 작은 생명체들은 이들의 공격을 받으면 생명을 잃기도 한다. 쐐기풀의 침에 찔렸을 때, 해야 할 응급 조치로 가장 적당한 방법은?

① 물로 씻는다.
② 소금물을 바른다.
③ 탄산수에 담근다.
④ 레몬즙을 바른다.
⑤ 베이킹 소다나 암모니아수를 바른다.

06

다음 화학 반응 중 성질이 나머지 넷과 다른 것은?

① 표백제로 옷을 하얗게 만든다.
② 생선 요리에 레몬즙을 뿌린다.
③ 화장실의 찌든 때를 식초로 제거한다.
④ 개미에 물린 상처에 암모니아수를 바른다.
⑤ 비누로 머리를 감은 후 식초를 몇방울 떨어뜨린 물로 헹군다.

[유형 22-1] 여러 가지 산

물에 녹아 그림 (가)와 같이 이온화되는 물질과 그림 (나)와 같이 이온화되는 물질을 옳게 짝지은 것은?

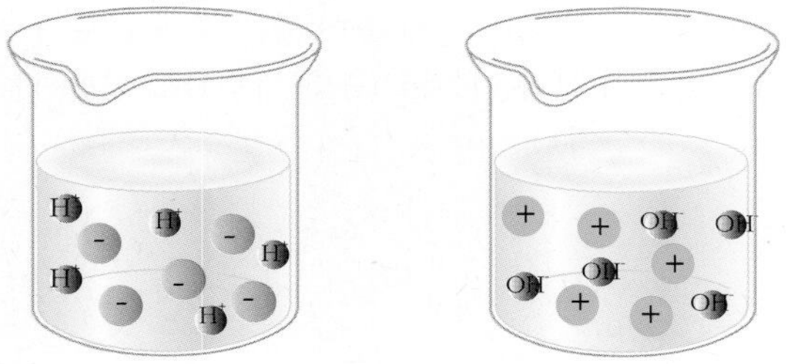

(가) (나)

	(가)	(나)		(가)	(나)
①	질산	암모니아	②	암모니아	아세트산
③	황산	수산화 나트륨	④	탄산	수산화 마그네슘
⑤	염산	수산화 알루미늄			

Tip!

01 설탕에 어떤 물질을 넣었더니 설탕이 검게 변하며 부풀어 올랐다. 이때 설탕에 넣은 물질은?

① NH_3 ② CH_3COOH ③ $MgCl_2$
④ H_2SO_4 ⑤ NaOH

02 〈보기〉 중 강산을 있는 대로 고르시오.

〈 보기 〉

ㄱ. HCl ㄴ. HNO_3 ㄷ. H_2CO_3 ㄹ. CH_3COOH

정답 및 해설 34쪽

[유형 22-2] 여러 가지 염기

표는 4가지 물질을 (가)와 (나)로 구분한 것이다. (가)와 (나)의 공통점으로 옳은 것은?

(가)	(나)
H_2SO_4, CH_3COOH	NaOH, $Ca(OH)_2$

① 수용액에서 전류가 흐른다.
② 손으로 만지면 미끈거린다.
③ 붉은색 리트머스 종이를 푸르게 변화시킨다.
④ 마그네슘과 반응하여 수소 기체를 발생한다.
⑤ 페놀프탈레인 용액을 붉은색으로 변화시킨다.

03

어떤 물질의 수용액의 성질을 조사한 결과이다. 이 물질을 예상한 것으로 옳지 않은 것은?

> 대부분의 금속과 반응하지 않았으며, 페놀프탈레인 용액을 떨어뜨렸더니 붉은색으로 변하였다.

① NH_3 ② NaOH ③ CH_3COOH
④ $Mg(OH)_2$ ⑤ $Al(OH)_3$

Tip!

04

염기의 이온식 중 옳지 않은 것은?

① $KOH \rightarrow K^+ + OH^-$
② $Ca(OH)_2 \rightarrow Ca^+ + OH_2^-$
③ $NaOH \rightarrow Na^+ + OH^-$
④ $NH_4OH \rightarrow NH_4^+ + OH^-$
⑤ $Mg(OH)_2 \rightarrow Mg^{2+} + 2OH^-$

[유형 22-3] 지시약과 중화 반응

수산화 나트륨(NaOH) 수용액과 묽은 염산(HCl)의 부피를 변화시키면서 용액의 온도를 측정한 결과이다. 혼합 용액 C와 F의 혼합 용액에 각각 BTB 용액을 떨어뜨렸을 때 각각 나타나는 색깔은?

실험	A	B	C	D	F
HCl의 부피(mL)	10	15	20	25	30
NaOH의 부피(mL)	30	25	20	15	10
온도(°C)	21	22	23	22	21

	C	F
①	붉은색	붉은색
②	붉은색	노란색
③	노란색	푸른색
④	녹색	푸른색
⑤	녹색	노란색

Tip!

05 중화점을 확인할 수 있는 방법을 모두 고르시오.

〈 보기 〉

ㄱ. BTB 용액의 색깔 변화를 관찰한다.
ㄴ. 전류의 세기를 측정한다.
ㄷ. 온도를 측정한다.
ㄹ. 용액의 질량 변화를 측정한다.

06 사이다의 pH는 약 4이고 비눗물의 pH는 약 10이다. 각각의 수용액에 페놀프탈레인 용액을 떨어뜨렸을 때 페놀프탈레인 용액의 색을 쓰시오.

사이다 : (　　　　), 비눗물 : (　　　　)

정답 및 해설 34쪽

[유형 22-4] 중화 반응과 염

묽은 염산에 같은 농도의 수산화 나트륨 수용액을 조금씩 가할 때의 전류의 세기를 나타낸 것이다. 다음 중 아래의 그래프에 대한 해석으로 옳은 것을 모두 고르면? (3개)

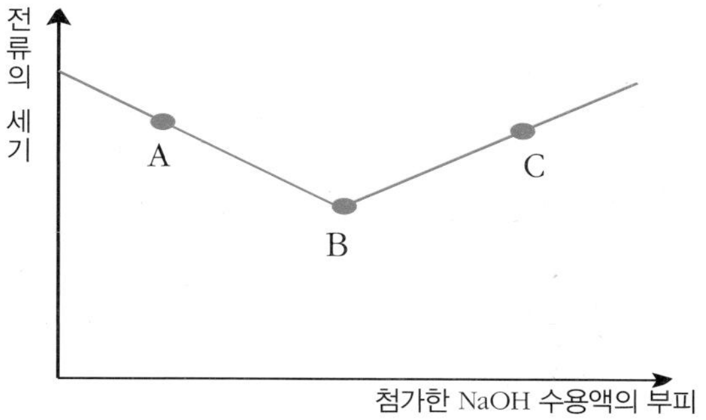

① A점에서는 염기성을 나타낸다.
② B점에서 온도가 가장 높다.
③ B점에서 존재하는 이온은 H^+, OH^-이다.
④ C점에서 수용액의 액성은 염기성이다.
⑤ C점에서 BTB용액을 넣으면 파란색을 나타낸다.

07

묽은 염산과 묽은 황산을 적정량 취해 용액을 구별하는 실험을 하려고 한다. 적당한 방법만을 〈보기〉에서 있는 대로 고른 것은?

〈 보기 〉

ㄱ. 메틸 오렌지 용액을 가한다.
ㄴ. 질산 은 수용액을 가한다.
ㄷ. 염화 칼슘 수용액을 떨어뜨려 본다.
ㄹ. 금속을 넣어서 수소 기체가 발생하는지 확인한다.

① ㄱ, ㄴ　② ㄴ, ㄷ　③ ㄴ, ㄹ
④ ㄱ, ㄷ　⑤ ㄱ, ㄹ

08

염에 대한 설명으로 옳지 않은 것은?

① 중화 반응에서 물과 함께 생성된다.
② 물에 녹지 않는 염은 앙금이 되어 가라 앉는다.
③ 염기의 양이온과 산의 음이온이 결합된 물질이다.
④ 염을 읽을 때에는 음이온을 먼저 읽고, 양이온을 나중에 읽는다.
⑤ 염의 화학식을 쓸 때에는 음이온을 먼저 쓰고, 양이온을 나중에 쓴다.

Tip!

창의력 & 토론마당

01 우리가 자주 먹는 귤 통조림은 껍질이 전혀 붙어 있지 않고 알맹이가 말랑말랑하고 깨끗하다. 과일 알맹이의 껍질을 깨끗하게 제거할 수 있는 이유를 산성, 염기성 물질과 관련지어 설명해 보자.

(1) 귤 알맹이의 껍질은 어떤 물질로 이루어져 있는지 쓰시오.

(2) 귤 알맹이의 껍질을 산성, 염기성 물질로 어떻게 제거하는지 생각하여 방법을 쓰시오.

정답 및 해설 35쪽

02 세제가 발달되지 않았던 시절에는 세제 대신 양잿물로 비누를 만들어 손빨래를 하였다. 양잿물은 수산화 나트륨($NaOH$)으로 이루어진 물질로 현재에도 세제와 비누의 원료로 쓰인다. 어떤 원리로 양잿물이 세탁물의 때를 벗겨 낼 수 있는 것인지 방법을 설명해보자.

03 무한이는 실험을 하다가 진한 황산 용액 한 방울을 운동화에 떨어 뜨렸다. 그러자 운동화가 녹으면서 구멍이 생겼다.

(1) 진한 황산의 일반적인 성질 3가지를 쓰시오.

(2) 진한 황산의 성질과 관련지어 운동화에 구멍이 생긴 이유를 쓰시오.

정답 및 해설 35쪽

04 상상이는 차를 타고 외딴 곳을 달리다가 자연 재해를 만나 고립되었다. 주변에는 황량한 벌판뿐이라 당장 물이 필요했다. 그러던 중 과학 시간에 배웠던 중화 반응의 원리로 자동차를 이용해 물을 만드려고 한다. 상상이는 다음의 자동차 부품들을 이용하여 어떻게 물을 만들 수 있을까?

요소수	차량용 첨가제와 달리, 연료와 별도로 차량에 장착되는 촉매제이다.
배터리액	증류수에 황산을 희석시킨 용액으로, 자동차 시동을 켤 때 중요한 역할을 한다.
연료 탱크	차량에 공급하는 연료가 들어있는 용기이다.
공기 여과기	엔진으로 들어오는 공기의 먼지를 제거하는 장치이다.

A

01 산의 특징에 해당하는 것에 '산', 염기의 특징에 해당하는 것은 '염', 공통된 특징에 해당하는 것은 '공' 이라고 쓰시오.

(1) 대부분 쓴맛이 난다. ( )
(2) 수용액 상태에서 전류가 흐른다. ( )
(3) 대부분의 금속과 반응하여 수소 기체가 발생한다. ( )
(4) BTB용액을 노랗게 만든다. ( )

02 산과 염기의 이온화 식을 잘못 나타낸 것은?

① $Ca(OH)_2 \rightarrow Ca^{2+} + 2OH^-$
② $H_2CO_3 \rightarrow H^+ + 2CO_3^{2-}$
③ $NaOH \rightarrow Na^+ + OH^-$
④ $Mg(OH)_2 \rightarrow Mg^{2+} + 2OH^-$
⑤ $HNO_3 \rightarrow H^+ + NO_3^-$

03 강산인 황산과 약염기인 암모니아를 구별할 수 있는 가장 적당한 방법은?

① 수용액의 맛을 본다.
② 수용액의 온도를 잰다.
③ 수용액의 냄새를 맡는다.
④ 수용액을 끓인 후 관찰한다.
⑤ 수용액에 메틸 오렌지 용액을 넣고 색깔을 관찰한다.

04 수소 이온 지수(pH)에 대한 설명이다. 빈칸에 들어갈 말을 〈보기〉에서 골라 각각 쓰시오.

〈 보기 〉

산성 중성 염기성

pH는 용액 속에 들어 있는 수소 이온 농도를 수치로 나타낸 것으로 pH가 7보다 크면 (㉠), 7이면 (㉡), 7보다 작으면 (㉢)라고 한다.

㉠ : ( )
㉡ : ( )
㉢ : ( )

05 묽은 염산에 같은 농도의 수산화 칼륨 용액의 양을 점점 많이 가하면서 온도를 재어 본 것이다. 이 그래프에 대한 해석으로 옳은 것은?

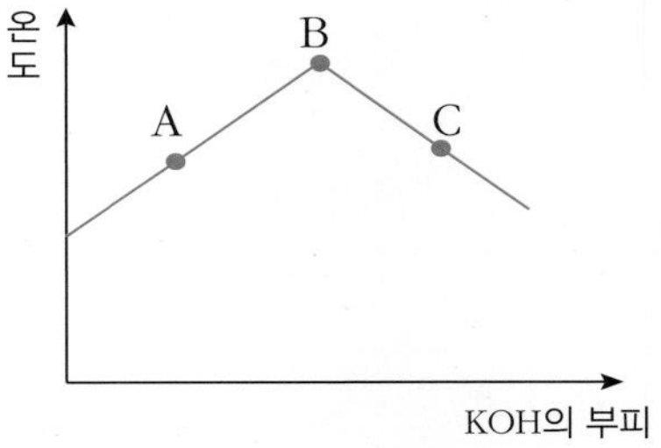

① A에서 염기성을 나타낸다.
② B에서 전류의 세기가 가장 세다.
③ B에서 리트머스 용액은 보라색을 나타낸다.
④ C에서 메틸오렌지 용액은 붉은색을 나타낸다.
⑤ 염화 이온의 개수는 A보다 C에서 많다.

정답 및 해설 35쪽

06 염기의 성질로 옳지 <u>않은</u> 것은?

① 만지면 미끈미끈하다.
② 대부분의 염기는 금속과 반응하지 않는다.
③ BTB 용액과 반응하면 노란색으로 변한다.
④ 염기성이 나타나는 것은 수산화 이온 때문이다.
⑤ 페놀프탈레인 용액과 반응하면 붉은색으로 변한다.

07 김치를 보관할 때 김치가 시어지지 않도록 달걀 껍데기를 함께 넣는다. 이와 같은 원리를 이용한 현상만을 〈보기〉에서 있는 대로 고르시오.

〈 보기 〉
ㄱ. 산성화 된 토양에 석회 가루를 뿌린다.
ㄴ. 벌레 물린 곳에 묽은 암모니아수를 바른다.
ㄷ. 과일을 깎아서 공기 중에 두면 갈색으로 변한다.

08 어떤 액체 물질에 페놀프탈레인 용액을 넣었을 때는 무색을, 메틸 오렌지 용액을 넣었을 때는 빨간색을 띠었다. 이 액체로 가장 적당한 것은?

① 증류수　② 소금물　③ 염산
④ 암모니아　⑤ 에탄올 수용액

09 화학 반응식의 빈칸에 알맞은 답을 써 넣으시오.

· $H_2SO_4 + Ca(OH)_2 \rightarrow 2($ ㉠ $) + CaSO_4 \downarrow$
· $HCl + NaOH \rightarrow ($ ㉡ $) + NaCl$
· $HNO_3 + ($ ㉢ $) \rightarrow H_2O + KNO_3$

10 수산화 칼륨(KOH)에 대한 설명으로 옳지 <u>않은</u> 것은?

① pH가 7 이상이다.
② 수용액은 강한 염기성을 나타낸다.
③ 물에 잘 녹아 대부분 이온으로 존재한다.
④ 수용액은 BTB 용액을 노란색으로 변화시킨다.
⑤ 붉은색 리트머스 종이를 푸른색으로 변화시킨다.

B

11 비눗물에 메틸 오렌지 용액과 페놀프탈레인 용액을 떨어뜨렸을 때 나타나는 색깔을 바르게 짝지은 것은?

	메틸 오렌지 용액	페놀프탈레인 용액
①	붉은색	푸른색
②	붉은색	무색
③	붉은색	노란색
④	노란색	붉은색
⑤	노란색	푸른색

12 수산화 칼슘($Ca(OH)_2$) 수용액과 묽은 황산(H_2SO_4)을 같은 부피로 반응시켰더니 앙금이 생성되었다. 이 앙금 생성 반응의 알짜 이온을 바르게 짝지은 것은?

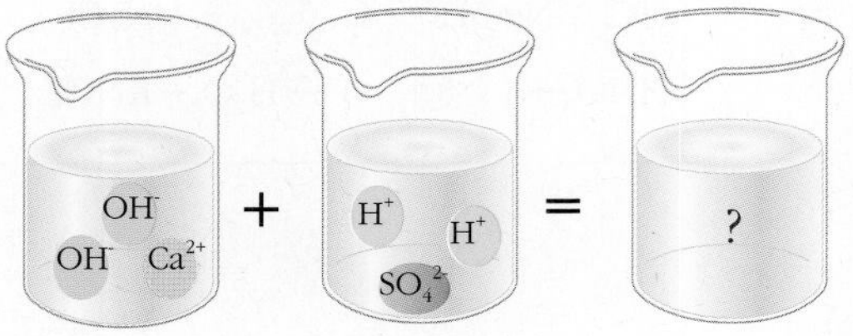

① H^+, SO_4^{2-} ② Ca^{2+}, OH^- ③ Ca^{2+}, SO_4^{2-}
④ H^+, OH^- ⑤ H^+, OH^-, Ca^{2+}, SO_4^{2-}

[13~14] 질산(HNO_3)이 들어 있는 삼각 플라스크에 수산화 나트륨(NaOH) 수용액을 조금씩 떨어뜨려 중화시켰다.

13 이 반응의 화학 반응식을 쓰시오.

14 이때 생성되는 염의 이름과 화학식을 쓰시오.

15 염에 대한 설명으로 옳지 <u>않은</u> 것은?

① 중화 반응에서 물과 함께 생성된다.
② 물에 녹는 염에는 NaCl, $NaNO_3$등이 있다.
③ 물에 녹지 않고 가라앉는 염을 앙금이라고 한다.
④ 산의 음이온과 염기의 양이온이 결합된 물질이다.
⑤ 염의 화학식을 쓸 때에는 음이온을 먼저 쓰고 양이온을 나중에 쓴다.

16 그림과 같이 같은 농도의 산과 염기 수용액을 같은 부피로 혼합하였다. 이 혼합 용액에 대한 설명으로 옳은 것은?

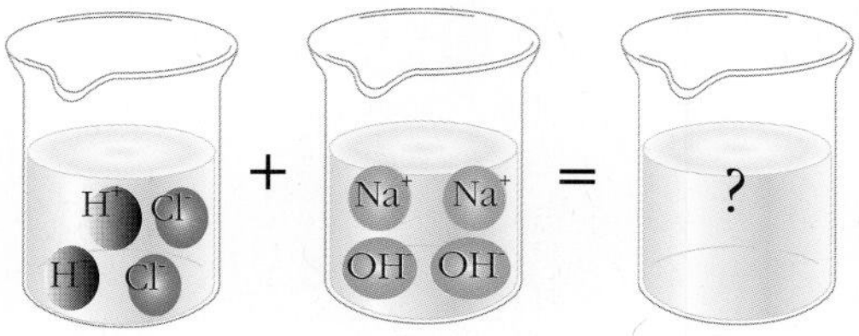

① pH가 7보다 낮다.
② pH가 7보다 높다.
③ 메틸오렌지 용액을 넣으면 붉은색으로 변한다.
④ 페놀프탈레인 용액을 넣으면 노란색으로 변한다.
⑤ 물을 모두 증발시키면 흰색 고체 물질이 남는다.

정답 및 해설 35쪽

17 일상 생활에서의 산과 염기를 짝지은 것으로 옳지 않은 것은?

① 포도 - 타타르산
② 화장품 - 수산화 칼륨
③ 아스피린 - 시트르산
④ 제산제 - 수산화 마그네슘
⑤ 베이킹 파우더 - 탄산수소 나트륨

18 다음 중 일정량의 수산화 나트륨 수용액에 묽은 염산을 조금씩 넣었을 때의 중화점이 나타난 그래프로 올바른 것은?

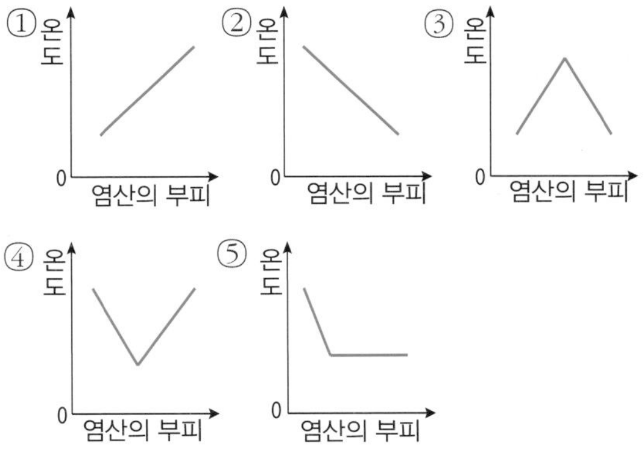

19 일정량의 묽은 황산(H_2SO_4)에 수산화 칼륨(KOH) 수용액을 조금씩 넣어 중화점까지 반응시킬 때 일어나는 변화에 대한 설명으로 옳은 것은?

① 용액의 온도가 높아진다.
② 물 분자의 수가 줄어든다.
③ 수소 이온의 수가 증가한다.
④ 황산 이온의 수가 증가한다.
⑤ 칼륨 이온의 수가 줄어든다.

20 다음의 물질끼리 반응했을 경우 물에 잘 녹지 않는 염이 생성되는 반응은?

① HCl, NaOH
② HCl, KOH
③ HCl, $Ca(OH)_2$
④ H_2SO_4, NaOH
⑤ H_2CO_3, $Ca(OH)_2$

C

[21~22] 표는 우리 주변 물질의 pH를 조사한 것이다.

물질	pH	물질	pH
사이다	3	베이킹 파우더	9
증류수	7	세정제	13
레몬	2	비누	10.5

21 단백질을 녹이는 성질이 있는 물질을 있는 대로 쓰시오.

22 메틸 오렌지 용액을 붉게 만드는 물질을 있는 대로 쓰시오.

23 묽은 황산과 수산화 나트륨 수용액을 구별할 수 있는 방법으로 옳지 않은 것은?

① 대리석과 반응시킨다.
② 전류가 흐르는지 측정한다.
③ 마그네슘 조각에 반응시킨다.
④ 보라색 양배추 지시약을 떨어뜨린다.
⑤ 지시약을 이용하여 색깔 변화를 관찰한다.

24 다음은 어떤 물질의 수용액의 성질을 조사한 결과이다. 이 물질을 예상한 것으로 옳지 않은 것은?

대부분의 금속과 반응하며, BTB 용액을 떨어뜨렸더니 노란색으로 변하였다.

① HCl ② H_2SO_4 ③ NH_3
④ H_2CO_3 ⑤ CH_3COOH

25 일정량의 수산화 나트륨(NaOH) 수용액에 같은 농도의 질산(HNO_3)을 조금씩 넣을 때 혼합 용액 속 개수 변화가 아래의 그림과 같은 입자는?

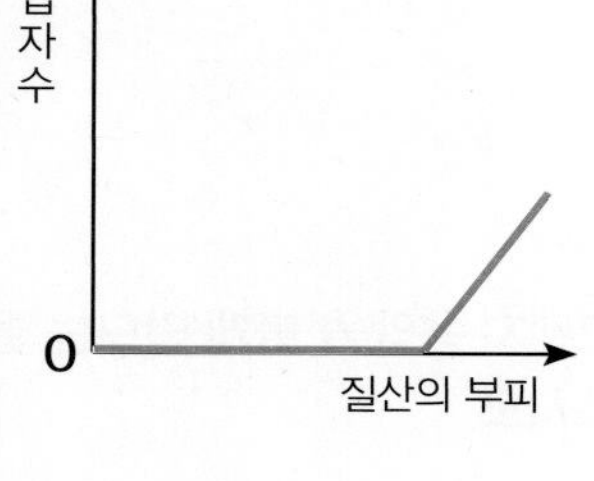

① H^+ ② Na^+ ③ OH^-
④ NO_3^- ⑤ H_2O

26 4개의 시험관에 같은 농도의 묽은 황산(H_2SO_4)과 수산화 칼륨(KOH) 수용액을 표와 같은 부피로 혼합하였다. 반응 후 혼합 용액의 부피가 가장 커지는 시험관을 고르고, 그 이유를 설명하시오.

시험관	A	B	C	D
H_2SO_4	10	20	25	30
KOH	5	20	20	40

27 묽은 염산(HCl)과 수산화 나트륨(NaOH) 수용액의 중화 반응식을 쓰시오.

정답 및 해설 35쪽

28 생선 요리에 레몬즙을 뿌리는 이유를 화학 반응과 관련지어 서술하시오

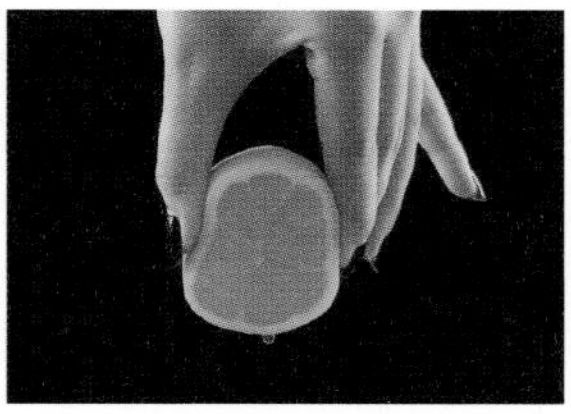

29 비누를 오래 쓰지 않고 방치해 놓았을 경우 표면에 흰 가루가 생기는 것을 알 수 있다. 흰 가루가 어떻게 만들어지는지 설명하시오.

30 과다하게 분비된 위액을 중화시키기 위해 제산제로 쓰이는 성분 중에는 약한 염기성 물질만을 사용하는데, NaOH와 KOH와 같은 강한 염기는 왜 사용하지 않는지 설명하시오.

창의력 서술

31 산성비는 pH가 약 5.6미만의 산성을 띠는 비이다. 산성비가 지속적으로 내리면 호수나 토양의 산성화가 일어나 식물이 잘 자랄 수 없는 토양 환경이 만들어진다. 산성비로 인한 토양의 피해를 줄일 수 있는 방안을 서술하시오.

32 하수구를 뚫거나 화장실의 찌든 때를 제거할 때 대부분 염기성 물질을 사용한다. 왜 산성 물질을 사용하지 않고, 염기성 물질을 사용하는지 설명하시오.

23강. 산화–환원 반응

1. 산화와 환원의 정의

(1) 산화와 환원

구분	산화	환원
정의	물질이 산소를 얻는 반응	물질이 산소를 잃는 반응
예	구리 가루를 가열하면 산소와 반응하여 산화 구리(II)로 된다. (산화) $2Cu(s) + O_2(g) \rightarrow 2CuO(s)$	산화 구리(II)를 탄소 가루와 섞어서 가열하면 산소를 잃고 구리로 된다. (환원) $2CuO(s) + C(s) \rightarrow 2Cu(s) + CO_2(g)$

(2) 산화제, 환원제

① 산화제 : 자신은 환원되면서 다른 물질을 산화시키는 물질이다.

② 환원제 : 자신은 산화되면서 다른 물질을 환원시키는 물질이다.

· 산화 구리는 자신은 환원되면서 탄소를 산화시키므로 산화제이다.

· 탄소는 자신은 산화되면서 산화 구리를 환원시키므로 환원제이다.

(3) 산화–환원 반응의 동시성 : 산화 반응과 환원 반응은 항상 동시에 일어난다.

화학반응이 일어날 때 한 물질이 산소를 얻으면 다른 물질은 산소를 잃기 때문이다.

예 마그네슘이 이산화 탄소와 격렬히 반응하면 흰색의 산화 마그네슘과 검은색의 탄소가 생성된다.

(산화: Mg → MgO, 환원: CO_2 → C)

$$2Mg(s) + CO_2(g) \rightarrow 2MgO(s) + C(s)$$

● 간단실험

준비물:구리판, 알코올 램프

① 구리판을 알코올 램프의 겉불꽃에 넣고 가열하면서 구리를 관찰한다.

② 가열한 부분을 알코올 램프의 속불꽃에 넣고 가열하면서 변화를 관찰한다.

● 구리를 겉불꽃, 속불꽃에 넣었을 때

① 구리의 산화

: 붉은색 구리판을 알코올 램프의 겉불꽃에 넣어 가열하면 표면이 검게 변한다. 이는 구리가 공기 중의 산소와 반응하여 검은색 산화 구리로 변하기 때문이다.

$2Cu(s) + O_2(g) \rightarrow 2CuO(s)$

② 산화 구리(II)의 환원

: 산화 구리를 속불꽃에 넣으면 다시 붉은색으로 돌아온다. 이는 속불꽃 속의 탄소(C)가 산화 구리의 산소와 결합하여 이산화 탄소가 되고 구리가 남기 때문이다.

$2CuO(s) + C(s) \rightarrow 2Cu(s) + CO_2(g)$

● 생각해보기★

산화 구리(II)에서 II의 의미는 무엇일까?

개념확인 1 옳은 것은 O표, 옳지 않은 것은 X표 하시오.

(1) 산화는 어떤 물질이 산소를 얻는 반응이다. ( )

(2) 산화제는 자신은 환원되면서 다른 물질을 산화시키는 물질이다. ( )

(3) 산화 반응과 환원 반응은 각각 따로 일어난다. ( )

확인 +1 산화 구리(II)(CuO)와 탄소(C)의 반응을 화학 반응식으로 나타낸 것이다. ㉠, ㉡에 산화, 환원을 각각 골라 쓰시오.

(㉠: C → CO_2, ㉡: CuO → Cu)

$$2CuO + C \rightarrow 2Cu + CO_2$$

㉠ : ( ), ㉡ : ( )

2. 여러 가지 산화–환원 반응 1

(1) 연소 : 물질이 산소와 빠르게 반응하면서 열과 빛을 내는 산화-환원 반응이다.

숯(C)의 연소	$C(s) + O_2(g) \rightarrow CO_2(g)$	
메테인(CH_4)의 연소	$CH_4(g) + 2O_2(g) \rightarrow CO_2(g) + 2H_2O(l)$	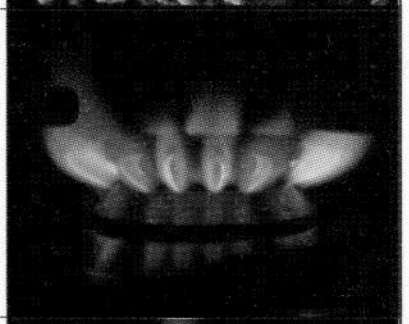
에탄올(C_2H_5OH)의 연소	$C_2H_5OH(l) + 3O_2(g) \rightarrow 2CO_2(g) + 3H_2O(l)$	

(2) 광합성과 호흡

광합성	$6CO_2(g) + 6H_2O(l) \xrightarrow{\text{빛}} C_6H_{12}O_6(s) + 6O_2(g)$	
	식물이 빛에너지를 이용하여 포도당을 합성한다.	
호흡	$C_6H_{12}O_6(s) + 6O_2(g) \rightarrow 6CO_2(g) + 6H_2O(l)$	
	생물은 포도당과 산소를 반응시켜 에너지를 만든다.	

일상 속의 산화–환원 반응
- 과일의 갈변과 음식물의 부패
- 소독약과 표백제의 작용
- 손난로 안에서의 반응
- 알루미늄 창틀
- 불꽃놀이
- 반딧불이의 불빛

▲ 갈변된 사과

▲ 불꽃놀이

생각해보기★★
금속과 다른 물질이 결합하는 산화–환원 반응에는 무엇이 있을까?

정답 및 해설 37쪽

개념확인 2 〈보기〉에서 알맞은 것을 골라 빈칸을 채우시오.

〈 보기 〉
산소　　산화　　열과 빛　　이산화 탄소

(1) 사과를 깎아서 공기 중에 놓아두면 사과가 (　　　) 되어 갈색으로 변한다.

(2) 숯이 연소되면 (　　　)와 (　　　)이 생성된다.

(3) 식물이 태양의 빛에너지를 이용하여 포도당을 합성하고 (　　　)를 발생한다.

확인 +2 산화–환원 반응이 아닌 것은?

① $C + O_2 \rightarrow CO_2$
② $HCl + NaOH \rightarrow H_2O + NaCl$
③ $CH_4 + 2O_2 \rightarrow CO_2 + 2H_2O$
④ $6CO_2 + 6H_2O \rightarrow C_6H_{12}O_6 + 6O_2$
⑤ $C_6H_{12}O_6 + 6O_2 \rightarrow 6CO_2 + 6H_2O$

미니사전
$C_6H_{12}O_6$**(포도당)** 탄수화물을 이루고 있는 가장 작은 단당류

3. 여러 가지 산화-환원 반응 2

(1) 철의 부식 : 철의 표면이 산화 또는 변질 되어 녹스는 것을 말한다.

$$4Fe(s) + 3O_2(g) \rightarrow 2Fe_2O_3(s)$$

(2) 철의 부식 방지법

페인트칠	도금	합금

철 표면에 페인트칠을 하여 산소와 물을 차단한다.	철의 표면을 다른 금속(마그네슘,아연)으로 얇게 입혀 산소와 물을 차단한다.	철에 니켈, 크로뮴 등의 금속을 섞어 성질을 약화시킨다.

(3) 철의 제련 : 철광석(Fe_2O_3)으로부터 철을 뽑아 내어 정제하는 과정이다.

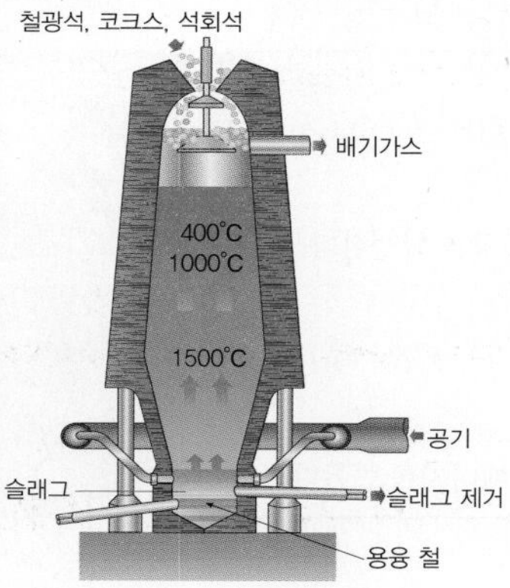

▲ 철의 제련 과정

① 철광석을 코크스, 석회석과 함께 가열하면 코크스는 불완전 연소하여 일산화 탄소를 생성한다.

$$2C(s) + O_2(g) \rightarrow 2CO(g)$$

② 일산화 탄소는 철광석을 환원시켜 순수한 철이 생성되게 한다.

$$Fe_2O_3(s) + 3CO(g) \rightarrow 2Fe(s) + 3CO_2(g)$$

철광석
철광석은 철을 함유한 광석으로, 대부분 철과 산소의 화합물인 산화 철의 형태로 존재한다.

▲ 산화 철

코크스
석탄을 밀폐시킨 상태에서 1000~1300℃ 의 고온으로 장시간 구운 것

철의 제련에서 석회석의 역할
철광석에 포함된 이산화 규소(SiO_2)를 제거한다.

▲ 석회석

희생 금속 연결
배의 표면에 철보다 산화가 잘되는 마그네슘이(Mg)나 아연(Zn)을 연결하여 철보다 희생 금속이 먼저 산화되도록 한다.

개념확인 3 **옳은 것은 O, 옳지 않은 것은 X로 표시하시오.**

(1) 금속이 부식되는 것은 금속의 환원 반응에 의한 것이다. ( )

(2) 철의 부식을 방지하는 방법에는 페인트칠, 도금, 합금 등이 있다. ( )

(3) 철광석을 코크스, 석회석과 함께 가열하면 코크스는 불완전 연소하여 이산화 탄소를 생성한다. ( )

확인 +3 **산화 철의 화학 반응식이다. 빈칸에 알맞은 화학식을 쓰시오.**

$$Fe_2O_3 + 3(\quad) \rightarrow 2(\quad) + 3CO_2$$

미니사전
제련 [製 짓다 鍊 단련] 광석을 용광로에 넣고 녹여 함유된 금속을 뽑아내는 작업
슬래그 용광로에서 금속을 녹일 때 쓰이는 비금속 물질

4. 전자의 이동과 산화-환원

(1) 전자의 이동에 의한 산화와 환원

산화	$Zn(s) \rightarrow Zn^{2+}(aq) + 2e^-$ (전자를 잃음)
환원	$2H^+(aq) + 2e^- \rightarrow H_2(g)$ (전자를 얻음)
전체 반응식	$Zn(s) + 2H^+(aq) \rightarrow Zn^{2+}(aq) + H_2(g)$

(2) 화학 전지 : 산화, 환원 반응을 이용하여 전기 에너지를 만든다.

(–) 극	$Zn \rightarrow Zn^{2+} + 2e^-$ (산화)
(+) 극	$2H^+ + 2e^- \rightarrow H_2 \uparrow$ (환원)

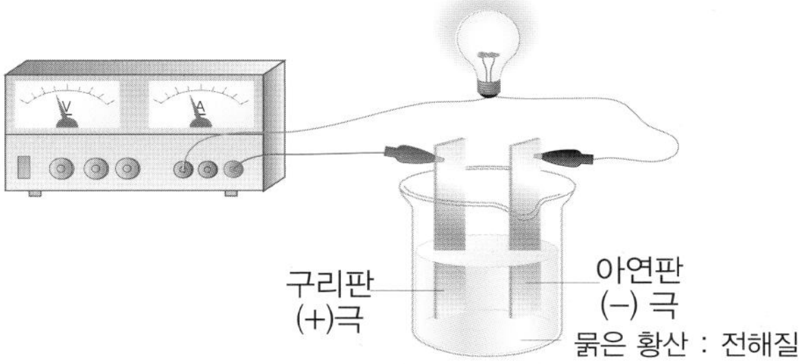

● 간단실험

준비물 : 황산, 구리판, 아연판, 전류계

① 황산이 절반 정도 들어 있는 비커에 구리판과 아연판을 넣는다.

② 구리판과 아연판을 도선으로 전류계에 연결하고 관찰한다.

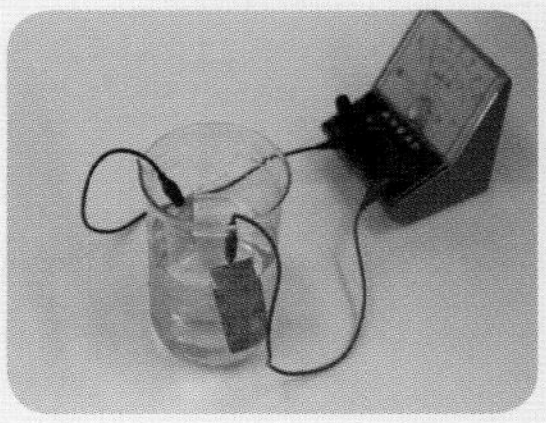

정답 및 해설 37쪽

개념확인 4 ㉠, ㉡에 알맞은 답을 쓰시오.

> 화학 전지는 ㉠(　　　　), ㉡(　　　　) 반응을 이용하여 전기 에너지를 만든다.

● 전자의 이동

전지에서는 (–)극에서 전자가 나와서 (+)극으로 이동한다.

확인 +4 전자의 이동에 의한 산화, 환원 반응식을 나타낸 것이다. ㉠, ㉡에 알맞은 화학식을 쓰시오.

> 산화 : $Zn(s) \rightarrow Zn^{2+}(aq) + 2e^-$
>
> 환원 : $2H^+(aq) + 2e^- \rightarrow H_2 \uparrow$
>
> 전체 반응식 : $2H^+(aq)$ + $Zn(s)$ → ㉠(　　) + ㉡(　　)↑

01 산화-환원 반응에 대한 설명으로 옳은 것은?

① 물질이 산소를 잃으면 산화되었다고 한다.
② 물질이 전자를 얻으면 산화되었다고 한다.
③ 다른 물질을 산화시키는 것은 환원제이다.
④ 산화 반응과 환원 반응은 동시에 일어난다.
⑤ 산화-환원 반응이 일어나면 물이 생성된다.

02 산화 구리(II)와 탄소(C)의 산화-환원 반응식이다. 이 반응에서 환원제와 산화제를 옳게 짝지은 것은?

$$2CuO + C \rightarrow 2Cu + CO_2$$

	환원제	산화제
①	C	CuO
②	C	Cu
③	C	CO_2
④	CuO	CO_2
⑤	CuO	Cu

03 마그네슘과 이산화 탄소의 산화-환원 반응식이다. 이 반응식의 빈칸에 들어갈 화학식을 옳게 짝지은 것은?

$$2Mg + (㉠) \rightarrow 2(㉡) + C$$

	㉠	㉡
①	CO	MgO_2
②	CO	MgO
③	CO	MgH
④	CO_2	MgO
⑤	CO_2	MgO_2

정답 및 해설 37쪽

04 **산화-환원 반응으로 옳지 않은 것은?**

① 바나나를 오래 두면 검게 변한다.
② 쇠사슬을 오래 두면 붉게 녹이 슨다.
③ 양초에 불을 붙이면 환하게 빛을 낸다.
④ 동물은 호흡을 통해 필요한 에너지를 얻는다.
⑤ 김치가 시어지지 않도록 달걀 껍데기를 넣는다.

05 **철의 부식을 방지하기 위한 방법으로 옳지 않은 것은?**

① 문에 페인트칠을 한다.
② 쇠못을 물속에 보관한다.
③ 양동이를 아연으로 도금한다.
④ 수도꼭지를 크로뮴으로 도금한다.
⑤ 기름 저장 탱크에 금속 아연을 연결한다.

06 **아연과 구리의 산화-환원 반응식이다. 이에 대한 설명으로 옳은 것만을 〈보기〉에서 있는 대로 고른 것은?**

$$Zn(s) + 2H^{+}(aq) \rightarrow Zn^{2+}(aq) + H_2(g)$$

〈 보기 〉

ㄱ. Zn은 전자를 잃었다.
ㄴ. $2H^{+}$는 전자를 얻었다.
ㄷ. Zn^{2+}는 산화되고, H_2는 환원되었다.

① ㄱ ② ㄱ, ㄴ ③ ㄱ, ㄷ ④ ㄴ, ㄷ ⑤ ㄱ, ㄴ, ㄷ

유형 익히기 & 하브루타

[유형23-1] 산화와 환원의 정의

마그네슘(Mg)과 이산화 탄소(CO_2)의 산화–환원 반응을 화학 반응식으로 나타낸 것이다. 이에 대한 설명으로 옳은 것만을 〈보기〉에서 있는 대로 고른 것은?

$$2Mg(s) + CO_2(g) \rightarrow 2MgO\ (s) + C(s)$$

〈 보기 〉

ㄱ. 마그네슘은 산화된다.
ㄴ. CO_2는 환원제로 작용한다.
ㄷ. 산화, 환원 반응은 동시에 일어난다.

① ㄱ ② ㄱ, ㄴ ③ ㄱ, ㄷ ④ ㄴ, ㄷ ⑤ ㄱ, ㄴ, ㄷ

Tip!

01 산화–환원 반응에 대한 설명으로 옳은 것만을 〈보기〉에서 있는 대로 고른 것은?

〈 보기 〉

ㄱ. 산화 반응이 일어날 때 환원 반응은 일어나지 않는다.
ㄴ. 과일의 갈변 현상은 공기 중의 산소 때문에 일어난다.
ㄷ. 알루미늄 창틀이 녹스는 것은 환원 현상이다.

① ㄱ ② ㄴ ③ ㄱ, ㄴ
④ ㄴ, ㄷ ⑤ ㄱ, ㄴ, ㄷ

02 산화와 환원 반응에 대한 설명으로 옳지 않은 것은?

① 연료의 연소는 산화-환원 반응이다.
② 환원제는 화학 반응에서 자신이 환원된다.
③ 물질이 산소를 잃는 반응을 환원 반응이라고 한다.
④ 물질이 산소를 얻는 반응을 산화 반응이라고 한다.
⑤ 가루형 손난로가 따뜻해지는 현상은 산화 반응 때문이다.

정답 및 해설 37쪽

[유형23-2] 여러 가지 산화, 환원 반응1

산화-환원 반응으로 설명할 수 있는 것만을 있는 대로 고른 것은?

〈 보기 〉

ㄱ. 생물은 호흡을 통해 에너지를 얻는다.
ㄴ. 산성화된 호수에 석회 가루를 뿌린다.
ㄷ. 폭죽이 폭발하여 금속의 불꽃색이 나타난다.
ㄹ. 시어진 김치에 달걀 껍데기를 넣는다.
ㅁ. 과일을 깎아서 공기 중에 오래두면 색이 변한다.

① ㄱ, ㄴ, ㄷ　　② ㄱ, ㄷ, ㅁ　　③ ㄴ, ㄷ, ㄹ　　④ ㄴ, ㄷ, ㅁ　　⑤ ㄷ, ㄹ, ㅁ

03 **산화-환원 반응과 관련이 있는 것을 모두 고르시오.**(2개)

① 위가 쓰릴 때 위산제를 먹는다.
② 색이 변한 옷을 표백제로 세탁한다.
③ 자전거 체인이 녹이 슬어 붉게 변한다.
④ 생선에 레몬즙을 뿌려 비린내를 줄인다.
⑤ 변기가 막힐 때 하수구 세척액을 넣는다.

04 **산화-환원 반응을 나타내는 화학 반응식으로 옳지 않은 것은?**

① $2CuO + C \rightarrow 2Cu + CO_2$
② $CH_4 + 2O_2 \rightarrow CO_2 + 2H_2O$
③ $HCl + NaOH \rightarrow H_2O + NaCl$
④ $6CO_2 + 6H_2O \rightarrow C_6H_{12}O_6 + 6O_2$
⑤ $C_6H_{12}O_6 + 6O_2 \rightarrow 6CO_2 + 6H_2O$

Tip!

유형 익히기 & 하브루타

[유형23-3] 여러 가지 산화, 환원 반응 2

그림은 철광석으로부터 철을 얻는 과정을 나타낸 것이고, (가)와 (나)는 코크스와 산화 철의 화학 반응식이다. 이에 대한 설명으로 옳은 것은?

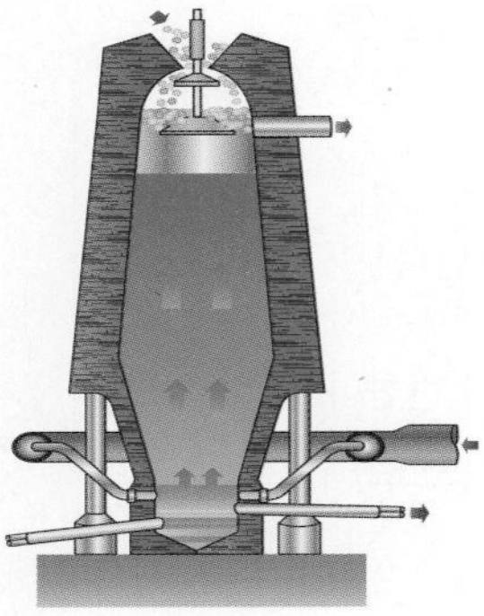

(가) $2C(s) + O_2(g) \rightarrow 2CO(g)$
(나) $Fe_2O_3(s) + 3CO(g) \rightarrow 2Fe(s) + 3CO_2(g)$

① (가)에서 C는 환원된다.
② (나)에서 Fe_2O_3는 산화된다.
③ (나)에서 CO는 산화제이다.
④ (나)에서 CO는 환원제이다.
⑤ (가), (나) 반응식에서 (나)만 산화-환원 반응식이다.

05 철이 녹스는 것을 방지하기 위한 방법으로 옳지 않은 것은?

① 배의 선체에 페인트칠을 한다.
② 통조림의 표면을 주석으로 도금한다.
③ 기름 저장 탱크에 금속 아연을 연결한다.
④ 쇠못을 바람이 잘 통하는 곳에 보관한다.
⑤ 철, 크로뮴, 니켈을 혼합하여 스테인리스 강을 만든다.

06 바다에 떠 있는 선체에는 녹을 방지하기 위해 금속을 부착하기도 한다. 선체의 부식을 방지하기 위해 사용하기에 적절한 금속 두 가지를 쓰시오.

정답 및 해설 37쪽

[유형23-4] 전자의 이동과 산화, 환원

화학 전지에 대해 나타낸 것이다. 다음 설명 중 옳은 것은?

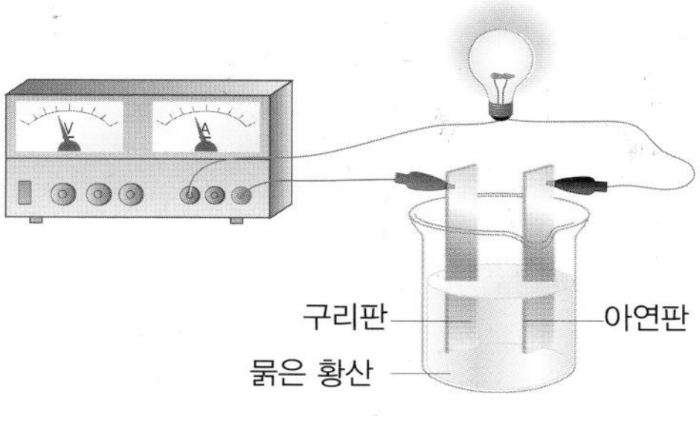

① 구리판은 (-)극이 된다.
② 아연판은 (+)극이 된다.
③ 묽은 황산은 전해질이다.
④ 이 반응으로 화학 에너지를 얻는다.
⑤ 전자는 (-)극에서 (+)극으로 이동한다.

07

전자의 이동에 의한 산화–환원 반응식을 나타낸 것이다. 아래 반응에 대한 설명으로 옳은 것을 모두 고르시오.(2개)

$$Zn + 2H^{+} \rightarrow ㉠(\quad) + ㉡(\quad)$$

① Zn은 전자를 얻었다.
② $2H^{+}$는 전자를 잃었다.
③ ㉠에 알맞은 화학식은 Zn^{2+}이다.
④ ㉡에 알맞은 화학식은 H이다.
⑤ 이 반응을 이용하여 전기 에너지를 얻을 수 있다.

08

화학 전지에서 아연(Zn)과 구리(Cu)의 산화–환원 전체 반응식을 쓰시오.

01 눈이 많이 오면 제설 작업을 위해 바닥에 염화 칼슘($CaCl_2$)을 뿌린다. 하지만 염화 칼슘과 타이어가 섞여 자동차의 휠이 부식된다.

(1) 염화 칼슘($CaCl_2$)이 자동차의 휠의 부식에 끼치는 영향을 쓰시오.

(2) 중고차를 구입할 때 바닷가 근처에서 사용했던 차는 피하라는 말이 있다. 이러한 말이 등장하게 된 이유와 차량의 부식을 방지할 수 있는 방법을 쓰시오.

정답 및 해설 38쪽

02 다음은 고려청자를 만드는 과정이다. 우리나라의 고려청자는 용광로의 철광석으로부터 철을 제련하는 과정과 비슷한 원리로 아름다운 도자기의 무늬를 만든다. 이 원리를 설명하고 화학 반응식을 쓰시오.

반죽하고 그릇 빚기	흙 속에 공기가 남지 않도록 꾹꾹 반죽한다.
무늬 그리고 칠하기	그릇이 마르면 그림을 그리고 조각한다.
초벌구이	가마에 도자기를 넣고 800°C에 굽는다.
유약 바르기	유약에 들어 있는 철 성분 때문에 청자의 색이 바뀐다.
두벌구이	가마에 도자기를 넣고 1300°C에 굽는다.

03 바나나 껍질을 벗겨서 오래 두면 갈변 현상이 일어나서 색이 변한다. 갈변 현상이란 과일이 공기중 산소와 반응하여 색이 변하는 것을 말한다. 다음 질문에 답하시오.

(1) 감자나 고구마를 삶으면 갈변 현상이 잘 일어나지 않는다. 그 이유는 무엇일까?

(2) 껍질을 깎지 않으면 갈변 현상이 일어나지 않는다. 그 이유는 무엇일까?

(3) 갈변 현상을 막을 수 있는 방법을 3가지 이상 쓰시오.

정답 및 해설 38쪽

04 다음 글을 읽고 물음에 답하시오.

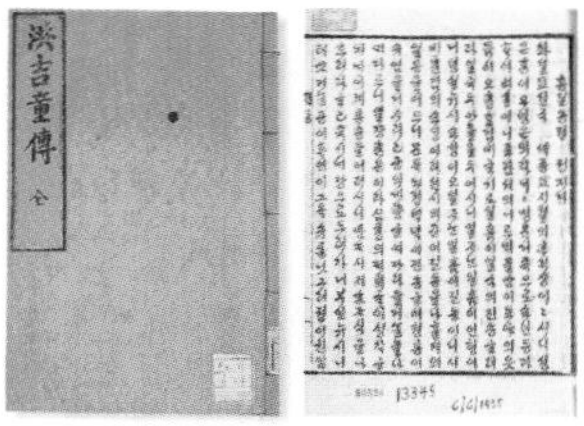

▲ 구한 말 서적

▲ 서양의 서적

그림은 수백년 된 고서(좌측)와 몇 십년 된 서적(우측)이다. 구한 말 어느 외국의 조사에서 〈조선의 종이는 닥나무 섬유를 빼내어 만듦으로 서양의 종이처럼 약하지 않고 어찌나 질긴지 노끈을 만들어 쓸 수도 있다고〉라고 감탄했다.

19세기 이후 서양의 흰 종이로 만들어진 책이 이 · 삼백년 오래된 우리나라 고서보다 빨리 누렇게 색이 바래는 이유는 무엇일까?

스스로 실력 높이기

A

01 산화–환원 반응이 아닌 것은?

① 금속의 부식
② 과일의 갈변
③ 제산제 복용
④ 반딧불이의 불빛
⑤ 소독약과 표백제의 작용

02 다음 반응에서 산화제와 환원제로 작용한 물질을 고르시오.

$$2MgO + C \rightarrow 2Mg + CO_2$$

	산화제	환원제
①	MgO	C
②	MgO	CO_2
③	MgO	2Mg
④	C	MgO
⑤	C	CO_2

03 옳은 것은 O표, 옳지 않은 것은 X표 하시오.

(1) 산화는 물질이 산소를 얻는 반응이다. ( )
(2) 환원제는 자신이 환원되면서 다른 물질을 산화시키는 물질이다. ( )
(3) 산화 반응과 환원 반응은 항상 동시에 일어난다. ( )

04 철광석으로부터 철을 뽑아 내는 과정이다. 이 과정에 대한 설명으로 옳지 않은 것은?

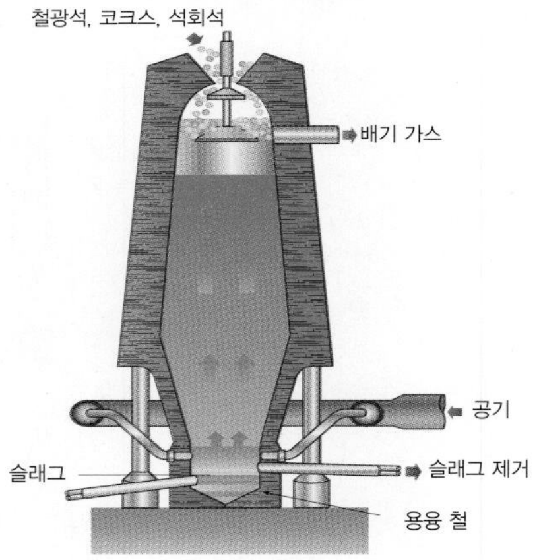

① 일산화 탄소는 철광석에서 산소가 된다.
② 코크스는 산화되어 일산화 탄소가 된다.
③ 슬래그는 용광로에서 금속을 녹일 때 쓰인다.
④ 석회석은 이산화 규소를 제거하는 역할을 한다.
⑤ 코크스가 산화되어 생긴 일산화 탄소는 환원제 역할을 한다.

05 산화 구리(Ⅱ)(CuO)와 탄소(C)의 반응식이다. ㉠, ㉡을 알맞게 채우시오.

㉠( ) + C → 2Cu + ㉡( )

06 광합성을 통해 포도당을 합성하는 과정과 호흡을 통해 에너지를 얻는 화학 반응식이다. 광합성과 호흡에 대한 설명으로 옳지 않은 것은?

· 광합성 : ㉠( ) + $6H_2O \xrightarrow{빛} C_6H_{12}O_6 + 6O_2$

· 호흡 : $C_6H_{12}O_6 + 6O_2 \rightarrow 6CO_2 +$ ㉡( )

① ㉠은 $6CO_2$이다.
② ㉡은 $6H_2O$이다.
③ 광합성에서 ㉠은 환원된다.
④ 호흡에서 포도당은 환원된다.
⑤ 호흡에서 산소는 산화제이다.

정답 및 해설 39쪽

07 철이 녹스는 현상에 대한 설명으로 옳지 않은 것은?

① 철이 녹슬 때 철은 환원된다.
② 철이 녹슬면 붉은색의 산화 철이 된다.
③ 철이 녹스는 것을 방지하려면 산소와 접촉하는 것을 막아야 한다.
④ 철의 표면에 도금을 하면 철이 녹스는 것을 방지할 수 있다.
⑤ 철의 표면에 페인트칠을 하면 철이 녹스는 것을 막을 수 있다.

08 산화-환원 반응에 대한 설명으로 옳지 않은 것은?

① 연소 반응은 산화-환원 반응이다.
② 철을 제련하는 과정은 산화-환원 반응이다.
③ 부식된 금속 유물을 복원하는 과정은 환원 반응이다.
④ 식물이 빛에너지를 이용하여 포도당을 합성하는 것은 산화-환원 반응이다.
⑤ 부식을 막기 위해서는 공기가 잘 통하는 곳에 금속을 두어야 한다.

09 〈보기〉의 현상들에 공통적으로 관여하는 물질로 옳은 것은?

〈 보기 〉

· 사과를 공기 중에 오래 두면 검게 변한다.
· 쇠사슬을 공기 중에 오래 두면 붉게 변한다.
· 양초에 불을 붙이면 환하게 빛을 낸다.
· 동물은 호흡을 통해 필요한 에너지를 얻는다.

① 질소 ② 수소 ③ 산소
④ 아르곤 ⑤ 이산화탄소

10 산화-환원 반응을 나타내는 화학 반응식이 아닌 것은?

① $2Mg + O_2 \rightarrow 2MgO$
② $4Fe + 3O_2 \rightarrow 2Fe_2O_3$
③ $CuO + H_2 \rightarrow Cu + H_2O$
④ $Fe_2O_3 + 3CO \rightarrow 2Fe + 3CO_2$
⑤ $H_2SO_4 + Ba(OH)_2 \rightarrow 2H_2O + BaSO_4$

B

11 밑줄 친 물질이 산화 반응하는 경우만를 있는 대로 고른 것은?

〈 보기 〉

ㄱ. $\underline{C} + O_2 \rightarrow CO_2$
ㄴ. $\underline{2Mg} + O_2 \rightarrow 2MgO$
ㄷ. $\underline{2CuO} + C \rightarrow 2Cu + CO_2$
ㄹ. $\underline{CH_4} + 2O_2 \rightarrow CO_2 + 2H_2O$

① ㄱ, ㄴ ② ㄱ, ㄷ ③ ㄴ, ㄷ
④ ㄱ, ㄴ, ㄹ ⑤ ㄴ, ㄷ, ㄹ

12 철의 제련 과정의 화학 반응식이다. 반응 물질 중에서 산화된 물질과 환원된 물질의 화학식을 각각 쓰시오.

$$Fe_2O_3(s) + 3CO(g) \rightarrow 2Fe(s) + 3CO_2(g)$$

(1) 산화된 물질 : (　　　　　)
(2) 환원된 물질 : (　　　　　)

13 메테인(CH_4)의 연소 반응식이다. 이에 대한 설명으로 옳은 것을 모두 고르시오.(2개)

$$CH_4 + 2O_2 \rightarrow ㉠(\quad) + 2H_2O$$

① 메테인은 산화된다.
② ㉠은 이산화 탄소이다.
③ ㉠은 일산화 탄소이다.
④ 이 반응은 느린 반응이다.
⑤ 이 반응을 통해 앙금이 생성된다.

14 아연과 구리의 산화–환원 반응식이다. 다음 중 옳지 않은 것은?

$$Cu^{2+} + Zn \rightarrow Zn^{2+} + Cu$$

① Zn은 전자를 잃었다.
② Cu는 환원된 물질이다.
③ Zn^{2+}는 산화된 물질이다.
④ 황산 구리 수용액을 이용해서 실험한다.
⑤ 이 반응을 통해 화학 에너지를 얻는다.

15 철의 부식을 방지하기 위한 방법을 3가지 이상 쓰시오.

[16~17] 구리의 산화–환원 반응 실험이다.

(1) 구리 막대기를 알코올 램프의 겉불꽃에 넣고 가열한다.
(2) 과정 (1)에서 가열한 부분을 알코올 램프의 속불꽃에 넣고 가열한다.

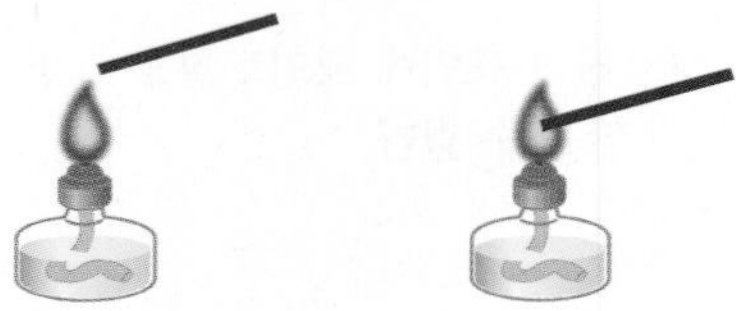

(가) (나)

16 위 실험에 대한 설명을 옳지 않은 것은?

① 겉불꽃에서 구리는 산화된다.
② 속불꽃에는 탄소 성분이 존재한다.
③ 속불꽃에서 산화 구리는 환원된다.
④ (2) 과정에서 산소 기체가 발생한다.
⑤ 겉불꽃에서 구리판은 질량이 증가한다.

17 속불꽃에서 일어나는 반응의 화학 반응식을 쓰시오.

18 철로 만든 구조물이 녹슬지 않도록 표면에 페인트칠을 하는 이유로 가장 적당한 것은?

정답 및 해설 39쪽

19 연소와 부식에 대한 설명이다. ㉠~㉢에 들어갈 말을 바르게 짝지은 것은?

> 연소와 부식의 공통점은 ㉠(　　)와 결합하는 현상이다. 차이점은 연소는 ㉡(　　) 일어나는 산화 반응이고 부식은 ㉢(　　) 일어나는 산화 반응이다.

	㉠	㉡	㉢
①	수소	느리게	느리게
②	수소	느리게	빠르게
③	산소	느리게	느리게
④	산소	빠르게	빠르게
⑤	산소	빠르게	느리게

20 일상 생활 속에서 일어나는 산화-환원 반응의 예로 옳은 것을 모두 고르시오.(2개)

① 생선 요리에 레몬즙을 뿌린다.
② 가루형 손난로를 흔들면 따뜻해진다.
③ 화장실의 찌든 때를 식초로 제거한다.
④ 자전거 체인에 녹이 슬어 붉게 변한다.
⑤ 비누로 머리를 감은 후 식초로 헹군다.

C

21 마그네슘이 이산화 탄소와 반응하는 반응의 화학 반응식을 나타낸 것이다. 이에 대한 설명으로 옳은 것만을 〈보기〉에서 있는 대로 고른 것은?

$$2Mg(s) + CO_2(g) \rightarrow 2MgO(s) + C(s)$$

〈 보기 〉
ㄱ. 마그네슘은 환원된다.
ㄴ. 이산화 탄소는 산화제이다.
ㄷ. 산화 반응과 환원 반응은 동시에 일어난다.

① ㄱ　② ㄴ　③ ㄷ
④ ㄱ, ㄷ　⑤ ㄴ, ㄷ

22 연료의 연소 사진과 각각의 화학 반응식이다. 이에 대한 설명으로 옳은 것만을 〈보기〉에서 있는 대로 고른 것은?

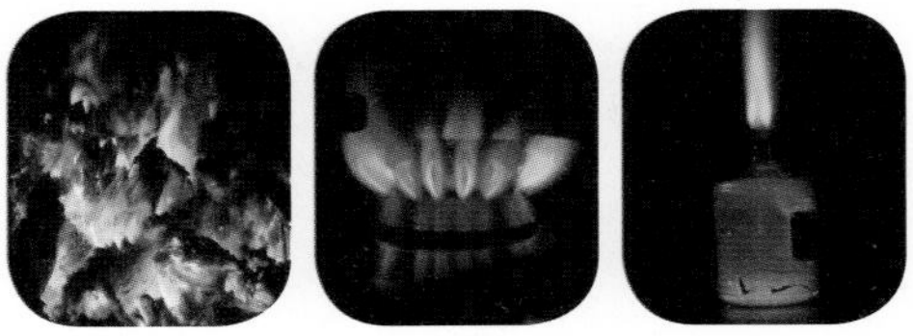

(가)　(나)　(다)

(가) $C + O_2 \rightarrow CO_2$
(나) $CH_4 + 2O_2 \rightarrow CO_2 + 2H_2O$
(다) $2CH_3OH + 3O_2 \rightarrow 2CO_2 + 4H_2O$

〈 보기 〉
ㄱ. 연료들은 모두 산화된다.
ㄴ. 세 반응 모두 에너지로 전환된다.
ㄷ. 생성되는 물질의 종류가 모두 같다.

① ㄱ　② ㄴ　③ ㄱ, ㄴ
④ ㄱ, ㄷ　⑤ ㄴ, ㄷ

[23~24] 그림은 철의 제련 과정을 나타낸 것이다.

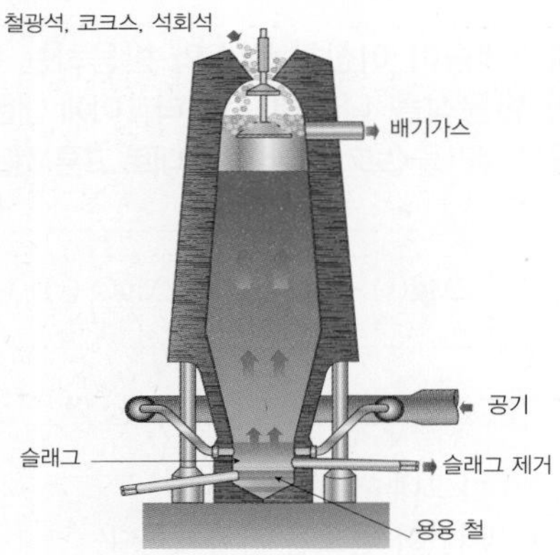

23 철의 제련 과정에서 석회석을 넣는 이유는 무엇일까?

① 슬래그를 제거하기 위해서이다.
② 철이 녹스는 것을 방지하기 때문이다.
③ 철을 뽑아낼 때 수월하도록 돕기 때문이다.
④ 철광석과 코크스가 잘 섞이도록 돕기 때문이다.
⑤ 철광석에 포함된 이산화 규소를 제거하기 위해서이다.

24 코크스가 용광로 안에서 일산화 탄소를 생성하는 반응을 화학식으로 옳게 쓴 것은?

① $C + O_2 \rightarrow CO$
② $C + O_3 \rightarrow 3CO$
③ $2C + O_2 \rightarrow 2CO$
④ $2C + O \rightarrow CO$
⑤ $2C + O_3 \rightarrow 3CO$

25 다음은 '테르밋' 이라는 특수 용접 과정의 화학식을 나타낸 것이다. 테르밋 용접이란 알루미늄과 산화 철의 반응에서 발생하는 열을 산화 철로부터 철을 얻어내는 데 바로 이용하는 것을 의미한다. 이에 대한 설명으로 옳은 것은?

$$Fe_2O_3 + 2Al \rightarrow 2Fe + Al_2O_3$$

① 환원 반응이다.
② Al은 환원된다.
③ Fe_2O_3는 산화된다.
④ Fe_2O_3은 산화제, Al은 환원제이다.
⑤ 속이 쓰릴 때 제산제를 먹는 것과 같은 원리이다.

26 그림 (가)와 (나)는 철의 부식을 방지하기 위해 이용한 방법을 나타낸 것이다. (가), (나)에서 이용된 철의 부식 방지법의 원리를 각각 서술하시오.

(가)

(나)

정답 및 해설 39쪽

27 천연 가스의 주성분인 메테인(CH_4)이 연소될 때의 반응을 화학 반응식으로 쓰시오.

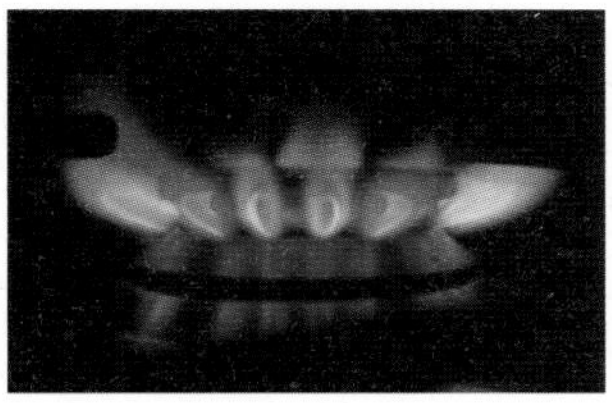

28 철광석(Fe_2O_3)을 코크스(C), 석회석($CaCO_3$)과 함께 용광로 넣어 가열하면 코크스는 산화가 되어 일산화 탄소(CO)가 된다. 일산화 탄소와 철이 반응하여 순수한 철이 생성되는 화학 반응식을 쓰시오.

29 식품을 오래 보관하기 위해서 진공 포장을 하는 이유를 산화–환원 반응을 이용하여 서술하시오.

30 식물은 빛 에너지를 이용하여 포도당을 합성한다. 이 반응을 광합성이라 하는데 CO_2가 환원되는 반응이다. CO_2가 물과 반응하여 포도당($C_6H_{12}O_6$)을 합성하는 화학 반응식을 쓰시오.

창의력 서술

31 불꽃놀이는 특유의 불꽃색을 나타내는 금속 원소가 포함된 물질을 이용하는 것이다. 산화–환원 반응을 이용하여 서술하시오.

32 자동차 배기가스에 포함된 CO, NO를 CO_2, N_2로 변화시켜 공기 중으로 배출할 때의 반응을 화학 반응식으로 쓰고, 산화–환원 반응을 이용하여 서술하시오.

클레오파트라가 선택한 식초

클레오파트라의 이야기 중에는 "달의 눈물"이라고 하는 진주에 관한 유명한 이야기가 전해 내려오고 있다. 고대 이집트가 로마군에 의해서 점령되어 겨우 명맥을 이어가고 있을 무렵, 프톨레마이오스 12세의 왕비였던 클레오파트라는 최초의 로마 장군 줄리어스 시저의 애인이 되었다.

그가 죽고 난 후, 클레오파트라는 시저의 부하인 안토니우스와 친분을 맺었다. 안토니우스는 시저 군대의 지휘관이었다가 최고 자리에 오른 사람이었다. 그녀는 안토니우스를 연회마다 초대했지만 맛있는 음식에 익숙했던 로마인에게 연회란 놀라운 것이 아니었다. 어느 날 안토니우스는 클레오파트라에게 세상에서 최고로 비싼 식사를 할 수 있는가 하고 내기를 걸었다. 클레오파트라는 심부름꾼에게 식초가 담겨 있는 황금의 술잔을 가져오라고 했다. 그 잔 속에 그녀는 자신이 달고 있던 세계에서 가장 오래된 '달의 눈물'이라는 아름다운 진주 귀걸이를 넣고 그것이 녹는 것을 본 뒤 마셨다고 한다. 이에 안토니우스가 경탄하자, 그녀는 다시 또 하나의 귀걸이를 빼어 그 속에 넣으려고 했다. 그러자 안토니우스는 당황하며 "내가 졌으니, 그만 하시오"라며 그녀를 만류했다고 한다.

과연 진주가 식초에 녹을 수 있을까?

조개가 자신의 껍질 속에 들어온 불순물의 둘레에 조개껍질을 만드는 성분을 분비시켜 매끄럽고 둥글게 만든 것이 진주이다. 이런 조개껍질의 성분은 조개가 바다 속에 녹아 있는 석회 성분을 흡수해 탄산칼슘($CaCO_3$)으로 침전시킨 것으로 진주의 주성분은 탄산 칼슘과 유기 물질(단백질과 수분 등)등으로 되어 있는 석회석이라 할 수 있다. 따라서 진주는 식초를 포함한 모든 산에 잘 녹는다. 식초는 아세트산을 포함하고 있고, 아세트산은 석회석으로 된 바위를 녹여 아세트산 칼슘이라는 염을 만드는 성질이 있다. 클레오파트라의 진주 역시 석회질로 만들어졌기 때문에 산을 이용해 진주를 녹일 수 있었던 것이다.

정답 및 해설 40쪽

▲ 계란을 식초에 담근 모습

▲ 계란껍질이 식초에 녹는 모습

그러나 과연 클레오파트라가 진주를 곧바로 녹여 마실 수 있었는지는 확인하기 어렵다. 그녀가 마신 식초는 당연히 몸에 해를 주지 않을 정도의 약한 산성을 띠었을 것이다. 따라서 진주 알갱이가 녹기까지 어느 정도 시간이 필요하다.

그렇다면 연회 당시 어떤 일이 벌어진 것일까?

한가지 해석은 당시의 화학 지식을 많이 갖춘 클레오파트라가 진주를 녹일 수 있는 어떤 물질을 연회가 시작하기 전 미리 식초에 타 놓았다는 것이다. 한편 클레오파트라가 흰색의 석회로 된 가짜 진주를 귀에 걸고 있다가 교묘하게 속였다는 설명도 있다.

그러나 당대 최대의 부자이자 위대한 이집트의 여왕이 상대방을 속이는 행동을 보였다는 것은 어울리지 않는다. 또 하나의 가능성은 여왕이 식초와 함께 진주를 통째로 삼킨 것이다. 클레오파트라가 들고 있던 잔이 금속 잔이었다면 진주가 실제로 녹았는지 아무도 확인하기 어려웠을 것이다.

정확한 상황을 파악하기는 어렵지만 클레오파트라가 인기를 끌었던 데에는 미모뿐 아니라 뛰어난 지략도 한 몫 했음을 알 수 있다.

Q1 진주가 식초에 녹을 때 일어나는 반응의 화학 반응식을 생각하여 써보시오.

(식초 : CH_3COOH)

Project 6 - 탐구

[탐구-1] 중화 적정

준비물 삼각 플라스크, 스포이트, 뷰렛, 스탠드, 증발접시, 니크롬선, 염산, 수산화 나트륨 수용액, 페놀프탈레인, 증류수

탐구 과정

① 5% 염산 10mL를 삼각 플라스크에 넣고 페놀프탈레인 용액을 1~2방울 넣는다.

② 뷰렛을 이용하여 5% 수산화 나트륨 수용액을 조금씩 떨어뜨린다.

③ 용액이 아주 연한 분홍색으로 변하는 순간 수산화 나트륨 수용액을 떨어뜨리는 것을 멈춘다.

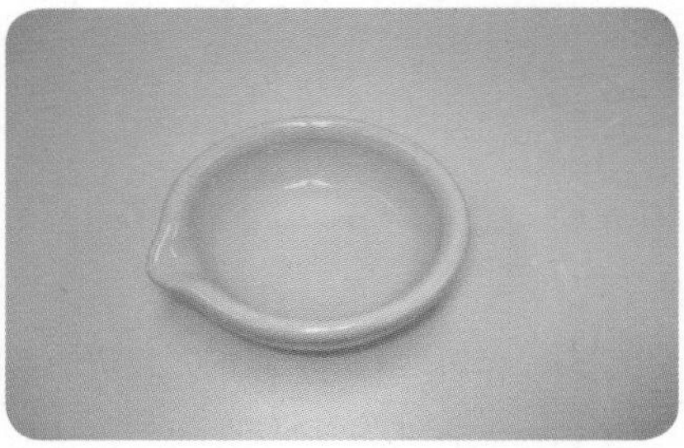

④ 반응이 끝난 후 삼각 플라스크의 용액을 증발 접시에 넣고 가열한다.

⑤ 생성된 고체 물질을 증류수에 녹인 후, 니크롬선에 묻혀 불꽃색을 관찰한다.

⑥ ⑤에서 생성된 고체 물질을 증류수에 녹인 용액에 질산 은($AgNO_3$) 수용액을 떨어뜨려 본다.

정답 및 해설 40쪽

탐구 결과

1. 생성된 고체는 무엇일까? 또한 고체의 불꽃색은 무엇일까?

2. 다음은 질산은 수용액을 가했을 때 일어나는 반응의 화학 반응식이다. 괄호 안에 알맞은 화학식을 쓰시오.

$$NaCl + AgNO_3 \rightarrow (\quad\quad) + NaNO_3$$

탐구 문제

1. 염산과 수산화 나트륨 수용액의 반응에 대한 다음 설명 중 맞는 것을 O표 하고, 틀린 것은 X표 하시오.

(1) 중화점에서 Cl^-의 개수는 처음보다 감소한다. (　　)

(2) 지시약으로 페놀프탈레인 용액 대신 BTB 용액을 사용하면 중화점에서 파란색을 나타낸다. (　　)

(3) 수산화나트륨 수용액와 염산의 중화 반응의 알짜 이온 반응식은 $H^+ + OH^- \rightarrow H_2O$이다. (　　)

2. 산과 염기의 용액을 혼합하여 중화 반응이 일어날 때 중화된 것을 확인하는 방법으로 적당한 것만을 〈보기〉에서 있는 대로 고른 것은?

〈 보기 〉

ㄱ. 혼합 용액의 온도 변화
ㄴ. 혼합 용액의 질량 변화
ㄷ. 혼합 용액의 전류의 세기 변화
ㄹ. 혼합 용액의 지시약의 색 변화

① ㄱ, ㄷ　　② ㄱ, ㄹ　　③ ㄷ, ㄹ　　④ ㄱ, ㄷ, ㄹ　　⑤ ㄴ, ㄷ, ㄹ

3. 위의 실험에서 중화점에서의 전류의 세기는 어떻게 변화할 것인지 그래프로 나타내시오.

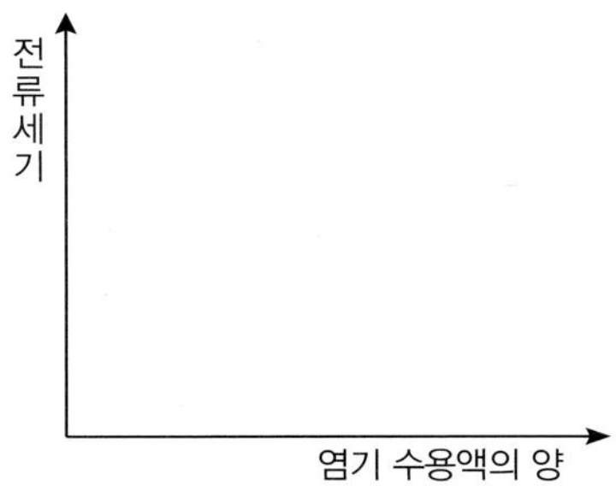

[탐구-2] 산과 염기의 성질

준비물 시험관, 삼각 플라스크, 마그네슘 조각, 고무풍선, 비커, 전원 장치, 염산, 아세트산, 수산화 나트륨 수용액, 암모니아수, BTB 용액, 메틸오렌지 용액, 페놀프탈레인 용액

탐구 과정

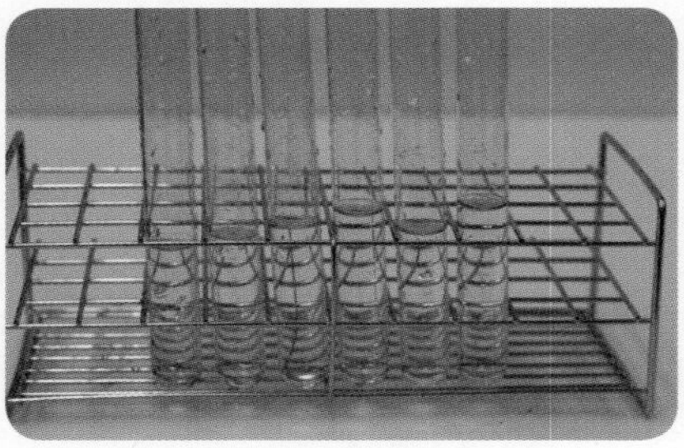

① 4개의 시험관에 5% 염산, 아세트산, 수산화 나트륨 수용액, 암모니아수를 각각 20mL씩 넣는다.

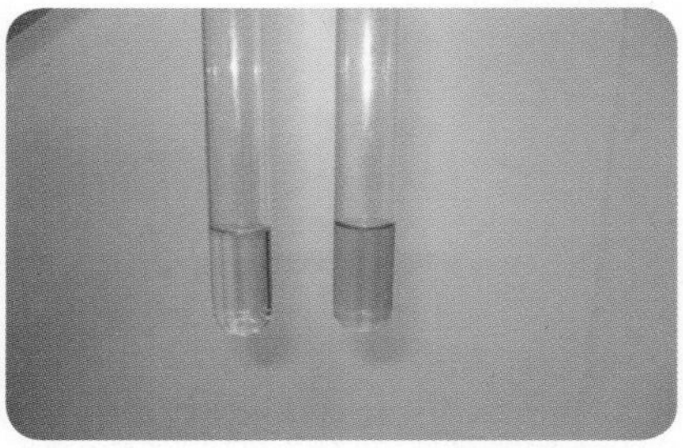

② 각 용액에 BTB 용액, 메틸오렌지 용액, 페놀프탈레인 용액을 각각 떨어뜨려 색깔 변화를 관찰한다.

③ 5% 염산과 5% 아세트산을 삼각 플라스크에 각각 같은 양씩 넣은 후, 마그네슘 조각을 동시에 넣고 즉시 고무 풍선을 씌워 고무 풍선의 크기 변화를 관찰한다.

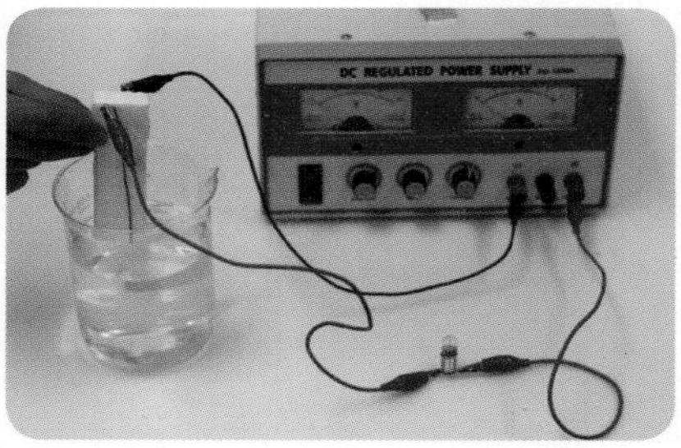

④ 각 물질을 비커에 넣고 밝기를 비교한다.

정답 및 해설 40쪽

탐구 결과

1. 지시약의 색깔 변화로 알 수 있는 사실은 무엇인가?

2. 고무풍선의 크기 변화로 알 수 있는 사실은 무엇인가?

3. 전구의 밝기로 알 수 있는 것은 무엇인가?

탐구 문제

1. 다음 중 위 실험의 결과로 알 수 있는 사실이 아닌 것은?

① 염기의 수용액에서 BTB 용액은 푸른색을 띤다.
② 산은 마그네슘과 반응하여 수소 기체를 발생한다.
③ 산의 수용액에서 메틸오렌지 용액은 붉은색을 띤다.
④ 염기성의 수용액에서 페놀프탈레인 용액은 색깔이 변하지 않는다.

2. 4개의 시험관에 5%의 염산, 아세트산, 수산화 나트륨 수용액, 암모니아 수가 각각 들어 있다. 이 4가지 물질을 다음과 같이 분류 하였다. A~D에 해당하는 물질은 각각 무엇인가?

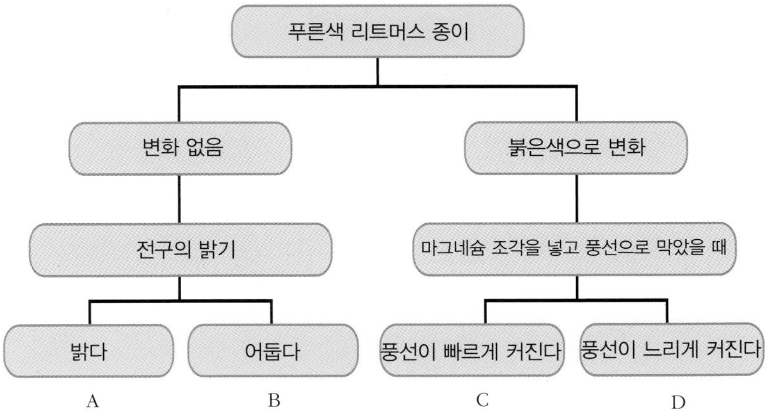

MEMO

세페이드

세페이드

창의력과학

세페이드

2F 화학(하) 개정2판

정답과 해설

윤찬섭
무한상상 영재교육 연구소

〈온라인 문제풀이〉
[스스로 실력 높이기] 는 동영상 문제풀이를 합니다.
http://cafe.naver.com/creativeini

무한상상

세페이드 Ⅰ 변광성은 지구에서 은하까지의 거리를 재는 기준별이며 우주의 등대라고 불린다.

사람은 누구나 창의적이랍니다.
창의력 과학의 세계로 오심을 환영합니다!

창의력과학

세페이드

2F. 화학(하) 개정2판

정답과 해설

무한상상

http://cafe.naver.com/creativeini

Ⅲ 혼합물의 분리

12강. 혼합물의 분리 I

개념 확인 10~13쪽

1. (1) 홑원소 물질 (2) 불균일 혼합물
2. 물 : ㉢ 소금물 : ㉡
3. (1) O (2) X
4. 스포이트, 분별 깔때기

3. 답 (2) X
해설 달걀을 소금물에 넣으면 신선한 달걀은 아래로 가라앉는다.

확인+ 10~13쪽

1. 공기, 식초
2. 일정하지 않다.
3. ㄴ, ㄷ
4. 아래로 가라앉는다.

1. 답 공기, 식초
해설 산소는 홑원소 물질, 설탕은 화합물, 우유는 불균일 혼합물이다.

3. 답 ㄴ, ㄷ
해설 사금 채취는 밀도에 의한 분리이다.

4. 답 아래로 가라앉는다.
해설 두 액체가 서로 섞이지 않고 밀도가 다른 경우 밀도가 큰 물질은 아래로 가라앉고 밀도가 작은 물질은 위에 뜬다.

개념 다지기 14~15쪽

01. ③	02. ④	03. ⑤
04. ⑤	05. ⑤	06. ⑤

01. 답 ③
해설 촉감과 부피로는 순물질과 혼합물을 구분할 수 없다.

02. 답 ④
해설 ㄱ. 금은 홑원소 물질이다. ㄴ. 에탄올은 화합물이다.
ㅁ. 바닷물은 균일 혼합물이다.

03. 답 ⑤
해설 소금물은 수평한 구간이 없고 온도가 계속 올라간다. 그리고 100℃보다 높은 온도에서 끓기 시작한다.

04. 답 ⑤
해설 소금물의 가열 곡선에서 수평한 구간이 없는 이유는 끓는점 이후에 물이 계속 기화하여 소금물의 농도가 진해져 온도가 점점 증가하기 때문이다.

05. 답 ⑤
해설 좋은 볍씨를 고를 때 소금물을 이용한다. 볍씨를 소금물에 넣으면 속이 꽉찬 볍씨는 아래로 가라앉고, 쭉정이는 소금물 위에 뜬다. 밀도는 볍씨 〉 소금물 〉 쭉정이 순서이다.

06. 답 ⑤
해설 분별 깔때기로 분리할 수 있는 물질은 서로 섞이지 않고, 밀도가 다른 액체로 식용유 · 물, 물 · 수 은, 에테르 · 물 등이 있다.

유형 익히기 & 하브루타 16~19쪽

[유형 12-1] ㄱ, ㄷ, ㅁ 01. ② 02. ④
[유형 12-2] (1) C, D (2) B (3) 〈해설 참조〉
03. ㉠ 높은 ㉡ 순물질 ㉢ 혼합물 04. ⑤
[유형 12-3] (1) ① (2) 볍씨〉소금물〉쭉정이
05. (1) O (2) X (3) O 06. ②
[유형 12-4] ③ 07. ③ 08. ㉠ 큰 ㉡ 작은

[유형 12-1] 답 ㄱ, ㄷ, ㅁ
해설 ㄴ. B의 분류는 '한 가지 원소로 이루어져 있는가' 이다.
ㄹ. (가)와 (나)는 물리적인 방법으로 분리할 수 없다.

01. 답 ②
해설 물, 설탕, 염화 나트륨, 이산화 탄소는 화합물이다.

02. 답 ④
해설 ① 혼합물은 두 종류 이상의 물질이 고르게 섞여 있는 혼합물인 균일 혼합물과 고르게 섞여 있지 않은 불균일 혼합물로 나눌 수 있다.
② 순물질은 물리적인 방법으로 분리할 수 없다.
③ 혼합된 성분 물질의 비율에 따라 밀도, 녹는점, 어는점, 끓는점, 용해도 등 물질의 특성이 변한다.
⑤ 혼합물은 가열하였을 때 가열 곡선에서 수평한 구간이 나타나지 않는다.

[유형 12-2] 답 (1) C, D (2) B
해설 (1) 같은 물질끼리는 녹는점이 동일하다.
(2) 혼합물은 가열 곡선에서 수평한 구간이 나타나지 않는다. 그래프의 가열 곡선 중 B만 수평한 구간이 나타나지 않는다.
(3) 순물질의 가열 곡선 그래프에서는 수평한 구간이 나타나지만 혼합물의 그래프에서는 수평한 구간이 나타나지 않는다.

04. 답 ⑤
해설 혼합물이 되면 밀도, 색깔, 어는점, 끓는점 등은 변하지만 질량은 보존된다.

[유형 12-3] 답 (1) ① (2) 볍씨 〉 소금물 〉 쭉정이
해설 쭉정이와 볍씨의 분리는 밀도차를 이용한 분리 방법이다. 밀도가 클수록 아래로 가라 앉는다.

05. 답 (1) O (2) X (3) O
해설 고체 혼합물을 분리할 때는 두 고체 물질을 모두 녹이지 않고, 두 물질의 중간 정도의 밀도를 갖는 액체에 넣어 분리한다.

06. 답 ②
해설 신선한 달걀은 농도가 옅은 소금물에 넣으면 가라 앉지만 농도가 진한 소금물에 넣으면 수면 위로 떠오른다.

[유형 12-4] 답 ③

해설 식용유와 물을 분별 깔때기에 넣었을 때 위층에 식용유, 아래층에 물이 위치하기 때문에 콕을 열면 물이 먼저 떨어진다.

07. 답 ③
해설 소금은 물에 잘 녹기 때문에 밀도차를 이용해 분리하기 어렵다.

창의력 & 토론마당 20~23쪽

01 (1) 물과 에탄올 혼합물의 밀도를 식용유의 밀도보다 작게 하여 혼합물은 떠오르고, 식용유는 가라앉게 해야 한다. 그러므로 에탄올의 비율을 크게 하고 물을 소량만 섞은 혼합물을 만든다.
(2) 물과 에탄올의 혼합물과 식용유의 밀도를 비슷하게 해야하므로, 에탄올과 식용유가 담긴 비커에 물을 한방울 씩 떨어뜨려 식용유가 점점 떠오르게 한다.
(3) 물과 에탄올의 혼합물의 밀도를 식용유의 밀도보다 크게 하여 혼합물이 가라앉고 식용유가 떠오르게 해야 한다. 그러므로 에탄올의 비율을 작게 하고 물을 많이 섞은 혼합물을 만든다.

해설 물과 에탄올의 혼합물의 밀도는 에탄올의 밀도인 0.78 g/cm^3이상, 물의 밀도인 1.0 g/cm^3 이하이다. 물과 에탄올의 혼합물을 만들 때 물의 비율이 클수록 밀도는 커지고, 물의 비율이 작고 에탄올의 비율이 클수록 밀도는 작아지게 된다. 이러한 원리를 이용하여 밀도가 물과 에탄올의 중간인 식용유를 혼합물 위층에 뜨게 할 수도 있고, 가라앉게 할 수도 있다.

02 (1) 제설제가 물의 어는점을 낮춰 녹은 눈이 다시 어는 것을 방지하기 때문이다.
(2) 친환경 제설제는 부식성, 유해성이 낮다. 그리고 용해도가 매우 높기 때문에 화학 제설제보다 더욱 선호하고 있다.

해설 (1) 눈이 녹은 물이 얼면 빙판길이 되어 매우 위험해 진다. 도로에 제설제인 염화 칼슘을 뿌리면 염화 칼슘이 물에 녹아 물의 어는점을 낮추어 다시 얼지 않게 해준다. 염화 칼슘은 염화 나트륨보다 물의 어는점을 더 낮춰주는 효과가 있으나 환경 오염을 일으키는 원인이 된다.
(2) 부식성이 낮아 철, 알루미늄 등을 거의 부식시키지 않고 자동차, 도로, 시설물 훼손이 작다. 그리고 유해성이 낮아 가로수, 하천에 미치는 영향이 작다. 또한, 용해도가 매우 높아 제설 작업시에 완전히 용해되어 잔류물을 거의 남기지 않는다.

03 (1) 간장은 혼합물이기 때문이다. 또한 간장에는 소금물이 매우 많이 들어가는데 소금물은 어는점을 낮춰 준다. 그렇기 때문에 낮은 온도에서도 간장은 얼지 않는다.
(2) 〈해설 참조〉 눈이 올 때 제설제를 뿌린다, 추운 겨울에도 바다가 얼지 않는다.

해설 (2) 눈이 올 때 제설제를 뿌리고, 추운 겨울에 바다가 얼지 않는 것은 어는점과 관련된 현상이다. 제설제의 염화 칼슘을 빙판길에 뿌리면 물을 흡수하고 발열 반응을 하여 눈을 녹일 수 있다. 바닷물은 물과 염분이 섞여 있는 액체이다. 순수한 물에 소금을 넣으면 어는점이 내려가 쉽게 얼지 않는다. 이 원리로 바닷물은 추운 겨울에도 얼지 않는다.

04 (1) 뷰테인의 끓는점 -0.5 ℃로 겨울철에 온도가 낮으면 기화가 잘 되지 않는다.
(2) 겨울철에 제주도보다 서울 지역이 더 추우므로 서울 지역 충전소에는 어는점이 더 낮은 프로페인 비율이 제주도의 충전소에서보다 크다.

해설 자동차 연료로 사용되는 LPG 의 보관은 액체 상태로 보관하지만, 연소시킬 때는 기체 상태로 만든다. 겨울철에 기온이 끓는점 이하로 낮아지면 기화가 잘 안 되므로 시동이 잘 걸리지 않는다. 따라서 겨울철에는 끓는점이 낮은 프로페인의 비율을 높여 시동이 잘 걸리게 해야 한다.

스스로 실력 높이기 24~29쪽

01. 균일 혼합물 02. 화합물 03. 불균일 혼합물
04. 홑원소 물질 05. ③, ④, ⑤
06. ㉠ 액체 ㉡ 큰 ㉢ 작은 07. (1) O (2) O (3) X
08. ③ 09. (1) 석유 (2) 에테르 (3) 물
10. ㄴ, ㄹ 11. (1) 혼 (2) 순 (3) 혼 (4) 순
12. ④ 13. ④ 14. C, B, A
15. ⑤ 16. (1) X (2) X (3) X (4) X
17. ② 18. (1) 크기 (2) 아래쪽, 위쪽
19. ②, ⑤ 20. ①, ③ 21. ③, ④ 22. 수은
23. ③ 24. ③ 25. ①, ③
26.~32. 〈해설 참조〉

05. 답 ③, ④, ⑤
해설 촉감과 부피로는 순물질과 혼합물을 구별할 수 없다.

06. 답 ㉠ 액체 ㉡ 큰 ㉢ 작은
해설 밀도 차이를 이용하여 고체 혼합물을 분리할 때, 두 물질의 중간 정도 밀도를 갖는 액체에 넣어 분리하면 밀도가 큰 고체는 가라앉고, 밀도가 작은 고체는 위로 떠올라 분리할 수 있다.

07. 답 (1) O (2) O (3) X
해설 (3) 사금이 섞여 있는 모래를 쟁반에 담아 흔들면 모래는 떠내려가고, 밀도가 큰 사금만 쟁반에 남는다.

08. 답 ③
해설 모래와 철가루는 밀도 차이를 이용하여 분리할 수 없고, 자석을 이용하여 분리할 수 있다.

09. 답 (1) 석유 (2) 에테르 (3) 물
해설 분별 깔때기 안에서 밀도가 큰 물질은 아래로 가라 앉고, 밀도가 작은 물질은 위에 뜬다.
물은 석유와 에테르보다 밀도가 크기 때문에 아래로 가라 앉는다. 하지만 사염화 탄소는 물보다 밀도가 크기 때문에 물이 위로 뜬다.

10. 답 ㄴ, ㄹ
해설 분별 깔때기는 물질들이 서로 잘 섞이지 않고, 밀도가 서로 다른 물질들을 분리할 수 있는 장치이다.

11. 답 (1) 혼 (2) 순 (3) 혼 (4) 순
해설 순물질의 특징은 물리적인 방법으로 분리할 수 없고, 물질의 특성이 물질의 양에 관계없이 일정하다는 것이다.
혼합물의 특징은 물리적인 방법으로 분리할 수 있다는것과 성분물질에 따라 물질의 특성이 달라진다는 것이다. 또한 혼합물은 성분 물질의 성질을 그대로 가지고 있다.

12. 답 ④
해설 ① 혼합물은 성분비가 일정하지 않다.
② 혼합물은 가열 곡선에 수평한 구간이 나타나지 않는다. 수평한 구간은 순물질에서만 나타난다.
③ 혼합물은 균일 혼합물과 불균일 혼합물로 나뉜다.
⑤ 순물질은 한 가지 물질로 이루어져 있다.

13. 답 ④
해설 끓는점 이후에 물이 계속 기화하므로 소금물의 농도가 진해져 온도가 점점 증가한다.

14. 답 C, B, A
해설 밀도가 큰 물질일수록 아래로 가라앉고 작은 물질일수록 위로 떠오른다. 가장 밀도가 큰 물질은 모래이고 밀도가 작은 물질은 스타이로폼이다.

15. 답 ⑤
해설 두 물질을 구별하기 위해 사용되는 물질은 두 고체를 녹이지 않아야 하며, 밀도는 중간이어야 한다.

16. 답 (1) X (2) X (3) X (4) X
해설 (1) 밀도는 A보다 B가 더 크다.
(2) 밀도차이를 이용해서 분리한 것이다.
(3) A가 물이고, B가 수은이다. 수은이 물보다 밀도가 더 크다.
(4) 서로 잘 섞이지 않는 두 액체를 분리할 때 사용하는 방법이다.

17. 답 ②
해설 비휘발성 고체의 양이 많을수록 용액의 농도는 진하다. 용액의 농도가 진할수록 어는점은 내려간다. 그러므로 어는점은 A〉B〉C 순서이다.

18. 답 (1) ㉠ 크기 (2) ㉡ 아래쪽 ㉢ 위쪽
해설 (1) 밀도가 큰 물질이 아래로 가라 앉고, 밀도가 작은 물질이 위로 뜬다. 기름의 밀도가 바닷물보다 작기 때문에 기름이 위에 뜬다.
(2) 원심 분리기에 넣고 회전시키면 밀도가 큰 물질이 아래쪽에 위치하고, 밀도가 작은 물질은 위쪽에 위치한다.

19. 답 ②, ⑤
해설 ① 밀도가 큰 물질은 아래쪽에 위치한다.
③, ④ 이 실험은 질량과는 상관이 없다. 밀도 차를 이용한 실험이다.

20. 답 ①, ③
해설 분별 깔때기는 밀도 차이로 두 액체를 구별하는 장치이다. 물과 에탄올은 두 물질 다 극성이기 때문에 매우 잘 섞인다.

21. 답 ③, ④
해설 (가)는 불균일 혼합물, (나)는 화합물, (다)는 균일 혼합물, (라)는 홑원소 물질이다.
① 설탕물, 식초, 공기는 균일 혼합물이다. (가)에는 흙탕물, 과일주스, 암석, 간장 등이 있다.
② 화합물은 두 가지 이상의 원소가 결합하여 생성된 물질이다.
⑤ (가)는 성분 물질에 따라 물질의 특성이 달라진다.

22. 답 수은
해설 어떤 두 물질을 밀도 차이로 분리할 때 사용되는 액체의 밀도는 두 물질의 밀도 사이 값이어야 한다. 수은은 고체 A, B 물질보다 밀도가 높으므로 사용할 수 없다.

23. 답 ③
해설 혼합물의 그래프에서는 수평한 부분이 나타나지 않는다.

24. 답 ③
해설 혼합물의 농도가 진할수록 끓는점은 올라가고 어는점은 내려간다. 끓는점 : 순수한 물〈2% 설탕물〈5% 설탕물
어는점 : 순수한 물〉2% 설탕물〉5% 설탕물
① 끓는점은 5% 설탕물이 가장 높다. 설탕 분자가 물의 기화를 방해한다.
② 농도로 각 물질의 질량은 알 수 없다.
④ 어는점은 순수한 물〉2% 설탕물〉5% 설탕물 순이다.
⑤ 농도가 진할수록 끓는점은 올라가고 어는점은 내려간다.

25. 답 ①, ③
해설 ② 아래층에 있는 물질이 밀도가 크다.
④ 분별 깔때기는 액체의 양이 많을 때 분리하기 쉽다. 액체의 양이 적을 때는 스포이트를 사용한다.
⑤ 물은 간장과 섞인다.

26. 답 순물질은 물질의 양에 관계없이 끓는점이 변하지 않고 일정하다. 혼합물은 혼합 성분 물질의 비율에 따라 끓는점이 변한다. 또한, 상태 변화 곡선에서 수평한 구간이 나타나지 않고 끓는점이 올라간다.

27. 답 고체-액체 혼합물의 가열 곡선에서 수평한 구간이 없는 이유는 액체의 끓는점 이후에 액체가 기화하므로 혼합물의 농도가 진해져 온도가 점점 증가하는 끓는점 오름 현상이 나타나기 때문이다.

28. 답 순수한 물에서 B, C가 가라 앉고 A가 위쪽으로 떠오른것을 보면 (가)에서 밀도는 B, C 〉 순수한 물 〉 A인것을 알 수 있다. 그리고 소금물을 이용한 (나)에서는 C가 가라 앉고 A, B가 떠오른 것을 보면 밀도가 C 〉 소금물 〉 A, B 순서임을 알 수 있다. 결론적으로 A, B, C의 밀도는 C 〉 B 〉 A 순서이다.

29. 답 물과 사염화 탄소는 분별 깔때기로 분리할 수 있다.
물의 밀도는 $1.0g/cm^3$ 이고, 사염화 탄소의 밀도는 $1.58g/cm^3$ 로 밀도 차이가 나고 서로 잘 섞이지 않기 때문에 분별 깔때기로 분리 가능하다.

30. 답 분별 깔때기로 액체 혼합물을 분리할 때 조건은 두가지이다. 첫번째는 두 물질이 서로 섞이지 않아야 한다. 두번째는 두 물질의 밀도차가 커야 한다.

31. 답 소금물은 물과 소금의 균일 혼합물로 농도에 따라 밀도가 달라진다. 소금의 양이 많을수록, 물의 양이 적을수록 소금물의 밀도가 커진다. 모든 물질이 떠 버렸다면 소금물의 밀도가 너무 큰 것이다. 따라서 물을 더 넣어 소금물의 농도를 볍씨보다는 낮게, 쭉정이보다는 높게 만들어준다.

32. 답 LNG 는 공기보다 가벼우므로 경보기를 위쪽에 달고, LPG 는 공기보다 무거우므로 경보기를 아래쪽에 단다. 밀도는 LPG > 공기 >LNG 이다.

13강. 혼합물의 분리 II

개념 확인 30~33쪽

1. 추출	2. 분별결정
3. 크로마토그래피	4. A

4. 답 A
해설 그림에서 이동 속도는 A>B>C 순서이다.

확인+ 30~33쪽

1. ㄷ	2. 재결정
3. (1) 고정상 (2) 이동상	4. (1) O (2) X (3) O

1. 답 ㄷ
해설 ㄱ. 식초는 추출로 분리한다.
ㄴ. 암모니아가 섞인 공기는 기체 혼합물로 분리한다.

4. 답 (1) O (2) X (3) O
해설 크로마토그래피의 특징은 다음과 같다.
① 실험 방법이 간단하고, 짧은 시간에 분리가 가능하다.
② 혼합물의 양이 매우 적어도 분리할 수 있다.
③ 성질이 비슷한 혼합물도 쉽게 분리할 수 있다.
④ 여러 가지 성분이 섞인 복잡한 혼합물도 분리할 수 있다.

생각해보기 30~33쪽

★ 10g을 완벽하게 분리할 수 없다. 20℃에서는 염화 나트륨이 5g이 석출되지만 붕산은 35g이 석출된다. 따라서 완벽히 석출되지 않기 때문에 10g을 모두 분리할 수 없다.

★★ 점이 용매에 잠기게 되면 혼합물이 용매에 녹아 거름종이에 혼합물이 모두 번지게 된다.

★★★ 식물의 색소 분리, 혈액의 분리 등으로 이용된다.

개념 다지기 34~35쪽

01. ⑤	02. ⑤	03. ③
04. ①, ③	05. ③	06. ①, ②, ③

01. 답 ⑤
해설 ① 혼합물을 이루고 있는 성분들의 매질 내에서 이동 속도 차이를 이용하여 분리하는 것은 크로마토그래피이다.
② 고체나 액체의 혼합물에서 특정한 물질만 녹이는 용매를 사용하여 그 물질을 분리하는 것은 추출이다.
③ 두 고체 물질을 모두 녹이지 않고, 두 물질의 중간 정도 밀도를 갖는 액체에 넣어 분리하는 것은 밀도차 분리이다.
④ 불순물이 포함된 고체 물질을 높은 온도의 용매에 녹였다가 서서히 냉각시켜 순수한 결정을 얻는 것은 재결정이다.

02. 답 ⑤
해설 그림은 기체 혼합물 분리 방법이다. 기체 혼합물 분리는 암모니아가 섞인 공기를 물에 통과시켜 분리하기와 빗물에 의한 오염 물질 제거 등이 있다.
①, ② 식초는 추출로 분리할 수 있다.
③ 소금과 분필 가루는 거름장치로 분리할 수 있다.
④ 순수한 황산 구리는 재결정으로 얻을 수 있다.

03. 답 ③
해설 불순물이 포함된 고체 물질을 높은 온도의 용매에 녹인 후 냉각시켜 석출되는 순수한 고체를 얻는 방법은 재결정이다.

04. 답 ①, ③
해설 ② 크로마토그래피는 실험 방법이 간단하고 짧은 시간 안에 분리할 수 있다.
④ 두 가지 물질의 중간 정도의 밀도를 갖는 용매를 넣어서 분리하는 것은 밀도차 분리이다.
⑤ 혼합물 중 특정한 물질만 녹이는 용매를 사용하여 물질을 분리하는 것은 추출이다.

05. 답 ③
해설 종이 크로마토크래피에서 속도가 더 빠른 물질이 더 위로 올라가고, 관 크로마토그래피에서는 속도가 더 빠른 물질이 아래쪽에 위치한다.

06. 답 ①, ②, ③
해설 ①, ②, ③은 물질이 여러 개로 분리되지 않았으므로 순물질임을 확인할 수 있다.

유형 익히기 & 하브루타 36~39쪽

[유형 13-1] ② 01. ③ 02. ①, ⑤
[유형 13-2] (1) D (2) 재결정 (3) 분별결정
03. ③ 04. (1) 붕산 (2) 45
[유형 13-3] (1) ③ (2) B (3) D (4) B
05. ①, ②, ④ 06. ㄴ, ㄷ, ㄹ
[유형 13-4] (1) 5 (2) A, E
07. ㄱ, ㄷ
08. A : 0.7, B : 0.5, C : 0.25

[유형 13-1] 답 ②
해설 그림은 추출 과정을 나타낸다.

01. 답 ③
해설 그림은 기체 혼합물을 이용하는 방법이다.
기체 혼합물은 어떤 용매에 잘 녹는 기체와 녹지 않는 기체가 섞여 있는 혼합 기체를 한 기체만 녹이는 용매에 통과시키는 분리 방법이다.

02. 답 ①, ⑤

해설 ② 소금과 설탕은 모두 물에 녹으므로 분리하기 어렵다.
③ 톱밥과 철가루는 물에 녹지 않는다.
④ 염화 수소와 산소는 거름장치로 분리할 수 없다.

[유형 13-2] 답 (1) D (2) 재결정 (3) 분별 결정
해설 A는 질산 나트륨, B는 질산 칼륨, C는 황산 구리, D는 염화 나트륨이다.
(1) D는 용해도가 거의 일정하기 때문에 용해도 차이로 분리하기 어렵다.
(2) 불순물이 포함된 고체 물질에서 순수한 결정을 얻기 위해서는 재결정을 해야한다.
(3) 염화 나트륨과 질산 칼륨은 용해도 차이가 매우 크기 때문에 분별 결정으로 분리한다.

03. 답 ③
해설 ㄴ. 증류는 끓는점 차이가 필요하다.
ㄷ. 분별 깔때기는 밀도차이를 이용한 방법이다.

04. 답 (1) 붕산 (2) 45
해설 (1) 석출되는 물질은 붕산이다. 50g의 붕산은 20℃의 물에 5g만 녹고, 50g의 질산 나트륨은 20℃의 물에 50g 모두 녹아 있게 된다.
(2) 20℃ 물에서 붕산은 5g이 용해되었으므로 석출되는 양은 45g 이다.

[유형 13-3] 답 (1) ③ (2) B (3) D (4) B
해설 (1) 올라간 높이가 같은 물질은 같은 성분 물질이다.
(2) 위쪽에 위치할수록 이동 속도가 빠르다.
(3) 흡착력이 강할수록 이동 거리가 크지 않다.
(4) 용해도가 큰 물질일수록 위쪽에 위치한다.

05. 답 ①, ②, ④
해설 ③ 용매에 가장 잘 녹는 물질은 가장 위에 위치한 B이다.
⑤ 2개의 이동상이 나타나므로 최소 2개의 성분으로 이루어져 있다.

06. 답 ㄴ, ㄷ, ㄹ
해설 혼합물을 찍는 위치는 거름종이 아래에서 1~2cm 정도 위가 적당하다.

[유형 13-4] 답 (1) 5 (2) A, E
해설 (1) 5개의 상들이 나타나므로 최소 5가지 이상의 성분으로 이루어져 있다.
(2) 이동상인 용매에 대한 용해도가 클수록 위쪽에 위치하고 고정상과의 흡착력이 클수록 아래쪽에 위치한다.

07. 답 ㄱ, ㄷ
해설 ㄴ, ㄹ은 추출의 원리이다.

08. 답 A : 0.7, B : 0.5, C : 0.25
해설

$$\text{전개율} = \frac{\text{성분 물질의 이동거리}}{\text{용매의 이동거리}}$$

$$A: \frac{7}{10} = 0.7,\ B: \frac{5}{10} = 0.5,\ C: \frac{2.5}{10} = 0.25$$

창의력 & 토론마당 40~43쪽

01

(1) 옷에 묻은 기름때는 무극성이다. 극성인 물은 기름을 녹일 수 없지만, 무극성인 벤젠은 기름을 잘 녹인다.

(2) (가)와 (나)는 모두 밀도가 물 보다 작으므로 물 위에 뜨게된다. 이 때, (가)는 무극성 용매로 물에 녹지 않고 그대로 떠 있지만, 극성 물체인 (나)는 물에 녹을 것이다. 극성이 있는 물질은 극성 용매에 잘 녹고, 무극성인 물질은 무극성 용매에 잘 녹는다. 무극성인 (가)는 사염화 탄소에는 녹지만 물에는 녹지 않고, 극성인 (나)는 물에는 녹지만 사염화 탄소에는 녹지 않는다.

해설 특정한 한 성분만을 녹일 수 있는 용매를 사용하여 그 물질을 분리하는 것을 추출이라고 한다. 극성 물질을 분리하기 위해서는 극성 용매를 사용하고, 무극성 물질을 분리하기 위해서는 무극성 용매를 사용한다.

02

(1) 4.44g
(2) 사염화 탄소 10mL씩 두 번에 나누어 추출하는 것이 더 효과적으로 많은 양을 추출할 수 있다.

해설 (1)
① 한 번 추출 $= \dfrac{2 \times 10 \times 5}{(1 \times 10) + (2 \times 10)} = 3.33\text{ g}$

3.33g의 물질 X가 추출 되고 남아 있는 있는 물질은 5 - 3.33 = 1.67g 이다.

② 두 번 추출 $= \dfrac{2 \times 10 \times 1.67}{(1 \times 10) + (2 \times 10)} = 1.11\text{ g}$

→ 추출된 물질 X의 총 량 = 3.33(g) + 1.11(g) = 4.44 (g)

(2) 사염화 탄소 20mL를 이용하여 한 번 추출할 때

분리되는 양 $= \dfrac{2 \times 20 \times 5}{(1 \times 10) + (2 \times 20)} = 4\text{ g}$ 이다.

한 번 추출 시 80% 가 추출되었고, 두 번 추출 시 88.8% 가 추출되었다. 어떤 혼합물에서 특정한 물질을 추출하고자 할 때 많은 용매를 가하여 한번에 추출하는 것보다 여러 번 나누어 추출하는 것이 더 많은 양을 분리할 수 있다.

03

03. (1) 용매를 알코올 대신 B를 녹일 수 있는 물질로 바꾼다.
(2) 보라색, 종이 크로마토그래피는 아래에서 위로 용매가 이동하면서 혼합물을 분리하는 반면에 관 크로마토그래피는 위에서 아래로 용매가 이동하면서 이동 속도에 따라 혼합물을 분리한다. 종이 크로마토그래피에서 보라색 물질이 용매와 결합력이 커 이동 속도가 빨랐으므로 관 크로마토그래피에서 먼저 분리되어 나온다.

해설 (1) 크로마토그래피는 용매에 녹은 물질이 거름종이를 타고 이동하는 속도의 차이를 이용한다. 분리하고자 하는 물질이 용매에 녹지 않으면 (용매 분자와 결합하지 않으면) 분리할 수가 없으므로 용매의 선택이 중요하다.

04 · 유사점 : 크로마토그래피에서는 각 성분 물질들이 한 종류의 고정상(거름종이 등)에서의 이동 속도의 차이로 분리가 된다. 육상 장애물 경기에서도 모든 선수가 같은 트랙 위를 뛰고, 같은 장애물을 넘는다는 점에서 고정상이 같다고 할 수 있다.

· 차이점 : 크로마토그래피에서는 성분 물질들이 고정상과의 친화력, 용매와의 친화력 때문에 이동 속도의 차이가 발생하는데 비해서 육상 장애물 경기에서는 각 선수 개개인의 운동 신경이나 근육의 발달 정도 때문에 이동 속도의 차이가 생긴다.

스스로 실력 높이기 44~49쪽

01. 추출 **02.** 거름 **03.** 분별 결정
04. 재결정 **05.** 크로마토그래피
06. (1) X (2) O (3) O **07.** ③
08. ㄱ, ㄴ, ㄷ **09.** (1) X (2) O (3) O
10. ③ **11.** ⑤ **12.** ④ **13.** ②
14. ① **15.** ⑤ **16.** A, E **17.** ②
18. A, B, C **19.** ④
20. C, B, A **21.** 질산 칼륨 36g
22. 질산 칼륨 64g, 질산 나트륨 100g
23. 〈해설 참조〉 **24.** 3 **25.** ③
26.~32. 〈해설 참조〉

6. 답 (1) X (2) O (3) O
해설 (1) 기체 혼합물 분리에서는 한 기체만 녹이는 용매를 사용해야 한다.

7. 답 ③
해설 에테르를 용매로 하여 콩 속에 들어 있는 유지를 분리하는 방법은 추출이다. 덜 익은 감을 소금물에 담가서 떫은 맛을 없애는 것은 추출의 한가지 예이다.
① 어는점 원리를 이용한 것이다.
② 재결정 원리를 이용한 것이다.
④ 고체의 밀도 차이를 이용한 것이다.
⑤ 액체의 밀도 차이를 이용한 것이다.

8. 답 ㄱ, ㄴ, ㄷ
해설 ㄹ. 크로마토그래피는 실험 방법이 간단하고, 짧은 시간에 분리가 가능하다.

9. 답 (1) X (2) O (3) O
해설 (1) 염화 나트륨과 나프탈렌의 분리는 거름 장치를 이용한다.

11. 답 ⑤
해설 이산화 질소와 염화 수소 두 물질 모두 물에 잘 녹는 기체이다.

12. 답 ④
해설 염화 나트륨과 붕산은 분별 결정의 원리로 분리한다. 분별 결정은 물질은 높은 온도의 용매에 녹인 후 냉각시켜 석출되는 고체를 얻는 원리로, 성분 물질의 용해도 차이가 큰 고체 혼합물의 분리에서 사용된다.

13. 답 ②
해설 20℃에서 붕산이 포화상태이기 때문에 5g의 용해도가 나타난다. 따라서 석출되는 양은 15 - 5 = 10g이다.

14. 답 ①
해설 흡착력이 높을수록 아래쪽에 위치한다. 따라서 흡착력은 D가 가장 높다.

15. 답 ⑤
해설 ㄱ, ㄴ. 위쪽에 위치할수록 이동속도가 빠르고 용해도가 높다는 것을 나타낸다.
ㄷ. 흡착력이 강할수록 아래쪽에 위치한다.

16. 답 A, E
해설 혼합물에 나타난 상과 같은 위치에 나타난 것은 A, E 이다.

17. 답 ②
해설

$$B : \frac{5}{6} = 0.83$$

18. 답 A, B, C
해설 A → B → C 순서대로 추출된다.

19. 답 ④
해설 이동상과의 인력이 큰 A의 이동 속도가 가장 크기 때문에 먼저 분리되어 나온다.

20. 답 C, B, A
해설 고정상(관을 채운 물질)과의 흡착력이 클수록 혼합물 성분이아래로 잘 이동하지 못한다

21. 답 질산칼륨 36g
해설 80℃ 물 200g 에 질산 칼륨 100g, 질산 나트륨 100g 이 녹아 있다. 20℃ 물 100g 에 질산 칼륨 32g, 질산 나트륨 88g 이 녹을 수 있으므로 20℃ 물 200g 에는 질산 칼륨 64g, 질산 나트륨 176g 이 녹을 수 있다. 따라서 20℃ 물 200g 에서 질산 칼륨은 100g - 64g = 36g 석출되어 나온다.

22. 답 질산칼륨 64g, 질산 나트륨 100g
해설 거름 장치를 통과한 용액은 물 200g과 질산 칼륨 64g, 질산 나트륨 100g이 혼합되어 있다. 따라서 이 용액을 가열하여 물을 증발시키면 증발접시 위에는 질산 칼륨 64g과 질산 나트륨 100g 이 남는다.

23. 답 A : 0.25, B : 0.75, C : 0.9, D : 0.25

해설

$$A : \frac{3}{12} = 0.25 \quad B : \frac{9}{12} = 0.75$$

$$C : \frac{9}{10} = 0.9 \quad D : \frac{1.5}{6} = 0.25$$

24. 답 3
해설 A와 D가 같은 전개율을 나타냈기 때문에 같은 물질임을 알 수 있다.

25. 답 ③
해설 ㄱ. 익힌 시금치의 크로마토그래피에만 페오피틴 a와 b가 분리되었으므로 익힌 시금치에만 페오피틴 a와 b가 들어 있다.
ㄴ. 루테인은 이동상과의 친화력보다 고정상과의 친화력이 더 크므로 이동 속도가 가장 느리다.
ㄷ. 용매와의 인력이 가장 큰 물질은 β-카로틴이고 이동 속도가 가장 빠르다.
ㄹ. 익힌 시금치에도 엽록소 a와 b가 나타났으므로 파괴되지 않는다.
ㅁ. 신선한 시금치와 익힌 시금치에서 β-카로틴의 전개율은 같다.

26. 답 혼합물(사인펜)의 각 성분 물질들이 이동상과 고정상에 대한 분배력 크기가 달라서 이동 속도의 차이로 분리되는 것이다.

27. 답 녹차 우려내기, 드라이 크리닝으로 옷의 때 제거하기 등

28. 답 극성이 큰 물은 염화 나트륨만 녹이고, 아세톤은 나프탈렌만 녹인다. 그러므로 두 물질을 분리할 수 있다.

29. 답 시료가 용매에 잠기게 되면 용매와 시료가 섞여 번지게 된다. 그러므로 시료에 닿지 않는 양의 용매를 넣어야 한다.

30. 답 A : 이산화 황과 이산화 질소가 섞인 공기,
B : 이산화 황과 이산화 질소가 녹아 있는 수용액, C : 공기.
어떤 용매에 잘 녹는 기체와 녹지 않는 기체의 혼합물을 용매가 흐르는 유리관에 통과시켜 성분 물질로 분리한다. 혼합물이 흐르는 유리관에 통과시키면 물에 녹는 이산화 황과 이산화 질소는 물에 녹아 흘러내리고, 물에 녹지 않는 공기는 기체로 빠져나간다.

31. 답 대기 오염 물질이 빗물에 용해되어 산성비가 된다. 따라서 산성비가 내리고 나면 대기 중의 오염 물질이 사라지기 때문에 공기가 깨끗해진다.

32. 답 거름 장치로 걸러내면 액체인 물과 식용유, 물에 녹은 염화 나트륨은 거름종이를 통과하고, 녹지 않는 톱밥은 거름종이 위에 남는다. 물과 식용유는 서로 섞이지 않고 밀도가 다르므로 분별 깔때기에서 두 층으로 분리되며, 염화 나트륨은 물에 녹아있다. 증발시키면 물의 끓는점이 더 낮기 때문에 물은 끓어서 증발하고, 증발 접시 위에는 소금이 남는다.

14강. 혼합물의 분리 Ⅲ

개념 확인 50~53쪽

1. 증류	2. b
3. 질소	4. ①, ⑤

3. 답 질소
해설 공기를 냉각시켜 액체 공기를 만든 후 증류탑으로 분별 증류시키면 끓는점이 낮은 물질부터 기화되어 분리한다.

확인+ 50~53쪽

1. 분별 증류	2. (1) 기체 (2) 액화
3. ②	4. (1) 물 · 에테르 (2) 모래

생각해보기 50~53쪽

★ 물질을 여러 번 증류할 수 있도록 한다.

★★ 소금과 물이 섞여 물분자가 서로 가까워지지 어려우므로 잘 얼지 않게 된다. 결과적으로 어는점이 낮아진다.

★★★ 증발된 수증기를 관을 통해 냉각기로 이동시켜 응결시켜 용기에 받으면 된다.

개념 다지기 54~55쪽

01. ②	02. ①	03. ②
04. ⑤	05. ⑤	06. ③

01. 답 ②
해설 소금물을 증류시키면 물이 기화된다. 기화된 물을 냉각시키면 순수한 물을 얻을 수 있다.

02. 답 ①
해설 ㄱ. 끓는점이 높은 성분이 유리 도막에서 액화되어 다시 둥근바닥 플라스크로 떨어지므로 여러 번 증류되는 효과가 있다.
ㄴ. 끓임쪽은 다공성 물질로 액체가 갑자기 끓어 넘치는 것을 방지하기 위해 넣어준다. (*다공성 물질 : 표면과 내부에 작은 구멍을 많이 가지고 있는 물질)
ㄷ. 찬물은 아래쪽으로 들어가고 위쪽으로 나가게 해야한다. 찬물을 B방향으로 넣게 되면 냉각기 안을 물로 가득 채우고 A로 넘쳐 흐르게 되므로 차가운 물을 더 많이 오래 공급할 수 있어 냉각의 효과를 더 크게 할 수 있다.

03. 답 ②
해설 ② B 구간에서는 소량의 물이 포함된 에탄올이 끓어나오므로 증류를 반복하면 에탄올의 순도를 높일 수 있다.

04. 답 ⑤

해설 ⑤ 원유를 가열하여 증류탑에 넣으면 끓는점이 낮은 물질이 먼저 기화되어 증류탑의 위쪽에서 분리되어 나온다.

05. 답 ⑤

해설 ⑤ 산소, 질소, 아르곤 등 공기를 이루고 있는 기체들은 끓는점이 매우 낮기 때문에 간단한 실험 장치로는 분리하기가 어렵다. 공기를 분리하기 위해서는 불순물을 제거한 공기를 냉각시켜 액체 공기로 만든 후, 증류탑으로 보내어 끓는점이 낮은 물질부터 분리하여 얻을 수 있다.

06. 답 ③

해설 물, 에테르, 모래의 혼합물을 먼저 거름 장치로 걸러주면, 거름종이 위에 모래가 남게 되고 물과 에테르는 거름장치를 통과한다. 통과한 물과 에테르는 서로 섞이지 않으므로 분별 깔때기를 이용해 분리할 수 있다.

유형 익히기 & 하브루타 56~59쪽

[유형 14-1] (1) X (2) O (3) O (4) X (5) X
01. 끓임쪽 **02.** ②
[유형 14-2] (1) ③ (2) 중유 (3) 액화 석유 가스
03. (1) X (2) O (3) O **04.** 낮은
[유형 14-3] (1) 끓는점 (2) 질소, 아르곤, 산소
05. ㄱ, ㄴ, ㄷ **06.** (1) 낮은 (2) 높은
[유형 14-4] (1) 물에 넣어 밀도 차를 이용해 분리한다.
(2) A: 소금 B: 나프탈렌 C: 모래 D: 스타이로폼
07. ① **08.** ①, ②

[유형14-1] 답 (1) X (2) O (3) O (4) X (5) X
해설 (1) 분별 증류 장치에서는 끓는점이 낮은 물질부터 먼저 분리된다.
(4) 분별 증류 장치에서는 기화가 일어난다.
(5) 냉각기는 찬물이 아래쪽에서 위쪽으로 흐르도록 장치한다.

01. 답 끓임쪽
해설 액체가 갑자기 끓어 넘치는 것을 방지하기 위해 다공성 물질인 끓임쪽을 넣어준다.

02. 답 ②
해설 바닷물을 이용하여 식수를 얻는 장치와 소줏 고리를 이용하여 탁한 술에서 맑은 술을 얻는 과정은 끓는점을 이용한다.

[유형14-2] 답 (1) ③ (2) 중유 (3) 액화 석유 가스
해설 (1) 증류탑은 원유를 가열하여 끓는점이 낮은 물질이 먼저 기화되어 분리하는 장치이다.
(2) 증류탑에서 끓는점이 가장 높은 물질은 아래쪽에서 액화되어 분리된다.
(3) 증류탑에서 가장 먼저 분리되어 나오는 물질은 끓는점이 가장 높은 액화 석유 가스이다.

03. 답 (1) X (2) O (3) O
해설 (1) A에서는 에탄올이, C에서는 물이 기화된다.

04. 답 낮은
해설 물과 에탄올 혼합물과 원유를 분리할 때 끓는점이 낮은 물질이 먼저 기화되어 분리되어 나온다.

[유형14-3] 답 (1) 끓는점 (2) 질소, 아르곤, 산소
해설 (1) 증류탑은 물질의 끓는점을 이용하여 분리하는 장치이다.
(2) 끓는점이 낮은 물질부터 위쪽에서 분리된다.

05. 답 ㄱ, ㄴ, ㄷ
해설 뷰테인과 질소는 끓는점 차이가 매우 커 이 성질을 이용하여 분리할 수 있다. 끓는점이 높은 물질이 액화되어 분리된다.

06. 답 (1) 낮은 (2) 높은
해설 (1) 액체 공기를 증류탑으로 보내면 끓는점이 낮은 질소, 아르곤 순서로 끓어 나와 분리할 수 있다.
(2) 끓는점 차이가 큰 뷰테인과 프로페인의 혼합 기체를 냉각시키면 끓는점이 높은 뷰테인을 액체로 얻을 수 있다.

[유형14-4] 답 (1) 물에 넣어 밀도 차를 이용해 분리한다.
(2) A : 소금, B : 나프탈렌, C : 모래, D : 스타이로폼
해설 (1) 모래의 밀도는 물보다 크고, 스타이로폼의 밀도는 물보다 작으므로 물에 넣어 분리할 수 있다.
(2) A : 소금은 물에 매우 잘 녹는다. 그리고 증발시키면 소금 결정을 얻을 수 있다.
B, C, D : 스타이로폼과 모래, 나프탈렌은 물에 녹지 않는다. 이 물질들을 아세톤에 녹이면 유기 물질인 나프탈렌은 녹고 모래와 스타이로폼은 녹지 않는다. 모래와 스타이로폼은 물에 넣었을 때 모래는 바닥에 가라 앉고, 스타이로폼은 위로 뜬다. 이것은 밀도차를 이용한 분리이다.

07. 답 ①
해설 한약재를 물과 함께 약탕기에 넣고 끓이는 과정은 추출, 삼베에 넣어서 짜는 과정은 거름이다.

08. 답 ①, ②
해설 물과 철 가루, 모래를 먼저 거름 장치로 거르면 물을 분리할 수 있고, 철 가루와 모래는 자석을 이용하여 분리할 수 있다.

창의력 & 토론마당 60~63쪽

01 (1) B〈 C〈 D 〈 E , B 에서 E로 증기가 이동하면서 수증기가 계속 응축되므로 증기 속의 아세톤 농도가 진해진다.
(2) 20cm의 경우가 더 좋다 : 분별 증류가 더 효과적으로 일어난다.
(3) 실험 장치(나) 이유 : 〈해설 참조〉

해설 (1) B에서 E구간으로 증기가 올라가는 동안 응축과 증발을 반복한다. 아세톤은 물보다 쉽게 증발하므로 B구간의 수증기와 아세톤이 섞여 있는 증기에서 끓는점이 높은 수증기의 응축이 더 쉽게 일어난다. B에서 E로 증기가 이동하면서 수증기가 계속 응축되므로 증기 속의 아세톤 농도가 진해진다.

(2) 길이가 길수록 플라스크 목에서 끓는점이 높은 물이 냉각되어 액체로 되어 흘러내리므로 물이 섞이지 않는 순수한 아세톤이 분리된다.

(3) 실험 장치 (나)는 분별 증류관을 설치하여 유리 도막에 의해 아세톤과 수증기가 혼합된 증기가 통과할 때 여러 번 증류하는 효과가 나타난다. 실험 장치 (가)는 여러 번 증류되는 효과를 얻지 못하므로 아래의 실험 장치 (나)가 더 순수한 아세톤을 얻을 수 있다.

02 (1) 단순 증류 장치나 분별 증류 장치 등의 끓는점 차를 이용한 것이다.
(2) 추출에 의한 방법으로 아이오딘을 분리하기 위해서이다.

해설 (1) 끓는점 차이를 이용한다. 분별 증류 장치를 그려도 옳은 답이다.
(2) 아이오딘은 아이오딘화 칼륨 수용액보다 사염화탄소에 더 잘 녹기 때문에 추출의 방법으로 아이오딘을 분리해 내기 위해서이다.

03 (1) 1단계 : 수확　　2단계 : 거름, 용해도 차이,
3단계 : 증발, 끓는점 차이　　4단계 : 혼합
5단계 : 재결정, 용해도 차이
(2) 설탕 결정을 물에 녹인 후 냉각시켜서 순수한 결정을 얻는다.

04

그림과 같이 장치하여 물을 끓이면 물은 증발하여 투명한 비닐에 맺히고, 식으면서 컵 안으로 떨어져 증류된 물을 얻을 수 있다.

해설 냄비에 오염된 물을 담고 가운데에 빈 컵을 고정시킨 다음, 랩이나 비닐로 뚜껑을 만들어 가운데 부분에 돌을 올려 무겁게하여 오목한 모양을 만든다. 냄비 안의 오염된 물이 끓어서 비닐에 도달하면 액화되어 물방울이 맺히고, 비닐의 중앙이 깔때기처럼 가라앉아 있으므로 물방울은 비닐을 타고 가운데로 모여지고 컵 안으로 떨어져 증류된 물을 얻을 수 있다.

스스로 실력 높이기 　64~69쪽

01. 증류	02. 분별 증류		03. ㄱ, ㄴ
04. B, D	05. 증류탑		
06. (1) O (2) O		07. ㄱ, ㄴ	
08. (1) X (2) O (3) X		09. (1) ㉠ (2) ㉢ (3) ㉡	
10. 밀도, 용해도		11. ④	12. ③
13. ②	14. ①	15. 아스팔트 찌꺼기	
16. ④	17. ⑤	18. ①	19. ②, ⑤
20. ④	21. ②, ③	22. ④	23. ⑤
24. ②	25. ⑤	26.~32. 〈해설 참조〉	

03. **답** ㄱ, ㄴ
해설 ㄷ. 물과 사염화 탄소의 혼합물은 분별 깔때기를 사용하여 분리한다.

04. **답** B, D
해설 B에서 에탄올을 주로 얻을 수 있고, D에서 물이 기화된다.

07. **답** ㄱ, ㄴ
해설 ㄷ. 끓는점이 낮은 순서로 끓어 나온다.

08. **답** (1) X (2) O (3) X
해설 (1) 뷰테인과 프로테인은 끓는점 차이로 분리할 수 있다.
(3) 끓는점이 높은 뷰테인부터 액화되어 분리된다.

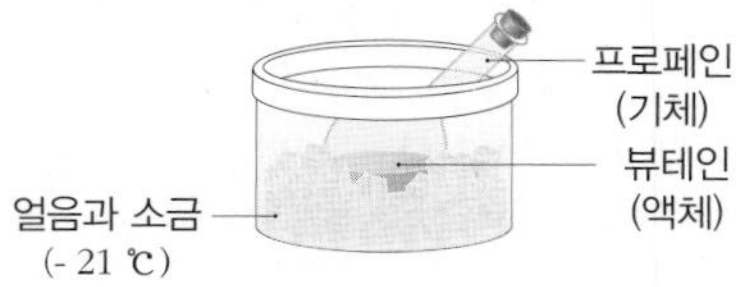

09. **답** (1) ㉠ (2) ㉢ (3) ㉡
해설 (1) 물과 아세트산은 서로 잘 섞이므로 추출로 분리한다.
(2) 물과 에틸에테르는 서로 안섞이고 층을 이룬다.
(3) 바닷물을 끓여 증류수를 냉각시키면 식수를 얻을 수 있다.

10. **답** 밀도, 용해도
해설 혼합물을 물에 넣어서 분리한다. 톱밥과 모래는 물에 넣으면 밀도 차이에 의해 모래는 물에 가라앉고, 톱밥은 물 위에 뜨게 된다. (밀도) 소금은 물에 녹아 소금물 형태로 분리되며, 소금물의 온도를 낮춰 재결정을 하여 소금을 얻을 수 있다.(용해도)
*자성 : 물질이 가지는 자기적인 성질로, 흙과 철가루를 분리할 때 자석을 이용하면 흙은 자성이 없어 자석에 붙지 않지만, 철가루는 자성이 있어 자석에 달라붙게 되어 두 물질을 분리할 수 있다.

11. **답** ④
해설 분별 증류는 끓는점이 다른 액체 혼합물을 분리하는 방법이다. 용해도 차이가 큰 혼합물을 각각 분리하는 것은 분별 결정이다.

12. **답** ③
해설 B 구간은 끓는점이 낮은 메탄올이 끓는 구간이나 물도 증발하여 소량의 물이 섞여 나온다.

13. **답** ②
해설 메탄올은 끓는점 오름 현상으로 끓는점인 64℃보다 조금 더 높은 온도에서 끓는다. (물이 메탄올의 기화를 방하해기 때문)

14. **답** ①
해설 ② 증류탑의 위쪽으로 갈수록 온도가 낮아진다.
③ 끓는점이 낮은 물질은 기체 상태로 계속 증류탑의 위로 올라간다.
④ 끓는점이 높은 물질은 액화된다.
⑤ 액화 석유 가스 → 가솔린 → 등유 → 경유 → 중유 → 아스팔트 찌꺼기 순서로 분리된다.

16. **답** ④
해설 액체 공기를 증류탑으로 분리하면 끓는점이 가장 낮은 질소가 가장 먼저 분리되고, 그 다음 끓는점이 낮은 아르곤, 산소의 순서로 분리되어 나온다.

17. **답** ⑤
해설 분별 증류는 혼합물을 가열할 때 나오는 기체를 다시 냉각시켜 순수한 액체를 얻는 방법이다. 서로 잘 섞이는 액체 혼합물을 증류가 여러 번 일어나게 하여 각각의 성분 물질을 분리할 수 있다. 액체 혼합물을 가열하면 끓는점이 낮은 물질이 먼저 기화되어 분리되어 나온다. 따라서 끓는점이 높을수록 가장 나중에 끓어 나오게 된다.

18. 답 ①

해설 ① 번을 제외한 보기는 모두 용해도의 차이를 이용하여 혼합물을 분리한 것이다.

① 물과 에탄올은 서로 잘 섞이는 액체로 끓는점의 차이를 이용하여 증류를 통해 분리할 수 있다.

② 추출 (용매에 따른 용해도 차이)

③ 분별 결정 (온도에 따른 용해도 차이)

④ 기체 혼합물 분리 (용매에 따른 용해도 차이)

⑤ 거름 (용매에 대한 용해도 차이)

19. 답 ②, ⑤

해설

㉠ 거름
(용해도 차이)

㉡ 크로마토그래피
(성분들이 용매를 따라 이동하는 속도 차이)

㉢ 기체 분리
(용해도 차이)

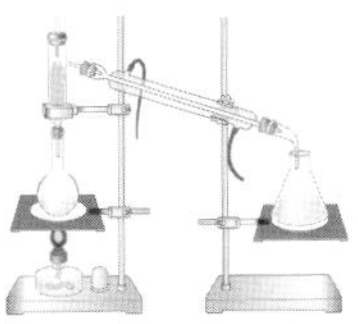

㉣ 분별 증류
(끓는점 차이)

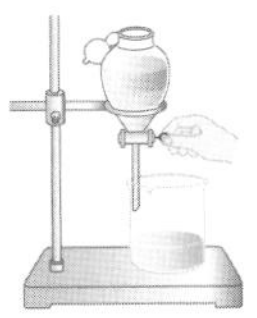

㉤ 분별 깔때기
(밀도 차이)

㉥ 기체 분리
(끓는점 차이)

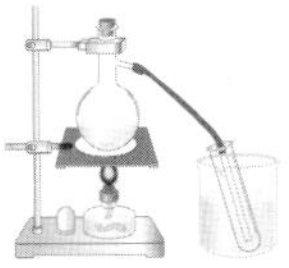

㉦ 증류
(끓는점 차이)

20. 답 ④

해설 나프탈렌은 물에는 녹지 않지만 아세톤에는 잘 녹기 때문에 추출하여 얻을 수 있다. 따라서 고체 혼합물을 아세톤에 녹여 거른 후, 아세톤을 증발시키면 흰색 고체 물질인 나프탈렌을 얻을 수 있다.

21. 답 ②, ③

해설 ① 플라스크에서 기화된 기체는 냉각기를 통과하면서 액화 현상이 일어난다. 냉각기 내부는 찬물로 가득 채워져 있어 주변보다 온도가 낮아 기체의 상태 변화를 일으킨다.

④ 온도계의 밑부분은 기화되어 나오는 물질의 온도를 측정할 수 있도록 가지달린 부분에 오도록 한다.

⑤ 에탄올의 끓는점은 78℃이고 사염화 탄소의 끓는점은 약 76℃이다. 에탄올과 사염화 탄소는 서로 잘 섞이지 않고 밀도 차이가 크므로, 분별 깔때기를 이용하여 분리하는것이 가장 적당하다. (에탄올의 밀도 0.789g/cm3, 사염화 탄소의 밀도 1.58g/cm3)

22. 답 ④

해설 ①염전에서 소금을 얻는 것은 증발을 이용하여 고체를 얻는 것이다. 증류는 고체가 녹아있는 액체 혼합물에서 액체를 얻을 때 이용되는 것이다.

② 증류는 끓는점 차이를 이용한 혼합물의 분리이다.

③ 암모니아가 섞인 공기는 물에 통과시켜 분리한다. 이는 용매에 대한 용해도 차이를 이용한 것으로 암모니아는 물에 녹아 흘러내리고, 공기는 물에 녹지 않아 기체로 빠져나간다.

⑤ 혼합물을 이루는 성분들의 이동 속도 차이를 이용하여 분리하는 것은 크로마토그래피이다.

23. 답 ⑤

해설 냉각기는 끓는 온도에서 발생하는 기체를 액화시켜 주는 장치이다. 액체의 증기 압력과 대기 압력이 같을 때 끓기 시작하는데 이것은 대기의 대기 압력이 낮은 높은 산 위에서 물의 끓는점이 낮아지는 현상과 관련이 있다. ⑤ 끓임쪽은 액체를 가열할 때 용액 내에서 불균등하게 끓음이 일어나는 것을 막아 주는 역할을 한다.

24. 답 ②

해설 끓는점 차이가 큰 혼합 기체를 냉각시키면 끓는점이 높은 기체는 액화되어 분리할 수 있다. -50℃ 이상의 온도를 유지하여 기체 B가 액화되는 것을 방지하며, -15℃ 이하의 온도가 되어야 기체 A가 액화된다.

25. 답 ⑤

해설 A와 B는 서로 잘 섞이지 않고 밀도 차이가 있는 액체이다. 따라서 분별 깔때기를 이용하여 밀도가 큰 A를 먼저 분리하는 것이 가장 적당하다. (끓는점 차이를 이용하여 분별 증류를 이용할 수도 있지만 분별 깔때기를 이용하여 분리하는 것이 효율적이다.) A와 C는 서로 잘 섞이고 끓는점 차이가 있기 때문에 분별 증류를 이용하여 끓는점 차이를 이용해 분리하는 것이 가장 적당하다.

26. 답 끓는점이 높은 성분은 유리 도막에 닿으면 액화하여 다시 플라스크로 내려가므로 증류가 여러 번 되는 효과가 있다.

26. 답 분별증류 시 혼합물을 끓이면, 끓는점이 높은 성분과 낮은 성분이 동시에 나오는데, 끓는점이 높은 성분은 유리 도막에 닿으면 액화하여 다시 플라스크로 내려가므로 증류가 여러 번 되는 효과가 있다.

27. 답 에탄올의 끓는점보다 높은 온도에서 끓는 이유는 끓는점이 더 높은 물과 에탄올이 섞이면서 끓는점이 높아져 기화를 방해하기 때문이다.

28. 답 증류탑은 원유를 분리할 때 사용한다. 원유는 땅속에서 뽑은 가공하지 않은 기름으로 검고 걸쭉하며 끓는점이 다른 여러 가지 액체 물질이 섞여있다. 증류탑 안의 원유는 끓는점이 낮은 물질이 먼저 기화되어 증류탑의 위쪽에서 분리되어 나온다.

29. 답 분별 증류 장치에 유리 도막을 적당히 넣는다. 증류탑은 증류탑의 높이를 높게 한다.

30. 답 ① (가)는 용해도 차이를 이용한 분리장치이고 (나)는 끓는점 차이를 이용한 분리장치이다.

② (가)는 용매에 용해되는 기체는 액체에 녹아 콕크 아래로 빠져나온다. (나)는 끓는점이 높은 물질부터 먼저 분리된다.

31. 답 바닷물에서 끓는점과 어는점을 이용해 물만 분리할 수 있다.

① 바닷물을 증발시킨 뒤, 수증기를 냉각시킨다.

② 바닷물을 얼려 만든 얼음을 분리한다.

32. 답 탁한 술을 가열하면 끓는점이 낮은 에탄올이 기화한다. 기화한 에탄올이 찬물이 들어있는 그릇의 바닥에서 액화한다. 액화한 에탄올이 고리를 통해 바깥으로 흘러나온 것을 모아 맑은 술을 얻는다.

15강. Project 4

논/구술 70~71쪽

01 식물의 색을 나타내는 물질들의 양이 적어도 분리할 수 있고, 몇 가지의 성분이 섞여있는 혼합물인지 알 수 없는 상태였으므로 크로마토그래피가 가장 적절한 방법이었다.

해설 미하일 츠베트가 분리하고자 했던 식물의 색을 나타내는 물질은 몇 가지의 성분이 섞여있는지 알 수 없었고, 양이 많지 않았다. 따라서 혼합물의 양이 적어도 분리 가능하고, 여러 가지 성분이 섞여 있어도 분리 가능한 크로마토그래피가 가장 적절한 분리 방법이다.

02 스포츠에서 선수의 금지약물 복용 여부를 검사하는 도핑 테스트와 먹의 농담, 번짐 등으로 그림을 그리는 수묵화 등이 크로마토그래피 기법을 이용하는 예이다.

탐구-1 사인펜 잉크의 색소 분리 72~73쪽

〈탐구 결과〉

사인펜 색깔	검은색	파란색	빨간색	초록색
포함된 색소의 종류	푸른색, 노란색, 보라색, 주황색, 연두색	푸른색, 보라색	노란색, 주황색, 분홍색	푸른색, 연두색

〈탐구 문제〉

1. 용매에 색소가 모두 녹아 분리 현상을 관찰하기 어렵다.
2. 잉크 속에 포함된 색소의 종류와 개수
3. 유성 사인펜은 물에 의해 분리되지 않으므로 수성 사인펜을 사용한다.
4. 물과 색소 사이의 용해도와 에탄올과 색소 사이의 용해도은 다르므로 각 색소별로 용매를 따라 퍼져나가는 위치가 달라진다.
5. 색소가 완전히 분리되기 전에 용매의 이동이 멈출 수 있으므로 잉크 안에 들어있는 색소를 모두 확인할 수 없을 가능성이 있다.
6. 분필 등
7. (1) 3개 (2) A > B > C (3) A > B > C (4) A < B < C

1. 해설 색소가 고정상을 타고 올라가기 전에 물에 모두 녹아 확산되어 분리 현상을 관찰하기 어렵다.

4. 해설 용매와 색소 사이에는 인력이 작용하여 각 색소별로 다른 위치에 나타난다. 물과 색소 사이의 인력과 에탄올과 색소 사이의 인력은 다르므로 용매를 따라 퍼져나가는 위치도 다르다.

5. 해설 고정상의 길이가 너무 짧으면 색소가 분리되기 전에 이동상의 이동이 멈추어 색소 분리가 힘들다.

탐구-2 식초에서 아세트산 분리하기 74~75쪽

1. 필요한 준비물 : 분별 깔때기, 스탠드, 마개, 링, 콕, 바세린, 식초, 물, 에테르, 비커, 알코올 램프

2. 실험 방법

① 분별 깔때기의 본체와 콕의 결합 부분에 바세린을 바르고 콕을 분별 깔때기에 조립한다.

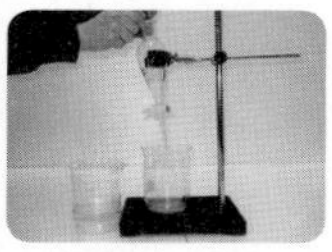

② 분별 깔때기를 링에 세우고, 식초 10mL를 넣은 후, 물과 에테르를 넣는다.

③ 혼합 용액이 들어있는 분별 깔때기의 마개를 꼭 누르고 흔든다. 분별 깔때기를 흔들어 줄 때 가끔씩 링에 세워 마개를 열고 공기를 빼 준다.

④ 분별 깔때기를 링 위에 세워 놓고 혼합물이 두 층으로 완전히 나누어지면 마개를 열고 콕을 돌려 아래층의 액체를 비커에 받는다.

⑤ 경계 부분의 액체를 다른 비커에 받는다.

⑥ 또 다른 비커에 위층의 액체를 분별 깔때기의 위쪽으로 따라낸다.

⑦ 에테르에 녹아있는 아세트산을 분리하기 위해 알코올 램프를 이용하여 아래층의 액체 중 에테르만 증발시킨다.

⑤ 남은 아세트산의 부피를 측정한다.

3. 실험 결과

① 위층 : 물 아래층 : 에테르 + 아세트산

② 약 0.4mL

Ⅴ 원자의 구조와 주기율

16강. 원자

개념 확인 78~81쪽

1. (1) 탈레스 (2) 연금술사 **2.** (1) 입 (2) 연
3. 원자 **4.** ㉠ H ㉡ 황 ㉢ 나트륨 ㉣ Au

확인+ 78~81쪽

1. ③ **2.** ②
3. ㉠ 원자핵 ㉡ 전자 ㉢ 중성자 ㉣ 양성자 **4.** ④

01. 답 ③
해설 라부아지에는 더 이상 분해되지 않는 물질을 원소로 정의하고, 빛과 열을 포함한 33개의 물질을 원소로 분류하였다. 또한 물 분해 실험을 통해 물이 수소와 산소로 이루어진 화합물임을 밝혀내서 아리스토텔레스의 4원소 변환설이 옳지 않음을 증명하였다. 한 가지 원소로부터 다른 원소를 합성할 수 있다고 주장한 학자는 아리스토텔레스이다.

02. 답 ②
해설 금속박을 얇게 만드는 것은 한계가 있다. 금속박을 이루는 입자보다는 얇게 만들 수 없다. 이것이 입자설의 증거이다.

03. 답 ㉠ 원자핵 ㉡ 전자 ㉢ 중성자 ㉣ 양성자
해설 ㉠ 원자핵 : 원자의 중심에 있으며 (+)전하를 띤다.
㉡ 전자 : 원자핵 주위를 돌고 있으며, (-)전하를 띤다.
㉢ 중성자 : 원자핵을 구성하는 입자 중 전하를 띠지 않는 입자
㉣ 양성자 : 원자핵을 구성하는 입자 중 (+)전하를 띠는 입자

04. 답 ④
해설 현재 사용하는 원소 기호는 베르셀리우스가 제안한 알파벳으로 나타낸 원소 기호이다. 원과 기호를 사용한 원소 기호는 돌턴의 원소 기호이다.

생각해보기 78~81쪽

★ 빛과 열은 질량이 있는 물질이 아닌 에너지이므로 원소에 포함되지 않는다.

★★ 보일의 J자관 실험을 통해 입자 사이에 빈 공간이 있음을 증명하였으므로 데모크리토스의 입자설을 지지한다.

★★★ 양성자의 개수와 중성자의 개수가 모두 같지는 않다. 이렇게 양성자의 수는 같지만 중성자의 수가 다른 원소를 동위 원소라고 한다. 그 예로 산소는 대부분이 8개의 양성자와 8개의 중성자를 가지고 있으나, 적은 양이지만 9개와 10개의 중성자를 가지는 산소도 각각 존재한다.

★★★★ 원소는 인공적으로 만들 수 있다. 인공적으로 만든 원소는 방사성 원소이며, 짧은 반감기를 갖고 빠르게 붕괴된다.

개념 다지기 82~83쪽

01. ① - ㉠, ② - ㉢, ③ - ㉣, ④ - ㉡
02. ㉠ 원소 ㉡ 4원소 변환설
03. ① - ㉠, ② - ㉠, ③ - ㉡, ④ - ㉡
04. ② **05.** ③ **06.** ㉠ H, ㉡ 리튬, ㉢ 탄소, ㉣ Mg, ㉤ 황, ㉥ Cl, ㉦ 칼륨, ㉧ Fe

01. 답 ① - ㉠, ② - ㉢, ③ - ㉣, ④ - ㉡
해설 탈레스 - 만물의 근원은 물이다.
데모크리토스 - 물질은 더 이상 쪼갤 수 없는 입자로 이루어져 있다.
아리스토텔레스 - 물질은 4가지 원소로 이루어지며, 이 원소들은 4가지 성질에 의해 서로 변환된다.
엠페도클레스 - 만물은 물, 불, 흙, 공기의 4원소로 이루어져 있다.

02. 답 ㉠ 원소, ㉡ 4원소 변환설
해설 라부아지에 물 분해 실험을 통해 물은 산소와 수소로 분해되므로 원소가 아니라는 것을 밝혀냈다. 이를 통해 물이 원소라고 했던 아리스토텔레스의 물질관인 4원소 변환설이 옳지 않음을 증명할 수 있었다.

03. 답 ① - ㉠, ② - ㉠, ③ - ㉡, ④ - ㉡
해설 입자설은 물질은 더 이상 쪼개지지 않는 입자로 되어 있으며, 물질 사이에는 빈 공간이 존재한다고 주장하는 물질관이다. 연속설은 물질은 한없이 계속 쪼갤 수 있으며, 빈 공간이 존재하지 않는다고 주장하는 물질관이다.

04. 답 ②
해설 현재까지 약 110여 종의 원소가 알려져 있으며 그 중 자연계에서 발견된 것은 92종이고, 나머지는 인공적으로 만든 것이다.

05. 답 ③
해설 A는 원자핵, B는 전자, C는 중성자, D는 양성자이다. 원자의 총 질량의 대부분을 차지하는 것은 A 원자핵이다. 전자의 질량은 매우 작다.

유형 익히기 & 하브루타 84~87쪽

[유형 16-1] ③	01. ①	02. ⑤
[유형 16-2] ①	03. ⑤	04. 빈 공간
[유형 16-3] ①	05. ③	06. ⑤
[유형 16-4] ③	07. ⑤	08. ④

[유형 16-1] 답 ③
해설 ㄴ. 탈레스의 1원소설 → ㄱ. 엠페도클레스의 4원소설 → ㄹ. 아리스토텔레스의 4원소 변환설 → ㅁ. 연금술사 → ㄷ. 보일의 원소설

01. 답 ①
해설 라부아지에의 물 분해 실험을 통해 물은 수소와 산소로 분해되므로 물은 원소가 아니라는 것을 밝혀냈다.

02. 답 ⑤
해설 ① 4원소 변환설에서 4원소는 물, 불, 흙, 공기이다.
②,③ 4원소 변환설은 4원소는 각기 다른 속성이 있어 다른 원소로 변환될 수 있다는 물질관으로 연금술의 이론적 배경이 되었다.
④ 라부아지에의 물 분해 실험에 의해 물이 원소가 아닌 것이 밝혀지면서 4원소 변환설은 잘못되었다는 것이 증명되었다.
⑤ 물질은 더 이상 쪼갤 수 없는 입자로 되어 있다는 물질관은 데모크리토스의 입자설이다.

[유형 16-2] 답 ①
해설 ㄱ. (가)의 물질관은 데모크리토스의 입자설이다. 입자설에서는 물질 사이에 빈 공간이 있음을 주장했으므로 입자설에 의하면 진공이 존재할 수 있다.
ㄴ. (나)는 아리스토텔레스의 연속설이다.
ㄷ. 설탕과 물을 섞었을 때, 각각의 부피의 합이 설탕물의 부피보다 크다는 것은 (가) 입자설의 증거이다. 설탕 입자 사이로 물 입자가 끼어들어가기 때문에 설탕물의 부피가 설탕과 물 각각의 부피의 합보다 작은 것이다.

03. 답 ⑤
해설 설탕물의 부피가 처음 두 물질의 부피의 합보다 작은 것을 통해 설탕 입자 사이로 물 입자가 끼어들어 간다는 것을 알 수 있다. 이것은 입자설의 증거가 된다.

04. 답 빈 공간
해설 보일은 J자관 실험은 한쪽이 막힌 J자관에 수은을 계속 넣으면 공기의 부피가 줄어든다는 실험이다. 이 실험을 통해 보일은 입자 사이에 빈 공간이 있음을 증명하였다.

[유형 16-3] 답 ①
해설 원자 모형에서 (가)는 원자핵, (나)는 전자를 나타낸다.
① 중성 원자는 (+)전하량과 (-)전하량이 같아 전하량의 총 합이 0인 원자이다.
② 분자보다 원자가 더 작은 입자이다. 현재에는 양성자와 중성자를 이루는 쿼크가 물질을 이루는 가장 작은 알갱이이다.
③ (가)는 원자핵으로 원자의 대부분의 질량을 차지한다.
④ 원자의 종류에 따라 (가)원자핵이 띠는 (+)전하량이 다르다.
⑤ (나)는 전자로 (-)전하를 띤다.

05. 답 ③
해설 원자는 원자핵과 전자로 이루어져있고, 원자핵은 양성자와 중성자로 이루어져 있다.

06. 답 ⑤
해설 ㄱ. 원자의 대부분은 빈 공간이다.
ㄴ. 원자의 중심에는 (+)전하를 띠는 원자핵이 있고, 원자핵 주위에서 (-)전하를 띠는 전자가 빠르게 움직이고 있다.
ㄷ. 중성 원자는 원자핵의 (+)전하량과 전자의 총 (-)전하량이 같다.

[유형 16-4] 답 ③
해설 리튬 : Li, 산소 : O, 알루미늄 : Al, 아연 : Zn, 플루오린 : F, 아이오딘 : I

07. 답 ⑤
해설 원소 기호는 원소 이름의 알파벳에서 딴 첫 글자를 대문자로 나타내고, 첫 글자가 다른 원소와 같을 때에는 중간 글자를 택하여 첫 글자 다음에 소문자로 나타낸다. 현재 사용하는 원소 기호는 베르셀리우스가 제안한 방법대로 알파벳을 이용하여 나타낸다.

08. 답 ④
해설 ㄱ. 은 - Ag, 금 - Au　ㄴ. 헬륨 - He, 탄소 - C
ㄷ. 칼슘 - Ca, 칼륨 - K　ㄹ. 마그네슘 - Mg, 질소 - N

창의력 & 토론마당 88~91쪽

01 모든 것이 생성될 수 있는 것, 삶의 필수적인 것, 움직일 수 있는 것, 변화할 수 있는 것, 주변에 많이 존재하는 것, 그 당시의 기술로 그 이상 쪼갤 수 없었던 것 등에 해당하는 물질이 물이라고 생각했기 때문에 탈레스는 만물의 근원이 물이라고 주장했을 것이다.

해설 기원전 600년 그리스인들은 신들이 천지창조를 했다고 당연하게 믿었기 때문에 만물의 근원에 대해 궁금해하지 않았다. 그러나 과학이 발달하면서 신화에 대한 의문을 갖기 시작하고 스스로 답을 구하려는 사람이 생겨났고, 그가 바로 고대 그리스의 철학자 탈레스이다. 그래서 만물의 근원 물질은 무엇일까? 라고 생각하며, 그것은 삶의 필수적인 것이고, 움직일 수 있는 것이며, 변화할 수 있는 것이다. 또한 모든 것이 생성될 수 있는 것이어야 한다. 따라서 만물의 근원은 물이라고 생각하였다.
탈레스가 최초의 철학자로 인정받는 이유는 자연의 문제를 신화가 아닌 과학적이고 이성적으로 해결하려고 한 최초의 사람이었기 때문이다.

02 실험을 통해 확인할 수 있듯이 산소의 동위 원소들은 모두 조연성(연소를 돕는 성질)을 갖고 있다. 이처럼 동위 원소의 화학적 성질은 원래 원소와 같다. 원소의 화학적 성질은 양성자와 전자의 수에 의해 결정되기 때문이다. 하지만 중성자의 수가 달라서 질량이 다르므로 물리적 성질이 다르다.

03 (1) 자신의 연구 결과를 타인이 알지 못하도록 하기 위해 자신만이 알아볼 수 있는 그림으로 나타낸 원소 기호를 사용했다.
(2) 원소 기호를 자신만이 알아볼 수 있는 상징과 비유로 기록했듯이 실험 방법과 결과를 비밀에 부쳤기 때문이다. 또한 아리스토텔레스의 물질관, 논리를 따르는 것을 관찰보다 우선했으며, 실험하는 사람이 영적으로 순수한가 같은 주관적인 판단이 결과의 좋고 나쁨을 가른다고 생각했고, 달의 상이나 별들의 위치가 물질에 영향을 준다고도 생각했기 때문에 연금술은 과학으로 인정받지 못하는 것이다.

해설 (1) 연금술사들은 값싼 금속을 금과 같이 귀한 금속으로 바꿀 수 있는 연금술은 지식이 없는 사람들과는 나눌 수 없다고 믿었다.
(2) 과학은 보편적인 진리나 법칙의 발견을 목적으로 한 체계적인 지식으로 객관적이어야 한다. 연금술은 실험의 행태나 관심사에서는 과학의 면모를 보이고 있지만 과학이라기보다는 오히려 예술에 가까웠다.

04 (1) 원소마다 원자핵의 (+)전하량이 다르다. 따라서 원자핵이 붕괴 반응을 일으켜 원자핵이 갖는 (+)전하량이 달라지면 다른 원자가 된다. 이 때 질량이 달라진다. 질량이 달라지면 원자량이 변화하는 것이다.

(2) 고고학에서 암석의 나이를 알고자 할 때 방사성원자핵과 그 원자핵이 붕괴되면서 만들어진 물질의 존재 비율을 알면 반감기를 이용해 암석의 나이를 계산하여 알아낼 수 있다.

해설 (1) 원자핵의 (+)전하량이 달라지면 다른 원소가 된다. 따라서 원자핵이 붕괴 반응을 일으켜 원자핵이 갖는 (+)전하량이 달라지면 다른 원자로 바뀌고 원래의 원자수는 줄어들게 되는 것이다.

(2) 반감기는 방사성 동위 원소의 종류에 따라 크게 다르고 수소(질량수 3, 반감기 12.3년), 탄소(질량수 14, 반감기 5730년), 인(질량수 32, 14.26일), 아이오딘(질량수 131, 반감기 8.04일) 등과 같이 반감기가 비교적 긴 방사성 동위 원소는 생물학, 화학 등에 있어서의 추적자(tracer)실험에 이용된다. 테크네튬(technetium)(질량수 99, 반감기 6.01시간), 아이오딘(질량수 123, 8.04일), 갈륨(galium)(질량수 67, 반감기 3.261일)과 같이 반감기가 대단히 짧은 방사성 동위 원소는 인체 내에 들어가더라도 단시간에서 소멸하기 때문에 인체 내에서 진행되는 검사에 이용된다.

스스로 실력 높이기 92~97쪽

01. 아리스토텔레스 **02.** (1) X (2) O
03. (1) X (2) O (3) O **04.** (1) O (2) O (3) X
05. ㉠ 원소 ㉡ 원자 **06.** (1) ㉠ (2) ㉡
07. (1) ㉠ (2) ㉡ (3) ㉢ **08.** (1) X (2) X
09. ㉠ N ㉡ 나트륨 ㉢ Hg ㉣ 철 ㉤ Cl ㉥ Al
10. ③ **11.** ㄴ → ㄹ → ㅁ → ㄷ → ㄱ
12. ③ **13.** ④ **14.** ⑤ **15.** ⑤
16. ⑤ **17.** ③ **18.** ③, ④ **19.** ⑤
20. ① **21.** ⑤ **22.** ④ **23.** ③
24. ① **25.** ① **26.~32.** 〈해설 참조〉

02. 답 (1) X (2) O
해설 (1) 원소는 화학 변화가 일어나도 다른 원소로 변하지 않는다.

03. 답 (1) X (2) O (3) O
해설 (1) 공기가 진해진다고 생각하는 것은 연속설에 의한 생각이다. 보일은 J자관 실험을 통해 입자설을 지지했다.

04. 답 (1) O (2) O (3) X
해설 (3) 고무풍선의 입구를 단단히 묶어 가만히 놓아두어도 풍선의 크기가 작아지는 것은 입자설의 증거이다.

08. 답 (1) X (2) X
해설 (1) 원소 이름의 알파벳에서 딴 첫 글자를 대문자로 나타낸다.
(2) 첫 글자가 다른 원소와 같을 때에는 중간 글자를 택하여 첫 글자 다음에 소문자로 나타낸다.

10. 답 ③
해설 물질을 이루는 기본 성분이고, 더 이상 다른 물질로 분해되지 않는 것은 원소이다. 구리는 원소이다.

12. 답 ③
해설 라부아지에 물 분해 실험을 통해 물은 산소와 수소로 분해되므로 원소가 아니라는 것을 밝혀냈다. 이를 통해 물이 원소라고 했던 아리스토텔레스의 물질관인 4원소 변환설이 옳지 않음을 증명할 수 있었다.

13. 답 ④
해설 ㄱ. 유리관 속 공기가 진해진다는 것은 아리스토텔레스의 연속설에 의한 생각으로 보일은 J자관 실험으로 데모크리토스의 입자설을 지지했다.
ㄴ. 수은을 더 넣어주었더니 유리관 속 공기의 부피가 줄어들었다.
ㄷ. 공기는 입자와 빈 공간으로 이루어져 있기 때문에 수은을 더 넣었을 때 부피가 줄어들었다.

14. 답 ⑤
해설 ㄱ. (가)의 물질관은 아리스토텔레스의 연속설로 진공을 인정하지 않았다.
ㄴ. (나)는 데모크리토스의 입자설이다.
ㄷ. 혼합물의 부피가 혼합하기 전 두 물질의 부피의 합보다 작다는 것은 입자설의 증거가 된다.

15. 답 ⑤
해설 금속박의 두께를 무한히 얇게 만들 수 없는 것은 금속박을 이루는 금속 입자의 두께보다 더 얇게 만들 수 없기 때문이다. 따라서 이것은 입자설로 설명이 가능하다.

16. 답 ⑤
해설 원소는 물질을 이루는 기본 성분으로 현재까지 110여 종의 원소가 발견되었고, 그 중에는 인공적으로 만들어진 인공 원소도 포함되어 있다. 원소는 종류에 따라 다른 특성을 나타낸다. 원소는 화학적 방법으로는 더 이상 분해가 불가능하다.

17. 답 ③
해설 모든 원자가 양성자와 중성자의 수가 같지는 않다. 동위 원소들은 양성자와 중성자의 수가 다르다.

18. 답 ③, ④
해설 ① 그림을 사용해서 원소를 나타낸 사람은 연금술사이다.
② 원과 기호로 원소를 나타낸 것은 돌턴이다.
③ 현재 사용하는 원소 기호는 베르셀리우스가 제안한 방법대로 알파벳을 이용하여 나타낸다.
④ 원소 이름의 알파벳에서 첫 글자를 대문자로 나타낸다.
⑤ 첫 글자가 다른 원소와 같을 때는 중간 글자를 택하여 첫 글자 다음에 소문자로 나타낸다.

19. 답 ⑤
해설 A는 원자핵이고, B는 전자이다. 이 원자는 중성 원자이고, 전자의 갯수가 6개이므로 원자핵의 전하량은 +6이다. 원자의 총 질량의 대부분을 차지하는 것은 원자핵이다.

20. 답 ①
해설 ㄱ. 수은 - Hg, 은 - Ag ㄴ. 헬륨 - He, 질소 - N
ㄷ. 칼슘 - Ca, 칼륨 - K ㄹ. 철 - Fe, 염소 - Cl

21. 답 ⑤
해설 탈레스, 아리스토텔레스, 데모크리토스 모두 만물은 그 물질을 이루는 근원 물질이 있다고 믿고, 각자가 생각한 근원 물질을 주장했다.

22. 답 ④
해설 주철관은 산소와 결합하기 때문에 주철관의 질량은 증가한다. 물은 수소와 산소를 분해된다. 냉각수를 통과한 기체 A는 수소이다. 라부아지에는 이 실험을 통해 물이 분해된다는 것을 증명하고, 물이 원소라고 주장한 아리스토텔레스의 4원소 변환설을 반박하였다.

23. 답 ③
해설 ㄱ. (가)는 입자설로 공기를 이루는 입자 사이의 빈 공간을 인정하는 물질관이다.
ㄴ. 보일의 J자관 실험을 통해 입자설이 다시 주목받게 되었다.
ㄷ. 데모크리토스의 입자설이 아리스토텔레스의 연속설보다 더 빨리 주장되었다.

24. 답 ①
해설 ① 원자는 원소의 성질을 지니고 있는 입자이다.
② 원소는 구성 성분의 종류이며, 물질의 성질을 나타낸다.
③ 물건의 종류는 원소, 물건의 개수는 원자에 비유할 수 있다.
④ 양성자의 수가 2개인 중성 원자는 전자가 2개이고, 원자핵의 전하량은 +2, 전자의 전하량은 -2이다.
⑤ 원자는 (+)전하를 띠는 원자핵과 (-)전하를 띠는 전자로 구성되어 있다. 중성 원자의 경우에 총 전하량은 0이다.

25. 답 ①
해설 ㄱ. 원자의 중심에는 원자핵이 있고, 원자핵 주위에 전자가 빠르게 움직이고 있다.
ㄴ. 이 원자는 양성자가 2개인 원자핵과 전자 2개로 이루어져 있으므로 총 전하량은 0이다.
ㄷ. 양성자는 물리적으로 쪼갤 수 있다. 양성자와 중성자는 쿼크라는 입자로 쪼개진다.

26. 답 원자를 구성하는 원자핵의 (+)전하량과 전자의 (-) 전하량이 같기 때문에 원자는 전기적으로 중성이다.

27. 답 보일은 J자 관에 수은을 넣어 줄 때 공기의 부피가 줄어들며, 이것은 공기 입자와 공기 입자 사이가 빈 공간으로 이루어져 있기 때문이라고 밝혔다. 이것은 자연은 빈 공간을 싫어한다는 아리스토텔레스의 생각을 부정한 실험이다.

28. 답 4원소 변환설에 의하면 물은 원소이다. 그러나 물 분해 실험을 통해 물이 산소와 수소로 분해된다는 것이 증명되었으므로 4원소 변환설을 반박할 수 있었다.

29. 답 중세의 연금술사는 아리스토텔레스의 4원소 변환설의 영향을 받았다. 4원소 변환설은 모든 물질은 물, 불, 흙, 공기의 4원소로 이루어져 있으며, 원소는 따뜻함, 차가움, 건조함, 축축함의 조합에 의해 다른 원소로 변환될 수 있다는 물질관으로 연금술사들은 이 물질관을 바탕으로 납, 철과 같은 값싼 금속으로 금을 만들려고 시도하였다.

30. 답 베르셀리우스가 제안한 알파벳을 이용한 (다)를 사용한다. 이 원소 기호의 장점은 많은 원소들을 쉽게 표현하고, 구별할 수 있다는 것이다.

31. 답 비눗방울을 한없이 크게 만들 수 있어야 한다. 아리스토텔레스의 연속설에 의하면 물질은 한없이 작게 쪼갤 수 있기 때문에 비눗방울의 막도 한없이 얇게 만들수 있기 때문이다.

32. 답 원자의 대부분은 빈 공간이다. 전자의 크기는 원자의 크기에 비하면 무시할 수 있을 정도로 작고, 끊임없이 움직인다.

17강. 주기율표

개념 확인 98~101쪽

1. 톰슨 **2.** (1) O (2) X (3) X (4) O
3. (1) X (2) O (3) O **4.** 원자가 전자

2. 답 (1) O (2) X (3) X (4) O
해설 (2) 돌턴의 원자설 2항 - 같은 종류의 원자는 크기와 질량이 같고, 다른 종류의 원자는 크기와 질량이 다르다.
(3) 돌턴의 원자설 3항 - 원자는 없어지거나 새로 생기지 않으며, 다른 종류의 원자로 변하지 않는다.

3. 답 (1) X (2) O (3) O
해설 (1) 원자 번호는 양성자 수와 같다.

확인+ 98~101쪽

1. ㉢ - ㉠ - ㉡ - ㉤ - ㉣ **2.** ②
3. ② **4.** ②

1. 답 ㉢ - ㉠ - ㉡ - ㉤ - ㉣
해설 ㉠ - 톰슨의 건포도 박힌 푸딩 모형 (1897년)
㉡ - 러더퍼드의 태양계 모형 (1911년)
㉢ - 돌턴의 딱딱한 공 모형 (1803년)
㉣ - 현대적 원자 모형인 전자 구름 모형 (1926년)
㉤ - 보어의 궤도 모형 (1913년)

2. 답 ②
해설 돌턴은 원자의 종류가 같으면 크기와 질량이 같다고 했지만, 같은 원소면서 질량이 다른 동위 원소가 발견되었다.

3. 답 ②
해설 리튬, 베릴륨, 질소, 산소는 모두 주기율표의 2주기 원소이다.

4. 답 ②
해설 원자가 전자는 가장 바깥 껍질에 있는 전자이므로 1개이다.

생각해보기 98~101쪽

★ (+)전하를 띠는 원자핵과 (-)전하를 띠는 전자 사이의 인력때문에 전자가 계속 움직이면서도 원자핵 주위의 궤도 안에서 움직이는 것이다.
★★ 돌턴은 원자를 쪼갤 수 없고 변화하지 않는 완전한 것이며, 물질을 이루는 기본 단위라고 생각했다. 원자를 당구공 같이 내부에 특별한 구조가 없는 단단한 공이라고 주장했다.
★★★ 금속 원소가 산소와 결합하면서 내놓는 에너지가 가시광선일 때 불꽃 반응으로 원소를 확인할 수 있다. 니크롬과 같이 불꽃 반응으로 확인할 수 없는 금속 원소가 있다. 비금속 원소와 산소의 결합은 굉장히 큰 에너지를 내는데, 이때 가시광선 대역을 벗어나는 높은 대역의 스펙트럼을 방출하기 때문에 불꽃 반응으로 확인할 수 없는 것이다.

★★★★ 18족 원소는 다른 원소와 거의 반응하지 않기 때문에 비활성 기체라고 하여 단원자 분자로 존재한다.

개념 다지기 102~103쪽

01. ⑤	02. ④	03. ④
04. ⑤	05. ①	06. ①

01. 답 ⑤
해설 ㉠ - 톰슨의 건포도 박힌 푸딩 모형
㉡ - 러더퍼드의 태양계 모형 ㉢ - 돌턴의 딱딱한 공 모형
㉣ - 전자 구름 모형 ㉤ - 보어의 궤도 모형

02. 답 ④
해설 ㉠ - 톰슨의 건포도 박힌 푸딩 모형 : (+)전하를 띠는 구 속에 (-)전하를 띤 전자가 박혀 있다.
㉡ - 러더퍼드의 태양계 모형 : 원자 중심에 (+)전하를 띤 입자가 있고 나머지 빈 공간을 전자가 빠르게 움직인다.
㉢ - 돌턴의 딱딱한 공 모형 : 원자는 더 이상 쪼갤 수 없는 단단한 공과 같다.
㉣ - 전자 구름 모형 : 전자들은 빠르게 움직이므로 위치를 정할 수 없어 전자를 발견할 확률로 나타낸다.
㉤ - 보어의 궤도 모형 : 전자는 일정한 궤도 안에서 움직인다.

03. 답 ④
해설 중세의 연금술은 원자는 없어지거나 새로 생기지 않으며, 다른 종류의 원자로 변하지 않는다는 돌턴의 원자설 3항에 위배되기 때문이다.

04. 답 ⑤
해설 ① 모든 물질은 더 이상 쪼갤 수 없는 원자로 이루어져 있다.
② 다른 종류의 원자는 크기와 질량이 다르다.
③ 원자는 없어지거나 새로 생기지 않는다.
④ 서로 다른 원자들이 일정한 개수비로 결합하여 새로운 물질이 만들어진다.
⑤ 원자는 다른 종류의 원자로 변하지 않는데, 그림에서는 다른 종류의 원자로 변했으므로 옳지 않은 그림이다.

05. 답 ①
해설 같은 족의 원소들끼리는 원자가 전자의 수가 같기 때문에 화학적 성질이 비슷하다.

06. 답 ①
해설 수소와 헬륨은 1주기 원소이다. 또한 수소는 주기율표의 1족에 있지만 수소의 특성상 1족 원소에 포함되지 않는다. 헬륨은 18족 원소이다.

유형 익히기 & 하브루타 104~107쪽

[유형 17-1] ⑤	01. ⑤	02. ⑤
[유형 17-2] ④	03. ④	04. ⑤
[유형 17-3] ①	05. ③	06. ④
[유형 17-4] ②	07. ⑤	08. ③

[유형 17-1] 답 ⑤
해설 A는 톰슨의 건포도 박힌 푸딩 모형으로 (+)전하를 띠는 구 속에 (-)전하를 띤 전자가 박혀 있다.
B는 러더퍼드의 태양계 모형으로 원자 중심에 (+)전하를 띤 입자가 있고 나머지 빈 공간을 전자가 빠르게 움직인다.
C는 보어의 궤도 모형으로 전자는 일정한 궤도 안에서 움직인다.

01. 답 ⑤
해설 러더퍼드는 원자핵을 발견하고 원자 중심에 (+)전하를 띠는 딱딱한 입자(원자핵)가 있고, 나머지 비어 있는 공간에서 전자가 빠르게 움직이는 태양계 모형을 제시했다.

02. 답 ⑤
해설 ㉤ - 돌턴의 딱딱한 공 모형 (1803년)
㉠ - 톰슨의 건포도 박힌 푸딩 모형 (1897년)
㉡ - 러더퍼드의 태양계 모형 (1911년)
㉣ - 보어의 궤도 모형 (1913년)
㉢ - 현대적 원자 모형인 전자 구름 모형 (1926년)

[유형 17-2] 답 ④
해설 (가)는 모든 물질은 더 이상 쪼갤 수 없는 원자로 이루어져 있다는 것을 나타내는 모형이다. 이 내용은 원자는 원자핵과 전자로 나뉜다는 것의 발견으로 수정되어야 한다.
(나)는 같은 종류의 원자는 크기와 질량이 같다는 것을 나타내는 모형이다. 이 내용은 같은 원소면서 질량이 다른 동위 원소의 발견으로 수정되어야 한다.
(다)는 원자는 없어지거나 새로 생기지 않으며, 다른 종류의 원자로 변하지 않는다는 것이다. 이 내용은 원자핵이 핵분열을 일으키며 쪼개져 다른 원자로 바뀐다는 것이 밝혀지면서 수정되어야 하는 내용이 되었다.
(라)는 서로 다른 원자들이 일정한 개수비로 결합하여 새로운 물질이 만들어진다는 것을 나타내는 모형으로 원자와 원자가 만나 화합물이 형성되는 것을 설명할 수 있다.

03. 답 ④
해설 ㄱ. 돌턴의 원자설 2항은 같은 종류의 원자는 크기와 질량이 같고, 다른 종류의 원자는 크기와 질량이 다르다는 것이므로 질소 원자와 탄소 원자의 질량과 크기가 다르다는 것은 이와 일치한다.
ㄴ. 돌턴의 원자설 3항에 따르면 원자는 없어지거나 새로 생기지 않으며, 다른 종류의 원자로 변하지 않는다. 따라서 물이 분해될 때 수소 원자와 산소 원자는 다른 원자로 변하지 않는다는 것이 설명될 수 있다.
ㄷ. 원자는 핵분열을 일으켜 다른 원자로 바뀔 수 있기 때문에 돌턴의 원자설 중 원자는 다른 종류의 원자로 변하지 않는다는 항목이 수정되어야 한다.

04. 답 ⑤
해설 그림의 모형은 같은 종류의 원자는 크기와 질량이 같고, 다른 종류의 원자는 크기와 질량이 다르다는 것이다. 그러나 같은 종류의 원소라서 양성자의 수는 같지만 중성자의 수가 달라서 질량이 다른 동위 원소가 발견되어 이 항목은 수정되어야 한다.

[유형 17-3] 답 ①
해설 (가) H(수소), (나) He(헬륨), (다) Li(리튬), (라) B(붕소), (마) F(플루오린), (바) Na(나트륨)
수소, 헬륨, 플루오린은 비금속 원소이고, 리튬, 붕소, 나트륨은 금속 원소이다.
① 수소는 상온에서 기체 상태이지만 리튬은 상온에서 고체 상태

인 금속이다.
③ 금속 원소는 전자를 잃어 양이온이 되기 쉬운 원소이다.
④ 원자 번호는 양성자 수와 같다.
⑤ 비금속 원소는 전자를 얻어 음이온이 되기 쉬운 원소이다.

05. 답 ③
해설 현대의 주기율표는 모즐리가 제안한 원자 번호 순으로 원소를 배열한 주기율표를 사용한다. 멘델레예프는 원자량 순서로 원소를 배열하여 최초의 주기율표를 제안했다.

06. 답 ④
해설 (가)는 금속 원소이고, (나)는 비금속 원소이다. 비금속 원소는 전자를 얻어 음이온이 되기 쉬운 원소이고, 주기율표에서 오른쪽에 위치한다. 또한 열과 전기의 전도성이 있고, 상온에서는 주로 기체 또는 고체로 존재한다.

[유형 17-4] 답 ②
해설 ① 13족 원소들의 원자가 전자 수는 3개이다.
② 헬륨, 네온, 아르곤은 18족 원소로 원자가 전자 수가 0개이다.
③ 같은 족 원소끼리는 원자가 전자 수가 같지만 원자핵의 전하량은 다르다. 원자핵의 전하량은 원자 번호와 동일하다.
④ 붕소와 알루미늄은 13족 원소로 원자가 전자 수가 3개로 동일하다. 붕소 중성 원자의 전자 껍질 수는 2개이고, 알루미늄 중성 원자의 전자 껍질 수는 3개이다.
⑤ 수소, 리튬, 나트륨, 칼륨의 주기율표 상의 위치는 모두 1족이지만 수소는 1족의 다른 원소들과는 다른 성질을 갖는다. 따라서 수소를 1족 원소로 취급하지는 않는다.

07. 답 ⑤
해설 원자 번호가 20번인 칼슘의 양성자 수는 20개이므로 원자핵 전하량은 +20이다. 원자가 전자가 2개이므로 2족 원소이고, 전자껍질이 4개인 주기율표의 4주기 원소이다. 칼슘은 전자 2개를 잃어 +2가 양이온이 되기 쉬운 원소이다.

08. 답 ③
해설 같은 족 원소는 원자가 전자의 개수가 같아서 화학적 성질이 비슷하다. 따라서 같은 17족 원소인 F(플루오린)와 Cl(염소)의 화학적 성질이 비슷하고, 같은 18족 원소인 He(헬륨)와 Ar(아르곤)의 화학적 성질이 비슷하다. H(수소)는 1족에 위치하지만 1족의 다른 원소들과는 전혀 다른 성질을 띤다. Mg(마그네슘)와 Al(알루미늄)은 같은 3주기 원소이다.

창의력 & 토론마당 108~111쪽

01
(1) 2주기 원소 중에서 원자 번호가 가장 작은 리튬(Li)의 원자 반지름이 가장 크다.
(2) 나트륨(Na), 주기율표 왼쪽 아래에 있는 원소일수록 원자 반지름이 크다.

해설 (1) 같은 주기의 원소인 경우, 원자핵의 전하량이 클수록 원자핵이 전자를 당기는 힘이 강해져 원자 반지름이 작아진다. 따라서 같은 주기에서 원자 번호가 큰 원소일수록 원자 반지름은 작다.
(2) 같은 족의 원소인 경우, 전자 껍질 수가 증가할수록 원자 반지름이 커지고, 같은 주기의 원소인 경우, 원자 번호가 작을수록 원자 반지름이 크다. 즉, 주기율표의 왼쪽 아래에 있는 원소일수록 원자 반지름이 크다. 따라서 플루오린(F)보다 염소(Cl)의 원자 반지름이 크고, 염소(Cl)보다 나트륨(Na)의 원자 반지름이 크다.

02
(1) 기존의 원자 모형에는 빈 공간이 없기 때문에 α입자가 금박에 부딪히면 모두 튕겨 나올것이라고 생각했다.
(2) 원자의 대부분이 빈 공간이다. 원자 중심에 밀도가 큰 (+)전하를 띤 원자핵이 존재한다.

해설 (1) 기존의 원자 모형은 돌턴의 원자 모형과 톰슨의 원자 모형이었다. 돌턴의 원자 모형은 딱딱한 공 모형이었고, 톰슨의 원자 모형은 (+)전하를 띠는 구 속에 (-)를 띠는 전자가 박혀있는 모형으로 원자 안에 빈 공간이 없다고 생각했다.
(2) 러더퍼드는 원자의 대부분이 빈 공간이라 대부분의 α입자가 직진할 수 있었으며, 원자 중심에 밀도가 큰 (+)전하를 띤 입자에 부딪혀 일부의 α입자가 산란된 것이라고 생각하고, 그 입자가 원자핵이라는 것을 발견했다.

03
'원자는 더 이상 쪼갤 수 없다.(돌턴의 원자설 1항)', '원자는 없어지거나 새로 생기지 않는다.(돌턴의 원자설 3항)'을 알 수 있고, 과학과 기술의 발전으로 원자는 원자핵과 전자로 나뉘며, 원자핵은 핵분열에 의해 양성자와 중성자 등으로 나뉜다는 사실을 발견했기 때문에 이 내용은 수정되어야 한다.

해설 돌턴은 원자를 만들거나 없애는 일은 불가능하다고 생각했다. 따라서 원자는 더 이상 쪼갤 수 없고, 없어지거나 새로 생기지 않는다는 내용의 원자설을 발표하였다. 이 내용은 오늘날 과학과 기술의 발달로 원자를 더 쪼개고, 핵 분열시켜 다른 원자로 바꿀 수 있게 되었으므로 수정되어야 한다.

04
(1) 23
(2) 비활성 기체인 18족 원소(헬륨, 네온, 아르곤 등)들이 발견되지 않았다. 이 원소들은 다른 원소와 반응하지 않고, 지구상에 존재하는 양이 적으므로 뒤늦게 발견되었다.

해설 (1) 리튬, 나트륨, 칼륨은 세 쌍 원소이므로 리튬과 칼륨 원소의 원자량의 평균값이 나트륨의 원자량이다. 따라서 나트륨의 원자량은 $(7+39) \div 2 = 23$이다.
(2) 비활성 기체인 18족 원소 헬륨, 네온, 아르곤이 빠져있다. 이 원소들은 다른 원소와 반응하지 않고, 지구상에 존재하는 양이 적으므로 뒤늦게 발견되었다.비활성 기체가 뉴랜즈의 옥타브 법칙에 포함된다면 9번째 원소마다 성질이 비슷한 원소가 나타나게 된다.

스스로 실력 높이기 112~117쪽

01. 돌턴 02. (1) O (2) X (3) O
03. (1) ㉠ (2) ㉣ (3) ㉡ 04. ㉢
05. 동위 06. 양성자 수
07. (1) O (2) O (3) X 08. ㉡ 09. ㉠
10. 13, 13 11. ㉠ → ㉤ → ㉢ → ㉣ → ㉡
12. ③ 13. ④ 14. ④ 15. ③
16. ⑤ 17. ④ 18. ⑤ 19. ④
20. ③ 21. ① 22. ④ 23. ②, ③
24. ① 25. ③ 26.~32. 〈해설 참조〉

02. 답 (1) O (2) X (3) O
해설 (2) 보어는 전자는 원자핵 주위의 결정된 궤도 안에서 움직인다는 궤도 모형을 제시했다. 전자들의 위치가 정해진 것이 아니라 구름처럼 확률적으로 분포하는 원자 모형은 현대적 원자 모형인 전자 구름 모형이다.

03. 답 (1) ㉠ (2) ㉣ (3) ㉡
해설 ㉠ 모든 물질은 더 이상 쪼갤 수 없는 원자로 이루어져 있다. ㉡ 다른 종류의 원자는 크기와 질량이 다르다. ㉢ 원자는 없어지거나 새로 생기지 않으며, 다른 종류의 원자로 변하지 않는다. ㉣ 서로 다른 원자들이 일정한 개수비로 결합하여 새로운 물질이 만들어진다.

04. 답 ㉢
해설 중세의 연금술사들은 값싼 금속으로 금을 만들려고 시도했다. 이는 돌턴의 원자설 중 원자는 없어지거나 새로 생기지 않으며, 다른 종류의 원자로 변하지 않는다는 내용에 위배된다.

06. 답 양성자 수
해설 현재 사용하고 있는 주기율표는 주기율을 바탕으로 원소들을 원자 번호 순으로 배열한 표이다. 원자 번호는 양성자 수와 같다.

07. 답 (1) O (2) O (3) X
해설 (3) 헬륨, 네온, 아르곤은 18족 원소이다.

08. 답 ㉡ 원자가 전자
해설 주기율표의 같은 족 원소들은 원자가 전자 수가 같고, 같은 주기 원소들은 같은 수의 전자껍질을 가진다.

10. 답 13, 13
해설 원자가 전자가 3개이므로 13족 원소이다. 또한 이 중성 원자의 전자 배치를 보면 전자가 13개이므로 양성자의 수도 13개이다. 따라서 이 원소는 원자 번호가 13번인 알루미늄(Al)이다.

11. 답 ㉠ → ㉤ → ㉢ → ㉣ → ㉡
해설 ㉠ - 돌턴의 딱딱한 공 모형 (1803년)
㉤ - 톰슨의 건포도 박힌 푸딩 모형 (1897년)
㉢ - 러더퍼드의 태양계 모형 (1911년)
㉣ - 보어의 궤도 모형 (1913년)
㉡ - 현대적 원자 모형인 전자 구름 모형 (1926년)

12. 답 ③
해설 전자가 원자핵 주위의 결정된 궤도 안에서 움직인다고 주장한 과학자는 보어다. 톰슨은 음극선 실험을 통해 전자를 발견하고 (+)전하를 띠는 구 속에 (-)전하를 띠는 전자가 박혀 있다고 주장하며 건포도 박힌 푸딩 모형을 제안했다.

13. 답 ④
해설 돌턴의 원자설 모형은 다음과 같다.

1항	2항
모든 물질은 더 이상 쪼갤 수 없는 원자로 이루어져 있다.	같은 종류의 원자는 크기와 질량이 같고, 다른 종류의 원자는 크기와 질량이 다르다.
	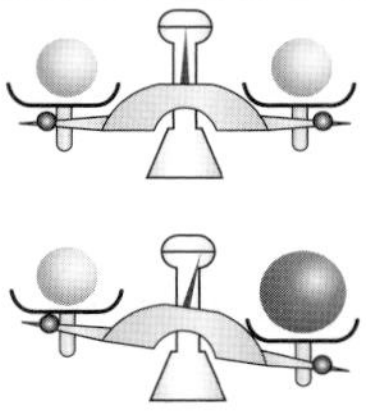
3항	**4항**
원자는 없어지거나 새로 생기지 않으며, 다른 종류의 원자로 변하지 않는다.	서로 다른 원자들이 일정한 개수비로 결합하여 새로운 물질이 만들어진다.
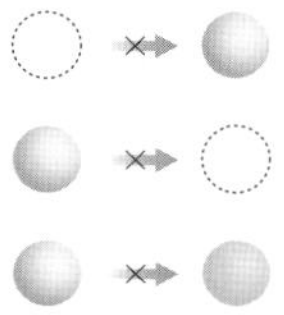	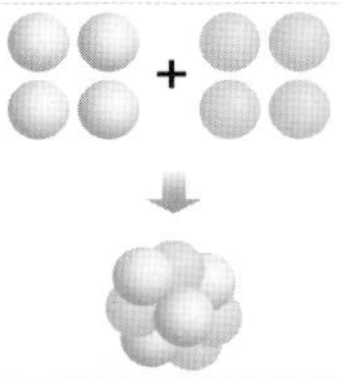

14. 답 ④
해설 그림의 모형은 원자는 다른 종류의 원자로 변하지 않는다는 것이다.
ㄱ. 중세의 연금술은 값싼 금속을 금으로 만들려는 시도였다. 이는 돌턴의 원자설 중 원자는 다른 종류의 원자로 변하지 않는다는 내용에 위배된다.
ㄴ. 과학과 기술의 발전으로 원자는 원자핵과 전자로 나뉘고, 원자핵은 양성자와 중성자로 나뉜다는 것이 밝혀졌으므로 돌턴의 원자설 중 원자는 더 이상 쪼갤 수 없다는 내용이 수정되어야 한다.
ㄷ. 원자핵은 자연적으로 또는 인공적으로 핵분열을 일으키며 쪼개져 다른 원자로 바뀐다는 것이 밝혀졌으므로 원자는 다른 원자로 변하지 않는다는 돌턴의 원자설이 수정되어야 한다.

15. 답 ③
해설 ①, ④ 현재의 주기율표는 모즐리가 만든 원자 번호 순서로 원소를 배열하여 주기율표를 완성한 것이다.
② 주기율표의 세로줄은 족이라고 하며 18족까지 있다.
③, ⑤ 일반적으로 같은 족 원소는 원자가 전자 수가 같아 화학적 성질이 비슷하다.

16. 답 ⑤
해설 물질에 어떤 금속이 포함되어 있는지에 따라 불꽃색이 달라진다. 리튬과 스트론튬이 포함된 물질은 불꽃색이 빨간색이고, 칼슘이 포함된 물질은 불꽃색이 주황색이며, 나트륨이 포함된 물질은 불꽃색이 노란색, 칼륨이 포함된 물질은 불꽃색이 보라색, 구리가 포함된 물질은 불꽃색이 청록색이다. 따라서 탄산 리튬과 탄산 스트론튬의 불꽃색은 빨간색이다.

17. 답 ④

해설 (가)는 금속 원소, (나)는 비금속 원소이다.
④ 1주기부터 4주기까지의 금속 원소는 원자가 전자가 4개 이하인 원소이다.

18. 답 ⑤
해설 ① 18족 원소들의 가장 바깥 껍질에 있는 전자의 수는 8개이지만 원자가 전자 수가 0개이다.
② 리튬, 나트륨, 칼륨은 모두 1족 원소로 원자가 전자 수가 같다. 세 원소의 주기가 모두 다르므로 전자 껍질 수가 다르다.
③ 같은 족 원소끼리는 원자가 전자 수는 같지만 원자핵의 전하량은 모두 다르다. 원자핵의 전하량은 양성자 수에 비례하므로 원자 번호와 같다.
④ 탄소와 질소, 산소는 모두 2주기 원소이다. 같은 족 원소가 아니므로 화학적 성질이 모두 다르다.
⑤ 원자 번호 16번인 황의 양성자 수는 16개이고, 16족 원소이므로 원자가 전자는 6개이다.

19. 답 ④
해설 원자 번호 12번인 마그네슘 중성 원자는 원자핵의 전하량이 +12이고, 전자가 12개이다. 따라서 전체 전하량은 0이다. 마그네슘은 원자가 전자가 2개인 2족 원소이고, 전자껍질이 3개이므로 주기율표의 3주기 원소이다. 금속 원소이므로 전자를 잃어 양이온이 되기 쉽다.

20. 답 ③
해설 물질 X의 선 스펙트럼에 A과 B의 선 스펙트럼이 나타난다. 따라서 물질 X에는 A과 B이 포함되어 있다는 것을 알 수 있다. C의 선 스펙트럼은 물질 X에서 나타나지 않는다.

21. 답 ①
해설 · 멘델레예프는 원소를 원자량 순으로, 모즐리는 원소를 원자 번호 순으로 나열하였다.
· 모즐리의 주기율표는 원자량 순으로 원소를 배열하였을 때 특정 원소들에서 원소의 주기율이 나타나지 않는 단점을 해결하였다.
· 같은 족 원소는 원자가 전자의 개수가 같아서 화학적 성질이 비슷하다.

22. 답 ④
해설 동심원의 노란 부분에 다트가 꽂힐 확률을 계산한 것이므로 전자가 분포하는 확률을 계산하여 만들어진 전자 구름 모형이 이와 같은 원리로 만들어진 원자 모형이다. 전자 구름 모형은 전자들의 위치가 정해진 것이 아니라 구름처럼 확률적으로 분포한다는 것을 나타낸 모형이다.

23. 답 ②, ③
해설 러더퍼드는 얇은 금속박에 (+)전하를 띠는 α입자를 충돌시키면 대부분의 α입자는 직진하지만 일부의 α입자가 크게 휘면서 산란된다는 것을 발견했다. 러더퍼드는 원자의 대부분이 빈 공간이라 대부분의 α입자가 직진할 수 있었으며, 원자 중심에 밀도가 큰 (+)전하를 띤 입자에 부딪혀 일부의 α입자가 산란된 것이라고 생각하고, 그 입자가 원자핵이라는 것을 발견했다.

24. 답 ①
해설 ㉠은 돌턴의 딱딱한 공 모형이고, ㉡은 현대적 원자 모형인 전자 구름 모형이다. ㉢은 톰슨의 건포도 박힌 푸딩 모형으로 (+)전하를 띠는 구 속에 (-)전하를 띠는 전자가 박혀있는 모형이다. ㉣은 보어의 궤도 모형으로 전자가 원자핵 주위의 결정된 궤도 안에서 움직이는 모형이다. ㉤은 러더퍼드의 태양계 모형으로 원자 중심에 (+)전하를 띠는 원자핵이 있고, 나머지 빈 공간을 전자가 움직이는 모형이다.
따라서 (㉠)과 (㉡, ㉢, ㉣, ㉤)으로 분류하였을 때 분류의 기준은 전자의 유무이다.

25. 답 ③
해설 ① (가)는 원자 번호 10번인 네온이고, (나)는 원자 번호 18번인 아르곤이다.
② 중성 원자의 경우 원자핵의 전하량은 전자의 개수와 같으므로 (나)가 (가)보다 크다.
③ (가)는 전자 껍질이 2개인 2주기 원소로, 가장 바깥 껍질에 전자가 8개로 가득 차 있으므로 2주기 원소 중 가장 안정하다.
④ 네온과 아르곤과 같은 18족 원소는 매우 안정한 원소이기 때문에 다른 원자와 거의 반응하지 않고 단원자 분자로 존재한다.
⑤ 같은 족 원소끼리는 질량과 같은 물리적 성질은 다르지만 원자가 전자의 수가 같아 화학적 성질이 비슷하다.

26. 답 니크롬선에 묻은 불순물을 제거하여 시료의 불꽃색을 정확하게 관찰하기 위해서이다.

27. 답 원자 모형은 쉽게 쪼개지지 않아야 하고, 원자의 종류마다 크기, 모양 등이 달라야 한다. 원자 모형끼리 결합과 결합을 푸는 것이 가능해야 한다.

28. 답 돌턴의 원자설 중 같은 종류의 원자는 크기와 질량이 같고, 다른 종류의 원자는 크기와 질량이 다르다는 내용이 수정되어야 한다. 그 이유는 동위 원소의 경우 양성자의 수가 같으므로 같은 원소이나, 중성자의 수가 다르므로 질량이 다르기 때문이다.

29. 답 원소의 족은 원자가 전자 수에 의해 결정된다. 원자가 전자 수가 1개면 1족, 2개면 2족, 3개면 13족, …, 7개면 17족, 0개면 18족이다. 같은 족끼리는 원자가 전자 수가 동일하므로 화학적 성질이 비슷하다.

30. 답 (가) - 톰슨의 건포도 박힌 푸딩 모형 (1897년)
톰슨은 (+)전하를 띤 구 속에 (-)전하를 띤 전자가 군데군데 박혀 있다.
(나) - 보어의 궤도 모형 (1913년)
(+)전하를 띠는 원자핵이 중심에 있고, 전자는 원자핵 주위의 결정된 궤도 안에서 움직이다.
(다) - 러더퍼드의 태양계 모형 (1911년)
(+)전하를 띠는 원자핵이 중심에 있고, 그 주위를 전자들이 돌고 있다.

31. 답 18족 원소는 가장 바깥 껍질에 있는 전자가 8개이다. 화학 반응에 참여할 수 있는 원자가 전자가 0개이므로 매우 안정하여 다른 원소와 거의 반응하지 않고, 단원자 기체로 존재한다.

32. 답 분광기로 선 스펙트럼 분석으로 구별할 수 있다. 선 스펙트럼 분석을 하면 원소마다 선의 색깔, 위치, 개수, 굵기 등이 다르므로 불꽃색이 비슷한 원소도 구별할 수 있다.

18강. 이온

개념 확인 118~121쪽

1. (1) O (2) O (3) X	**2.** 화학식
3. (1) X (2) O (3) X	**4.** ㉠ (–)극 ㉡ (+)극

1. 답 (1) O (2) O (3) X
해설 (3) 탄산 이온은 CO_3^{2-}로 음이온이다.

3. 답 (1) X (2) O (3) X
해설 (1) 이온화란 전해질이 물에 녹아 양이온과 음이온으로 나누어지는 현상이다.
(3) 황산 구리(II)($CuSO_4$)이 물에 녹으면 양이온과 음이온의 비율이 1 : 1로 이온화된다.

확인 118~121쪽

1. ②	**2.** ④
3. ③	**4.** ③

1. 답 ②
해설 중성 원자가 전자 2개를 잃어서 형성된 이온이므로 전하량이 +2인 이온이다.

2. 답 ④
해설 양이온과 음이온이 1 : 1의 개수비로 결합한 화합물은 원소 기호 아래에 숫자를 쓰지 않는다. 1은 생략되기 때문이다. 나트륨 이온과 염화 이온은 1 : 1의 개수비로 결합한다.

3. 답 ③
해설 $Na_2CO_3 \rightarrow 2Na^+ + CO_3^{2-}$

4. 답 ③
해설 염화 이온(Cl^-)는 전기적 인력에 의해 (+)극으로 이동한다.

생각해보기 118~121쪽

★ H_2는 H원소 하나로 이루어져 있기 때문에 원소 또는 홑원소 물질이다. 화합물이란 두 가지 이상의 원소로 이루어진 물질을 말하므로 H_2는 화합물이다. 홑원소 물질이나 화합물은 둘 다 순물질에 속한다.

★★ 염화 나트륨(NaCl)이 혀의 침에 녹아 이온화 되어 Na^+와 Cl^-로 나누어지고, 이 Cl^-이온이 짠 맛을 내는 것이다. 따라서 혀에 침이 없다면 염화 나트륨이 입에서 이온화되지 못하므로 소금을 짜다고 느낄 수 없다.

★★★ 대부분의 물은 순수한 물이 아니라 많은 전해질을 포함하고 있으며, 우리 손에도 많은 전해질이 묻어 있고, 체액에도 많은 전해질이 들어 있어 전류가 쉽게 흐른다.

개념 다지기 122~123쪽

01. ④	**02.** ②	**03.** ①
04. ⑤	**05.** ②	**06.** ②

01. 답 ④
해설 중성 원자가 전자 2개를 얻어 -2의 음이온이 되는 과정을 나타낸 모형이다. 따라서 -2의 음이온인 O^{2-}가 이 모형에 해당된다.

02. 답 ②
해설 마그네슘 중성 원자는 주기율표 상의 2족 원소로 전자 2개를 잃어 +2의 양이온이 된다. 따라서 $Mg \rightarrow Mg^{2+} + 2$⊖ 이다.

03. 답 ①
해설 ㄱ. 원자가 전자는 가장 바깥 껍질에 있는 원자이므로 플루오린 중성 원자의 원자가 전자는 7개이다.
ㄴ. 플루오린 중성 원자는 전자 한 개를 얻는다.
ㄷ. 플루오린화 이온은 -1의 음이온이다.

04. 답 ⑤
해설 고체 상태에서는 전류가 흐르지 않는 염화 나트륨(NaCl)이 물이 녹으면 Na^+ 양이온과 Cl^- 음이온으로 이온화되어 전류를 흐르게 한다. 이때 이온 수의 비는 1 : 1이다.

05. 답 ②
해설 염화 암모늄의 화학식은 NH_4Cl으로 양이온은 NH_4^+이고, 음이온은 Cl^-이며, 양이온 : 음이온의 개수비는 1 : 1이다.

06. 답 ②
해설 ① 질산 이온(NO_3^-)과 칼륨 이온(K^+)은 무색이다.
② 황산 이온(SO_4^{2-})도 -2의 음이온으로 (+)극으로 이동한다. 다만 색이 무색이므로 이온의 이동을 눈으로 확인하기 힘든 것이다.
③ 파란색의 이온은 구리 이온(Cu^{2+})이다.
④ 구리 이온(Cu^{2+})은 양이온이므로 (–)극으로 이동한다.
⑤ (+)극으로 이동하는 보라색의 이온은 과망가니즈산 이온(MnO_4^-)이다.

유형 익히기 & 하브루타 124~127쪽

[유형 18-1] ③	**01.** ②	**02.** ⑤
[유형 18-2] ④	**03.** ④	**04.** ①
[유형 18-3] ⑤	**05.** ③	**06.** ②
[유형 18-4] ①	**07.** ②, ③	**08.** ②

[유형 18-1] 답 ③
해설 이 모형은 중성 원자가 전자 2개를 잃고, +2의 양이온이 되는 과정을 나타낸 것이다. 전자 2개를 잃는 원소는 원자가 전자(가장 바깥 껍질에 있는 전자)가 2개인 주기율표 상의 2족 원소이다. 따라서 베릴륨, 마그네슘, 칼슘 이온이 (나)에 해당한다. 산화 이온과 황화 이온은 주기율표 상의 16족 원소로 이온이 될 때 전자 2개를 얻어 -2의 음이온이 된다.

01. 답 ②
해설 ㄱ. 원자핵의 전하량이 +3이고, 전자가 총 3개이므로 이 원자는 리튬 중성 원자이다.
ㄴ. 리튬 중성 원자는 원자가 전자 1개를 잃고, +1의 양이온이 된다.
ㄷ. (나)의 원자핵의 전하량은 +3이지만, 전자가 2개 있으므로 전체 전하량은 +1이다.

02. 답 ⑤
해설 ① $Cl +$ ⊖ $\rightarrow Cl^-$ ② $Na \rightarrow Na^+ +$ ⊖
③ $Mg \rightarrow Mg^{2+} + 2$⊖ ④ $S + 2$⊖ $\rightarrow S^{2-}$

[유형 18-2] 답 ④

해설 이온 결합 화합물이 될 때는 양이온과 음이온의 전하의 총합이 0이 되는 개수비로 결합한다. 따라서 Mg^{+}과 Cl^{-}의 개수비는 1 : 2이다. 이온의 개수비를 원소 기호의 오른쪽 아래에 표시하면 이 화합물의 화학식은 $MgCl_2$이고, 염화 마그네슘이라고 읽는다. 이 화합물은 마그네슘 이온과 염화 이온이 결합되어 고체 상태에서는 전류가 흐르지 않지만 수용액이 되었을 때 전류가 흐르는 물질인 전해질이다.

03. 답 ④

해설 양이온의 전하가 +2이고, 음이온의 전하가 -1이므로 (양이온 전하×양이온 수) + (음이온 전하×음이온 수)가 0이 되기 위해 화합물의 Ca^{2+}와 Cl^{-}의 개수비는 1 : 2이다. 그리고 이온의 개수비를 원소 기호의 오른쪽 아래에 표시하므로 화합물의 화학식은 $CaCl_2$이다.

04. 답 ①

해설 양이온의 전하가 +3이고, 음이온의 전하가 -2이므로 (양이온 전하×양이온 수) + (음이온 전하×음이온 수)가 0이 되기 위해 화합물의 Al^{3+}와 O^{2-}의 개수비는 2 : 3이다. 그리고 이온의 개수비를 원소 기호의 오른쪽 아래에 표시하므로 화합물의 화학식은 Al_2O_3이다.

[유형 18-3] 답 ⑤

해설 이온화란 전해질이 물에 녹아 양이온과 음이온으로 나누어지는 현상으로 염화 나트륨(NaCl)은 물에 용해되어 Na^{+}과 Cl^{-}로 이온화된다. 이때 이온의 개수비는 Na^{+} : Cl^{-} = 1 : 1이다. 따라서 염화 나트륨의 이온화식은 $NaCl \rightarrow Na^{+} + Cl^{-}$이다.

05. 답 ③

해설 이온화식은 전해질의 이온화 과정을 이온식을 이용하여 나타낸 것이다.

	이름	이온화식	양이온 : 음이온 개수비
①	염화 칼륨	$KCl \rightarrow K^{+} + Cl^{-}$	1 : 1
②	탄산 나트륨	$Na_2CO_3 \rightarrow 2Na^{+} + CO_3^{2-}$	2 : 1
③	수산화 칼슘	$Ca(OH)_2 \rightarrow Ca^{2+} + 2OH^{-}$	1 : 2
④	황산 구리(II)	$CuSO_4 \rightarrow Cu^{2+} + SO_4^{2-}$	1 : 1
⑤	염화 칼슘	$CaCl_2 \rightarrow Ca^{2+} + 2Cl^{-}$	1 : 2

06. 답 ②

해설 ㄱ. 전해질은 고체 상태에서는 전류가 흐르지 않지만 수용액이 되었을 때 이온화되어 전류가 흐르는 물질이다.
ㄴ. 이온화란 전해질이 물에 녹아 양이온과 음이온으로 나누어지는 현상이다.
ㄷ. 이온화될 때 양이온과 음이온의 개수비는 양이온과 음이온의 전하에 따라 달라진다.

[유형 18-4] 답 ①

해설 ① 구리 이온(Cu^{2+})은 양이온이므로 (-)극으로 이동한다.
② 질산 칼륨도 이온화되어 질산 이온(NO_3^{-})과 칼륨 이온(K^{+})으로 나누어진다. 다만 이 두 이온 모두 무색이므로 이온의 이동이 눈에 보이지 않는 것이다.
③ 황산 이온(SO_4^{2-})도 -2의 음이온으로 (+)극으로 이동한다. 다만 색이 무색이므로 이온의 이동을 눈으로 확인하기 힘든 것이다. 또한 질산 이온(NO_3^{-}) 역시 (+)극으로 이동한다.
④ (+)극으로 이동하는 보라색의 이온은 과망가니즈산 이온(MnO_4^{-})이다. 칼륨 이온(K^{+})은 무색이고, (-)극으로 이동한다.
⑤ (-)극으로 이동하는 파란색의 이온은 구리 이온(Cu^{2+})이다.

07. 답 ②, ③

해설 순수한 물은 전류가 흐르지 않으므로 무색 투명한 전해질 수용액인 질산 칼륨 수용액을 사용하여 전류가 흐르도록 하기 위해서이다.

08. 답 ②

해설 염화 나트륨은 전해질로 염화 나트륨 수용액에 전원 장치를 전력하여 전류를 흘려주면 이온이 이동하여 전류가 흐른다. (+)전하를 띠는 나트륨 이온(Na^{+})는 (-)극으로 이동하고, (-)전하를 띠는 염화 이온(Cl^{-})은 (+)극으로 이동한다. 전류를 흘려주지 않는다고 해서 염화 이온(Cl^{-})이 (-)극으로 이동하지는 않는다.

창의력 & 토론마당 128~131쪽

01

금속 원자가 원자가 전자를 잃고 양이온이 될 때 전자 껍질 수가 감소하고, 핵의 양성자의 수는 일정하고 전자의 수가 감소하므로 핵과 전자 사이의 인력이 증가하여 전자가 핵에 더 가까이 오게 되어서 반지름이 감소한다.

해설 금속 원자가 원자가 전자를 잃고 양이온이 될 때 전자 껍질 수가 감소하고, 유효 핵 전하가 증가하므로 양이온 반지름은 원자 반지름보다 작아진다.

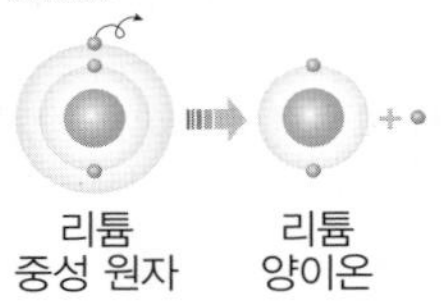

02

전자 한 개를 잃고 +1의 양이온이 되는 1족 원소의 이온화 에너지가 가장 작고, 전자 한 개를 얻어서 양이온이 아닌 -1의 음이온이 되는 17족 원소의 이온화 에너지가 16족 원소의 이온화 에너지보다 크다. 즉, 이온화 에너지는 1족 에서 17족 원소로 가면서 커진다.

해설 같은 주기의 원소들에서는 주기율표에서 왼쪽에 있는 원소일수록 이온화 에너지가 작아 쉽게 원자에서 전자가 분리되어 양이온이 된다.

03

(1) 센서에 손끝을 대었을 때 사람 피부에 땀 등의 전해질이 묻어있기 때문에 전류가 몸으로 흘러 전기적 차이가 생기기 때문에 불이 켜진다.

(2) 샤프심, 구리선, 철로된 자 등

04

상어는 전해질인 바다에 살기 때문에 바닥에 부도체인 고무 보트를 깔고, 부도체인 잠수복으로 몸을 보호한 뒤 전류가 흐르는 전선을 상어가 있는 바닷물에 넣어 상어를 감전사시킨다.

해설 바다에는 여러 이온이 녹아있으므로 바다는 전류가 흐르는 물질이다. 따라서 자신이 전류에 감전되지 않도록 보호한 후, 바다에 전류를 흘려준다면 상어를 물리칠 수 있다.

스스로 실력 높이기 132~137쪽

01. 이온　**02.** (1) O (2) X (3) X
03. ㉠ H^+ ㉡ OH^- ㉢ F^- ㉣ Mg^{2+}
04. (1) O (2) X (3) X　**05.** ㉠ 도체 ㉡ 전해질
06. (1) C (2) A (3) B　**07.** A : F^- B : Mg^{2+} C : K^+
08. (1) X (2) O　**09.** (1) O (2) X　**10.** Cu^{2+}
11. ⑤　**12.** ②　**13.** ②　**14.** ⑤　**15.** ①
16. ④　**17.** ⑤　**18.** ⑤　**19.** ⑤　**20.** ①
21. ②　**22.** ②　**23.** ⑤　**24.** ⑤　**25.** ④, ⑤
26.~32. 〈해설 참조〉

02. 답 (1) O (2) X (3) X
해설 (2) 질산 이온은 NO_3^{2-}으로 다원자 이온이고, 음이온이다. (3) 염소 원자(Cl)는 전자를 얻어 염화 이온(Cl^-)이 된다.

04. 답 (1) O (2) X (3) X
해설 (2) 염화 나트륨의 화학식은 NaCl이다.
(3) 산화 칼슘의 화학식은 CaO이다.

06. 답 (1) C (2) A (3) B
해설 A는 원자핵의 전하량이 +11이고, 전자는 10개이므로 전체 전하량은 +1이 된다. 따라서 양이온이다.
B는 원자핵의 전하량이 +17이고, 전자는 18개이므로 전체 전하량은 -1이 된다. 따라서 음이온이다.
C는 원자핵의 전하량이 +18이고, 전자는 18개이므로 전체 전하량은 0이 된다. 따라서 중성 원자이다.

07. 답 A : F^- B : Mg^{2+} C : K^+
해설 A는 원자핵의 전하량이 +9이므로 원자 번호 9번인 플루오린이다. 전자는 10개이므로 전체 전하량은 -1이 된다. 따라서 이온식은 F^-(플루오린화 이온)이다.
B는 원자핵의 전하량이 +12이므로 원자 번호 12번인 마그네슘이다. 전자는 10개이므로 전체 전하량은 +2가 된다. 따라서 이온식은 Mg^{2+}(마그네슘 이온)이다.
C는 원자핵의 전하량이 +19이므로 원자 번호 19번인 칼륨이다. 전자는 20개이므로 전체 전하량은+1이 된다. 따라서 이온식은 K^+(칼륨 이온)이다.

08. 답 (1) X (2) O
해설 (1) 중성 원자가 전자를 잃으면 양이온이 되고, 전자를 얻으면 음이온이 된다.

09. 답 (1) O (2) X
해설 (2) 염화 나트륨 수용액에는 Na^+와 Cl^-가 녹아 있으므로 전원 장치를 연결하면 염화 이온은 음이온이므로 (+)극으로 이동한다.

10. 답 Cu^{2+}
해설 황산 구리(II) 수용액이 파란색을 띠는 것은 구리 이온(Cu^{2+}) 때문이다. 황산 이온(SO_4^{2-})은 무색이다.

11. 답 ⑤
해설 ①, ② 전자 2개를 얻어서 형성되는 음이온의 모습을 나타낸 것이다.
③ 이온이 형성될 때 원자핵의 전하량은 변하지 않는다.
④ 전기적으로 중성이 원자가 전자를 잃거나 얻어서 전하를 띠게 된 입자를 이온이라고 한다.
⑤ 산화 이온(O^{2-})은 이와 같이 전자를 2개 얻어 형성된다.

12. 답 ②
해설 중성 원자가 전자 2개를 잃고, +2의 양이온이 되는 원소는 주기율표에서 2족 원소로, Be, Mg, Ca 등이 속한다.

13. 답 ②
해설 ① 칼륨(K)는 1족 원소로 전자 1개를 잃고 +1의 양이온이 된다. $K \rightarrow K^+ +$ ⊖
② 황(S)는 16족 원소로 전자 2개를 얻어 -2의 음이온이 된다. $S + 2$⊖ $\rightarrow S^{2-}$
③ 염소(Cl)은 17족 원소로 전자 1개를 얻어 +1의 음이온이 된다. $Cl +$ ⊖ $\rightarrow Cl^-$
④ 마그네슘(Mg)는 2족 원소로 전자 2개를 잃어 +2의 양이온이 된다. $Mg \rightarrow Mg^{2+} + 2$⊖
⑤ 구리(Cu)는 전자 2개를 잃어 +2의 양이온이 된다. $Cu \rightarrow Cu^{2+} + 2$⊖

14. 답 ⑤
해설 (가)는 전자 2개를 얻어 -2의 음이온이 된 것이고, (나)는 전자 2개를 잃어 +2의 양이온이 된 것이다. 따라서 이 두 이온들로 이루어진 화합물은 Ca^{2+}(칼슘 이온)와 O^{2-}(산화 이온)가 결합한 CaO(산화 칼슘)이다.

15. 답 ①
해설 ㄱ. 리튬은 전자 1개를 잃고, +1의 양이온이 되므로 전자 수가 감소한다.
ㄴ. 원자가 이온화되어도 양성자 수의 변화는 없다.
ㄷ. 리튬 이온은 (−)전하량이 (+)전하량보다 작다.

16. 답 ④
해설 탄산 나트륨의 이온화식은 $2Na^+ + CO_3^{2-} \rightarrow Na_2CO_3$ 이다.

17. 답 ⑤
해설 Li은 전자 한 개를 잃어 이온이 되고, F은 전자 한 개를 얻어 이온이 되고, Ca은 전자 두 개를 잃어 이온이 되고, Al은 전자 세 개를 잃어 이온이 되고, O는 전자 2개를 얻어 이온이 된다.

18. 답 ⑤
해설 ① 중성 원자가 전자를 잃으면 양이온이 된다.
② 1족 원소는 전자를 1개 잃어 양이온이 되기 쉽다.
③ 18족 원소는 안정하므로 전자를 잃거나 얻지 않는다.
④ 일반적으로 금속 원자는 전자를 잃어 양이온이 되기 쉽다.

19. 답 ⑤
해설 ㄱ. 염화 나트륨의 이온화 식은 $NaCl \rightarrow Na^+ + Cl^-$이다.
ㄴ. 염화 나트륨의 Na^+과 Cl^-는 1 : 1의 개수 비로 이온화한다.
ㄷ. 수용액에 전극을 넣고, 전류를 흘려주면 Cl^-는 음이온이므로 (+)극으로 이동한다.

20. 답 ①
해설 ② $Na_2CO_3 \rightarrow 2Na^+ + CO_3^{2-}$　③ $Ca(OH)_2 \rightarrow Ca^{2+} + 2OH^-$
④ $CuSO_4 \rightarrow Cu^{2+} + SO_4^{2-}$　⑤ $CaCl_2 \rightarrow Ca^{2+} + 2Cl^-$

21. 답 ②
해설 전자의 수와 원자핵 전하량을 비교하면 (가)는 +1의 양이온, (나)는 -1의 음이온, (다)는 중성 원자이다.
① 원자핵의 전하량을 통해 (가)는 나트륨 이온, (나)는 염화 이온임

을 알 수 있다. 이 둘은 다른 족 원소이다.
② (나)의 원자핵 전하량이 +17이므로 17개의 양성자를 갖고있다는 것을 알 수 있다.
③ (가)와 (나)는 이온이고, (다)는 중성 원자이다.
④ (가)는 전자를 잃고, (나)는 전자를 얻어서 형성된다. (다)는 전자를 잃거나 얻지 않고, 원자 상태로 존재한다.
⑤ (나) 원소의 중성 원자의 경우 원자가 전자 수는 7개이다.

22. 답 ②
해설 전자 2개를 얻어서 -2의 음이온이 되는 원소는 16족 원소로 산소와 황 등이 속한다.

23. 답 ⑤
해설 ① 칼슘 원자는 이온이 될 때 원자가 전자 2개를 잃고, +2의 양이온이 된다.
② 칼슘 이온의 전자 수는 18개이고, 칼륨 이온의 전자 수도 18개이다.
③ 아르곤 원자의 전자 수는 18개이다.
④ 염화 이온의 전자 수는 18개이다.
⑤ 칼슘 이온의 (+)전하량은 +22이고, 아르곤 원자의 (+)전하량은 +18이다.

24. 답 ⑤
해설 각 이온의 전자 수 : 리튬(Li) - 2개, 베릴륨(Be) - 2개, 산소(O) - 10개, 플루오린(F) - 10개, 칼륨(K) - 18개

25. 답 ④, ⑤
해설 ①, ②, ④ 푸른색의 이온은 구리 이온(Cu^{2+})으로 양이온이므로 (−)극으로 이동한다. 따라서 A는 (−)극이고, B는 (+)극이다.
③ B는 (+)극이므로 음이온이 B쪽으로 이동한다.
⑤ (나)에서 (+)극으로 이동하는 보라색의 이온은 과망가니즈산 이온(MnO_4^-)이다.

26. 답 플루오린 중성 원자는 전자 한 개를 얻어서 -1의 음이온인 플루오린화 이온(F^-)이 된다.

27. 답 ㉠은 양성자의 수가 전자 수보다 2개 많으므로 +2의 양이온이고, ㉡은 양성자의 수보다 전자 수가 1개 더 많으므로 -1의 음이온이다. ㉢은 양성자 수와 전자 수가 같으므로 원자이다.

28. 답 이온 결합 물질이 액체 상태가 되면 규칙적인 배열이 무너지면서 이온화되고, 이온들이 이동할 수 있게 되어서 전류가 흐르게 된다. 양이온은 (-)극 쪽으로 음이온은 (+)극 쪽으로 이동한다.

29. 답 노란색의 크로뮴산 이온(CrO_4^-)은 음이온이므로 (+)극으로 이동한다.

30. 답 순수한 물은 전류가 흐르지 않으므로 무색 투명한 전해질 수용액인 질산 칼륨 수용액을 사용하여 전류가 흐르도록 하기 위해서이다.

31. 답 전자의 수와 원자핵 전하량을 비교하면 A는 전자 1개를 내놓고 +1의 양이온이 되고, B는 전자 1개를 얻어 -1의 음이온이 된다. 원자핵의 전하량을 통해 A는 나트륨 이온, B는 염화 이온임을 알 수 있다. 따라서 A와 B는 1:1의 개수비로 이온 결합을 하므로 화학식은 AB이다.

32. 답 설탕은 물에 녹아 이온화되지 않으므로 전류를 흐르게 하지 않고, 소금은 물에 녹아 이온화되므로 전류를 흐르게 하는 전해질이다. 따라서 소금물이 들어있는 비커에 연결된 전구에 불이 들어온다.

19강. 화학 결합

개념 확인 138~141쪽

1. (1) X (2) X (3) O **2.** 4
3. (1) X (2) X (3) O
4. ㉠ 금속 양이온 ㉡ 자유 전자

1. 답 (1) X (2) X (3) O
해설 (1), (2) 이온 결합은 금속 이온과 비금속 이온의 결합이고, 이온 결합 화합물은 고체 상태에서는 전기 전도성이 없다.

2. 답 4
해설 탄소의 원자가 전자 중 홀전자는 4개이므로 4개의 공유 결합을 할 수 있다.

3. 답 (1) X (2) X (3) O
해설 (1) 헬륨, 네온과 같이 일원자 분자도 존재한다.
(2) 분자식은 원소 기호와 숫자를 이용하여 분자를 이루는 원자의 종류와 수를 나타낸 것으로, 원자 번호를 표시하지는 않는다.
(3) 대부분의 공유 결합 물질은 전기 전도성이 없으나, 염화 수소와 같이 물에 녹아 이온화하는 물질도 있고, 흑연과 같이 고체 상태에서도 전기 전도성이 있는 물질이 있다.

확인+ 138~141쪽

1. ② **2.** ①, ⑤
3. 3 **4.** ④

1. 답 ②
해설 염화 칼륨은 비금속 원소인 염소와 금속 원소인 칼륨이 결합하여 만들어진 이온 결합 화합물이다. 황화 나트륨 역시 비금속 원소인 황과 금속 원소인 나트륨이 결합하여 만들어진 이온 결합 화합물이다.

2. 답 ①, ⑤
해설 수소 분자는 공유 결합으로 형성된 물질이다. 물(H_2O)과 이산화 탄소(CO_2) 역시 공유 결합으로 형성된 물질이다. 산화 칼슘(CaO)는 이온 결합, 알루미늄(Al)과 금(Au)은 금속 결합으로 이루어진 물질이다.

3. 답 3
해설 화합물은 두 가지 이상의 원소가 결합한 물질이므로 화합물은 물, 암모니아, 메테인이다.

4. 답 ④
해설 금속은 연성과 전성이 매우 크므로 힘을 가하면 쉽게 부서지지 않고, 변형된다.

생각해보기 138~141쪽

★ 물은 수소 원자 2개와 산소 원자 1개가 공유 결합하여 생긴 물 분자들로 이루어진 물질로, 고체, 액체, 기체 상태에 상관없이 분자의 모양이 같다. 분자는 자유롭게 독립된 입자로 움직일 수 있어야 한다. 그러나 염화 나트륨은 양이온인 Na^+와 음이온인 Cl^-가 강한 정전기적 인력에 의해 연속적으로 결합되어 있으므로 양이온 하나와 음이온 하나로 이루어진 독립적인 염화 나트륨 분자 형태로 존재하기 어렵다. 따라서 염화 나트륨은 분자라고 할 수 없다.

★★ 공유 결합은 비금속 원소들끼리의 결합이다. 비금속 원소는 수소를 제외하면 모두 원자가 전자가 4개 이상이다.

★★★ 물질마다 차이는 있지만 일반적으로 결합력의 세기는 공유 결정 〉 이온 결정 〉 분자 결정 순서로 세다. 공유 결정은 원자들이 그물처럼 결합되어 있기 때문에 결합력의 세기가 크다.

★★★★ 금속들이 공통적으로 비슷한 전자 배치를 가지고 있고, 금속 표면이 모두 광택이 있기 때문이다.

개념 다지기 142~143쪽

01. ⑤	02. ⑤	03. ④
04. ⑤	05. ④	06. ③

01. 답 ⑤
해설 이온 결합을 할 때 전자를 얻는 원소는 비금속 원소로 플루오린이다.

02. 답 ⑤
해설 황화 나트륨은 이온 결합 물질이다. 염화 마그네슘 역시 금속 원소인 마그네슘과 비금속 원소인 염소가 이온 결합한 물질이다.

03. 답 ④
해설 ㄱ. 공유 결합은 비금속 원소끼리 전자를 공유하는 결합이다.
ㄴ. 비금속 원소들은 홀전자를 서로 내놓아 공유 전자쌍을 만든다.
ㄷ. 비금속 원소는 원자가 전자 중 짝을 짓지 못한 전자(홀전자)의 수만큼 다른 원자와 공유 결합할 수 있다.

04. 답 ⑤
해설 탄소 원자끼리 전자를 공유하여 공유 결정이 될 수 있다. 예를 들면 다이아몬드, 흑연, 풀러렌, 탄소 나노 튜브 등이 탄소 공유 결정이다.

05. 답 ④
해설 메테인(CH_4)은 탄소 원자 한 개에 수소 원자 4개가 공유 결합한 분자이다. 따라서 메테인(CH_4)의 분자 모형은 다음과 같다.

06. 답 ③
해설 금속 결합은 금속 양이온과 자유 전자가 정전기적 인력으로 결합하고 있어서 분자로 이루어진 물질보다 녹는점과 끓는점이 높다. 따라서 대부분의 금속이 상온에서 고체 상태이다.

유형 익히기 & 하브루타 144~147쪽

[유형 19-1] ②	01. ④	02. ⑤
[유형 19-2] ①	03. ③	04. ⑤
[유형 19-3] ⑤	05. CH_4, 메테인	
	06. (1) 2 (2) 3 (3) 2 (4) 2, 1	
[유형 19-4] ④	07. ②	08. ④

[유형 19-1] 답 ②
해설 염화 나트륨은 비금속 원소인 염소와 금속 원소인 나트륨이 전자를 주고 받으며 결합한 이온 결합 화합물이다. 이온 결합 화합물은 전기적으로 중성이 되는 개수비로 양이온과 음이온이 결합하므로 화합물의 전체 전하량은 0이고, 나트륨 이온과 염화 이온의 개수비는 1 : 1이다. 금속 원소인 나트륨은 비금속 원소인 염소에게 전자를 주면서 나트륨 양이온이 되고, 전자를 받은 염소는 염화 음이온이 된다. 분자란 일정한 수의 원자가 공유 결합한 독립적인 입자이고, 염화 나트륨은 양이온과 음이온이 규칙적으로 결합하여 반복되는 구조이므로 분자가 아닌 이온 결정이다.

01. 답 ④
해설 A는 원자핵의 전하량이 +11이고, 전자의 개수가 10개이므로 Na^+이다. B는 원자핵의 전하량이 +17이고, 전자의 개수가 18개이므로 Cl^-이다. Na^+와 Cl^-의 결합은 이온 결합으로 이온 결합 화합물은 Cu^{2+}와 O^{2-}가 결합한 산화 구리(CuO)이다. 물(H_2O)과 암모니아(NH_3), 산소(O_2), 이산화 탄소(CO_2)는 모두 공유 결합 화합물이다.

02. 답 ⑤
해설 ① 물질이 이온 결합할 때, 금속 원자는 전자를 내놓고 양이온이 된다.
② 이온 결합은 금속 양이온과 비금속 음이온 사이에 작용하는 정전기적 인력에 의한 결합이다.
③ 이온 결합 물질은 고체 상태에서는 전기 전도성이 없지만 수용액 상태와 액체 상태에서는 전기 전도성이 있다.
④ 이온 결합은 금속 양이온과 비금속 음이온 사이에 전자를 서로 주고 받아 결합하는 것이다.
⑤ 염화 마그네슘의 경우 마그네슘 이온(Mg^{2+})와 염화 이온(Cl^-)이 1 : 2의 개수비로 결합하여 생성된다.

[유형 19-2] 답 ①
해설 ㄱ. 수소 원자와 염소 원자는 공유 결합을 통하여 보다 안정한 물질인 염화 수소를 만든다.
ㄴ. 수소 원자와 염소 원자가 결합할 때는 각 원자들이 전자를 잃거나 얻는 것이 아니라 전자를 공유하면서 결합한다.
ㄷ. 염화 수소 분자는 수소 원자 1개와 염소 원자 1개가 결합하여 만들어진다.

03. 답 ③
해설 ㄱ. 수소 원자는 산소 원자와 전자를 공유하여 물 분자를 만든다. 수소 원자 2개와 산소 원자 1개가 공유 결합하여 만든 물 분자의 공유 결합 수는 2개이다.
ㄴ. 물 분자의 공유 결합은 모두 단일 결합이다.
ㄷ. 산소 원자는 2개의 비공유 전자쌍을 갖고 있다.

04. 답 ⑤
해설 ① 수소 분자는 홑원소 물질이다. 화합물은 두 가지 이상의 원소가 결합한 물질이다.
② 원자의 전하량은 0이다.
③ 수소 원자는 홀전자 수가 1개이다.
④ 수소 분자는 공유 전자쌍이 1개이다.
⑤ 수소 원자 2개는 전자 1쌍을 공유하여 공유 결합한다.

[유형 19-3] 답 ⑤
해설 ㄱ. (가)는 수소 분자로 홑원소 물질이다.
ㄴ. 수소 원자 2개와 산소 원자 1개가 결합한 (나)의 분자식은 H_2O인 물이다.
ㄷ. 암모니아(NH_3) 분자인 (다)와 메테인(CH_4) 분자인 (라)는 모두 단일 결합으로 이루어진 공유 결합 화합물이다.

05. 답 CH_4, 메테인(methane)
해설 탄소와 수소로 이루어져 있고, 원자의 총 개수가 5개이고, 탄소와 수소 원자의 개수비가 1 : 4인 분자는 메테인(CH_4) 분자이다.

06. 답 (1) 2 (2) 3 (3) 2 (4) 2, 1
해설 분자식 '$2H_2O$'로 알 수 있는 분자의 총 개수는 2개이고, 분자 1개를 이루는 원자의 개수는 3개이고, 성분 원소의 종류는 수소와 산소, 2 종류이다. 분자를 이루는 수소 원자와 산소 원자의 개수비는 2 : 1이다.

[유형 19-4] 답 ④
해설 ㄱ. 금속은 가늘고 길게 뽑을 수 있는 성질인 연성과 얇게 펴질 수 있는 성질인 전성이 크다.
ㄴ. 은 조각이 은박지가 되어도 자유 전자의 수가 변하지는 않는다.
ㄷ. 금속은 자유전자가 있기 때문에 외부에서 압력을 가해도 쉽게 깨지지 않는다.

07. 답 ②
해설 ㄱ. 금속은 원자핵 사이를 자유롭게 이동하는 자유 전자로 인해 전기 전도성을 갖는다.
ㄴ. 자유 전자는 (−)전하를 띠기 때문에 (+)극 쪽으로 이동한다.
ㄷ. 전류가 흐르지 않을 때 자유 전자는 일정한 방향없이 자유롭게 움직이고 있다.

08. 답 ④
해설 자유 전자가 금속의 양이온 사이로 쉽게 이동하여 금속의 양이온들을 결합시키므로 부서지지 않고 변형된다.

창의력 & 토론마당 148~151쪽

01

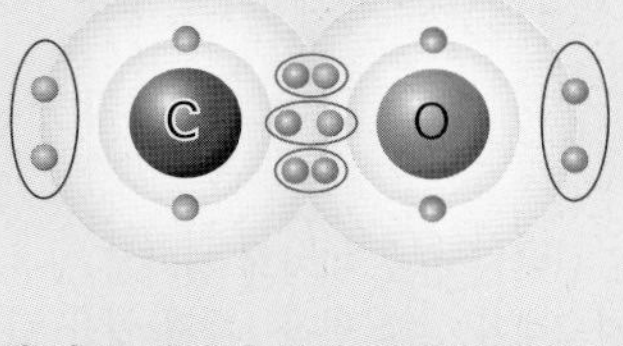

일산화 탄소의 탄소 원자와 산소 원자는 1개의 배위 결합과 2개의 공유 결합으로 결합되어 있다.

해설 전자쌍을 가진 원자가 다른 원자에게 일방적으로 비공유 전자쌍을 제공하여 결합하는 것을 배위 결합이라고 한다.

02

(1) 탄소 원자 사이의 결합 수가 늘어날수록 다른 원소와 결합할 수 있는 비공유 전자쌍이 줄어드므로 탄소 원자와 결합하는 수소 원자의 수가 줄어든다.

(2) 같은 원자끼리 결합하는 경우 단일 결합 > 이중 결합 > 삼중 결합 순으로 결합의 길이가 길다. 따라서 아세틸렌의 탄소 원자 간의 결합 길이가 가장 짧고 에테인의 탄소 원자 간의 결합 길이가 가장 길다.

해설 (1) 탄소 원자의 원자가 전자는 4개이므로 탄소 원자 한 개는 다른 원자와 4개의 공유 결합을 할 수 있다. 그렇기 때문에 탄소 원자 사이의 결합 수가 늘어난다면 결합할 수 있는 수소 원자의 수가 줄어들게 된다. 따라서 탄소 원자의 개수가 각각 2개인 에테인, 에틸렌, 아세틸렌에 포함된 수소 원자의 개수가 다른 것이다.
(2) 같은 원자끼리 결합하는 경우 결합 수가 많을수록 결합 길이가 짧아진다. 단일 결합인 에테인의 탄소 원자 간의 결합 길이는 1.53Å이고, 이중 결합인 에틸렌의 탄소 원자 간의 결합 길이는 1.35Å, 삼중 결합인 아세틸렌의 탄소 원자 간의 결합 길이는 1.20Å이다.

03

탄소는 최대 4개의 원소와 공유 결합하여 새로운 화합물을 만들기 쉽고, 탄소 원자 사이의 결합은 무한대로 이어질 수 있어 탄소 골격의 길이가 다양하다. 또한, 같은 수의 탄소라도 긴 사슬로 이어지기도 하고 가지를 치기도 하며, 고리 모양으로 되기도 한다. 탄소 원자는 다른 탄소 원자와의 단일 결합뿐만 아니라 다양한 위치에서 탄소 원자들 사이에 이중 결합이나 삼중 결합을 가지기도 한다. 탄소 골격의 배열뿐 아니라 그 골격에 어떤 원소가 붙는가에 따라 다른 특성을 가질 수 있다.

해설 탄소는 수소, 질소, 산소, 황 등의 비금속 원소와 안정한 공유 결합 화합물을 만든다. 또 탄소가 다른 원자와 결합할 수 있는 최외각 전자가 4개라는 사실과 적절한 크기(0.077nm)를 갖고 있는 것도 다양한 화합물을 만들 수 있는 중요한 이유다. 규소는 탄소와 같이 4개의 최외각 전자를 가지고 있지만 크기가 0.118nm으로 너무 커서 탄소처럼 다양한 화합물을 만들지 못한다. 또 탄소 화합물은 탄소의 수가 증가할수록 사슬 모양, 가지모양, 고리 모양 등의 다양한 구조를 만들 수도 있다.

04

(1) 이산화 탄소 분자의 경우에는 탄소 원자를 중심으로 2개의 C=O결합을 이루는 전자들 사이에 반발력이 작용하여 직선 모양을 나타낸다.
물 분자의 경우에는 중심에 있는 산소 원자에 O-H결합을 이루는 전자쌍 2개와 결합에 참여하지 않는 전자쌍이 2개가 있다. 이 4개의 전자쌍들 사이에 반발력이 작용하는데, 이때 비공유-비공유 전자쌍 사이의 반발력이 비공유-공유, 공유-공유 전자쌍 사이의 반발력보다 더 크기 때문에 물 분자 속에서 두 개의 O-H 결합은 대칭 구조를 이루지 못하고 굽은 모양을 나타낸다.

(2)

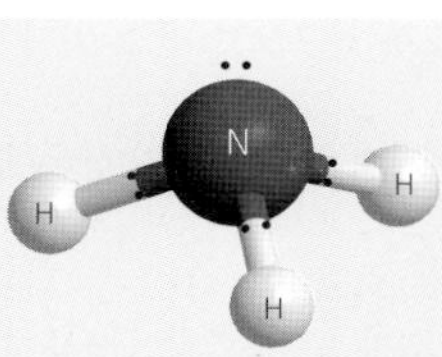

암모니아는 삼각뿔형 분자이다. 질소 원자 주위에 3개의 공유 전자쌍과 1개의 비공유 전자쌍이 있어 전자쌍들 사이에 반발력이 작용하여 삼각뿔형으로 수소 원자와 결합하게 된다.

해설 (1)

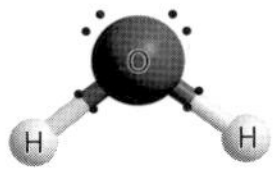

분자 모양은 분자의 중심에 있는 원자가 가지고 있는 전자쌍에 의해 결정된다. 전자는 (−)전하를 띠기 때문에 중심 원자를 둘러싼 전자쌍들 사이에는 정전기적 반발력이 작용하여 가능한 서로 멀리 밀어내려는 성질이 있다. 이산화 탄소 분자의 경우에는 탄소 원자를 중심으로 2개의 C=O결합을 이루는 전자들 사이에 반발력이 작용하여 직선 모양을 나타낸다.
물 분자의 경우에는 중심에 있는 산소 원자에 O-H결합을 이루는 전자쌍 2개와 결합에 참여하지 않는 전자쌍이 2개가 있다. 이 4개의 전자쌍들 사이에 반발력이 작용하는데, 이 때 비공유-비공유 전자쌍 사이의 반발력이 비공유-공유, 공유-공유 전자쌍 사이의 반발력보다 더 크기 때문에 물 분자 속에서 두 개의 O-H 결합은 대칭 구조를 이루지 못하고 굽은 모양을 나타낸다.

스스로 실력 높이기 152~157쪽

01. 공유 결합 **02.** (1) X (2) O (3) O
03. NaCl **04.** (1) O (2) O **05.** ⑤
06. (1) X (2) O (3) X **07.** 2
08. (1) 3 (2) 3 (3) 2
09. ㉠ NH_3 ㉡ CH_4 ㉢ CO_2 ㉣ HCl
10. (1) O (2) X (3) O **11.** ① **12.** ②
13. ③ **14.** ⑤ **15.** ① **16.** ③
17. ④ **18.** ① **19.** ⑤ **20.** ③
21. ⑤ **22.** ④ **23.** ⑤ **24.** ⑤
25. ④ **26.~32.** 〈해설 참조〉

02. 답 (1) X (2) O (3) O
해설 (1) 비금속 원소끼리는 공유 결합을 한다. 이온 결합은 금속 원소와 비금속 원소 사이에서 일어난다.

03. 답 NaCl
해설 나트륨 이온과 염화 이온은 이온 결합하여 염화 나트륨 결정이 된다. 이 화합물의 화학식은 NaCl이다.

04. 답 (1) O (2) O
해설 (2) 질소 원자는 원자가 전자가 5개이므로 질소 원자 2개는 3쌍의 전자를 공유하여 질소 분자가 된다.

05. 답 ⑤
해설 수소 분자는 공유 결합을 통해 형성된다. $MgCl_2$(염화 마그네슘)은 이온 결합을 통해 형성된다.

06. 답 (1) X (2) O (3) X
해설 (1) 공유 결합 물질 중 다이아몬드, 흑연, 풀러렌, 탄소 나노튜브 등과 같이 공유 결정으로 이루어진 것도 있다.
(3) 공유 결합 물질 중 흑연과 같이 고체 상태에서 전기 전도성이 있는 물질도 있지만, 일반적으로 고체, 액체, 수용액 상태에서 전기 전도성이 없다.

07. 답 2
해설 (1) 물분자를 구성하는 산소 원자의 원자가 전자는 6개 인데 이 중 2개는 수소 원자와 공유 전자쌍 2개를 이루고, 나머지 4개의 전자는 두 쌍의 공유 전자쌍을 이룬다.

08. 답 (1) 3 (2) 3 (3) 2
해설 (1) 분자의 총 개수는 분자식 제일 앞에 써 있는 숫자이다.
(2) 분자 1개를 이루는 원자의 개수는 탄소 원자 한 개, 산소 원자 두 개, 총 3개이다.
(3) 성분 원소는 탄소와 산소, 2종류이다.

09. 답 ㉠ NH_3 ㉡ CH_4 ㉢ CO_2 ㉣ HCl
해설 주어진 물질들은 모두 비금속 원소 간 공유 결합 화합물이다.

10. 답 (1) O (2) X (3) O
해설 (2) 금속은 연성과 전성이 매우 크다.

11. 답 ①
해설 ① 이온 결합 물질은 금속 양이온과 비금속 음이온이 결합하여 생성된 물질로 한 가지 원소로 된 이온 결합 물질은 없다.

12. 답 ②
해설 ① 염화 나트륨은 분자로 존재하지 않으므로 화학식(NaCl)으로 나타낸다.
② Na^+와 Cl^-이 1 : 1의 개수비로 결합한 염화 나트륨의 총 전하량은 0이다.
③ 염소 원자는 전자 1개를 얻어 -1의 음이온이 된다.
④ 나트륨 원자는 전자 1개를 잃어 +1의 양이온이 된다.
⑤ 염화 이온과 나트륨 이온은 1 : 1의 개수비로 결합한다.

13. 답 ③
해설 칼륨 원자와 염소 원자는 한 개의 전자를 주고 받음으로써 이온 결합을 통해 염화 칼륨이 된다. 이처럼 1 : 1의 개수비로 이온 결합하는 이온 결합 화합물은 NaCl이다. 각 화합물의 개수비는 다음과 같다.
① $Na_2SO_4 \rightarrow Na^+ : SO_4^{2-} = 2 : 1$
② $CaCl_2 \rightarrow Ca^{2+} : Cl^- = 1 : 2$
④ $MgCl_2 \rightarrow Mg^{2+} : Cl^- = 1 : 2$
⑤ HCl은 이온 결합 화합물이 아닌 공유 결합 화합물이고, H와 Cl의 개수비는 1 : 1이다.

14. 답 ⑤
해설 (가)는 전자 2개를 얻어 -2의 음이온이 된 것이고, (나)는 전자 2개를 잃어 +2의 양이온이 된 것이다. 따라서 이 두 이온들로 이루어진 화합물은 Ca^{2+}(칼슘 이온)와 O^{2-}(산화 이온)가 결합한 CaO(산화 칼슘)이다.

15. 답 ①
해설 (가)는 공유 결합 물질이고, (나)는 이온 결합 화합물이다.

16. 답 ③
해설 $2CH_4$에는 탄소 원자 2개, 수소 원자 8개로 총 10개의 원자가 있다.

17. 답 ④
해설 ㄱ. 분자는 모두 공유 결합으로 이루어져 있다.
ㄴ. 공유 결합은 비금속 원자 사이의 결합이다.
ㄷ. 공유 결합을 통해 각 원자는 가장 바깥 전자 껍질에 전자를 채워 같은 주기의 비활성 기체와 같은 전자 배치를 갖는다.

18. 답 ①
해설 ① ㉠은 공유 전자쌍으로 2개의 수소 원자가 전자 한 쌍을 공유해 수소 분자가 된다.
② 수소 분자는 한 가지 원소로 이루어진 홑원소 물질이다.
③ 두 원자 사이의 화학 결합은 공유 결합이다.
④ 각 수소 원자가 갖고 있는 비공유 전자쌍은 없다.

19. 답 ⑤
해설 탄소는 원자가 전자가 4개인 원소로 4개의 수소와 결합할 수 있다.

20. 답 ③
해설 ㄱ. 금속은 자유 전자가 있기 때문에 전류를 흘려주면 전기를 잘 흐르게 한다.
ㄴ. 스위치를 닫아서 전류가 흘러도 금속 양이온은 움직이지 않는다.
ㄷ. 스위치를 닫으면 (−)전하를 띠는 자유 전자는 (+)극 쪽으로 이동한다.

21. 답 ⑤
해설 문제의 그림은 (가) 원자가 (나) 원자에게 전자를 한 개 넘겨주어 결합하는 이온 결합을 나타낸 모형이다.
ㄱ. (가)는 전자를 잃고 양이온이 되는 금속 원소이고, (나)는 전자를 얻어 음이온이 되는 비금속 원소이다.
ㄴ. (다)는 정전기적 인력으로 생성된 이온 결합 화합물이다.
ㄷ. (다)와 같이 전자 한 개를 주고 받는 이온 결합으로 생성된 물질에는 NaCl, LiF 등이 있다.

22. 답 ④
해설 ㄱ. 다이아몬드와 풀러렌 모두 탄소로 이루어진 물질이다.
ㄴ. 모든 원자들이 공유 결합에 의해 연결된 공유 결정이다. ㄷ. 두 물질 모두 공유 결합 물질이지만 공유 결정이므로 끓는점이 매우 높다.

23. 답 ⑤
해설 (가)는 홑원소 물질이고 녹는점이 매우 높으며, 고체와 액체에서 모두 전기 전도성이 없으므로 공유 결정이라는 것을 알 수 있다. (나)는 두 가지 이상의 원소로 이루어진 화합물이고, 고체와 액체에서 전기 전도성이 없으므로 공유 결합 화합물이라는 것을 알 수 있다. 또한 녹는점이 0℃인 것으로 (나)는 물이라는 것을 알 수 있다. (다)는 두 가지 이상의 원소로 이루어진 화합물이고, 고체 상태에서는 전기 전도성이 없지만 액체 상태에서는 전기 전도성이 있고, 녹는점이 800℃로 매우 높은 것을 통해 이온 결합 화합물임을 알 수 있다.

24. 답 ⑤
해설 수소, 탄소, 산소 모두 비금속 원소이다.
① 수소, 탄소, 산소 중 금속 원소는 없으므로 비금속 원소간의 결합이 된다.
② 산소 원자 1개에는 홀전자가 2개 있으므로 산소 원자 1개는 공유 결합 2개를 형성할 수 있다.
③ 이 원소들끼리 공유 결합하여 분자를 형성하며 상온에서 액체 또는 기체 상태로 존재한다.
④ 공유 결합을 하기 때문에 이온화되지 않는다.
⑤ 산소 원자 1개와 수소 원자 2개가 결합하여 안정한 화합물인 물을 형성한다.

25. 답 ④
해설 (가)는 자유 전자가 존재하는 금속, (나)는 음이온과 양이온이 일정하게 결합된 이온 결합 화합물을 나타낸다.
ㄱ. (가)는 자유 전자로 인해 (나)보다 전성이 크다. ㄴ. 이온 결합 화합물의 예로는 염화 나트륨이 있다. 염화 수소는 공유 결합 화합물이다. ㄷ. (가)는 금속이므로 (나)보다 전기 전도성이 크다.

26. 답 (가)는 금속 원소인 리튬이고, (나)는 비금속 원소인 산소이므로 이 두 원소가 결합을 하면 이온 결합을 하여 산화 리튬(Li_2O)이 된다. 금속은 양이온이 되고, 비금속은 음이온이 되어 정전기적 인력으로 결합하기 때문이다.

27. 답 염화 수소는 분자로 존재하지만 염화 나트륨은 분자로 존재하지 않는다. 분자는 자유롭게 독립된 입자로 움직일 수 있어야 한다. 그러나 염화 나트륨은 양이온인 Na^+와 음이온인 Cl^-가 강한 정전기적 인력에 의해 연속적으로 결합되어 있으므로 양이온 하나와 음이온 하나로 이루어진 독립적인 염화 나트륨 분자 형태로 존재하기 어렵다. 따라서 염화 나트륨은 분자라고 할 수 없다.

28. 답 염화 나트륨은 이온 결합 물질이므로 수용액에서 전기 전도성이 있다. 그러나 공유 결합 물질인 설탕은 물에 녹기는 하지만 수용액에서 전기 전도성이 없다. 그리고 염화 나트륨을 용융시키면 이온들이 움직일 수 있으므로 전기 전도성이 나타나지만 설탕은 분자 상태로 움직이기 때문에 전기 전도성이 없다. 따라서 수용액 상태나 용융 상태에서 전류를 통하는지의 여부를 통해 두 물질을 구별 할 수 있다.

29. 답 흑연은 탄소 원자의 전자 4개 중 3개가 평면상에서 강한 결합을 형성하고 있지만, 남은 전자 1개의 전자는 다소 자유롭게 움직일 수 있으므로 전기 전도성을 갖는다.

30. 답 금속은 자유 전자를 가지고 있어 금속 양이온과 강한 결합을 형성하고 있으므로 펴지거나 뽑아질 때 쉽게 부서지지 않는다. 자유 전자가 금속의 양이온 사이로 쉽게 이동하여 금속의 양이온들을 결합시키므로 부서지지 않고 변형된다.

31. 답 18족을 제외한 원자들은 전자 배치가 불안정하여 안정한 전자 배치를 가지려고 하는 경향이 있으므로 18족 원소와 같은 전자 배치를 하기 위해 원자들끼리 화학 결합을 한다.

32. 답 분자로 된 물질은 원자 간에 공유 결합으로 이루어진 물질이다. 공유 결합 분자들은 분자들 사이의 인력이 약하므로 녹는점과 끓는점이 낮은 특징을 가지고 있다. 따라서 끓는점이 상온보다 낮은 수소, 암모니아, 메테인 등의 공유 결합 물질은 상온에서 기체로 존재하게 되는 것이다.

20강. 화학 변화

개념 확인 158~161쪽

1. (1) X (2) O	**2.** 화학
3. 질량 보존	**4.** 1 : 8

1. 답 (1) X (2) O
해설 (1) 물질의 성질은 변하지 않으면서 모양이나 크기, 상태가 변하는 현상이다.

4. 답 1 : 8
해설 수소 2g과 산소 16g이 반응했으므로 2 : 16 = 1 : 8이다.

확인+ 158~161쪽

1. ①	**2.** ⑤
3. ②, ③, ⑤	**4.** ②

1. 답 ①
해설 상태 변화는 물리 변화의 현상이다.

2. 답 ⑤
해설 화학 반응식으로 반응 속도는 알 수 없다.

3. 답 ②, ③, ⑤
해설 기체 발생 반응이나 연소 반응이 열린 공간에서 진행되면 기체의 출입으로 인해 반응 전후 물질의 질량이 다르다.

4. 답 ②
해설 소금물을 만드는 것과 같이 용질을 용매에 용해시켜 만들어진 혼합물에서는 성분 원소의 질량비가 일정하지 않다.

생각해보기 158~161쪽

★ 멍은 외부의 충격이나 둔탁한 힘(구타, 넘어짐) 등에 의해 연부 조직과 근육 등에 손상을 입어 피부에 출혈과 부종이 보이는 경우를 말한다. 따라서 물리 변화에 가깝다고 볼 수 있다.

★★ 물리 변화에서 질량은 일정하게 유지되지만 부피는 변한다. 상태 변화를 예로 들자면 닫힌 공간에서 액체 물질이 기체로 상태 변화할 때, 질량은 일정하지만 부피는 급증하게 된다.

★★★ 혼합물에 녹아있는 용질의 양이 다 다를 수 있으므로 성분 원소의 질량비가 일정하지 않다. 예를 들어 소금물의 경우, 10%의 소금물, 20%의 소금물과 같이 용매인 물과 용질인 소금의 질량비가 일정하지 않다.

개념 다지기 162~163쪽

01. ③	**02.** ②	**03.** ③
04. ①	**05.** 16	**06.** ①

01. 답 ③
해설 앙금 생성 반응은 화학 변화 현상으로 물질을 구성하는 원자의 배열이 달라져서 새로운 물질이 생성되므로 물질의 성질이 달라지지만 원자의 종류는 변하지 않는다.

02. 답 ②
해설 (가)는 물의 상태 변화로 물리 변화이고, (나)는 물의 전기 분해로 화학 변화이다. 물리 변화는 물질의 성질은 변하지 않으면서 모양이나 크기, 상태가 변하는 현상이다. 물질을 구성하는 분자의 종류는 변하지 않고, 분자의 배열만 변한다. 그러나 화학 변화는 물질의 성질이 다른 새로운 물질로 변하는 현상으로 물질을 구성하는 원자의 배열이 달라져서 새로운 물질이 생성된다.

03. 답 ③
해설 그림의 화학 반응 모형은 치환 반응을 나타낸 것이다.
ㄱ. 탄산수소 나트륨이 탄산 나트륨과 이산화 탄소, 물로 분해되는 반응이다.
ㄴ. 과산화 수소가 물과 산소로 분해되는 반응이다.
ㄷ. 아이오딘화 칼륨과 질산 납이 만나 아이오딘화 납 앙금과 질산 칼륨으로 변하는 치환 반응이다.

04. 답 ①
해설 질량 보존 법칙은 화합물이 생성될 때 뿐만 아니라 혼합물이 생성되는 물리 변화에서도 물질을 이루는 분자의 종류와 수가 일정하게 유지되므로 성립한다.

05. 답 16
해설 질량 보존 법칙에 의해 반응 물질의 총 질량은 생성 물질의 총 질량과 같다. 따라서 발생한 산소의 질량은 18g - 2g = 16g이다.

06. 답 ①
해설 볼트와 너트는 1 : 1의 질량비로 결합한다. 볼트가 20g만 있으므로 볼트를 모두 사용하여 BN_2 모형은 5개까지 만들 수 있다.

유형 익히기 & 하브루타 164~167쪽

[유형 20-1] ②	**01.** ④	**02.** ②
[유형 20-2] ④	**03.** ③	**04.** ②
[유형 20-3] ⑤	**05.** ②	**06.** ③
[유형 20-4] ②	**07.** 4	**08.** ②

[유형 20-1] 답 ②
해설 (가)는 물의 상태가 변한 물리 변화, (나)는 물이 수소와 산소로 분해된 화학 변화를 나타낸 것이다.
① 양초가 타는 것은 열 또는 빛이 발생하는 화학 변화이다.
② 젖은 옷이 마르는 것은 상태가 변하는 물리 변화이다.
③ 빵이 부풀어 오르는 것은 기체가 발생하는 화학 변화이다.
④ 소금을 물에 녹이는 것은 용해시키는 것으로 물리 변화이다.
⑤ 잉크가 물속으로 퍼지는 것은 확산으로 물리 변화이다.

01. 답 ④

해설 단풍이 드는 것은 냄새, 맛, 색의 변화이고, 빵이 부풀어 오르는 것은 기체가 발생하는 변화이므로 둘 다 화학 변화이다. 화학 변화가 일어나면 물질을 구성하는 분자의 종류가 변하여 물질의 성질이 변하고, 원자의 배열이 달라진다.
① 물질의 질량은 보존된다.
② 물질의 상태가 변하는 것은 물리 변화에 속한다.

02. 답 ②

해설 방 안에 향수병을 열어 두면 확산 현상이 일어나 향수 냄새가 방 안에 퍼진다. 이는 물리 변화에 속하고, 물리 변화가 일어나면 물질을 구성하는 분자의 배열이 변하게 된다. 원자의 종류, 분자의 종류, 물질의 성질은 변하지 않는다.

[유형 20-2] 답 ④

해설 과산화 수소에 이산화 망가니즈를 넣어 물과 수소를 얻는 실험의 화학 반응은 분해 반응이다. 그 중 촉매를 이용한 분해 반응이다. 이와 같은 분해 반응으로는 탄산수소 나트륨의 열 분해 반응, 물의 전기 분해 반응이 있다.
ㄱ. 탄산수소 나트륨이 탄산 나트륨과 이산화 탄소, 물로 분해되는 화학 반응식
ㄴ. 물이 수소와 산소로 분해되는 화학 반응식
ㄷ. 아이오딘화 칼륨과 질산 납이 만나 아이오딘화 납(노란색 앙금)과 질산 칼륨을 생성시키는 화학 반응식

03. 답 ③

해설 화학 반응을 화학 반응식으로 표현할 때는 반응 물질과 생성 물질을 구성하는 원자의 종류와 개수가 같도록 계수를 맞춰주어야 한다. 계수비는 간단한 정수비이고, 계수가 1이면 생략한다.
1. 화살표 양쪽 탄소(C)의 수를 맞춘다.
: $CH_4 + O_2 \rightarrow CO_2 + H_2O$
2. 화살표 양쪽 산소(O)의 수를 맞춘다.
: $CH_4 + 2O_2 \rightarrow CO_2 + 2H_2O$
3. 화살표 양쪽 수소(H)의 수를 맞춘다.
: $CH_4 + 2O_2 \rightarrow CO_2 + 2H_2O$

04. 답 ②

해설 흰색 원자 2개로 이루어진 분자 2개와 빨간색 원자 2개로 이루어진 분자 1개가 결합하여 흰색 원자 2개와 빨간색 원자 1개로 이루어진 분자 2개가 생성되는 화학 반응의 화학 반응식은 ② $2H_2 + O_2 \rightarrow 2H_2O$이다.

[유형 20-3] 답 ⑤

해설 탄산 칼슘이 주성분인 대리석과 묽은 염산이 반응하면 기체가 발생한다. $CaCO_3 + 2HCl \rightarrow CaCl_2 + H_2O + CO_2\uparrow$
따라서 열린 공간에서는 발생한 이산화 탄소 기체가 공기 중으로 날아가므로 반응 전후 물질의 질량이 다르고, 밀폐된 공간에서는 발생한 기체가 빠져나가지 못하므로 반응 전후 물질의 총 질량은 보존된다.
ㄱ. (가)와 (나)의 질량은 같다.
ㄴ. (다)에서 수소 기체가 공기 중으로 빠져나갔으므로 (나)보다 (다)의 질량이 더 작다.
ㄷ. (나)의 질량에서 (다)의 질량을 빼면 발생한 이산화 탄소 기체의 질량과 같다.

05. 답 ②

해설 ㄱ. 물에 소금을 녹이는 반응은 혼합물을 만드는 물리 변화로 질량 보존 법칙은 물리 변화에서도 성립한다. 물질을 이루는 분자의 종류와 수가 일정하게 유지되기 때문이다.
ㄴ. 화학 변화에서 질량 보존 법칙이 성립하는 이유는 물질을 구성하는 원자들이 없어지거나 새로 생성되지 않고, 배열만 달라지기 때문이다.
ㄷ. 물리 변화가 일어나면 분자의 배열은 바뀌게 된다.

06. 답 ③

해설 ① 강철 솜을 연소시키면 강철 솜이 공기 중의 산소와 결합해서 산화 철이 된다.
② 산화 철은 철과 다른 성질을 갖는다.
③ 연소되어도 철 원자는 산소 원자와 결합했을 뿐 다른 원자로 바뀌지 않는다.
④ 강철 솜은 산소와 결합하기 때문에 연소 전보다 질량이 더 커진다.
⑤ 산화 철의 질량에서 연소 전 강철 솜의 질량을 빼면 철과 결합한 산소의 질량을 구할 수 있다.

[유형 20-4] 답 ②

해설 같은 농도의 아이오딘화 칼륨 수용액과 질산 납 수용액은 일정한 부피비로 반응하여 아이오딘화 납 앙금을 생성한다. 시험관 A, B, C에는 아이오딘화 이온은 남아있으나, 납 이온은 모두 반응하여 남아있지 않다. D는 아이오딘화 칼륨 수용액과 질산 납 수용액이 같은 부피로 들어가 아이오딘화 이온과 납 이온이 모두 반응하여서 두 이온 모두 남아있지 않다. 시험관 E와 F에서는 아이오딘화 이온이 모두 반응하고 남아있지 않아 납 이온이 남아있게 된다.

07. 답 4

해설 아이오딘화 칼륨 수용액이 6mL 들어 있는 시험관 F에는 질산 납 수용액이 10mL 넣었으므로 아이오딘화 칼륨 수용액을 4mL 이상 넣어주면 시험관에 있는 납 이온이 모두 반응할 수 있다.

08. 답 ②

해설 볼트 40g과 너트 8g이 있고, 볼트 1개의 질량은 4g, 너트 1개의 질량은 1g이므로 볼트는 10개, 너트는 8개가 주어진 것이다. 이것을 사용하여 만들 수 있는 BN은 8개이다.

창의력 & 토론마당 168~171쪽

01 (1) 앙금 생성 반응으로 치환 반응이다.
화학 반응식 : $Ca(OH)_2 + CO_2 \rightarrow CaCO_3\downarrow + H_2O$
(2) 염화 코발트 종이는 물을 흡수하면 붉게 변한다. 만약 염화 코발트 종이가 흡수한 물을 건조시킨다면 염화 코발트 종이는 다시 푸른색으로 돌아올 것이다.

해설 (1) 이 실험에서 발생하는 기체는 이산화 탄소이다. 이산화 탄소가 석회수를 만나 뿌옇게 흐려지는 것은 흰색 앙금이 생성되었기 때문이다. 따라서 이 화학 반응은 앙금 생성 반응으로 치환 반응의 한 종류이다.
(2) 염화 코발트는 2가의 코발트 이온의 염화 코발트(Ⅱ) $CoCl_2$와 3가의 코발트 이온의 염화 코발트(Ⅲ) $CoCl_3$가 있으며 이 중 염화 코발트 종이는 $CoCl_2$로 만든다.
$CoCl_4^{2-} + 6H_2O \rightleftarrows Co(H_2O)_6^{2+} + 4Cl^-$
(푸른색) (붉은색)

염화 코발트 종이는 $CoCl_2$ 수용액을 거름종이에 흡수시킨 다음 건조시켜 만든다. 염화 코발트(Ⅱ)는 건조하면 청색($CoCl_2 \cdot H_2O$)이지만 습기를 흡수하면 붉은색($CoCl_2 \cdot 6H_2O$)이 된다. 따라서 염화 코발트 종이를 건조시키면 다시 푸른색으로 돌아올 수 있다.

02 (1) $2Mg(s) + CO_2(g) \rightarrow 2MgO(s) + C(s)$, 반응을 통해 검은색 재인 탄소가 생성된다.

(2) 불이 더 잘 붙게 된다.

해설 (1) 드라이아이스는 CO_2이다. 따라서 마그네슘이 이산화 탄소와 치환 반응하여 산화 마그네슘이 되고, 검은색 재인 탄소(C)를 생성한다.

(2) 소화기에서 나오는 이산화 탄소가 마그네슘과 반응을 잘 하므로 마그네슘에 불이 붙었을 때 이산화 탄소 소화기를 사용하면 불이 더 잘 타고, 물을 뿌리면 $Mg(s) + H_2O(l) \rightarrow MgO(s) + H_2(g)$의 반응이 일어난다. 이때 발생한 수소 기체로 인해 불이 폭발적으로 타게 된다.

03 (1) $Sn(s) + O_2(g) \rightarrow SnO_2(s)$

(2) 반응 전 주석과 산소의 질량의 합은 반응 후 산화 주석의 질량과 같다. 질량 보존 법칙을 확인할 수 있다.

(3) 수조의 컵 안쪽 공기 중 산소 기체가 빨려들어가 주석과 반응했으므로 수조의 컵 안쪽에 산소 기체가 없어져 압력이 낮아졌기 때문이다.

해설 이 실험을 통한 질량 보존 법칙은 1774년 프랑스의 화학자 A.L.라부아지에에 의해서 발견되고, H.란돌트(1908)와 L.외트뵈시(1909)에 의해 실험적으로 검토되어, 실험 오차의 범위 내에서 충분히 성립된다는 것이 증명되었다. 즉, 화학반응의 전후에서 원물질을 구성하는 성분은 모두 생성물질을 구성하는 성분으로 변할 뿐이며, 물질이 소멸하거나 또는 무(無)에서 물질이 생기지 않는다는 것이다.

04 3항 '원자는 없어지거나 새로 생기지 않으며, 다른 종류의 원자로 변하지 않는다.'를 통해 반응이 일어나도 물질을 구성하는 원자들이 없어지거나 새로 생성되지 않는다는 것을 설명할 수 있으므로 질량 보존 법칙을 뒷받침한다. 4항 '서로 다른 원자들이 일정한 개수비로 결합하여 새로운 물질이 만들어진다.'를 통해 한 화합물을 구성하는 성분 원소의 질량비가 항상 일정하다는 일정 성분비 법칙이 설명된다.

해설 1803년 영국의 과학자 돌턴이 질량보존의 법칙, 일정 성분비의 법칙, 그리고 배수 비례의 법칙을 설명하기 위해 원자에 대하여 원자설을 제시하였다.

스스로 실력 높이기 172~177쪽

01. (1) X (2) X (3) O		**02.** (1) X (2) O (3) O	
03. ㉠ 2 ㉡ 2		**04.** 촉매	**05.** O_2
06. ㄹ, ㅁ	**07.** ②	**08.** (1) O (2) X	
09. 45	**10.** 일정 성분비 법칙		**11.** ③
12. ③	**13.** ⑤	**14.** ①	**15.** ③
16. ④	**17.** ⑤	**18.** ④	**19.** ②
20. ②	**21.** ⑤	**22.** ②	**23.** ②
24. ②	**25.** ⑤	**26.~32.** 〈해설 참조〉	

01. **답** (1) X (2) X (3) O
해설 (1) 상태 변화는 물질의 성질이 변하지 않는다.
(2) 앙금 생성 반응은 치환 반응으로 분자의 종류가 변한다.

02. **답** (1) X (2) O (3) O
해설 (1) 두 가지 이상의 물질이 결합하여 새로운 물질을 생성하는 반응은 화합 반응이다.

05. **답** O_2
해설 $2H_2O_2(l) \rightarrow H_2O(l) + O_2(g)\uparrow$

08. **답** (1) O (2) X
해설 (2) 물리 변화에서도 질량 보존 법칙이 성립한다.

09. **답** 45
해설 수소와 산소의 질량비가 1 : 8이므로 수소 : 산소 : 물의 질량비는 1 : 8 : 9이다. 따라서 수소의 질량이 5g이었다면 물의 질량은 45g이다.

11. **답** ③
해설 (가)는 물리 변화, (나)는 화학 변화이다. 화학 변화에서 분자의 종류는 변하지만 원자의 종류는 변하지 않는다.

12. **답** ③
해설 ㄱ. 상태 변화 : 물리 변화
ㄴ. 상태 변화 : 물리 변화
ㄷ. 연소 : 화학 변화

13. **답** ⑤
해설 ㄱ. 이 실험에서 일어나는 화학 반응은 분해이다.
ㄴ. 수산화 나트륨은 물에 전류가 흐를 수 있도록 해주는 전해질이다.
ㄷ. (−)극 쪽에 수소 기체가 모이고 (+)극 쪽에 산소 기체가 모인다.

14. **답** ①
해설 물이 수소와 산소로 분해되는 것이므로 $H_2O(l) \rightarrow H_2(g) + O_2(g)$이고, 화살표 양쪽 산소 원자의 개수를 맞추면 $2H_2O \rightarrow H_2 + O_2$이다. 화살표 양쪽 수소 원자의 개수를 맞추면 $2H_2O(l) \rightarrow 2H_2(g) + O_2(g)$이다.

15. **답** ③
해설

이 모형은 한 화합물이 두 가지 이상의 물질로 나누어지는 반응으로 분해를 나타낸다.

ㄱ. 화합 ㄴ. 화합 ㄷ. 분해

16. 답 ④

해설 탄산 칼슘이 주성분인 대리석과 묽은 염산이 반응하면 기체가 발생한다.

$CaCO_3(s) + 2HCl(aq) \rightarrow CaCl_2(aq) + H_2O(l) + CO_2(g)\uparrow$

따라서 열린 공간에서는 발생한 이산화 탄소 기체가 공기 중으로 날아가므로 반응 전후 물질의 질량이 다르고, 밀폐된 공간에서는 발생한 기체가 빠져나가지 못하므로 반응 전후 물질의 총 질량은 보존된다.

17. 답 ⑤

해설 반응물의 질량의 합은 생성물의 질량과 같다. 따라서 강철 솜과 산소의 질량의 합은 산화 철의 질량과 같다.

18. 답 ④

해설 BN_2에는 10g짜리 볼트(N) 1개와 2g짜리 너트(N) 2개가 사용되므로 볼트와 너트의 질량비는 $10g \times 1 : 2g \times 2 = 10 : 4 = 5 : 2$ 이다.

19. 답 ②

해설 BN_2 1개에는 볼트 10g과 너트 4g이 필요하다. 따라서 볼트 50g과 너트가 10g만 있다면 너트로 인해 BN_2는 최대 2개만 만들 수 있다.

20. 답 ②

해설 마그네슘과 산화 마그네슘의 질량비가 3g : 5g 이므로 마그네슘 6g을 완전히 연소시키면 '3 : 5 = 6 : 생성되는 산화 마그네슘 질량'이 된다. 따라서 생성되는 산화 마그네슘의 질량은 10g이므로 필요한 산소의 질량은 4g이다.

21. 답 ⑤

해설 (가)는 철과 황의 혼합물의 성질을 알아보는 실험이고, (나)는 철과 황이 화합하여 생성된 화합물인 황화 철의 성질을 알아보는 실험이다. 따라서 이 실험의 목적은 철과 황으로 이루어진 혼합물과 화합물의 성질을 비교하는 것이다.

22. 답 ②

해설 ① (가)에서는 철과 황이 섞여 있을뿐 새로 생성된 물질은 없다.

② (나)에서 철과 황의 화합물인 황화 철이 생성된다.

③ A에서 철은 자석에 붙지만 C에서 자석에 붙는 물질은 없다.

④ B에서는 묽은 염산이 철과 반응하여 수소 기체가 발생한다.

⑤ D에서 황화 철과 묽은 염산이 반응하면 $FeS(s) + 2HCl(aq) \rightarrow H_2S(g)\uparrow + FeCl_2(aq)$와 같이 황화 수소 기체(달걀 썩는 냄새)가 발생한다.

23. 답 ②

해설 ① (가)는 물이 전기 분해되어 수소와 산소로 나누어지는 반응이고, (다)는 탄산수소 나트륨이 열분해되어 탄산 나트륨과 이산화 탄소, 물로 나누어지는 반응이다.

② ㉠과 ㉡은 산소(O_2)이고, ㉢은 수증기(H_2O)이다.

③ 산소는 물질이 연소할 때 물질의 연소를 돕는 조연성 기체이다.

④ 물을 전기 분해하면 수소와 산소로 나누어진다.

⑤ (나)는 마그네슘의 연소 반응으로 마그네슘과 산소가 결합하여 산화 마그네슘을 생성하는 화합 반응이다.

24. 답 ②

해설 ① 모든 시험관에 넣은 아이오딘화 칼륨 수용액에는 칼륨 이온이 들어있다. 칼륨 이온은 다른 이온과 반응해서 앙금을 만들지 않으므로 모든 시험관에는 칼륨 이온이 있다.

② 시험관 C에는 질산 납 수용액을 4mL만 넣었으므로 아직 아이오딘화 이온이 남아있다.

③ 이 실험으로 같은 농도의 아이오딘화 칼륨 수용액과 질산 납 수용액은 일정한 부피비로 반응하여 아이오딘화 납 앙금을 생성한다는 사실을 알 수 있다. 따라서 일정 성분비 법칙을 확인할 수 있다.

④ 이 실험의 전체 화학 반응식은 아이오딘화 칼륨 + 질산 납 → 아이오딘화 납↓ + 질산 칼륨

$2KI(aq) + Pb(NO_3)_2(aq) \rightarrow PbI_2(aq)\downarrow + 2KNO_3(aq)$이다.

알짜 이온 반응식은 $Pb^{2+} + 2I^- \rightarrow PbI_2\downarrow$ (노란색)이다.

⑤ 같은 농도의 아이오딘화 칼륨 수용액과 질산 납 수용액은 6mL : 6mL = 1 : 1의 부피비로 반응한다.

25. 답 ⑤

해설 ㄱ. 구리 0.4g이 산소와 반응하여 산화물 0.5g을 생성하였으므로 반응한 산소는 0.1g이다. 따라서 구리와 산소는 4 : 1의 질량비로 반응한다.

ㄴ. 마그네슘 0.3g이 산소와 반응하여 산화물 0.5g을 생성하였으므로 반응한 산소는 0.2g이다. 따라서 마그네슘과 산소는 3 : 2의 질량비로 반응한다.

ㄷ. 산소 0.2g과 반응하는 마그네슘의 질량은 0.3g이다. 산소 0.1g과 반응하는 구리의 질량은 0.4g이므로 산소 0.2g과 반응하는 구리의 질량은 0.8g이다. 따라서 산소 1g과 결합하는 금속의 질량은 구리가 마그네슘보다 크다.

26. 답 혼합물에서는 성분 물질의 양을 달리하면 혼합 비율이 달라지기 때문이다.

27. 답 $2KI(aq) + Pb(NO_3)_2(aq) \rightarrow PbI_2(aq)\downarrow + 2KNO_3(aq)$

28. 답 탄산 칼슘이 주성분인 대리석과 묽은 염산이 반응하면 기체가 발생한다.

$CaCO_3(s) + 2HCl(aq) \rightarrow CaCl_2(aq) + H_2O(l) + CO_2(g)\uparrow$

밀폐된 공간에서는 발생한 기체가 빠져나가지 못하므로 반응 전후 물질의 총 질량은 보존된다.

29. 답 질산 납 수용액을 6mL 이상 넣어준 시험관에는 더 이상 반응할 아이오딘화 이온이 존재하지 않아 앙금의 높이가 일정하다.

30. 답 시험관 F에는 아이오딘화 이온과 반응하지 못하고 남아있는 Pb^{2+}, K^+, NO_3^-이 남아있다.

31. 답 $2NaHCO_3(s) \rightarrow Na_2CO_3(s) + CO_2(g)\uparrow + H_2O(l)$

탄산수소 나트륨을 가열하면 화학 반응이 일어나서 이산화 탄소가 발생하게 된다. 이산화 탄소는 반죽에 갇히게 되고, 계속 열을 받으면 팽창하여 반죽이 부풀어 오른다. 빵의 구멍은 이산화 탄소가 빠져 나간 자리이다.

32. 답 아이오딘화 이온은 (+)극으로, 납 이온은 (-)극으로 이동하므로 두 이온이 중간에서 만나 노란색 앙금인 아이오딘화 납이 생성되기 때문이다.

$2KI(aq) + Pb(NO_3)_2(aq) \rightarrow PbI_2(s)\downarrow + 2KNO_3(aq)$

21강. Project 5

서술 178~13쪽

01

마쉬 테스트를 사용하여 검출하였다. 이 테스트는 산화 비소(As_2O_3)가 들어 있을 것이라고 예상되는 시료를 수소와 반응시켜 아르신(AsH_3)을 발생시킨다. 아르신은 독성이 강한 유독 가스인데 아르센 가스에 열을 가하면 시료를 분해하여 비소와 수소기체를 발생시킬 수 있다.

02

나폴레옹이 살았던 당시의 유럽 왕궁과 저택에 있는 페인트나 벽지에서 다량의 비소가 검출되었다. 또한, 나폴레옹이 생의 마지막을 보냈던 헬레나 섬의 높은 습도가 벽지의 곰팡이를 잘 자라게 하였고, 곰팡이는 비소 성분을 휘발성이고 독성이 강한 트라이메틸아르센[$(CH_3)_3As$]으로 바꾸었을 것이다. 따라서, 이 증기에 오랫동안 노출된 나폴레옹의 몸에 비소가 축적되어 왔다고 설명할 수 있다. 이러한 이유로 나폴레옹의 독살설이 신빙성을 잃게 되어 미스테리로 남게 되었다.

탐구 1 - 아이오딘화 납의 생성 180~181쪽

〈탐구 결과〉

2.

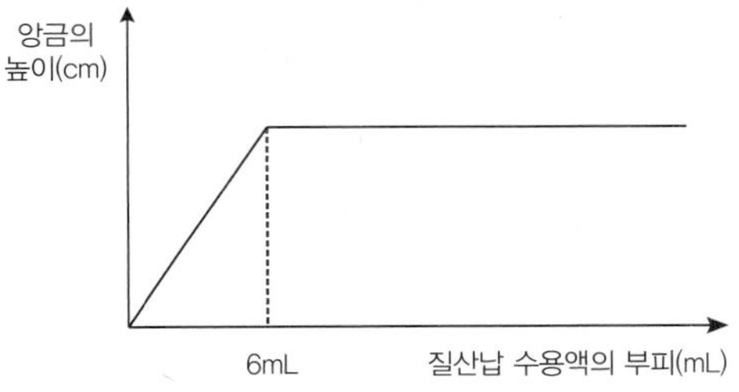

탐구 문제 180~181쪽

1. PbI_2

2. KI의 I^- 이온이 Pb^{2+} 이온과 모두 반응하여 PbI_2 앙금을 생성하였고 더 이상 존재하지 않기 때문이다.

3. 10% 아이오딘화 칼륨 수용액 4.0mL

4. 3.0mL

해설 2. 아이오딘과 질산납이 모두 반응하였기 때문이다. 질산납 수용액을 더 넣어도 반응하지 않는다.

3. 시험관 5에서 10% 질산납 수용액 10mL중에서 6mL가 10% 아이오딘화 칼륨 수용액 6mL와 반응하므로 남는 질산 납 수용액은 4mL이다. 따라서 이 물질을 모두 반응시키기 위해서는 10% 아이오딘화 칼륨 수용액 4.0mL가 필요하다.

4. 같은 농도일 때 부피비 1:1로 반응하는 경우 10% 질산 납이 6.0mL가 사용되었으므로 농도가 2배인 20% 질산 납 수용액은 3.0mL만 필요하다.

탐구 2 - 물의 전기 분해 182~183쪽

〈탐구 결과〉

1. (+)극 : 산소, (-)극 : 수소

2. 물이 비전해질이기 때문에 전기를 흐르게 하도록 전해질인 황산 나트륨을 넣어준다.

3. 황산 나트륨 수용액을 전기 분해하면 (+)극과 (-)극에서 산소와 수소 기체가 1:2의 부피비로 발생하므로 (+)극에 발생하는 기체(산소)의 부피가 시험관의 $\frac{1}{2}$이상이 되면 (-)극에서는 시험관에 기체가 가득 차게 되어 기체를 더이상 모을 수 없게 된다.

해설 1. (+)극에서는 산소가 발생하고, (-)극에서는 수소가 발생한다.

2. 순수한 물은 비전해질이므로 전류를 흐르게 하려면 전해질을 넣어 주어야 하며, 물을 전기 분해에서 수소 기체와 산소 기체를 얻으려면, 황산 나트륨, 수산화 나트륨, 황산 칼륨 등의 전해질을 넣는다.

탐구 문제 182~183쪽

1. 전해질

2. (1) (+)극 : 꺼져가는 성냥불을 가져다 대면 되살아난다.
(-)극 : 성냥불을 붙여보면 '펑' 소리를 내며 탄다.
(2) O_2, H_2

3. ①, ②, ③

4. 물보다 이온화되기 쉬운 이온을 포함한 물질인 염화나트륨을 물에 넣으면 산화환원전위의 크기에 따라서 (+)극에서 산소 대신 염소(Cl_2)가 발생하며, 황산 구리를 사용하였을 경우에는 (-)극에서 수소 대신 구리(Cu)가 석출된다.

해설 3. ① (+)극에서 일어나는 화학 반응식 :

$H_2O \rightarrow \frac{1}{2}O_2 + 2H^+ + 2e^-$ (물이 전자를 잃고 산화된다.)

②,③ 황산 나트륨이 이온화되어 발생한 Na^+ 은 (+) 이온이므로 (-)극으로 이동한다. 이때 $SO4^{2-}$ 은 별다른 반응을 하지 않으므로 이온 수의 변동은 없다.

④ (+)극에서는 산소 기체가 발생한다.

⑤ (-)극에서는 수소 기체가 발생한다.

Ⅵ. 화학 변화와 결합

22강. 산과 염기

개념 확인 186~189쪽

1. ② **2.** (1) O (2) O (3) X
3. ㉠ 붉은색 ㉡ 주황색 ㉢ 무색 ㉣ 노란색 ㉤ 붉은색
4. (1) O (2) X (3) O

2. 답 (1) O (2) O (3) X
해설 (3) 수산화 칼슘은 물에 매우 잘 녹아 수산화 이온을 많이 내놓는 염기이다.

4. 답 (1) O (2) X (3) O
해설 (2) 중화점에서의 온도는 최고치를 나타낸다.

확인+ 186~189쪽

1. ②
2. (1) 수산화 (2) 단백질 (3) NaOH (4) 커서, 많이
3. ② **4.** ㉠ H_2O ㉡ $BaSO_4$

1. 답 ②
해설 ㄱ, ㄷ은 염기의 성질이다.

생각해보기 186~189쪽

★ 산은 모든 금속과 반응하지 않는다. 산은 수소보다 반응성이 큰 금속들과 반응을 한다. 그러므로 구리, 수은, 은, 백금, 금과는 반응하지 않는다.

★★ 암모니아는 화학식에 OH가 들어있지 않지만 물에 녹아 수산화 이온을 내놓는다.

개념 다지기 190~191쪽

01. ③	**02.** ①, ②	**03.** ②
04. ④	**05.** ⑤	**06.** ①

01. 답 ③
해설 산은 모든 금속과 반응하지 않는다. 구리, 수은, 은, 백금, 금과는 반응하지 않는다.

02. 답 ①, ②
해설 ③, ④ H_2CO_3(탄산), CH_3COOH(아세트산)은 약산이다.
⑤ NH_3(암모니아)는 물에 녹아 OH^-를 내는 약염기이다.

03. 답 ②
해설 ㄷ. 메틸 오렌지 용액은 염기성인 비눗물과 반응하였을 때 노란색으로 변한다.

04. 답 ④
해설 중화점에서는 온도를 최고치를 나타낸다. 그러므로 중화점 이후에 산이나 염기를 더 넣어주면 온도는 낮아진다.

05. 답 ⑤
해설 쐐기풀은 산성을 나타낸다. 그러므로 중화하기 위해서는 베이킹 소다 또는 암모니아수 같은 염기성 물질이 필요하다.
①, ② 중성 물질이다.
③, ④ 산성 물질이다.

06. 답 ①
해설 ②, ③, ④, ⑤ 은 중화 반응이다.
① 산화, 환원 반응이다.

유형 익히기 & 하브루타 192~195쪽

[유형 22-1] ③	**01.** ④	**02.** ㄱ, ㄴ	
[유형 22-2] ①	**03.** ③	**04.** ②	
[유형 22-3] ⑤	**05.** ㄱ, ㄴ, ㄷ	**06.** 무색, 붉은색	
[유형 22-4] ②, ④, ⑤	**07.** ②	**08.** ⑤	

[유형 22-1] 답 ③
해설 (가)는 이온화할 때 양이온과 음이온의 비가 1:1인 강산의 모형이다.
(나)는 이온화될 때 양이온과 음이온의 비가 1:1인 강염기의 모형이다.

01. 답 ④
해설 황산과 설탕이 반응하면 탈수 작용이 일어나 물이 빠져나가고 탄소만 남게 되어 검게 변한다.

02. 답 ㄱ, ㄴ
해설 H_2CO_3, CH_3COOH는 약산이다.

[유형 22-2] 답 ①
해설 (가)는 산, (나)는 염기이다. 산과 염기는 모두 수용액에서 전류가 흐른다.
②, ③, ⑤ 는 염기의 성질,
④ 는 산의 성질이다.

03. 답 ③
해설 대부분의 금속과 반응하지 않고, 페놀프탈레인 용액을 붉게 변화시키는 것은 염기 물질이다.
③은 약산이다.

04. 답 ②
해설 ② $Ca(OH)_2 \rightarrow Ca^{2+} + 2OH^-$

[유형 22-3] 답 ⑤
해설 C는 중성이고, F는 산성이다.
중성용액을 BTB 용액과 반응시키면 녹색이 나타나고, 산성을 BTB 용액과 반응시키면 노란색을 나타낸다.

05. 답 ㄱ, ㄴ, ㄷ
해설 ㄹ. 용액의 질량 변화로는 중화점을 확인할 수 없다.

06. 답 무색, 붉은색
해설 pH가 4인 사이다는 산성이고, pH가 10인 비눗물은 염기성이다. 페놀프탈레인 용액은 산성과 반응하면 무색을 나타내고, 염기성과 반응하면 붉은색을 나타낸다.

[유형 22-4] 답 ②, ④, ⑤
해설 A점은 묽은 염산이 수산화 나트륨과 1:1로 완전히 반응하지 않은 상태이기 때문에 묽은 염산의 양이 더 많다. 그러므로 A는 산성의 상태이다.
B점은 중화점이기 때문에 H^+와 OH^-는 존재하지 않는다.

07. 답 ②
해설 ㄱ. 메틸 오렌지는 산성, 중성, 염기성인지만 구별할 수 있다.
ㄴ. 질산 은은 묽은 염산과 반응하여 앙금을 생성하기 때문에 묽은 황산과 구별할 수 있다.
ㄷ. 염화 칼슘은 묽은 염산과 반응하여 $CaCl_2$, H_2O, CO_2가 된다. 그러므로 묽은 황산과 구별할 수 있다
ㄹ. 묽은 염산과 묽은 황산 둘 다 금속과 반응하여 수소 기체를 발생한다.

08. 답 ⑤
해설 염의 화학식을 쓸 때 양이온을 먼저 쓰고, 음이온을 나중에 쓴다.

창의력 & 토론마당 196~199쪽

01

(1) 셀룰로오스
(2) 귤 알맹이를 염산에 넣어 껍질을 녹인다. 그리고 수산화 나트륨에 넣어 중화시킨다.

해설 셀룰로오스는 산과 반응하면 포도당으로 분해가 된다. 그리고 물로 깨끗하게 씻어낸 후, 알칼리 용액에 담가서 셀룰로오스로 이루어진 세포벽을 제거한다. 이 세포벽은 pH가 높을수록 잘 녹는다.

02

양잿물(NaOH)이 물과 반응하면 Na^+와 OH^-를 내놓게 된다. OH^-(수산화 이온)는 강염기로, 단백질을 분해하는 성질이 있다. 우리 옷의 때는 거의 단백질로 이루어져 있기 때문에 OH^-로 때를 녹일 수 있다.

03

(1) ① 흡습성이 강하다.
② 탈수 작용을 한다.
③ 비휘발성이다.
(2) 진한 황산은 수분을 흡수하는 성질이 있다. 황산이 운동화에 떨어져 섬유의 수분을 흡수했기 때문에 구멍이 난 것이다.

04

요소수는 염기성이고 배터리액은 황산으로 산성이다. 두 액체가 반응하여 중화 반응이 일어난다. 따라서 물을 만들 수 있다. 하지만 이 방법으로 만든 물은 바로 마실 수 없고, 여러 번 증류시켜 먹는 것이 안전하다.

스스로 실력 높이기 200~205쪽

01. (1) 염 (2) 공 (3) 산 (4) 산			**02.** ②
03. ⑤	**04.** ㉠ 염기성 ㉡ 중성 ㉢ 산성		
05. ③	**06.** ③	**07.** ㄱ, ㄴ	**08.** ③
09. ㉠ H_2O ㉡ H_2O ㉢ KOH			**10.** ④
11. ④	**12.** ⑤		
13. $HNO_3 + NaOH \rightarrow H_2O + NaNO_3$			
14. $NaNO_3$, 질산 나트륨			**15.** ⑤
16. ⑤	**17.** ③	**18.** ③	**19.** ①
20. ⑤	**21.** 베이킹파우더, 세정제, 비누		
22. 사이다, 레몬		**23.** ②	**24.** ③
25. ①	**26.~32.** 〈해설 참조〉		

01. 답 (1) 염 (2) 공 (3) 산 (4) 산
해설 산과 염기 둘 다 수용액 상태에서 전류가 흐르는 성질을 갖고 있다.

02. 답 ②
해설 $H_2CO_3 \rightarrow 2H^+ + CO_3^{2-}$

03. 답 ⑤
해설 메틸오렌지 용액으로 산성, 염기성을 구별할 수 있다.

04. 답 ㉠ 염기성 ㉡ 중성 ㉢ 산성
해설 pH 〉 7 : 염기성, pH = 7 : 중성, pH 〈 7 : 산성

05. 답 ③
해설 ① A에서 산성을 나타낸다.
② 전류의 세기는 중화점에서 가장 낮다.
④ C에서는 염기성을 나타내기 때문에 메틸 오렌지는 노란색으로 변한다.
⑤ 염산의 양은 일정하고 염화 이온은 반응하지 않으므로염화 이온의 개수는 모두 동일하다.

06. 답 ③
해설 염기는 페놀프탈레인 용액과 반응하면 붉은색으로 변한다.

07. 답 ㄱ, ㄴ
해설 김치에 달걀 껍질을 넣는 것은 중화 반응의 대표적인 예이다. 과일을 깎아서 공기 중에 두었을 때 갈색으로 변하는 것은 산화-환원 반응이다.

08. 답 ③
해설 페놀프탈레인 용액을 넣었을 때 무색을 나타내고, 메틸 오렌지 용액을 넣었을 때 빨간색을 나타내는 것은 산성 용액이다. 증류수, 소금물, 에탄올은 중성이고, 암모니아는 염기성이다.

09. 답 ㉠ H_2O ㉡ H_2O ㉢ KOH
해설
· H_2SO_4 + $Ca(OH)_2$ → 2(㉠ H_2O) + $CaSO_4$ ↓
· HCl + NaOH → (㉡ H_2O) + NaCl
· HNO_3 + (㉢ KOH) → H_2O + KNO_3

10. 답 ④
해설 수산화 칼륨은 염기성이다. 염기성 물질은 BTB 용액과 반응하였을 때 푸른색을 나타낸다.

11. 답 ④
해설 비눗물은 염기성이다. 염기성은 메틸 오렌지 용액과 반응하였을 때 노란색을 나타내고, 페놀프탈레인 용액과 반응하였을 때 붉은색을 나타낸다.

12. 답 ⑤
해설 수산화 칼슘은 이온화하여 다음과 같이 된다.
$Ca(OH)_2 \rightarrow Ca^{2+} + 2OH^-$
묽은 황산은 이온화하여 다음과 같이 된다.
$H_2SO_4 \rightarrow 2H^+ + SO_4^{2-}$
따라서 H^+와 OH가 중화 반응하여 물(H_2O)가 되고, Ca^{2+}와 SO_4^{2-}이 반응하여 흰색 앙금인 $CaSO_4$이 생성되므로, 구경꾼 이온은 없고, 모두 알짜 이온이다.

13. 답 HNO_3 + NaOH → H_2O + $NaNO_3$
해설 질산 수용액과 수산화 나트륨 수용액이 중화 반응하여 물과 질산 나트륨을 생성한다.

14. 답 $NaNO_3$, 질산 나트륨
해설 염이란 중화 반응에선 산의 음이온과 염기의 양이온이 만나 이루어진 물질이다.

15. 답 ⑤
해설 염의 화학식을 쓸 때에는 양이온을 먼저 쓰고 음이온을 나중에 쓴다.

16. 답 ⑤
해설 ①, ② 혼합 용액은 중성이다.
③ 메틸 오렌지 용액은 중성에서 노란색을 나타낸다.
④ 페놀프탈레인 용액은 중성에서 무색을 나타낸다.
⑤ 물을 모두 증발시키면 흰색 고체 물질인 NaCl이 남는다.

17. 답 ③
해설 아스피린은 살리실산으로 만든다.

18. 답 ③
해설 중화점에서는 온도가 최고치를 나타낸다.

19. 답 ①
해설 ① 중화 반응이 일어나면 중화열이 방출되어 온도가 증가한다.
② 수산화 칼륨을 넣을수록 물 분자의 수가 점점 증가한다.
③ 수소 이온의 수는 감소한다.
④ 황산 이온의 수는 변하지 않는다.
⑤ 수산화 칼륨을 계속 넣기 때문에 칼륨 이온의 수는 증가한다.

20. 답 ⑤
해설 $H_2CO_3(aq) + Ca(OH)_2(aq) \rightarrow 2H_2O(l) + CaCO_3(s)\downarrow$
$CaCO_3$는 물에 잘 녹지 않는 염(앙금)이다.

21. 답 베이킹 파우더, 세정제, 비누
해설 베이킹 파우더, 세정제, 비누는 염기이며 단백질을 녹이는 성질이 있다.

22. 답 사이다, 레몬
해설 메틸 오렌지를 붉게 만드는 것은 산성의 성질이다. 사이다와 레몬은 산성 물질이다.

23. 답 ②
해설 전류가 흐르는 것은 산성, 염기성 모두 다 갖고 있는 성질이다.

24. 답 ③
해설 산성은 대부분의 금속과 반응하며, BTB 용액과 반응하였을 때 노란색을 나타낸다. NH3는 염기성 물질이다.

25. 답 ①
해설 질산의 H^+ 이온은 OH^-과 반응하여 물이 된다. 수산화 나트륨의 OH^- 이온이 전부 반응하면 그래프와 같이 첨가해 주는 질산의 H^+ 의 입자의 수가 증가하게 된다.

26. 답 D, 중화 반응을 하여 물이 생기기 때문이다.
해설 D에서 가장 많은 양의 물이 생성된다.

27. 답 $HCl(aq) + NaOH(aq) \rightarrow H_2O(l) + NaCl(aq)$

28. 답 중화반응을 하기 위해서이다.
해설 생선 요리(염기)의 비린내를 없애기 위해 중화 반응시키기 위해서 산성 물질인 레몬(산)을 뿌린다.

29. 답 흰 가루는 NaOH가 공기 중의 이산화 탄소를 흡수하여 탄산 나트륨(Na_2CO_3)으로 변하여 생성된 것이다.

$$2NaOH(aq) + CO_2(g) \rightarrow H_2O(l) + Na_2CO_3(s)\downarrow$$

30. 답 강한 염기를 제산제 성분으로 사용하게 되면, 위액의 성분인 강산인 염산과 중화 반응으로 발열 반응이 일어나 위벽을 손상시킬 수 있다. 따라서 강한 염기는 제산제의 성분으로 사용할 수 없다.

31. 답 생석회를 뿌려 중화시킨다, 공장 굴뚝에 탈황 장치를 설치하여 황 산화물을 제거한다. 등

32. 답 ① 산은 금속과 반응하는 성질이 있기 때문에 금속으로 된 하수구 관을 부식시킬 가능성이 있다.
② 찌든 때 등 하수구를 막고 있는 물질은 대부분 단백질이 많이 포함되므로 염기를 이용하여 녹인다.

23강. 산화-환원 반응

개념 확인 206~209쪽

1. (1) O (2) O (3) X
2. (1) 산화 (2) 이산화 탄소, 열과 빛 (3) 산소
3. (1) X (2) O (3) X
4. ㉠ 산화(환원) ㉡ 환원(산화)

1. 답 (1) O (2) O (3) X
해설 (3) 산화-환원 반응은 동시에 일어난다.

3. 답 (1) X (2) O (3) X
해설 (1) 금속이 부식되는 것은 금속의 산화 반응에 의한 것이다.
(3) 철광석을 코크스, 석회석과 함께 가열하면 코크스를 불완전 연소하여 일산화 탄소를 생성한다.

확인+ 206~209쪽

1. ㉠ 산화 ㉡ 환원 **2.** ②
3. CO, Fe **4.** ㉠ $Zn^{2+}(H_2)$ ㉡ $H_2(Zn^{2+})$

생각해보기 206~209쪽

★ 산화 구리 II는 산화수가 +2라는 뜻이다. 즉 산화구리 I는 산화수가 +1이다. 산화수란 화합물을 구성하는 각 원자에 전체 전자를 일정한 방법으로 배분하였을 때, 그 원자가 가진 전하의 수이다.

★★ 금속 산화물이 알루미늄에 의해 산소를 잃는 반응이 있다. 이 반응을 테르밋 반응이라 한다.

$$2Al + Fe_2O_3 \rightarrow Al_2O_3 + 2Fe$$

Al은 산화 반응하여 Al_2O_3가 되고, Fe_2O_3는 환원 반응하여 2Fe가 된다.

개념 다지기 210~211쪽

01. ④ **02.** ① **03.** ④
04. ⑤ **05.** ② **06.** ②

01. 답 ④
해설 ① 산화는 물질이 산소를 얻는 반응이다.
② 산화는 전자를 잃는 반응이다.
③ 환원제는 자신은 산화되면서 다른 물질을 환원시킨다.
⑤ 물이 생기는 반응은 중화 반응이다.

02. 답 ①
해설 CuO는 환원되어 Cu가 되면서 다른 물질을 산화시키는 산화제이고, C는 산화되어 CO_2가 되면서 다른 물질을 환원시키는 환원제이다.

03. 답 ④
해설 마그네슘과 이산화 탄소의 산화-환원 반응이다. Mg은 산화되어 MgO가 되고, CO_2는 환원되어 C가 된다.

04. 답 ⑤
해설 김치가 시어지지 않도록 달걀 껍데기를 넣는 것은 중화 반응이다.

05. 답 ②
해설 쇠못을 물 속에 넣으면 물에 의해 산화 반응이 더욱 촉진된다.

06. 답 ②
해설 ㄱ. Zn은 전자를 잃어 Zn^{2+}가 된다.(산화)
ㄴ. $2H^+$는 전자를 얻어서 H_2가 된다.(환원)
ㄷ. Zn은 산화되고, $2H^+$는 환원되었다.

유형 익히기 & 하브루타 212~215쪽

[유형 23-1] ③	01. ②	02. ②
[유형 23-2] ②	03. ②, ③	04. ③
[유형 23-3] ④	05. ④	06. 〈해설 참조〉
[유형 23-4] ③, ⑤	07. ③, ⑤	08. 〈해설 참조〉

[유형 23-1] 답 ③
해설 ㄴ. CO_2는 산소를 잃으므로 산화제로 작용한다.
이 반응은 마그네슘이 연소하여 흰색의 산화 마그네슘과 검은색의 탄소가 생성되는 반응이다. 이 반응에서 마그네슘은 산화되어 산화 마그네슘이 되고 이산화 탄소는 환원되어 탄소가 된다.

01. 답 ②
해설 ㄱ. 산화-환원 반응은 동시에 일어난다.
ㄷ. 알루미늄 창틀이 녹스는 것은 산화 현상이다.

02. 답 ②
해설 환원제는 자신은 산화되면서 다른 물질을 환원시킨다.

[유형 23-2] 답 ②
해설 생물이 호흡을 통해 에너지를 얻고, 폭죽이 금속의 불꽃색을 나타내는 반응은 모두 산화-환원 반응의 현상이다. 또한, 과일을 깎아서 공기 중에 두면 갈색으로 변하는 갈변 현상도 산화-환원 반응이다.
ㄴ, ㄹ은 중화 반응이다.

03. 답 ②, ③
해설 두 반응을 잘 구분하여 알아두자.
①, ④, ⑤ 는 중화 반응이다.
②, ③ 은 산화-환원 반응이다.

04. 답 ③
해설 ③은 염이 생성되는 중화 반응식이다.

[유형 23-3] 답 ④
해설 ① C는 산소를 얻으므로 산화된다.
② Fe_2O_3는 산소를 잃으므로 환원된다.
③ CO는 환원제 역할을 한다.

⑤ (가), (나) 두 반응 모두 산화-환원 반응이다.

05. 답 ④
해설 쇠못을 공기 중에 노출시킬수록 산화 반응이 더욱 촉진된다.

06. 답 마그네슘(Mg), 아연(Zn). 배 표면의 철보다 더 산화가 잘 되는 금속들이기 때문이다.
해설 배는 주로 철로 만든다. 하지만 바닷물과 반응하면 철이 금방 녹슬기 때문에, 철보다 산화가 잘되는 마그네슘이나 아연으로 도금을 한다.

[유형 23-4] 답 ③, ⑤
해설 화학 전지는 금속판과 전해질을 이용하여 전기 에너지를 만드는 반응이다.
(+)극 : $2H^+ + 2e^- \rightarrow H_2 \uparrow$ (환원)
(-)극 : $Zn \rightarrow Zn^{2+} + 2e^-$ (산화)
①, ② 구리판은 (+)극, 아연판은 (-)극에 연결된다.
③ 물은 비전해질이므로 전해질인 묽은 황산을 넣어준다.
④ 이 반응으로 전기 에너지를 얻는다.
⑤ 전지에서는 (-)극에서 전자가 나와서 (+)극으로 이동한다.

07. 답 ③, ⑤
해설 ① Zn은 전자를 잃는다.
② $2H^+$는 전자를 얻었다.
④ ㉡에 알맞은 화학식은 H_2이다.

08. 답 $Cu^{2+}(aq) + Zn(s) \rightarrow Zn^{2+}(aq) + Cu(s)$

창의력 & 토론마당 216~219쪽

01

(1) 자동차의 휠에 눈과 섞인 염화 칼슘이 묻어 휠의 금속이 산화되는 반응이 촉진되기 때문이다.

(2) 바닷가 근처에서 사용된 자동차의 차체는 오랜기간 염분에 노출되었기 때문에 내륙 지역에서 사용된 자동차에 비해 부식이 빠르게 진행되었을 가능성이 크다. 부식 방지법은 차를 꼼꼼하게 세차를 해주거나, 휠에 왁스를 바르는 방법이 있다.

해설 (1) 염화 칼슘은 눈을 녹이는 성질뿐 아니라 물을 흡수하는 성질도 있는데 이러한 성질로 인하여 철에 염화칼슘이 묻으면 공기 중의 수분을 흡수해서 물방울을 만들고 공기 중의 산소와 반응하여 철을 부식시키게 되는 것이다.
(2) 금속이 부식될 때 불균일한 부분 사이에 전기적 흐름이 형성되어 전지가 형성되는데 이때 반응이 더 빨리 되어 전기가 통하게 되면 더욱 쉽게 반응이 된다. 그런데 염화 칼슘은 보통 물보다 수 십 배의 전기 전도도를 가지므로 부식 속도가 매우 빠르다.

02

고려청자의 아름다운 비취색은 유약과 흙 속에 포함된 철 성분과 청자를 굽는 불 속의 일산화 탄소가 반응하는 산화-환원 반응에 의해 만들어 졌다. 이 과정을 통해 고려 청자의 아름다운 색이 나타날 수 있다.
화학 반응식은 $Fe_2O_3(s) + 3CO(g) \rightarrow 2Fe(s) + 3CO_2(g)$ 이다.

해설 철광석을 코크스, 석회석과 함께 가열하면 코크스는 불완전 연소하여 일산화 탄소를 생성한다. 그리고 이 일산화 탄소는 철광석을 환원시켜 순수한 철을 얻게한다. 이와 유사하게 고려청자는 유약과 흙 속에 포함된 철 성분 그리고 불속의 일산화 탄소와 반응시킨다. 이 과정에서 고려 청자의 아름다운 비취색이 나타나는 것이다.

03

(1) 삶게 되면 단백질로 된 산화 효소가 제 기능을 발휘하지 못하기 때문이다

(2) 껍질이 산소와의 접촉을 막아주기 때문이다

(3) 소금물에 담근다. 식초에 담근다. 레몬수나 오렌지 주스를 살짝 뿌려준다. 랩을 씌워둔다. 먹기 직전에 깎는다.

해설 (1) 단백질은 일정 온도 이상 올라가면 단백질 구조가 바뀐다(단백질 변성). 효소도 단백질로 되어 있으므로 온도가 35℃~45℃ 정도에서 활성이 가장 크고 온도 그 이상으로 올라가면 효소의 기능을 상실한다.

(2) 식물 조직에 상처가 나면 페놀 화합물을 산화시키는 효소가 분비되어 공기 중의 산소와 반응하여 페놀 화합물을 산화시켜 갈색으로 바뀐다. 사과, 배 등의 과일은 다른 과일과 달리 잘 시들지 않는데 이는 과일의 껍질에 과일 왁스가 있기 때문이다. 이 과일 왁스가 산소와의 접촉을 차단해준다.

(3) 소금물에 들어 있는 염화 이온이 갈변 현상을 막아주므로 소금물에 담그거나, 식초는 pH를 낮춰 효소의 활성을 줄여주므로 식초에 담그거나, 레몬이나 오렌지 등 신맛이 나는 과일에는 산화를 막아주는 항산화제인 비타민C를 많이 함유하므로 레몬이나 오렌지를 뿌려준다. 랩을 씌워두면 산소가 차단되므로 갈변 현상을 막을 수 있다.
※ 폴리페놀 옥시다아제(산화 효소) : 구리를 함유하는 금속효소로서 과일에 포함된 폴리페놀 화합물을 산소와 반응하여 산화시켜 갈색으로 변하게 한다. 철로 된 칼로 과일을 깎으면 갈변 현상이 더 잘 일어난다.

04

산성지인 종이를 희게 하기 위해 표백하기 때문이다.

해설 · 현대의 책들은 희게 하기 위해서 종이를 표백한다. 이 과정에서 첨가된 화학 물질이 산소, 자외선 등과 반응하여 다른 물질로 변하면서 누렇게 변색되는 것이다. 이러한 산화 과정에서 생성된 산은 셀룰로오스로 이루어진 종이를 분해하여 파손시킨다.
· 산성지인 신문 용지는 햇빛에 잠시만 노출되어도 누렇게 변하는 황변 현상이 나타난다. 이것은 종이에 남아 있는 산성 물질이 산화를 촉진시켜 시간이 흐르면서 섬유질이 분해되어 색이 변화하고 종이가 파손되는 현상이 나타나는 것이다. 종이의 번짐을 막기 위하여 종래에 써 오던 사이즈제가 산성이었다. 사이즈제는 인쇄시 번짐을 막기 위한 콜로이드 물질이다.
· 전통적인 한지는 불순물이 적은 순도가 높은 섬유로 만들어진 종이로 인피 섬유의 도정 공정으로 목탄, 석탄 등을 쓰고 있어 종이는 중성이나 약알칼리성이다.

스스로 실력 높이기 220~225쪽

01. ③	02. ①	03. (1) O (2) X (3) O	
04. ①	05. 2CuO, CO_2		06. ④
07. ①	08. ⑤	09. ③	10. ⑤
11. ④	12. (1) CO (2) Fe_2O_3		
13. ①, ②	14. ⑤	15. 〈해설 참조〉	
16. ④	17. 〈해설 참조〉		
18. 〈해설 참조〉		19. ⑤	
20. ②, ④	21. ⑤	22. ③	23. ⑤
24. ③	25. ④	26.~32. 〈해설 참조〉	

01. 답 ③
해설 제산제를 복용하는 것은 중화 반응이다.

02. 답 ①
해설 MgO는 산화제이므로 산소를 잃고 Mg가 되며, C는 환원제이므로 산소를 얻어 CO_2가 된다.

03. 답 (1) O (2) X (3) O
해설 (2) 환원제는 자신이 산화되면서 다른 물질을 환원시킨다.

04. 답 ①
해설 일산화 탄소는 철광석에서 산소를 얻어 이산화 탄소가 된다.

05. 답 ㉠ 2CuO ㉡ CO_2
해설 이 반응은 산화구리와 탄소의 화학 반응식이다. 2CuO는 환원되어 2Cu가 되고, 탄소는 산화되어 CO_2가 된다.

06. 답 ④
해설 호흡에서 $C_6H_{12}O_6$(포도당)은 CO_2로 산화된다.

07. 답 ①
해설 철이 녹스는 것은 공기나 물과 반응하여 산화되었기 때문이다.

08. 답 ⑤
해설 공기가 잘 통하는 곳이나 습한 곳에 금속을 두면 산화 되기 쉽다.

09. 답 ③
해설 보기의 현상들은 모두 산소가 있을 때 발생하는 현상들이다.

10. 답 ⑤
해설 이 반응은 중화 반응에서 염($BaSO_4$)을 만드는 반응이다.

11. 답 ④
해설 ㄷ. CuO는 Cu로 환원된다.

12. 답 (1) CO (2) Fe_2O_3
해설 반응 물질은 Fe_2O_3 와 3CO인데, Fe_2O_3는 환원되어 2Fe가 되고, 3CO는 산화되어 $3CO_2$가 된다. (생성 물질 : 2Fe, $3CO_2$)

13. 답 ①, ②
해설 ④ 이 반응은 메테인의 연소 반응으로 매우 빠른 반응이다.
⑤ 앙금이 생성되지 않는다. 앙금은 중화 반응에서 발생한다.

14. 답 ⑤
해설 ④ 화학 전지의 일종으로 전해질인 황산 구리($CuSO_4$) 수용액에 (-)극 아연판과 (+)극 구리판을 넣으면 구리는 전자를 얻어 석출되고, 아연은 산화되어 수용액에 녹아들어간다.
⑤ 이 반응을 통해 전기 에너지를 얻을 수 있다.

15. 답 도금, 페인트칠, 합금 등을 한다.
해설 도금은 철의 표면에 철보다 반응성이 큰 마그네슘, 아연 등을 입혀서 산소와 물을 차단한다. 또한 철에 페인트칠을 하여 산소와 물을 차단할 수 있고, 니켈이나 크로뮴 등의 금속을 섞어 철의 성질을 약화시킨다.

16. 답 ④
해설 숯불꽃의 화학 반응식은 다음과 같다.

$$2CuO + C \rightarrow 2Cu + CO_2$$

이 반응에서 구리와 이산화 탄소가 발생한다.

17. 답 $2CuO + C \rightarrow 2Cu + CO_2$
해설 산화 구리를 숯불꽃에 넣으면 붉은색이 된다. 이는 숯불꽃 속의 탄소가 산화 구리의 산소와 결합하여 이산화 탄소로 산화되고 구리가 환원되기 때문이다.

18. 답 철과 공기 중의 산소가 접촉하는 것을 막는다.
해설 페인트는 공기와 물과 쉽게 반응하는 철로 만든 구조물이 반응하지 않도록 막아주는 역할을 한다.

19. 답 ⑤
해설 연소와 부식은 모두 산소를 필요로 하는 반응이다. 연소는 매우 빠르게 일어나는 반응이며, 부식은 매우 오랜시간에 걸쳐 일어나는 산화-환원 반응이다.

20. 답 ②, ④
해설 ①, ③, ⑤ 반응은 중화 반응이다.

21. 답 ⑤
해설 ㄱ. 2Mg는 산화되어 2MgO가 된다.

22. 답 ③
해설 생성되는 물질은 모두 다르다. (가)는 이산화 탄소, (나), (다)는 이산화 탄소와 물이 생성된다.

23. 답 ⑤
해설 석회석을 넣는 이유는 철광석에 포함된 이산화 규소를 제거하기 위해서이다.

24. 답 ③
해설 올바른 화학 반응식은 $2C + O_2 \rightarrow 2CO$ 이다.

25. 답 ④
해설 ④ 다른 물질을 산화시키는 것은 산화제, 다른 물질을 환원시키는 것은 환원제이다.
① 이 반응은 산화-환원 반응이다.
② Al은 산화된다.
③ Fe_2O_3는 환원된다.
⑤ 속이 쓰릴 때 제산제를 먹는 것은 중화 반응이다.

26. 답 (가)는 도금한 것이다. 도금은 철보다 반응성이 큰 금속을 입혀 공기나 물과 반응하는 면적을 줄여준다. (나)는 합금한 것이다. 이것은 철과 다른 물질을 섞어 철의 성질을 약하게 하여 산화되는 것을 줄여준다.

27. 답 $CH_4(g) + 2O_2(g) \rightarrow CO_2(g) + 2H_2O(l)$
해설 메테인은 산소와 반응하여 이산화 탄소와 물을 생성한다.

28. 답 $Fe_2O_3(s) + 3CO(g) \rightarrow 2Fe(s) + 3CO_2(g)$
해설 일산화 탄소는 산화하면서 철광석을 환원시켜 순수한 철이 생성되게 한다.

29. 답 식품을 보관할 때 진공 포장을 하는 이유는 공기와의 접촉을 막기 위해서이다. 식품이 공기와 반응하면 식품이 쉽게 산화되어 상하기 때문이다.

30. 답 $6CO_2(g) + 6H_2O(l) \rightarrow C_6H_{12}O_6(s) + 6O_2(g)$
해설 광합성은 식물을 빛 에너지를 이용하여 포도당을 합성하는 반응이다.

31. 답 금속 원소가 연소되면서 빛이나 열 또는 불꽃을 내면서 산소와 빠르게 결합하는 산화 반응을 한다.

32. 답 산화된 물질은 CO, 환원된 물질은 NO이다.

산화

$$2NO(g) + 2CO(g) \rightarrow N_2(g) + 2CO_2(g)$$

환원

24강. Project 6

서술 226~227쪽

01 $CaCO_3 + 2CH_3COOH \rightarrow Ca(CH_3COO)_2 + H_2O + CO_2$

해설 $CaCO_3$는 진주의 석회석, $Ca(CH_3COO)_2$는 아세트산 칼슘이다. 이 반응으로 아세트산 칼슘과 물, 이산화 탄소가 발생한다.

탐구 1 - 중화 적정 228~229쪽

〈탐구 결과〉

1. NaCl, 노란색 2. AgCl

탐구 문제 228~229쪽

1. (1) X (2) X (3) O 2. ④

3.

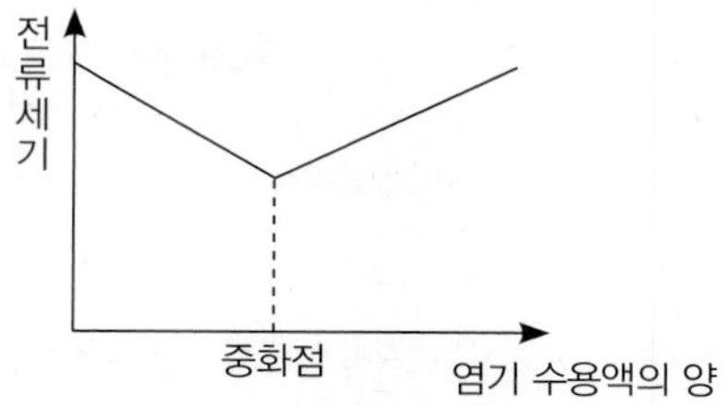

해설 1. (1) 중화점에서 Cl^-의 개수는 변하지 않는다. Cl^-는 수산화 나트륨의 Na^+의 이온과 반응하여 NaCl 앙금이 생성되지 않는다.
(2) 중화점에 BTB 용액을 넣으면 초록색으로 변한다.
(3) 중화 반응의 알짜 이온 반응식은 $H^+ + OH^- \rightarrow H_2O$이다.
2. 산과 염기의 중화 반응이 일어날 때 중화된 것을 확인하는 방법으로는 온도, 전류의 세기 변화, 지시약의 색 변화가 있다. 질량 변화로는 중화 반응을 확인할 수 없다.
3. 중화점에서 전류의 세기는 가장 작다.

탐구 2 - 산과 염기의 성질 230~231쪽

〈탐구 결과〉

1. 시험관 속 용액을 산 또는 염기로 분류할 수 있다.
2. 약산, 강산으로 분류할 수 있다.
3. 강한 전해질, 약한 전해질로 나눌 수 있다.

탐구 문제 230~231쪽

1. ④
2. A : 수산화 나트륨 B : 암모니아수
C : 염산 D : 아세트산

1. 해설 ④ 페놀프탈레인은 산성과 중성에서 무색이고, 염기성에서 붉은색을 나타낸다.

창의력과학

세페이드

시리즈